Naturwissenschaften im Fokus IV

Christian Petersen

Naturwissenschaften im Fokus IV

Grundlagen der Atomistik, Quantenmechanik und Chemie

Christian Petersen
Ottobrunn, Deutschland

ISBN 978-3-658-15301-4   ISBN 978-3-658-15302-1 (eBook)
DOI 10.1007/978-3-658-15302-1

Die Deutsche Nationalbibliothek verzeichnet diese Publikation in der Deutschen Nationalbiblio-grafie; detaillierte bibliografische Daten sind im Internet über http://dnb.d-nb.de abrufbar.

Springer Vieweg

Lektorat: Dipl.-Ing. Ralf Harms

Gedruckt auf säurefreiem und chlorfrei gebleichtem Papier

Springer Vieweg ist Teil von Springer Nature
Die eingetragene Gesellschaft ist Springer Fachmedien Wiesbaden GmbH
Die Anschrift der Gesellschaft ist: Abraham-Lincoln-Strasse 46, 65189 Wiesbaden, Germany

Vorwort zum Gesamtwerk

Die Natur auf Erden ist in ihrer Vielfalt und Schönheit ein großes Wunder, wer wird es leugnen? Erweitert man die Sicht auf den planetarischen, auf den galaktischen und auf den ganzen kosmischen Raum, drängt sich der Begriff eines überwältigenden und gleichzeitig geheimnisvollen Faszinosums auf. Wie konnte das Alles nur werden, wer hat das Werden veranlasst? – Es ist eine große geistige Leistung des Menschen, wie er die Natur im Kleinen und Großen in ihren vielen Einzelheiten inzwischen erforschen konnte. Dabei stößt er zunehmend an Grenzen des Erkennbaren/Erklärbaren. –

Es lohnt sich, in die Naturwissenschaften mit ihren Leitdisziplinen, Physik, Chemie und Biologie, einschließlich ihrer Anwendungsdisziplinen, einzudringen, in der Absicht, die Naturgesetze zu verstehen, die dem Werden und Wandel zugrunde lagen bzw. liegen: Wie ist die Materie aufgebaut, was ist Strahlung, woher bezieht die Sonne ihre Energie, wie ist die Formel $E = m \cdot c^2$ zu verstehen, welche Aussagen erschließen sich aus der Relativitäts- und Quantentheorie, wie funktioniert der genetische Code, wann und wie entwickelte sich der Mensch bis heute als letztes Glied der Homininen? Ist der Mensch, biologisch gesehen, eine mit Geist und Seele ausgestattete Sonderform im Tierreich oder doch mehr? Von göttlicher Einzigartigkeit? Hiermit stößt man die Tür auf, zur Seins- und Gottesfrage.

Für mich war das Motivation genug. Indem ich mich um eine Gesamtschau der Naturwissenschaften mühte, ging es mir um Erkenntnis, um Tiefe. Aber auch über die Dinge, die eher zum Alltag der heutigen Zivilisation gehören, wollte ich besser Bescheid wissen: Was versteht man eigentlich unter Energie, wie funktioniert eine Windkraftanlage, warum kann der Wirkungsgrad eines auf chemischer Verbrennung beruhenden Motors nicht viel mehr als 50 % erreichen, wie entsteht elektrischer Strom, wie lässt er sich speichern, wie sendet das Smart-Phone eine Mail, was ist ein Halbleiter, woraus bestehen Kunststoffe, was passiert beim Klonen, ist Gentechnik wirklich gefährlich? Wodurch entsteht eigentlich die CO_2-Emission, wie viel hat sich davon inzwischen in der Atmosphäre angereichert, wieso verursacht CO_2 den Klimawandel, wie sieht es mit der Verfügbarkeit der noch vorhandenen Ressourcen aus, bei jenen der Energie und jenen der Industrierohstoffe? Wird alles reichen, wenn die Weltbevölkerung von zurzeit 7,5 Milliarden Bewohnern am Ende des Jahrhunderts auf 11 Milliarden angewachsen sein wird? Wird dann noch genügend Wasser und Nahrung zur Verfügung? Viele Fragen, ernste Fragen, Fragen ethischer Dimension.

Kurzum: Es waren zwei dominante Motive, warum ich mich dem Thema Naturwissenschaften gründlicher zugewandt habe, gründlicher als ich darin viele Jahrzehnte zuvor in der Schule unterwiesen worden war:

- Zum einen hoffte ich die in der Natur waltenden Zusammenhänge besser verstehen zu können und wagte den Versuch, von den Quarks und Leptonen über die rätselhafte, alles dominierende Dunkle Materie (von der man nicht weiß, was sie ist), zur Letztbegründung allen Seins vorzustoßen und
- zum anderen wollte ich die stark technologisch geprägten Entwicklungen in der heutigen Zeit sowie den zivilisatorischen Umgang mit ‚meinem' Heimatplaneten und die Folgen daraus besser beurteilen können.

Es liegt auf der Hand: Will man tiefer in die Geheimnisse der Natur, in ihre Gesetze, vordringen, ist es erforderlich, sich in die experimentellen Befunde und hypothetischen Modelle hinein zu denken. So gewinnt man die erforderlichen naturwissenschaftlichen Kenntnisse und Erkenntnisse für ein vertieftes Weltverständnis. Dieses Ziel auf einer vergleichsweise einfachen theoretischen Grundlage zu erreichen, ist durchaus möglich. Mit dem vorliegenden Werk habe ich versucht, dazu den Weg zu ebnen. Man sollte sich darauf einlassen, man sollte es wagen! Wo der Text dem Leser (zunächst) zu schwierig ist, lese er über die Passage hinweg und studiere nur die Folgerungen. Wo es im Text tatsächlich spezieller wird, habe ich eine etwas geringere Schriftgröße gewählt, auch bei diversen Anmerkungen und Beispielen. Vielleicht sind es andererseits gerade diese Teile, die interessierte Schüler und Laien suchen. – Zentral sind die Abbildungen für die Vermittlung des Stoffes, sie wurden von mir überwiegend entworfen und gezeichnet. Sie sollten gemeinsam mit dem Text ‚gelesen' werden, sie tragen keine Unterschrift. – Die am Ende pro Kapitel aufgelistete Literatur verweist auf spezielle Quellen. Sie dient überwiegend dazu, auf weiterführendes Schrifttum hinzuweisen, zunächst meist auf Literatur allgemeinerer populärwissenschaftlicher Art, fortschreitend zu ausgewiesenen Lehr- und Fachbüchern. – Es ist bereichernd und spannend, neben viel Neuem in den Künsten und Geisteswissenschaften, an den Fortschritten auf dem dritten Areal menschlicher Kultur, den Naturwissenschaften, teilhaben zu können, wie sie in den Feuilletons der Zeitungen, in den Artikeln der Wissenszeitschriften und in Sachbüchern regelmäßig publiziert werden. So wird der Blick auf das Ganze erst vollständig.

Das Werk ist in fünf Bände gegliedert, die Zahl der Kapitel in diesen ist unterschiedlich:

Band I: Geschichtliche Entwicklung, Grundbegriffe, Mathematik
          1. Naturwissenschaft – Von der Antike bis ins Anthropozän
          2. Grundbegriffe und Grundfakten
          3. Mathematik – Elementare Einführung
Band II: Grundlagen der Mechanik einschl. solarer Astronomie und Thermodynamik
          1. Mechanik I: Grundlagen
          2. Mechanik II: Anwendungen einschl. Astronomie I
          3. Thermodynamik
Band III: Grundlagen der Elektrizität, Strahlung und relativistischen Mechanik, einschließlich stellarer Astronomie und Kosmologie
          1. Elektrizität und Magnetismus – Elektromagnetische Wellen
          2. Strahlung I: Grundlagen
          3. Strahlung II: Anwendungen, einschl. Astronomie II
          4. Relativistische Mechanik, einschl. Kosmologie
Band IV: Grundlagen der Atomistik, Quantenmechanik und Chemie
          1. Atomistik – Quantenmechanik – Elementarteilchenphysik
          2. Chemie
Band V: Grundlagen der Biologie im Kontext mit Evolution und Religion
          1. Biologie
          2. Religion und Naturwissenschaft

Abschließend sei noch angemerkt: Während sich der Inhalt des Bandes II, der mit Mechanik und Thermodynamik (Wärmelehre) für die Grundlagen der klassischen Technik steht und sich dem interessierten Leser eher erschließt, ist das beim Stoff der Bände III und IV nur noch bedingt der Fall. Das liegt nicht am Leser. Die Invarianz der Lichtgeschwindigkeit etwa und die hiermit verbundenen Folgerungen in der Relativitätstheorie, sind vom menschlichen Verstand nicht verstehbar, etwa die daraus folgende Konsequenz, dass die räumliche Ausdehnung, auch Zeit und Masse, von der relativen Geschwindigkeit zwischen den Bezugssystemen abhängig ist. Ähnlich schwierig ist die Massenanziehung und das hiermit verbundene gravitative Feld zu verstehen. Die Gravitation wird auf eine gekrümmte Raumzeit zurückgeführt. Der Feldbegriff ist insgesamt ein schwieriges Konzept. Dennoch, es muss alles seine Richtigkeit haben: Der Mond hält seinen Abstand zur Erde

und stürzt nicht auf sie ab, der drahtlose Anruf nach Australien gelingt, die Daten des GPS-Systems und die Anweisungen des Navigators sind exakt. Analog
verhält es sich mit den Konzepten der Quantentheorie. Sie sind ebenfalls prinzipiell nicht verstehbar, etwa die Dualität der Strahlung, gar der Ansatz, dass auch
alle Materie aus Teilchen besteht und zugleich als Welle gesehen werden kann.
Genau betrachtet, ist sie weder Teilchen noch Welle, sie ist schlicht etwas anderes. Wie man sich die Elektronen im Umfeld des Atomkerns als Ladungsorbitale
vorstellen soll, ist wiederum nicht möglich, weil unanschaulich und demgemäß
unbegreiflich. Man hat es im Makro- und Mikrokosmos mit Dingen zu tun, die
aus der vertrauten Welt heraus fallen, sie sind gänzlich verschieden von den Dingen der gängigen Erfahrung. Im Kleinen werden sie gar unbestimmt, für ihren
jeweiligen Zustand lässt sich nur eine Wahrscheinlichkeitsaussage machen. Für alle diese Verhaltensweisen ist unser Denk- und Sprachvermögen nicht konzipiert:
In der Evolution haben sich Denken und Sprechen zur Bewältigung der täglichen
Aufgaben entwickelt, für das vor Ort Erfahr- und Denkbare. Nur mit den Mitteln einer abgehobenen Kunstsprache, der Mathematik, sind die Konzepte der modernen
Physik in Form abstrakter Modelle darstellbar. Unanschaulich bleiben sie dennoch,
auch für jene Forscher, die mit ihnen arbeiten, in der Abstraktion werden sie ihnen vertraut. Damit stellt sich die Frage: Wie soll es möglich sein, solche Dinge
dennoch verständlich (populärwissenschaftlich) darzustellen? Die Erfahrung zeigt,
dass es möglich ist, auch ohne höhere Mathematik. Man muss mit modellmäßi-
gen Annäherungen arbeiten. Dabei gelingt es, eine Ahnung davon zu entwickeln,
wie alles im Großen und Kleinen funktioniert, nicht nur qualitativ, auch quanti-
tativ. Man sollte vielleicht gelegentlich versuchen, die eine und andere Ableitung
mit Stift und Papier nachzuvollziehen und mit Hilfe eines Taschenrechners das eine und andere Zahlenbeispiel nachzurechnen. – Themen, die noch ungelöst sind,
wie etwa der Versuch, Relativitäts- und Quantentheorie in der Theorie der Quan-
tengravitation zu vereinen, bleiben außen vor: Das Graviton wurde bislang nicht
entdeckt, eine quantisierte Raum-Zeit ist ein inkonsistenter Ansatz. Nur was durch
messende Beobachtung und Experiment verifiziert werden kann, hat Anspruch, als
naturwissenschaftlich gesichert angesehen zu werden. – Der Inhalt des Bandes V
ist dem Leser leichter zugänglich. Als erstes geht es um das Gebiet der Biologie.
Ihre Fortschritte sind faszinierend und in Verbindung mit Genetik und Biomedi-
zin für die Zukunft von großer Bedeutung – Die Evolutionstheorie ist inzwischen
zweifelsfrei fundiert. Ihre Aussagen berühren das Selbstverständnis des Menschen,
die Frage nach seiner Herkunft und seiner Bestimmung. Das befördert unvermeid-
lich einen Konflikt mit den Glaubenswirklichkeiten der Religionen. Denken und
Glauben sind zwei unterschiedliche Kategorien des menschlichen Geistes. Indem
dieser grundsätzliche Unterschied anerkannt wird, sollten sich alle Partner bei der

Suche nach der Wahrheit mit Respekt begegnen. Was ist wahr? Die Frage bleibt letztlich unbeantwortbar. Das ist des Menschen Los. Jedem stehen das Recht und die Freiheit zu, auf die Frage seine eigene Antwort zu finden.

Der Verfasser dankt dem Verlag Springer-Vieweg und allen Mitarbeitern im Lektorat, in der Setzerei, Druckerei und Binderei für ihr Engagement, insbesondere seinem Lektor Herrn Ralf Harms für seine Unterstützung.

Ottobrunn (München), Februar 2017 Christian Petersen

Vorwort zum vorliegenden Band IV

Das letzte Jahrzehnt des 19. und das erste Jahrzehnt des 20. Jahrhunderts waren durch einen beispiellosen Aufschwung der Technik gekennzeichnet. Aufbauend auf Mechanik und Thermodynamik, auf Elektrizität und Magnetismus und auf der Chemie, brach mit der neuzeitlichen Schiffs-, Eisenbahn-, Fahrzeug- und Flugzeugindustrie, mit der Stark- und Schwachstromindustrie und der Petrochemie eine neue zivilisatorische Epoche an. Sie brachte der Menschheit Wohlfahrt hinsichtlich Ernährung und Gesundheit und bahnbrechende Fortschritte in ihrer Mobilität. Auf der anderen Seite verursachte sie in den folgenden Kriegen des Jahrhunderts Zerstörung und Vernichtung in einem bis dato nicht gekannten verheerenden Ausmaß.

Nach der Jahrhundertwende war man der Meinung gewesen, der Wissens- und Erkenntniskanon der Naturwissenschaften sei abgeschlossen. Welch' ein Irrtum. Jetzt ging es mit dem Ausbau der Atomistik und Quantentheorie erst richtig los. Erst jetzt begann man die atomare Struktur der Materie zu verstehen. Das Kap. 1 widmet sich diesen neuen Einsichten, also dem Aufbau der Atome, jener kleinsten Bausteine, aus denen sich die Stoffe auf molekulare Ebene in unterschiedlicher Zusammensetzung fügen. – Der Kern des Atoms ist von Elektronen umgeben, von einer elektrischen Ladungswolke, deren Ladung mit der Ladung im Kern i. Allg. im Gleichgewicht steht. Die ‚Wolke' wird zweckmäßig in Form des klassischen Schalenmodells abgebildet. Mit diesem Modell lassen sich die meisten Erscheinungen auf atomarer Ebene, auch in der Chemie, ausreichend genau erklären, auch die Strahlung als Photonenstrom. Dadurch ist es auch möglich, sich von der Technik der Röntgenstrahlen und Halbleiter, der Photovoltaik und Laserstrahlen, u.a. ein Bild zu machen. – Im Doppelspaltversuch wird die duale Natur des Lichts sichtbar, womit es gelingt, zum Konzept der Materiewelle vorzustoßen, also zum Kern der Quantentheorie, und damit zu Erscheinungen wie der Quantenverschränkung. Das sind eigentlich alles unbegreifliche experimentelle Resultate. Ein vertiefter Einstieg in die Quantenmechanik wäre an dieser Stelle notwendig, wegen der dazu erforderlichen ‚komplexen Mathematik' muss darauf hier verzichtet werden.

– Im Gegensatz zur ‚Quantenwelt' in der Atomhülle, ist der Aufbau des Atomkerns einfacher zu verstehen, letztlich auch wieder nur modellmäßig: Themen wie Bindungsenergie, Radioaktivität, Kernspaltung und Kernfusion lassen sich verstehen, ebenso Aufbau und Funktion von Atom- und Fusionskraftwerken. – Dass sich die Teile des Atomkerns, die Protonen und Neutronen, aus Quarks zusammensetzen, ist eine wohlbegründete Hypothese, auch wenn die Teilchen im Versuch bislang nicht bestätigt werden konnten. Neben den genannten gibt es eine große Zahl weiterer Elementarteilchen. Sie vermitteln unter anderem die Kräfte. Das Higgs-Teilchen vermittelt die Masse, so die Theorie. Man fasst die Teile im Standardmodell der Elementarteilchenphysik zusammen. Zu ihrer Erkundung bedarf es aufwändiger Geräte und Detektoren, ihr Prinzip wird am Ende des Kapitels vorgestellt. Erkennbar ist: Bevor alle Fragen geklärt sind, stößt die Physik an apparative Grenzen, viele werden wohl unbeantwortbar bleiben. Das gilt auch für die Klärung einer Reihe von Fragen im Übergang zur Astrophysik (Band III).

Im Gegensatz zu ehemals wird die Chemie heute aus der Atomistik heraus entwickelt und dadurch verständlich. Im Kap. 2 wird das deutlich, wenn die verschiedenen Arten einer chemischen Verbindung behandelt werden. – Aus dem Bereich der anorganischen Chemie wird die Speicherung elektrischer Energie in Batterien und Akkus diskutiert, anschließend die Stoffkunde mineralischer und metallischer Werkstoffe. – In der organischen Chemie spielen die Kohlenstoffverbindungen die zentrale Rolle, einschließlich jener mit eingebautem Wasserstoff und Sauerstoff. Sie bestimmen den Aufbau aller lebenden Substanz und demgemäß auch jener der aus Erdöl und Erdgas gewonnenen Produkte. Sie sind aus den massenhaft abgestorbenen Pflanzen und Tieren in frühen Zeiten der Erdgeschichte hervorgegangen. Aus ihnen wiederum werden von der Chemischen Industrie Brennstoffe, Kunststoffe und viele weitere Produkte, wie Kunstdünger, Pharmaartikel und Pestizide aller Art hergestellt. Nicht nur in der Technik, auch in der Chemie, spiegelt sich die doppelgesichtige Ambivalenz allen zivilisatorischen Tuns.

Der Einstieg in den Mikrokosmos mit Hilfe des Schalenmodells wird auf Kritik stoßen, ist das Modell doch noch sehr dem Denken der klassischen Physik verhaftet. Das Modell hat indessen den Vorteil, dass es der historischen Entwicklung folgt und ein gewisses Maß an Anschaulichkeit besitzt. Auf das erweiterte Bohr-Sommerfeld-Modell kann verzichtet werden, auf die vier Zustandsformen der Teilchen und das Pauli'sche Postulat hingegen nicht; auch nicht auf die Heisenberg'sche Unschärferelation und die Schrödinger-Gleichung. Ihre Lösung, die Wellenfunktion, kennzeichnet für ein spezielles Problem die wahrscheinliche Zustandsform eines oder mehrerer Teilchen.

In allen Fällen handelt es sich um Naturgesetze! Sie können nicht hinterfragt werden, sie lassen sich auch nicht ableiten. Sie gelten in der gesamten Natur des

Kosmos, in allem. Warum sie so sind, wie sie sind, auch die Größe der zugehörigen Konstanten, ist eine müßige Frage. Alles fügt sich zu einem großen stimmigen
Gesamtwerk. In der Naturwissenschaft können die Phänomene durch Beobachten,
Messen, Experimentieren aufgedeckt und fallweise für Nutzanwendungen, z. B.
technische, aufbereitet werden, zur Kernfrage, ob den Naturgesetzen ein bewusster
Schöpfungsakt zugrunde liegt oder nicht, kann die Naturwissenschaft keine Aussage machen. Das sind spannende Fragen, die im folgenden Band V aufgegriffen
und vertieft werden.

Inhaltsverzeichnis

Atomistik – Quantenmechanik – Elementarteilchenphysik

1

Wie in Bd. I, in den Abschn. 2.7 und 2.8 in kurzer Form ausgeführt, wurden mit Beginn des 20. Jahrhunderts die Vorstellungen über den Aufbau des Atoms, der Atomhülle und des Atomkerns, konkreter.

J.J. THOMSON (1856–1940) erdachte das erste Atommodell der Neuzeit, etwa in der Zeit von 1889 bis 1903. Er stellte sich die Atome als massive Kugeln mit positiver Ladungsverteilung vor, in welche negativ geladene Elektronen im Zustand harmonischer Schwingungen um das Zentrum eingebunden seien.

Tiefere Einsichten zur Natur der Atome, insbesondere zum Atomkern, gelangen mit Hilfe von Experimenten mit energiereicher Strahlung, insbesondere durch E. RUTHERFORD (1871–1937) mit seinen Forschungen zur Radioaktivität. Im Jahre 1902 postulierte er: Atome können zerfallen! Sie galten bis dahin als unzertrennbar. Zu dieser Einsicht gelangte er, als er anhand seiner Streuversuche die Natur der α-, β- und γ-Teilchen klärte. Hiervon ausgehend postulierte er im Jahre 1911 ein neues Atommodell. Nach seiner Auffassung würde die Masse eines Atoms nahezu vollständig aus jener des positiv geladenen Kerns bestehen. Der Kern würde von den elektrisch negativ geladenen Elektronen auf kreisförmigen Bahnen umrundet. Deren Geschwindigkeit sei gerade so groß, dass die Zentrifugalkraft mit der elektrostatischen Anziehungskraft zwischen Kern und Elektron im Gleichgewicht stehe.

Als ein schwierig zu bewältigendes Problem erwies sich beim Rutherford'schen Modell die ungesicherte Stabilität der Atome: Da ein Atom bei Strahlung Energie verliert, können die Elektronen nicht auf stabilen Bahnen verharren, sondern müssten spiralig ins Zentrum stürzen, was sie offensichtlich nicht tun.

An dieser Stelle setzte das Bohr'sche Atommodell an. Nach dem Bohr'schen Modell gibt es nicht beliebige, sondern nur ‚erlaubte' Bahnen. Zwischen diesen ‚springen' die Elektronen und emittieren oder absorbieren dabei Energiequanten. Mit diesem Modell begann sich ein neuer Zweig der Physik zu etablieren, die Quantenmechanik. Sie sollte die Physik revolutionieren.

© Springer Fachmedien Wiesbaden GmbH 2017
C. Petersen, *Naturwissenschaften im Fokus IV*, DOI 10.1007/978-3-658-15302-1_1

In diesem Kapitel wird versucht, die zwischenzeitlich weit ausgebaute Quantenphysik auf drei Ebenen darzustellen:

- Atomhülle
- Atomkern
- Elementarteilchen

Es wird quasi dreistufig von außen nach innen in die kleinsten Abmessungen der Natur vorgedrungen. Dabei zeigt sich, dass trotz enormen Forschungsaufwandes letzte Fragen keinesfalls als beantwortet gelten können, im Gegenteil, die Physik steckt bezüglich diverser Fragen zur Elementarteilchenphysik und den hiermit verknüpften Fragen zur Kosmologie eher in einer Krise. Vieles erscheint inzwischen als zu spekulativ und nicht ausreichend experimentell verifiziert. Das betrifft eine Reihe zentraler Kernfragen. Vieles verbleibt vielleicht für alle Zeiten rätselhaft und wird sich nie beantworten lassen.

Das vorliegende Kapitel umfasst die moderne Physik des 20. Jh. Mit ihrer Entwicklung gingen gravierende Auswirkungen auf alle Lebensbereiche einher: Atomkraft und Atombombe, Halbleitertechnik und Personalcomputer, Röntgenologie und Magnetspintomographie, usw., usf. Im Folgenden können nur die Grundlagen vermittelt werden. Für eine Vertiefung des Stoffes steht ein umfangreiches Schrifttum zur Verfügung. Aus der Menge mit wissenschaftlicher Ausrichtung wird auf [1–5] und solche mit populärwissenschaftlicher auf [6–10] verwiesen.

1.1 Atomhülle – Elektronen – Photonen

1.1.1 Bohr'sches Atommodell – Elektromagnetische Strahlung

1.1.1.1 Vorläufer des Bohr'schen Atommodells

In Bd. I, Abschn. 2.8 wurde das von N. BOHR (1885–1962) im Jahre 1913 vorgeschlagene Atommodell auf elementarer Grundlage vorgestellt. Nach diesem Modell bewegen sich die Elektronen um den Atomkern auf Schalen und Unterschalen. Jedes Element ist durch eine bestimmte Anzahl von Schalen ausgezeichnet. Die Belegungsdichte der Schalen mit Elektronen ist bei jedem Element unterschiedlich. Sie bestimmt die Eigenschaften der Atome und der aus ihnen aufgebauten Moleküle. Aus letzteren ist das Grundgerüst aller Stoffe aufgebaut. Auch die Strahlung, einschließlich des sichtbaren Lichts, konnte N. BOHR mit Hilfe seines Modells deuten.

Über die in Bd. I, Abschn. 2.7.2 skizzierte Darstellung hinaus, lässt sich die Entwicklung des Atommodells – historisch betrachtet – wie folgt zusammenfassen:

- Es waren LEUKIPPOS von MILET (480–420 v. Chr.) und DEMOKRITOS von ABDERA (460–370 v. Chr.), die vor zweieinhalb tausend Jahren als erste die Vermutung aussprachen, dass sich die Materie aus kleinen unteilbaren Teilchen zusammensetzen müsse. Bei ihnen ende die Teilbarkeit. Zwischen den Teilchen sei nur Leere.
- M. W. LOMONOSSOW (1711–1765) erkannte (1740), dass sich Goldplättchen bis auf 10^{-4} cm $= 10^{-3}$ mm herunter auswalzen lassen. – B. FRANKLIN (1706–1790) ließ einen Teelöffel Öl (ca. 5 cm^3) auf einer ruhenden Wasserfläche ausfließen, das war 1773. Nach Ende des Ausfließens wurde eine Wasserfläche von ca. 2000 m^2 bedeckt. Hieraus schloss er auf eine Moleküldicke des Öls von

$$\text{ca. } 5\,\text{cm}^3/2 \cdot 10^7\,\text{cm}^2 = 2{,}5 \cdot 10^{-7}\,\text{cm} = 2{,}5 \cdot 10^{-6}\,\text{mm} = 0{,}0000025\,\text{mm}.$$

Es musste sich somit bei den Molekülen bzw. Atomen um extrem kleine Objekte handeln.
- J. DALTON (1766–1844) postulierte als erster in der Moderne eine wissenschaftlich fundierte Atomhypothese. Das war im Jahre 1808. In den Jahrzehnten darauf lieferten Chemie und kinetische Gastheorie viele weitere Beweise für die Existenz von Atomen und Molekülen. Dennoch war man vielfach nur zögernd bereit, deren Existenz als reale Objekte zu akzeptieren (vor einer allzu bildlichen Vorstellung sollte man sich auch heute hüten).
- M. FARADAY (1791–1867) erkannte im Jahre 1834 die Gesetze der Elektrolyse und den Zusammenhang zwischen den elektrischen Eigenschaften der Elemente und ihrer Atommasse.
- Die Entwicklung der Spektralanalyse durch R. BUNSEN (1811–1899) und G. KIRCHHOFF (1824–1887) ab dem Jahr 1859 und die Erstellung des Periodensystems der Elemente im Jahr 1869 durch D.I. MENDELEJEW (1834–1907) und L.J. MEYER (1830–1895) förderten die Vorstellungen über den Aufbau der Materie und den Zusammenhang mit der Strahlung nachhaltig.
- Die kinetische Gastheorie wurde von L. BOLTZMANN (1844–1906) und weiteren Forschern unter der Annahme winzig-kleiner, kompakter, elastischer Atom-Kügelchen entwickelt.
- Erst langsam und später bestätigte sich die Vermutung, dass sich die Atome selbst aus Bausteinen, aus Elementarteilchen, zusammensetzen. – Im Jahre 1858 entdeckte J. PLÜCKER (1801–1868) die aus einer Glühkathode austre-

tenden Kathodenstrahlen. – Aus dem von T.A. EDISON (1847–1931) im Jahre 1883 entdeckten glühelektrischen Effekt wurde geschlossen, dass es sich bei den Kathodenstrahlen um Elektronenstrahlen handeln müsse. – 1895 konnte J.B. PERRIN (1870–1942) nachweisen, dass die Teilchen der Kathodenstrahlen eine negative elektrische Ladung tragen.

• Die Kathodenstrahlen erwiesen sich als geeignet, die Struktur der Materie zu erforschen: P. LENARD (1862–1947) entdeckte 1893, dass die Strahlen eine dünne Aluminiumfolie weitgehend ungehindert durchdringen. Daraufhin erkundete er das Absorptionsvermögen der Stoffe, das sich als abhängig von der Massendichte der durchsetzten Schicht und als unabhängig von deren Zusammensetzung und Aggregatszustand erwies. Er schloss aus seinen Versuchen, dass das Atom aus einem sehr kleinen Kern, umgeben von einem großen Leerraum, bestehen müsse. Parallel dazu gelang es J.J. THOMSON (1856–1940) im Jahre 1897 in analogen Versuchen durch magnetische Ablenkung der Kathodenstrahlen, Ladung und Masse der Teilchen zu ermitteln. Nach seinen Versuchen musste die Masse eines Elektrons mehr als tausendmal kleiner sein als jene des Wasserstoffkerns. Für diese experimentell gewonnenen Erkenntnisse und Einsichten wurde P. LENARD im Jahre 1905 und J.J. THOMSON im Jahre 1906 mit dem Nobelpreis geehrt: Die Existenz von Elektronen als Partikel galt durch ihre Forschungen als gesichert.

• Aus der Sinkgeschwindigkeit ionisierter Öltröpfchen im elektrostatischen Feld gelang R.A. MILLIKAN (1868–1953) die erste quantitative Bestimmung ihrer elektrischen Ladung und damit die Bestimmung der elektrischen Elementarladung e. Das gelang ihm bei seinen Versuchen mit immer höherer Genauigkeit in der Zeit von 1906 bis 1917. Auch konnte er zeigen, dass die Moleküle stets ein ganzzahlig Vielfaches dieser Elementarladung tragen (für seine Forschungen erhielt er den Nobelpreis im Jahre 1923).

• Wie eingangs erwähnt, waren es schließlich die bahnbrechenden Versuche von R. RUTHERFORD und der hiermit verbundene Erkenntnisgewinn, auf den N. BOHR das von ihm vorgeschlagene Atommodell begründen konnte. Dabei gingen dem Bohr'schen Entwurf drei wichtige Hypothesen voraus: a) Die zutreffende Beschreibung der spektralen Energieverteilung der Wärmestrahlung des Schwarzen Körpers und die Einführung des Wirkungsquantums h als kleinste Energiewirkung durch M. PLANCK (1858–1947) im Jahre 1900, b) die Erklärung der Temperaturabhängigkeit der Brown'schen Bewegung durch A. EINSTEIN (1879–1955) im Jahre 1906 und c) die Deutung des photoelektrischen Effekts durch ihn. Dazu führte A. EINSTEIN das Strahlungsquant, das Photon, als ein Teilchen ein, welches Energie und Impuls trägt. Die Energie des Photons sei gequantelt: $E_n = n \cdot h \cdot v$.

Abb. 1.1

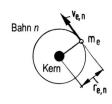

- Voraussetzung von alledem waren die Aussagen der parallel entwickelten Relativitätstheorien SRT und ART. – Dass die elektromagnetische Strahlung keines Äthers bedarf, war schon Jahre zuvor zweifelsfrei geklärt worden (Bd. III, Abschn. 1.1.3).

Im letzten Jahrzehnt des 19. Jahrhunderts und im ersten Jahrzehnt des 20. Jahrhunderts überschlugen sich die neuen Erkenntnisse, eine aufregende Zeit: Die Grundlagen der Quantenmechanik wurden gelegt, ihr eigentlicher Ausbau setzte indessen erst mit Beginn der zwanziger Jahre des 20. Jahrhunderts ein. In dem Zusammenhang seien schon an dieser Stelle die Namen W. HEISENBERG (1901–1976) und E. SCHRÖDINGER (1887–1961) genannt.

Gekennzeichnet war die Zeit von einer beispielhaften Zusammenarbeit über die nationalen Grenzen hinweg. N. BOHR erwies sich mit seinem Kopenhagener Institut als Förderer und ‚spiritus rector‘ der Entwicklung. Mit Beginn der dreißiger Jahre des 20. Jahrhunderts verlagerte sich der Schwerpunkt der weiteren Forschung zunehmend in den angelsächsischen Raum, insbesondere in die USA. Verantwortlich dafür waren u. a. die selbstzerstörerischen Zustände in Deutschland.

1.1.1.2 Erstes Bohr'sche Postulat (Wasserstoffatom)

Gemäß dem Ersten Bohr'schen Postulat können (bzw. dürfen) sich die Elektronen nur auf solchen Kreisbahnen bewegen, die der folgenden Bedingung genügen:

$$m_e \cdot 2\pi \cdot r_{e,n} \cdot v_{e,n} = n \cdot h \quad \rightarrow \quad m_e \cdot r_{e,n} \cdot v_{e,n} = n \cdot \frac{h}{2\pi}$$

Hierin ist m_e die Elektronenmasse ($m_e = 9{,}10938 \cdot 10^{-31}$ kg). $r_{e,n}$ und $v_{e,n}$ sind Radius bzw. Geschwindigkeit des Elektrons auf der zur Hauptquantenzahl n gehörenden Bahn (Abb. 1.1). h ist die Planck'sche Konstante. $n = 1$ kennzeichnet den Grundzustand.

Der angeschriebenen Formel liegt folgender Gedanke zugrunde: Der Drehimpuls eines Körpers ist zu $L = J \cdot \omega$ definiert. Hierin ist J das Trägheitsmoment und ω die Winkelgeschwindigkeit des Körpers auf seiner Kreisbahn, vgl. Bd. II,

Abschn. 2.2.4: $\omega = v/r$. Da das Elektron als körperfreier Punkt gedeutet wird (der gleichwohl massebehaftet ist), ist sein Eigenträgheitsmoment Null ($J_S = 0$). Demgemäß verkürzt sich sein Trägheitsmoment zu

$$J = J_S + m \cdot r^2 = m \cdot r^2 = m_e \cdot r_e^2$$

und sein Drehimpuls zu:

$$L_e = J_e \cdot \omega_e = m_e \cdot r_e^2 \cdot v_e/r_e = (m_e \cdot v_e) \cdot r_e$$

Hierin ist m_e die Masse und r_e der Radius des Elektrons auf seiner Bahn. v_e ist seine Bahngeschwindigkeit. (Kürzer: Drehimpuls ist Impuls ($m_e \cdot v_e$) mal Bahnradius: $(m_e \cdot v_e) \cdot r_{e,n}$.)

Das Erste Bohr'sche Postulat besagt nunmehr: Der Drehimpuls eines Elektrons kann nur die Werte $n \cdot h/2\pi$ annehmen, wobei n ganzzahlig ist ($n = 1, 2, 3, \ldots$):

$$L_{e,n} \doteq n \cdot \frac{h}{2\pi} \quad \rightarrow \quad L_{e,n} = J_e \cdot \omega_{e,n} = m_e \cdot r_{e,n}^2 \cdot v_{e,n}/r_{e,n}$$

$$= (m_e \cdot v_{e,n}) \cdot r_{e,n} \doteq n \cdot \frac{h}{2\pi}$$

Das bedeutet: Der Drehimpuls des Elektrons kann nicht irgendwelche beliebigen Werte annehmen, sondern nur bestimmte (quantisierte) für $n = 1, 2, 3, \ldots$ Durch das Postulat werden der Masse m_e bestimmte Bahnradien bzw. Bahngeschwindigkeiten zugewiesen. Wird $m_e \cdot v_{e,n} \cdot r_{e,n} = n \cdot h/2\pi$ nach $r_{e,n}$ bzw. $v_{e,n}$ aufgelöst, folgt:

$$r_{e,n} = \frac{n \cdot h/2\pi}{m_e \cdot v_{e,n}}; \quad v_{e,n} = \frac{n \cdot h/2\pi}{m_e \cdot r_{e,n}}$$

Bahnradius und Bahngeschwindigkeit sind nach dem Bohr'schen Modell in der Weise einander zugeordnet, dass **die Zentrifugalkraft, die das Elektron auf seiner Bahn erfährt, mit der elektrostatischen Anziehungskraft zwischen Proton und Elektron im Gleichgewicht steht**. Nur so ist ein stabiler Zustand des Atoms gewährleistet. – Die Zentrifugalkraft berechnet sich zu (Bd. II, Abschn. 2.2.3):

$$F = m_e \cdot r_n \cdot \omega^2 = m_e \cdot r_n \cdot \frac{v_n^2}{r_n^2} = m_e \cdot \frac{v_n^2}{r_n}$$

Anmerkung
Auf das Notieren des Index e für Elektron wird im Folgenden bei $r_{e,n}$ und $v_{e,n}$ verzichtet.

Für die elektrostatische Anziehungskraft gilt (Bd. III, Abschn. 1.2.1):

$$F = K_e \cdot \frac{e \cdot e}{r_n^2} = \frac{1}{4\pi\varepsilon_0} \cdot \frac{e^2}{r_n^2} \quad \left(K_e = \frac{1}{4\pi\varepsilon_0} \right)$$

ε_0 ist die Feldkonstante und e die elektrische Elementarladung. Die Ladung auf einem Proton ist $+e$ und jene auf einem Elektron $-e$. Die Ladungen haben entgegengesetzte Vorzeichen, sie ziehen sich an. Die Elementarladung beträgt: $e = 1{,}60218 \cdot 10^{-19}$ C. Die Gleichsetzung der Kräfte in den beiden voran gegangenen Gleichungen ergibt:

$$m_e \cdot \frac{v_n^2}{r_n} = \frac{1}{4\pi\varepsilon_0} \cdot \frac{e^2}{r_n^2} \quad (\varepsilon_0 = 8{,}85419 \cdot 10^{-12}\,\mathrm{F\,m^{-1}})$$

Aus dieser Gleichgewichtsgleichung wird die Bahngeschwindigkeit frei gestellt und zwar deren Quadrat:

$$v_n^2 = \frac{1}{4\pi\varepsilon_0} \cdot \frac{e^2}{m_e \cdot r_n}$$

Wird aus der Formel für das Erste Bohr'sche Postulat v_n freigestellt, quadriert und mit der vorstehenden Beziehung verknüpft, folgt der Bahnradius zu:

$$r_n = \frac{\varepsilon_0 \cdot h^2}{\pi e^2} \cdot \frac{n^2}{m_e}$$

Das bedeutet: Der Bahnradius wächst mit dem Quadrat der Hauptquantenzahl n. Für den Grundzustand gilt ($n = 1$):

$$r_1 = \frac{\varepsilon_0 \cdot h^2}{\pi e^2 \cdot m_e} = 0{,}53 \cdot 10^{-10} = 5{,}3 \cdot 10^{-11}\,\mathrm{m}$$

Man spricht vom **Bohr'schen Radius**. Er macht die winzigen Größenordnungen auf atomarer Ebene deutlich:

$$5{,}3 \cdot 10^{-11}\,\mathrm{m} = 5{,}3 \cdot 10^{-8}\,\mathrm{mm} = 0{,}000000053\,\mathrm{mm}.$$

Anmerkungen
Ehemals wurde der Atomdurchmesser $1 \cdot 10^{-7}$ mm $= 1 \cdot 10^{-8}$ cm $= 1 \cdot 10^{-10}$ m mit ‚Ångström' (1 Å) abgekürzt. – Der Atomkern ist mit ca. $2 \cdot 10^{-12}$ mm nochmals sehr viel kleiner als das zugehörige Atom.

Abb. 1.2

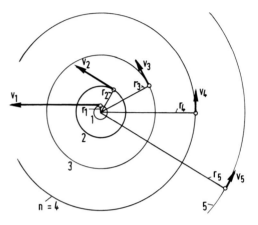

Die zur Hauptquantenzahl n gehörende Bahngeschwindigkeit ergibt sich, wenn r_n in obige Gleichung für $v_{e,n}$ eingesetzt wird, zu:

$$v_n = \frac{e^2}{2\varepsilon_0 \cdot h} \cdot \frac{1}{n}; \quad v_1 = \frac{e^2}{2\varepsilon_0 \cdot h} = 2{,}2 \cdot 10^6 \, \text{m/s} \quad \left(= \frac{1}{136} \cdot c_0\right),$$

c_0 ist die Lichtgeschwindigkeit im Vakuum.

In Abb. 1.2 ist das Ergebnis veranschaulicht. Dargestellt sind fünf Elektronen-bahnen ($n = 1, 2, 3, 4, 5$) mit den zugehörigen Bahngeschwindigkeiten $v_1, v_2, \ldots$ (als Vektoren gezeichnet). Der Abstand der Schalen wächst quadratisch an, die Bahngeschwindigkeiten sinken linear mit n: v_2 ist gleich $v_1/2$, v_3 ist gleich $v_1/3$ usf. Da die Verhältnisse im Planetensystem ähnlich liegen, wird das Bohr'sche Atommodell gerne hiermit verglichen. Die Unterschiede sind indessen signifikant:

1. Die Planetenbahnen können jeden beliebigen Abstand zur Sonne annehmen, wohl muss ihre Bahngeschwindigkeit den Kepler'schen Gesetzen genügen.
2. Im Laufe von Jahrmillionen verändern sich die Bahnelemente der Planeten kontinuierlich, wenn auch langsam. Beim Atom sind sie dagegen konstant! Da der Raum zwischen dem Kern des Atoms und der äußeren Begrenzung der Elektronenbahnen leer ist, wird auf die Elektronen offensichtlich keine Bremswirkung ausgeübt. Solange die Temperatur über dem absoluten Nullpunkt liegt, ,kreisen' die Elektronen stationär auf ihren Bahnen (wohl von Ewigkeit zu Ewigkeit). Fällt die Temperatur auf den absoluten Nullpunkt, herrscht Stillstand. Diese Modellansätze werden an späterer Stelle noch zu modifizieren sein!

1.1.1.3 Zweites Bohr'sches Postulat (Wasserstoffatom)

Mit r_n und v_n sind Radius bzw. Geschwindigkeit auf der Kreisbahn n festgelegt. Als Punktmasse wohnt dem Elektron auf seiner Bahn die kinetische Energie

$$E_{\text{kin},n} = \frac{1}{2}m_e \cdot v_n^2 = \frac{1}{2} \cdot \frac{e^2}{4\pi\varepsilon_0 \cdot r_n} = \frac{e^2}{8\pi\varepsilon_0 \cdot r_n}$$

inne (Bd. II, Abschn. 2.2.5). Hierin ist v_n^2 durch die nach dem 1. Postulat sich ergebende obige Gleichung ersetzt. – Für die Berechnung der potentiellen Energie der Punktmasse m_e im Abstand r_n vom Zentrum des Atoms wird auf Bd. II, Abschn. 2.8.7 zurück gegriffen. Im vorliegenden Falle ist es nicht das gravitative, sondern das elektrostatische Feld, in welchem sich die Punktmasse befindet. Beide Felder werden von Gleichungen beherrscht, in welchen die Kraft mit dem Abstandsquadrat der wechselwirkenden Massen bzw. Ladungen sinkt. Für die wechselwirkenden Ladungen Q und q berechnet sich die potentielle Energie zu:

$$E_{\text{pot}} = -K_e \cdot \frac{Q \cdot q}{r} = -\frac{1}{4\pi\varepsilon_0} \cdot \frac{Q \cdot q}{r}$$

Hinweise
1. In Bd. III, Kap. 1 steht E für die elektrostatische Feldstärke. 2. Für $r = 0$ ergibt sich E_{pot} zu: $-\infty$. Im Abstand $r = \infty$ ist die elektrostatische Kraft Null, ebenso deren potentielle Energie. Vgl. Analogie zum Gravitationsfeld, Bd. II, Abschn. 2.8.7.

Die zur Hauptquantenzahl n gehörende potentielle Energie beträgt (Q und q sind jeweils gleich e):

$$E_{\text{pot},n} = -\frac{e^2}{4\pi\varepsilon_0 \cdot r_n} = -\frac{2 \cdot e^2}{8\pi\varepsilon_0 \cdot r_n}$$

Bildet man die Summe aus kinetischer und potentieller Energie, folgt:

$$E_n = E_{\text{kin},n} + E_{\text{pot},n} = -\frac{e^2}{8\pi\varepsilon_0 \cdot r_n}$$

Wird r_n durch obige Gleichung für r_n ersetzt, ergibt sich nach kurzer Umformung;

$$E_n = -\frac{e^4 \cdot m_e}{8\varepsilon_0^2 \cdot h^2} \cdot \frac{1}{n^2}$$

Wechselt das Elektron von einer niederen Bahn n_N auf eine höhere Bahn n_H, beträgt die Energiedifferenz zwischen der neuen Bahn (H) und jener auf der vorherigen Bahn (N):

$$\Delta E = E_H - E_N = -\frac{e^4 \cdot m_e}{8\varepsilon_0^2 \cdot h^2} \cdot \frac{1}{n_H^2} - \left(-\frac{e^4 \cdot m_e}{8\varepsilon_0^2 \cdot h^2} \cdot \frac{1}{n_N^2} \right)$$

$$\rightarrow \quad \Delta E = \frac{e^4 \cdot m_e}{8\varepsilon_0^2 \cdot h^2} \cdot \left(\frac{1}{n_N^2} - \frac{1}{n_H^2} \right)$$

Man beachte: $n_N < n_H$, das bedeutet: ΔE ist beim Übergang von einer niederen auf eine höhere Bahn positiv, das Elektron erfährt einen Energiezuwachs um den Betrag ΔE. Wechselt ein Elektron aus einer höheren Bahn auf eine niedere, weist das Elektron einen Energieüberschuss vom Betrage ΔE auf. Das Zweite Bohr'sche Postulat besagt nun, dass **dieser Energieüberschuss beim Sprung des Elektrons auf eine niedere Bahn als Energiequant in Form eines Photons abgestrahlt wird**. Die Energie des Photons ist demgemäß ΔE. Für das Quant der abstrahlenden Welle gilt nach der Planck-Einstein-Beziehung und wegen $\nu \cdot \lambda = c_0$:

$$E_{\text{Quant}} = h \cdot \nu = h \cdot c_0 \frac{1}{\lambda}$$

ν ist die Frequenz der elektromagnetischen Welle und λ deren Wellenlänge; h ist das Planck'sche Wirkungsquantum und c_0 die Lichtgeschwindigkeit im Vakuum.

Wird ΔE mit E_{Quant} gleichgesetzt, kann diese Gleichung nach der Frequenz und Wellenlänge, bzw. ihrem Kehrwert, aufgelöst werden:

$$\nu = \frac{e^4 \cdot m_e}{8\varepsilon_0^2 \cdot h^3} \cdot \left(\frac{1}{n_N^2} - \frac{1}{n_H^2} \right)$$

$$\rightarrow \quad \frac{1}{\lambda} = \frac{e^4 \cdot m_e}{8\varepsilon_0^2 \cdot h^3} \cdot \frac{1}{c_0} \cdot \left(\frac{1}{n_N^2} - \frac{1}{n_H^2} \right) = R_\infty \cdot \left(\frac{1}{n_N^2} - \frac{1}{n_H^2} \right)$$

R_∞ ist die Rydberg-Konstante des Wasserstoffs (nach J.R. RYDBERG (1854–1919)). Werden die Fundamentalkonstanten für e, m_e, ε_0, h und c_0 eingesetzt, ergibt sich als Zahlenwert für R_∞:

$$R_\infty = \underline{1{,}09737316 \cdot 10^7\, \text{m}^{-1}}$$

Lässt man n_N und $n_H > n_N$ unterschiedliche Werte annehmen, gewinnt man aus der Gleichung für ν bzw. für $1/\lambda$ jene Frequenzen bzw. Wellenlängen, mit

n_H	$n_N = 1$ K λ	E_{Quant}	$n_N = 2$ L λ	E_{Quant}	$n_N = 3$ M λ	E_{Quant}	$n_N = 5$ N λ	E_{Quant}	$n_N = 6$ O λ	E_{Quant}
2	121,502	10,204								
3	102,518	12,094	656,112	1,890						
4	97,202	12,755	486,006	2,551	1874,61	0,661				
5	94,924	13,061	433,937	2,857	1281,47	0,967	4050,08	0,306		
6	93,730	13,227	410,070	3,023	1093,52	1,134	2624,45	0,472	7455,8	0,166
7	93,025	13,328	396,907	3,124	1004,67	1,234	2164,95	0,573	4651,3	0,267
8	92,573	13,393	388,807	3,189	954,35	1,299	1944,04	0,638	3738,5	0,332
9	92,266	13,437	383,442	3,233	922,66	1,344	1816,93	0,682	3295,2	0,376
10	92,047	13,469	379,695	3,265	901,25	1,376	1735,75	0,714	3037,6	0,408
100	91,136	13,604	364,652	3,400	820,88	1,510	1460,36	0,849	2283,9	0,543
1000	91,127	13,605	364,508	3,401	820,14	1,512	1458,05	0,850	2278,2	0,544
	nm	eV	nm	eV	nm	eV	nm	eV	nm	eV

Abb. 1.3

denen die Photonen das Atom (mit Lichtgeschwindigkeit) verlassen. Die dabei abgestrahlte Energie, die das Photon mit sich führt, ist gleich E_{Quant}.

Es ist üblich (was auch mit der historischen Entwicklung zusammenhängt), die Energie des Photons nicht in Joule (J), sondern in Elektronenvolt (eV) anzugeben. Die Umrechnung lautet (vgl. hier Bd. II, Abschn. 1.12):

$$1\,J = 6{,}2414 \cdot 10^{18}\,eV$$

Das Planck'sche Wirkungsquantum nimmt damit folgende Form an:

$$h = 6{,}6261 \cdot 10^{-34} \cdot 6{,}2414 \cdot 10^{18} = 4{,}1356 \cdot 10^{-15}\,eV \cdot s$$

Für $h \cdot c_0$ ergibt sich:

$$h \cdot c_0 = 4{,}1356 \cdot 10^{-15} \cdot 2{,}9978 \cdot 10^{8} = 1{,}2398 \cdot 10^{-6}\,eV \cdot m$$

Die Tabelle in Abb. 1.3 enthält die Auswertung der obigen Gleichung, also die Quantenenergie E_{Quant} als Funktion von λ: Die Serien für $n_N = 1, 2, 3$ usf. tragen die Namen jener Physiker, die die jeweilige Serie im Emissions-Spektrum des Wasserstoffs entdeckt haben (vgl. folgenden Abschnitt). Wie aus der Tabelle hervorgeht, sind den Serien unterschiedliche Wellenlängenbereiche zugeordnet; sie gelten in dieser Form, wie hergeleitet, nur für das Wasserstoffatom!

$n_N = 1$: $\lambda = 121$ bis $91\,nm$,   K-Serie nach T. LYMAN (1874–1954)

$n_N = 2$: $\lambda = 656$ bis $365\,nm$,   L-Serie nach J. BALMER (1825–1898)

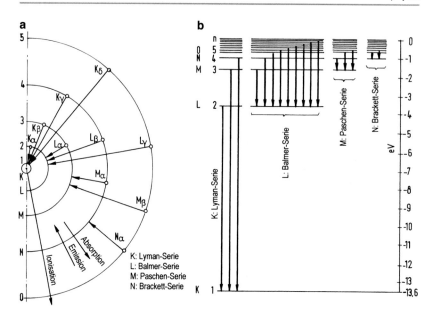

Abb. 1.4

$n_N = 3$: $\lambda = 1875$ bis 820 nm,   M-Serie nach F. PASCHEN (1865–1942)

$n_N = 4$: $\lambda = 4050$ bis 1458 nm, N-Serie nach F. BRACKETT (1896–1988)

$n_N = 5$: $\lambda = 7456$ bis 2278 nm, O-Serie nach A. PFUND (1879–1949)

Die K-Serie liegt im UV-Gebiet (UV: ultraviolett), die M-, N- und O-Serie liegen im IR-Gebiet (IR: infrarot). Nur die L-Serie ($n_N = 2$) liegt im Bereich des sichtbaren Lichts, sie wurde als erste im Jahre 1884 entdeckt. Die einzelnen Stufen innerhalb der Serien tragen griechische Buchstaben, z. B. bei der Balmer-Serie: L_α, L_β, L_γ usf. –

In Abb. 1.4a sind die im Atom ablaufenden Vorgänge veranschaulicht. Bei einem Sprung von einer äußeren auf eine innere Bahn wird ein Quant emittiert. Wird ein Quant eingefangen, also absorbiert, springt das Elektron von einer inneren auf eine äußere Bahn. Letzteres setzt voraus, dass das Photon eine Energie trägt, die gleich der Energiedifferenz zwischen den beiden Bahnen ist. Man spricht von **Quantensprüngen**. Abb. 1.4b zeigt das Termschema bis einschließlich der N-Serie mit den möglichen Sprüngen auf das Grundniveau der jeweiligen Serie. Die Bahnen werden auch als Quantenbahnen bezeichnet.

1.1.1.4   Beispiele und Ergänzungen

1. Beispiel

Gesucht sind Bahnradius, Bahngeschwindigkeit und Bahnumlaufzeit des Elektrons des Wasserstoffatoms auf seiner 1. Quantenbahn ($n = 1$). – Die Formel für den Bahnradius lautet:

$$r_{e,n} = \frac{\varepsilon_0 \cdot h^2}{\pi \cdot e^2} \cdot \frac{n^2}{m_e} = \frac{\varepsilon_0}{e^2} \cdot \frac{h^2}{\pi} \cdot \frac{n^2}{m_e}$$

Im Einzelnen wird gerechnet (vgl. hier die Tabelle mit den Naturkonstanten in Bd. I, Abschn. 2.2):

$$\varepsilon_0 = \frac{1}{\mu_0 \cdot c_0^2} = \frac{1}{4\pi \cdot 10^{-7} \cdot (2{,}99792 \cdot 10^8)^2} \cdot \frac{1}{\mathrm{N} \cdot \mathrm{A}^{-2} \cdot (\mathrm{m/s})^2};$$

$$e = 1{,}60218 \cdot 10^{-19} \mathrm{A} \cdot \mathrm{s} \quad (\mathrm{C} = \mathrm{A} \cdot \mathrm{s})$$

$$\frac{\varepsilon_0}{e^2} = \frac{1}{4\pi \cdot 10^{-7} \cdot 2{,}99792^2 \cdot 10^{16} \cdot (1{,}60218)^2 \cdot 10^{-38}} \cdot \frac{1}{\mathrm{N} \cdot \mathrm{A}^{-2} \cdot (\mathrm{m/s})^2 \cdot (\mathrm{A} \cdot \mathrm{s})^2}$$

$$= \frac{1}{289{,}9162 \cdot 10^{-7} \cdot 10^{16} \cdot 10^{-38}} \cdot \frac{1}{\mathrm{N} \cdot \mathrm{m}^2} = 0{,}0034493 \cdot 10^{29} \cdot \frac{1}{\mathrm{N} \cdot \mathrm{m}^2}$$

$$= \underline{3{,}4493 \cdot 10^{26}} \cdot \frac{1}{\mathrm{N} \cdot \mathrm{m}^2}$$

Mit $h = 6{,}62607 \cdot 10^{-34}$ J · s und $m_e = 9{,}10938 \cdot 10^{-31}$ kg wird weiter gerechnet:

$$r_1 = \frac{3{,}4493 \cdot 10^{26} \cdot (6{,}62607 \cdot 10^{-34})^2 \cdot 1^2}{\pi \cdot 9{,}10938 \cdot 10^{-31}} = 5{,}2918 \cdot 10^{26} \cdot 10^{-68} \cdot 10^{31} \cdot \frac{(\mathrm{J} \cdot \mathrm{s})^2}{\mathrm{N} \cdot \mathrm{m}^2 \cdot \mathrm{kg}}$$

$$= \underline{5{,}2918 \cdot 10^{-11}\,\mathrm{m}}$$

Die Formel für die Geschwindigkeit lautet:

$$v_{e,n} = n \cdot \frac{h}{2\pi \cdot m_e} \cdot \frac{1}{r_{e,n}}$$

$$v_1 = 1 \cdot \frac{h}{2\pi \cdot m_e} \cdot \frac{1}{r_1} = 1 \cdot \frac{6{,}62607 \cdot 10^{-34}}{2\pi \cdot 9{,}10938 \cdot 10^{-31}} \cdot \frac{1}{5{,}2918 \cdot 10^{-11}} \cdot \frac{\mathrm{J} \cdot \mathrm{s}}{\mathrm{kg}} \cdot \frac{1}{\mathrm{m}}$$

$$= \underline{2{,}1877 \cdot 10^6\,\mathrm{m/s}.}$$

Die Umlaufzeit berechnet sich zu: Länge der Umlaufbahn dividiert durch Geschwindigkeit:

$$T_{e,n} = \frac{2\pi \cdot r_{e,n}}{v_{e,n}}; \quad T_1 = \frac{2\pi \cdot 5{,}2918 \cdot 10^{-11}}{2{,}1877 \cdot 10^6} \cdot \frac{\mathrm{m}}{\mathrm{m/s}} = \underline{1{,}5198 \cdot 10^{-16}\,\mathrm{s}}$$

Die kinetische und potentielle Energie des Elektrons auf der Bahn und deren Summe berechnen sich zu:

$$E_{\mathrm{kin},n} = \frac{1}{2} \cdot m_e \cdot v_{e,n}^2; \quad E_{\mathrm{pot},n} = -2E_{\mathrm{kin},n}; \quad E_n = E_{\mathrm{kin},n} + E_{\mathrm{pot},n} = -E_{\mathrm{kin},n}$$

Die Tabelle in Abb. 1.5 weist das Ergebnis der Zahlenrechnung einschließlich $n = 2$ und $n = 3$ aus; die Einheit für E_n ist in J und in eV ausgewiesen.

Abb. 1.5

n	r_n	v_n	T_n	$E_{kin,n}$	$E_{pot,n}$	E_n	E_n
1	5,2918	2,1877	1,5198	21,799	- 43,598	- 21,799	- 13,606
2	21,167	1,0939	12,158	5,4502	- 10,9004	- 5,5402	- 3,402
3	47,626	0,7292	41,037	2,4219	- 4,8438	- 2,4219	- 1,512
	$\cdot 10^{-11}$	$\cdot 10^{6}$	$\cdot 10^{-16}$	$\cdot 10^{-19}$	$\cdot 10^{-19}$	$\cdot 10^{-19}$	-
	m	m/s	s	J	J	J	eV

2. Beispiel

Die Ionisierungsenergien der fünf Serien können der Zahlentafel in Abb. 1.3 zu 13,605 eV, 3,402 eV, 1,512 eV usw. direkt entnommen werden, vgl. auch die Tabelle in Abb. 1.5. – Die Zunahme der potentiellen Energie eines Elektrons beim Übergang von der 1. auf die 2. und von der 2. auf die 3. Quantenbahn berechnet sich zu (vgl. Tabelle in Abb. 1.5):

$$1 \rightarrow 2: \quad -43,598 \cdot 10^{-19} - (-10,9004 \cdot 10^{-19}) = -32,698 \cdot 10^{-19}\,J = \underline{-20,41\,eV}$$

$$2 \rightarrow 3: \quad -10,9004 \cdot 10^{-19} - (-4,8438 \cdot 10^{-19}) = -6,057 \cdot 10^{-19}\,J = \underline{-3,78\,eV}$$

Damit das Elektron von der 1. auf die 2. bzw. 3. Quantenbahn springt, muss dem Atom folgende Energie zugeführt werden (in eV), vgl. Tabelle in Abb. 1.3:

$$1 \rightarrow 2: \quad (13,606 - 3,402) = \underline{10,20\,eV}; \quad 2 \rightarrow 3: \quad (3,402 - 1,512) = \underline{1,89\,eV}.$$

Springt das Elektron von der 4. auf die 3. Quantenbahn, handelt es sich gemäß Abb. 1.3 um einen Sprung innerhalb der M-Serie (Paschen-Serie). Aus der Tabelle in Abb. 1.3 entnimmt man hierfür die Wellenlänge $\lambda = 1874,61 \cdot 10^{-9}$ m. Das bedeutet eine Frequenz von

$$\nu = c_0/\lambda = 2,99792 \cdot 10^8/1874,61 \cdot 10^{-9} = \underline{1,599 \cdot 10^{14}\,Hz}.$$

Das Photon hat die Energie: 0,661 eV.

3. Beispiel

Mit Hilfe der Tabelle in Abb. 1.3 können die ersten drei Serien zum Gesamtspektrum des Wasserstoffatoms als Funktion der Wellenlänge λ überlagert werden. Abb. 1.6 zeigt das Ergebnis: Die λ-Achse ist in nm. (Nanometer) logarithmisch skaliert. Der sichtbare Bereich des Spektrums umfasst die Balmer-Serie, vgl. Abbildung.

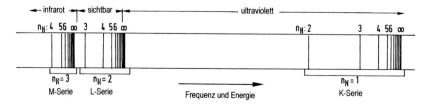

Abb. 1.6

Abb. 1.7

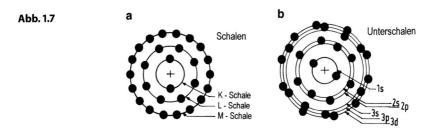

1.1.2 Quantenmechanisches Schalenmodell

Frühzeitig wurde erkannt, dass sich das Bohr'sche Modell des H-Atoms auf höhere Elemente (von Ionen mit einem Elektron abgesehen) nicht übertragen ließ. Es bedurfte eines erweiterten Modells, welches die experimentellen Befunde jener Zeit einbinden konnte.

Von A. SOMMERFELD (1868–1951) wurde zunächst vorgeschlagen, die kreisförmigen Elektronenbahnen des Bohr'schen Modells durch elliptische mit unterschiedlicher Exzentrizität zu ersetzen. Dieses Modell wurde später ergänzt bzw. ersetzt und zwar durch ein solches, bei welchem sich die **Elektronen auf Schalen und Unterschalen bewegen**. In das Modell konnten die seinerzeit erkannten magnetischen Eigenschaften des Elektrons mit einbezogen werden. Die quantenmechanische Begründung gelang in der Zeit von 1915 bis 1925. Die Unterschalen wurden schließlich durch sogen. **Orbitale** ersetzt. Das Orbital eines Elektrons gibt die Belegungsdichte an, genauer, die Auftretenswahrscheinlichkeit des Elektrons im Umfeld des Atomkerns (engl.: orbit = Umlaufbahn). Dieses Modell ist heute Standard und bildet die Grundlage für die Deutung der chemischen Verbindungen der Atome zu Molekülen.

Das Schalenmodell ist anschaulich und vermag den Aufbau des Periodensystems der Elemente (PSE) zu erklären; es wird im Folgenden in Kurzform vorgestellt. Die Erweiterung zum Orbitalmodell bedarf dann nur noch geringer Modifikationen.

Beim Schalenmodell werden 7 (Haupt-)Schalen unterschieden. Sie werden von innen nach außen mit K-, L-, M-, N-, O-, P- und Q-Schale benannt (Abb. 1.7a).

Ihnen sind die **Hauptquantenzahlen** $n = 1, 2, 3, \ldots, 7$ zugeordnet. Die Schalen gliedern sich ihrerseits in Unterschalen, man spricht auch von Teilschalen (Abb. 1.7b). Die Schalen sind in Abb. 1.7 als Kreisbahnen dargestellt. Diese Darstellung ist nicht korrekt. Real liegen die einzelnen Bahnen der Unterschalen nicht scheibenförmig in einer Ebene, sondern räumlich unter einem Winkel zueinander.

Abb. 1.8

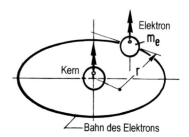

Die Bewegungsebene der p-Unterschale steht senkrecht zu jener der innersten s-Unterschale. Die Ebene der d-Unterschale liegt zwischen den Ebenen der s- und d-Unterschale, usf., und das in gleicher Weise für jedes Schalenensemble, also für die zur K-, L-, M-Schale usw. gehörenden s-, p-, d-Unterschalen jeweils neu. Der Grund für diese Ordnung liegt in der negativen Ladung der Elektronen. Sie stoßen sich gegenseitig ab. Sie ordnen sich so, dass sie sich möglichst gleichweit voneinander entfernt bewegen und dabei nicht zusammenstoßen.

Bezogen auf das Kernzentrum ist jedem Elektron ein Drehimpuls zugeordnet, also das Produkt aus Masse mal Bahngeschwindigkeit mal Radius (Abb. 1.8). Dem Drehimpuls jedes Elektrons ist eine bestimmte Energie zugehörig, wie vom H-Atom bekannt (2. Bohr'sches Postulat). Diese für jedes Elektron typische Energie ist umso höher, je weiter das Elektron vom Kern entfernt liegt. Darüber hinaus tragen die Elektronen infolge ihrer Drehung um ihre eigene Achse einen bestimmten Spin (Abb. 1.8), entweder rechtsdrehend (positiv) oder linksdrehend (negativ). Zudem bauen die elektrisch geladenen Elektronen als Folge ihres Bahnumlaufs und ihrer Rotation Magnetfelder auf. In Abhängigkeit vom Drehsinn sind sie entweder positiv oder negativ orientiert. Auch hiermit gehen Energieaufspaltungen auf dem Niveau der Unterschalen einher. – Der Aufbau der Atomhülle ist offensichtlich komplex. Entweder man veranschaulicht sich den Aufbau durch geometrische Bahnen (wie in Abb. 1.7 geschehen) oder begreift ihn als energetisches Abstraktum.

Zusammenfassung Die Energiestufen, die ein Atom annehmen kann, sind durch vier unterschiedliche physikalische Zustände seiner Elektronen auf ihren Schalenbahnen in der Atomhülle gekennzeichnet. Die Zustandsgrößen, einschließlich der zugehörigen Quantenzahlen, sind:

- Bahndrehimpuls ↔ Hauptquantenzahl n,
- Eigendrehimpuls (Spin) ↔ Nebenquantenzahl l,
- Magnetisches Bahnmoment ↔ Magnetquantenzahl m,
- Magnetisches Spinmoment ↔ Spin(magnet)quantenzahll s.

Abb. 1.9

Schale	Haupt-quanten-zahl n	Unterschale s p d f g h i — Nebenquantenzahl l							Magnetquantenzahl m							Spin-quanten-zahl s
		s	p	d	f	g	h	i								
Q	7	0	1	2	3	4	5	6	0	±1	±2	±3	±4	±5	±6	±1/2
P	6	0	1	2	3	4	5		0	±1	±2	±3	±4	±5		±1/2
O	5	0	1	2	3	4			0	±1	±2	±3	±4			±1/2
N	4	0	1	2	3				0	±1	±2	±3				±1/2
M	3	0	1	2					0	±1	±2					±1/2
L	2	0	1						0	±1						±1/2
K	1	0							0							±1/2

Die Größen treten gequantelt auf, also jeweils als ganzzahlige Vielfache ihres kleinsten Quantums, der Spin dem Betrage nach zu $0\,\hbar$, $1/2\,\hbar$, $1\,\hbar$ von $\hbar = h/(2\pi)$.

Die physikalischen Zustandsformen eines Elektrons in Verbindung mit den zugeordneten Quantenzahlen sind eigentlich nur quantenmechanisch verständlich. Es ist zudem nicht so, dass ein Elektron beliebige (Energie-)Zustände annehmen kann. Nach dem von W. PAULI (1900–1958) im Jahre 1925 angegebenen **Ausschließungsprinzip** kann sich in den durch die vier Quantenzahlen möglichen Zuständen immer nur ein Elektron aufhalten. Hierbei handelt es sich um ein Naturgesetz, es bestimmt den Aufbau der einzelnen Elemente. Das Prinzip gilt in der gesamten Atomphysik. Für die Entdeckung des Prinzips und für seine Beiträge zur Quantenmechanik wurde W. PAULI im Jahre 1945 der Nobelpreis zuerkannt.

Der Aufbau der Elektronenhülle sei im Folgenden nochmals etwas ausführlicher erklärt, wobei immer wieder betont werden muss, dass es sich um ein Modell handelt, das sich der Anschaulichkeit halber an der klassischen Physik orientiert: Die Atome der einzelnen Elemente unterscheiden sich in der Elektronenbelegung auf den Schalen bzw. Unterschalen. Die Elektronen tragen auf den Schalen bzw. Unterschalen unterschiedliche Energien, zudem sind ihnen unterschiedliche magnetische Eigenschaften zugeordnet, Abb. 1.9 vermittelt einen Überblick.

Die Zahl n, also die Hauptquantenzahl, bestimmt die auf der Schale maximal mögliche Belegung mit Elektronen, also die Anzahl der max. Elektronenplätze. Diese Anzahl beträgt: $2n^2$. Je weiter die Schale vom Kern entfernt liegt, umso größer ist ihre ‚Oberfläche‘, umso mehr Elektronen kann sie aufnehmen.

Beispiel
Die Schale O mit der Hauptquantenzahl $n = 5$ hat maximal $2 \cdot 5^2 = 50$ (mögliche) Plätze. – Die Anzahl der Unterschalen pro Schale ist gleich n, also gleich der Hauptquantenzahl dieser

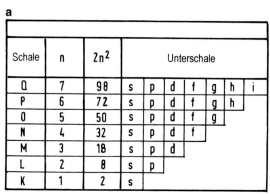

a

Schale	n	$2n^2$	Unterschale						
Q	7	98	s	p	d	f	g	h	i
P	6	72	s	p	d	f	g	h	
O	5	50	s	p	d	f	g		
N	4	32	s	p	d	f			
M	3	18	s	p	d				
L	2	8	s	p					
K	1	2	s						

n: Hauptquantenzahl
$2 \cdot n^2$: Elektronenplätze

b

Unterschalen		
Unter-schale	l	$2(2l+1)$
i	6	26
h	5	22
g	4	18
f	3	14
d	2	10
p	1	6
s	0	2

l: Nebenquantenzahl
$2 \cdot (2 \cdot l + 1)$: Elektronenplätze

Abb. 1.10

Schale. Die Schale O mit $n = 5$ hat somit 5 Unterschalen. Jede dieser Unterschalen wird durch die **Nebenquantenzahl** $l = 0, 1, \ldots, n - 1$ gekennzeichnet. Die Zahl l bestimmt die maximal mögliche Anzahl der Elektronenplätze auf der Unterschale, sie beträgt: $2(2l + 1)$.

Von innen nach außen werden die Unterschalen mit s, p, d, f, g, h und i benannt. Im Beispiel: Die Schale O ($n = 5$) hat fünf Unterschalen. Sie werden mit

$$5\,\text{s}\,(l = 0), \quad 5\,\text{p}\,(l = 1), \quad 5\,\text{d}\,(l = 2), \quad 5\,\text{f}\,(l = 3) \quad \text{und} \quad 5\,\text{g}\,(l = 4)$$

durchnummeriert.

Auf den fünf Unterschalen ist Platz für maximal 2, 6, 10, 14, 18 Elektronen, das stimmt in der Summe mit der oben angeschriebenen Zahl 50 überein:

$$
\begin{aligned}
\text{Unterschale s:} \quad & l = 0: \quad 2(2 \cdot 0 + 1) = 2 \text{ Elektronen} \\
\text{Unterschale p:} \quad & l = 1: \quad 2(2 \cdot 1 + 1) = 6 \text{ Elektronen} \\
\text{Unterschale d:} \quad & l = 2: \quad 2(2 \cdot 3 + 1) = 10 \text{ Elektronen} \\
\text{Unterschale f:} \quad & l = 3: \quad 2(2 \cdot 3 + 1) = 14 \text{ Elektronen} \\
\text{Unterschale g:} \quad & l = 4: \quad 2(2 \cdot 4 + 1) = 18 \text{ Elektronen}
\end{aligned}
$$

In Abb. 1.10 sind die maximal **möglichen** Elektronenbelegungen auf den Schalen bzw. Unterschalen zusammengestellt. Die **tatsächliche** Belegung weicht davon mehr oder weniger ab. Die reale Auffüllung der Schalen mit Elektronen bis zur jeweils größtmöglichen Anzahl kennzeichnet das jeweilige Element und damit seine physikalischen und chemischen Eigenschaften!

Beispiel

Eisen hat 4 Schalen (K, L, M, N) und folgende Elektronenkonfiguration auf diesen (e steht für Elektron):

Schale K ($n = 1$): Unterschale s ($l = 0$): 2e

Schale L ($n = 2$): Unterschale s ($l = 0$): 2e, Unterschale p ($l = 1$): 6e

Schale M ($n = 3$): Unterschale s ($l = 0$): 2e, Unterschale p ($l = 1$): 6e, Unterschale d ($l = 2$): 6e

Schale N ($n = 4$): Unterschale s ($l = 0$): 2e

Aufsummiert sind es somit $2 + 8 + 14 + 2 = 26$ Elektronen. Das entspricht den 26 Protonen im Kern ($Z = 26$). Bei der Schale M ($n = 3$) ist die Unterschale d real nur mit 6 Elektronen besetzt, möglich wären 10. Bei der Schale N ist nur Unterschale s (quasi sie selbst) mit 2 Elektronen belegt. – Die Benennung der Elektronenkonfiguration lautet:

$$1s^2 \; 2s^2 \; 2p^6 \; 3s^2 \; 3p^6 \; 3d^6 \; 4s^2$$

Die Anzahl der Elektronen auf den einzelnen Unterschalen wird als Hochindex notiert (es handelt sich also nicht um einen Exponenten!).

Die 7 Hauptschalen entsprechen den 7 Perioden im Periodensystem der Elemente (PSE; vgl. Abb. 1.19 in Bd. I, Abschn. 2.8). Pro Periode, also pro Hauptschale, gibt es im PSE 8 Hauptgruppen (römisch I bis VIII), die sich in 18 Untergruppen untergliedern.

Der Aufbau der äußeren Hauptschale, insbesondere die Elektronenbelegung auf der äußersten Unterschale, bestimmt, wie bereits ausgeführt, das chemische Verhalten und die elektrische Leitfähigkeit des Elementes. Aus der Zusammenstellung in Abb. 1.11a wird deutlich, dass im Periodensystem bei der **Gruppe IA** die äußerste Unterschale (hier s) immer nur mit einem Elektron besetzt ist, weiter innen liegende Unterschalen sind z. T. gar nicht besetzt! Bei der **Gruppe VIIIA** ist es umgekehrt, es handelt sich um Edelgase. In diesem Falle ist die äußere Unterschale (hier p) mit 6 Elektronen jeweils voll besetzt, einschließlich der s-Schale sind es zusammen 8 Elektronen (Abb. 1.11b).

Daraus wird verständlich, warum die innerhalb einer Gruppe liegenden Elemente (sie liegen im PSE untereinander) ein jeweils ähnliches Verhalten aufweisen: Die Elemente in den unteren Gruppen sind chemisch reaktionsfreudiger und sind wegen der ‚freien‘ Elektronen auf der äußersten (Unter-)Schale schwächer am Kern gebunden und demgemäß leichter ionisierbar, sie sind gute **elektrische Leiter**. Die Elemente der höheren Gruppen sind chemisch träger und keine guten Leiter. Die Elemente der dazwischen liegenden Gruppen, z. B. Kohlenstoff (C, $Z = 6$), Silizium (Si, $Z = 14$), Germanium (Ge, $Z = 32$), haben eine nur geringe Leitfähigkeit; man bezeichnet sie daher als **Halbleiter**. Deren äußere Unterschalen (s

a

			Elektronenbelegung der Schalen / Unterschalen													
			K	L		M			N				O				Element-name
		Z	s	s	p	s	p	d	s	p	d	f	s	p	d	f	g	
PSE Gruppe: I A		3 Li	2	1														Lithium
		11 Na	2	2	6	1												Natrium
		19 K	2	2	6	2	6	.	1									Kalium
		37 Rb	2	2	6	2	6	10	2	6	.		1					Rubidium

b

			K	L		M			N				O				Element-name
PSE Gruppe: VIII A		10 Ne	2	2	6													Neon
		18 Ar	2	2	6	2	6											Argon
		36 Kr	2	2	6	2	6	10	2	6								Krypton
		54 Xe	2	2	6	2	6	10	2	6	10		2	6				Xenon

Abb. 1.11

und p) sind jeweils mit 2 Elektronen besetzt. Die Metalle mit 1 Elektron auf der äußeren Unterschale (Al, Cr, Cu, Mo, Ag, Pt, Au) sind sehr gute Leiter, gefolgt von den Metallen mit 2 Elektronen auf der äußeren Unterschale (V, Mn, Fe, Ni, Zn, Sn, W). – Viele organische Stoffe, auch Glas, Gummi und Kunststoffe, mit einem hohen Anteil des Elementes C (sowie der Elemente P, S und Cl) sind schlechte elektrische Leiter, man bezeichnet sie als **Isolatoren**; ihre Elektronen sind fester am Kern gebunden.

Wie erläutert und am H-Modell ausführlich gezeigt, tragen die Elektronen eine umso höhere Energie, je weiter ihre Schale bzw. Unterschale vom Kern entfernt liegt. Das bedeutet, E_n steigt mit der Hauptquantenzahl n.

Das Schema in Abb. 1.12 veranschaulicht die Aussage. Aus dem Bild wird erkennbar, wie sich die Unterschalen um die zugehörigen Hauptschalen gruppieren.

Wie ausgeführt, sind die Energiezustände auf dem Niveau der Unterschalen nicht einheitlich, sondern geringfügig verschieden. Mit Hilfe des Orbital-Konzepts lässt sich der Sachverhalt erklären. Hierauf wird in Kap. 2 (Chemie) eingegangen, wo die chemische Verbindung der Atome zu Molekülen auf energetischer Basis behandelt wird; auch der Aufbau der Atome aus dem Pauli-Prinzip.

1.1.3 Emissionsspektrum – Absorptionsspektrum

Mit Hilfe des von ihm konstruierten Prismenspektroskops konnte J. v. FRAUN-HOFER (1797–1826) das kontinuierliche (regenbogenfarbene) Sonnenspektrum

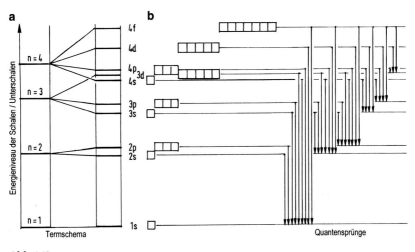

Abb. 1.12

sichtbar machen und hierbei eine größere Zahl schwarzer Linien entdecken. Sie sind in Abb. 1.13a markiert. Nach heutigem beträgt liegt ihre Anzahl ca. 24.000, vgl. hier auch Bd. III, Abschn. 3.9.8.1.

Wird ein **Reinstoff** so hoch erhitzt, dass er in den Aggregatzustand eines Gases übergeht, weist die Strahlung des leuchtenden Gases im Dunkelspektrum Linien bestimmter Wellenlänge unterschiedlicher Breite auf. Eine Wechselwirkung der Gasmoleküle untereinander findet nicht statt. Die Ursache für die Linien muss demnach auf Vorgängen im Inneren der Gasatome beruhen. Durch die eingeprägte Wärmeenergie befinden sich die Atome des leuchtenden Gases in einem ‚angeregten' Schwingungszustand. Die Elektronen wechseln ihre Plätze nicht irgendwie, sondern zwischen den Niveaus des für den Stoff charakteristischen Phasenschemas. Dabei werden Photonen mit den zugehörigen Wellenlängen abgestrahlt. An diesen Stellen leuchtet das Gas mit den zugehörigen Farben (sofern die Linien in dem für das Auge sichtbaren Bereich liegen). Abb. 1.13b zeigt drei derartige Linienspektren. Es sind **Emissionsspektren**. Die Linien sind charakteristische Merkmale des jeweiligen Stoffes, hier der Stoffe Helium, Neon und Quecksilber (Teilfigur b).

Natriumdampf zeigt das in Teilfigur c1 dargestellte Emissionsspektrum. Bei der Wellenlänge $\lambda = 5,89 \cdot 10^{-6}$ m ist eine markante (Doppel-)Linie erkennbar.

Dampfendes Kochsalz, ein Molekül aus Natrium und Chlor (NaCl), zeigt die Linie ebenfalls, sowie weitere Linien in Form von Linienbanden. Das ist für Mo-

Abb. 1.13

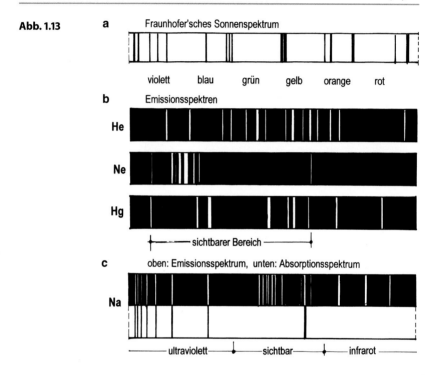

a   Fraunhofer'sches Sonnenspektrum

violett   blau   grün   gelb   orange   rot

b   Emissionsspektren

He

Ne

Hg

sichtbarer Bereich

c   oben: Emissionsspektrum, unten: Absorptionsspektrum

Na

ultraviolett   sichtbar   infrarot

lekülspektren typisch. Sie beruhen auf einem durch viele Moden gekennzeichneten Schwingungszustand der Atome im Molekül. Das gilt nochmals ausgeprägter für die Spektren flüssiger und fester Stoffe, wenn sie sich im Glühzustand befinden und strahlen. Deren Spektren erstrecken sich kontinuierlich über einen weiten Frequenz- bzw. Wellenlängenbereich.

Strahlt Licht, z. B. von der Sonne kommend, durch ein Gas, werden im Spektrum des Strahlers (der Sonne) dort schwarze Linien erkennbar, wo das (dunkle) Emissionsspektrum weiße Linien aufweist. Scheint Licht von der Sonne beispielsweise durch Natriumdampf, weist das Spektrum bei $\lambda = 5{,}89{\cdot}10^{-6}$ m eine markante Linie auf, außerhalb des sichtbaren Bereiches noch weitere, wie in Abb. 1.13c2 dargestellt. Es handelt sich in diesem Falle um ein **Absorptionsspektrum**: Bei jenen spektralen Linien, die das durchstrahlte Medium (im Emissionsspektrum) kennzeichnen, werden alle Photonen der ankommenden Strahlung absorbiert: Die Atome im durchstrahlten Gas werden bei diesen Frequenzen angeregt, die Elektronen gehen in einen höheren Energiezustand über. Die entsprechenden Linien fehlen dadurch im Absorptionsspektrum des Strahlers. Das Sonnenspektrum ist ein solches: Die schwarzen Fraunhofer-Linien beruhen auf der Absorption durch die Gase in den äußeren Schichten der Sonne und der Gase in der Erdatmosphäre.

Zusammenfassung

- Ein von strahlender Materie emittiertes Photon trägt ein bestimmtes Energiequant, welches das Photon von einem angeregten Elektron nach Phasensprung auf ein niederes Bahnniveau übernommen hat. Das Photon trägt jene Energiedifferenz, um die die Energie des Elektrons bei seinem ‚Sprung‘ vom höheren auf das niedere Energieniveau sich verringert hat.
- Gibt ein absorbiertes Photon seine Energie an ein Elektron ab, erlischt das Photon. Um die empfangene Energie ‚springt‘ das Elektron auf ein höheres Bahnniveau. Es können nur solche Photonen absorbiert werden, deren Energie mit einem möglichen Energiesprung der in der Atomhülle vorhandenen Elektronen übereinstimmt. Das in das höhere Energieniveau angehobene Elektron verlässt dieses i. Allg. wieder spontan und kehrt auf ein niederes Niveau zurück (meist auf das Niveau des Grundzustandes), was mit der Abstrahlung eines neuen Photons einhergeht. Dabei entweicht es in irgendeine beliebige Richtung.

Wäre bei den Vorgängen immer nur ganz bestimmtes einzelnes Elektron mit einem ganz bestimmten Energiesprung beteiligt, würde sich das im Spektrum nur in einer einzigen Linie abzeichnen. Real werden in den Atomen der Elemente, aus denen sich die Stoffe zusammensetzten, viele Elektronen auf unterschiedlichen Niveaus angeregt. Zwischen diesen ‚springen die Elektronen auf und nieder‘. Das zeichnet sich dann im Spektrum in entsprechend dezidierten Linien ab, in Linienbanden oder gar in einem kontinuierlichen Band.

Anmerkung

Es versteht sich, dass die Spektralanalyse (Spektroskopie) für die Identifizierung der an chemischen Verbindungen und Prozessen beteiligten Stoffe (Elemente) große Bedeutung hat, das gilt für alle Bereich der Physik, Chemie und Biologie.

1.1.4 Photoelektrischer Effekt

Im Jahre 1888 konnten H. HERTZ (1857–1894) und W. HALLWACHS (1859–1922) experimentell zeigen, dass eine negativ aufgeladene Metallplatte, z. B. eine Zinkplatte in einem Vakuumgefäß, einen Teil der Ladung verliert, wenn ihre (reine, oxidfreie) Oberfläche mit monochromatischem Licht (Frequenz ν = konst.)

Abb. 1.14

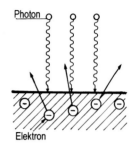

bestrahlt wird, z. B. mit dem Licht einer Quecksilberlampe (Abb. 1.14). Offensichtlich wurden beim Experiment Elektronen aus der oberflächennahen Randschicht gelöst und abgestrahlt. Elektronen tragen, wie bekannt, eine negative Ladung. Sie wurden seinerzeit als freie (überschüssige) Ladungselektronen im Metallgitter gedeutet. Man bezeichnete sie als Photoelektronen und sprach vom ‚Hallwachs-Effekt'. Bei positiver Aufladung der Platte trat der Effekt nicht auf.

Die Thematik des skizzierten Photoeffekts wurde im Jahre 1902 von P. LE-NARD (1862–1947) wieder aufgegriffen und durch Experimente fortgesetzt. Dabei zeigten seine Versuche, dass die kinetische Energie der aus dem Metall austretenden Elektronen nicht von der Intensität (also der Energie) der Bestrahlung abhängig war, sondern von der Frequenz des Lichts. Die Energie der frei gesetzten Elektronen stieg proportional mit der Frequenz! Wohl wuchs die Anzahl der frei gesetzten Elektronen mit der Bestrahlungsstärke. Zudem: Unterhalb einer bestimmten Frequenz ließen sich überhaupt keine Elektronen ablösen. Insbesondere der Befund, wonach die kinetische Energie der Photoelektronen **unabhängig** von der Bestrahlungsstärke des eingestrahlten Lichts war, ließ sich wellentheoretisch nicht deuten, hätte man doch bei einer höheren Intensität des Lichts mit einer intensiveren Anregung der randnahen Atome und dadurch mit einer höheren Energie der Photoelektronen rechnen müssen: Die Energie einer Welle, die die Flächeneinheit durchsetzt, ist vom Quadrat ihrer Amplitude abhängig, entsprechend hoch wäre die Anregung von der Energie der Strahlung zu erwarten gewesen. Kurzum, mittels des **Wellenmodells** blieb der beobachtete lichtelektrische Effekt unerklärlich.

A. EINSTEIN (1879–1955) schlug im Jahre 1905 eine Lösung des Problems mit Hilfe des **Teilchenmodells** vor. Sein Vorschlag bestand in folgendem Gedanken: Licht besteht aus Teilchen. Abhängig von ihrer Frequenz besitzen sie eine bestimmte Energie. Diese geben sie an die bestrahlte Oberfläche, von der sie absorbiert werden, in voller Höhe ab. Als Folge davon werden Elektronen emittiert.

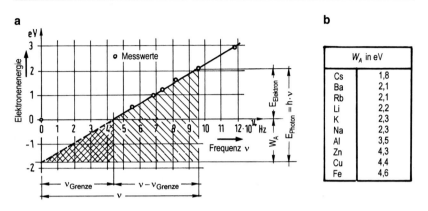

Abb. 1.15

Die Elektronen werden quasi durch die Photonen aus der Oberfläche herausgeschlagen. Bei geringer Intensität der Strahlung durchsetzen nur wenige Teilchen die Flächeneinheit pro Zeiteinheit, bei hoher Intensität sind es viele, entsprechend werden nur wenige oder viele Elektronen emittiert. A. EINSTEIN übernahm die von M. PLANCK (1858–1947) im Jahre 1900 postulierte Hypothese, wonach die in Lichtstrahlen mitgeführte Energie gequantelt ist. Sein Ansatz: **Licht besteht aus Teilchen und jedes dieser Teilchen, die er Photonen nannte, trägt die Energie:**

$$E = E_{\text{Photon}} = h \cdot v = h \cdot c / \lambda$$

h ist das Wirkungsquantum, $h = 6{,}63 \cdot 10^{-34} J \cdot s = 4{,}14 \cdot 10^{-15} \, \text{eV} \cdot s$ und v die Frequenz der Welle (die das Teilchen eigentlich nicht ist!), c ist die Lichtgeschwindigkeit.

Bei dem oben beschriebenen Versuch wird das Lichtteilchen, das Photon, oberflächennah im Metall absorbiert. Bei der Bestrahlung mit monochromatischem Licht ist die Energie des Photons gemäß der vorstehenden Beziehung proportional zur Frequenz v. Es ist zu erwarten, dass sich die Energie des emittierten Elektrons entsprechend einstellt. Soweit die Einstein'sche Hypothese. – Abb. 1.15a zeigt von R.A. MILLIKAN (1868–1953) im Jahre 1916 gemessene Werte. Wie erkennbar ist die Energie der abgelösten Elektronen eine lineare Funktion der Frequenz: Die Energie-Frequenz-Funktion ist eine Gerade. Aus der Abbildung geht hervor, dass die Elektronen erst oberhalb einer bestimmten Frequenz aus dem Metall herausgelöst werden. Es bedarf offensichtlich einer Mindestenergie (oder anders formuliert, es bedarf einer bestimmten Ablösearbeit W_A), um die im Metall gebundenen Elektronen frei zu setzen. Die Energie eines frei gesetzten Elektrons ist gleich der Energie des Photons, verringert um die vom Photon verrichtete Ablösearbeit. Je höher die Frequenz des Photons, umso höher ist seine Energie und die auf das Elektron abgesetzte (Teilfigur a). Das führt auf die Gleichung:

$$E_{\text{Elektron}} = E_{\text{Photon}} - W_A = h \cdot \nu - W_A$$

Die Steigung der Geraden in Abb. 1.15a ist gerade das Wirkungsquantum, wie man aus der Abbildung folgern kann (man vergleiche die schraffierten Bereiche in der der Skizze):

$$\text{Steigung:} \quad E_{\text{Photon}}/\nu = h \cdot \nu/\nu = h$$

Die Bedingung für die Grenzfrequenz lautet (man vergleiche das kleine Dreieck):

$$h \cdot \nu_{\text{Grenze}} - W_A = 0 \quad \rightarrow \quad \nu_{\text{Grenze}} = W_A/h$$

Die gemessene Energie des Elektrons (E_{Elektron}) ist um den Anteil W_A geringer als die Energie des absorbierten Photons. Aus Abb. 1.15a liest man ab:

$$h = \frac{E_{\text{Photon}}}{\nu} = \frac{E_{\text{Elektron}} + W_A}{\nu} = \frac{E_{\text{Elektron}}}{\nu - \nu_{\text{Grenze}}}$$

Auf diese Weise lässt sich das Wirkungsquantum messen. – In Abb. 1.15b sind für eine Reihe von Stoffen die zugehörigen Austrittsarbeiten W_A notiert, es handelt sich um gemittelte Werte. Die Elektronen liegen bei den verschiedenen Stoffen unterschiedlich tief im oberflächennahen Gitter. Das ist der Grund, warum die Ablösearbeit bei den Stoffen so unterschiedlich ist.

1. Beispiel
Die Austrittsarbeit eines Metalls betrage: $W_A = 2,3\,\text{eV}$; Umrechnung in J (Joule): $W_A = 2,3 \cdot 1,60 \cdot 10^{-19} = 3,68 \cdot 10^{-19}\,\text{J}$. Oberhalb welcher Frequenz bzw. Energie werden Photoelektronen bei Bestrahlung mit Licht frei?

Die Grenzfrequenz und die zugehörige Photonenenergie berechnen sich zu:

$$\nu_{\text{Grenze}} = W_A/h = 3,68 \cdot 10^{-19}/6,63 \cdot 10^{-34} = 0,555 \cdot 10^{15}\,\text{Hz} = \underline{5,55 \cdot 10^{14}\,\text{Hz}}$$

$$E_{\text{Photon}} = W_A = \underline{3,68 \cdot 10^{-19}\,\text{J}}$$

2. Beispiel
Der Befund in Abb. 1.15a gilt für Cäsium-Proben. W_A beträgt: $1,8\,\text{eV}$. Umrechnung in J (Joule): $W_A = 1,60 \cdot 10^{-19} \cdot 1,8 = 2,88 \cdot 10^{-19}\,\text{J}$. Gesucht sind Geschwindigkeit und kinetische Energie der frei gesetzten Elektronen bei Bestrahlung mit Photonen der Wellenlänge

$$\lambda = 300\,\text{nm} = 300 \cdot 10^{-9}\,\text{m} = 3,0 \cdot 10^{-7}\,\text{m}.$$

Abb. 1.16

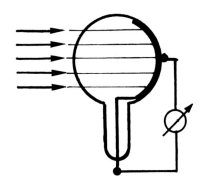

Die zugehörige Frequenz folgt zu:

$$\nu = c/\lambda = 3 \cdot 10^8 / 3{,}0 \cdot 10^{-7} = 1{,}0 \cdot 10^{15}\,\text{Hz}.$$

Nach Umstellung obiger Gleichung gilt:

$$E_{\text{Elektron}} + W_A = E_{\text{Photon}} \quad \rightarrow \quad \frac{m \cdot v^2}{2} + W_A = h \cdot \nu \quad \rightarrow \quad \frac{m \cdot v^2}{2} = h \cdot \nu - W_A$$

$$\rightarrow \quad v = \sqrt{\frac{2}{m}(h \cdot \nu - W_A)}$$

Wird die Masse des Elektrons zu $m = 9{,}1 \cdot 10^{-31}$ kg angesetzt, ergibt die Zahlenrechnung:

$$v = \sqrt{\frac{2}{9{,}1 \cdot 10^{-31}}(6{,}63 \cdot 10^{-34} \cdot 1{,}0 \cdot 10^{15} - 2{,}88 \cdot 10^{-19})} = \underline{9{,}08 \cdot 10^5\,\text{m/s}}$$

$$E_{\text{Elektron}} = \frac{m \cdot v^2}{2} = \frac{9{,}1 \cdot 10^{-31} \cdot (9{,}08 \cdot 10^5)^2}{2} = \underline{3{,}75 \cdot 10^{-19}\,\text{J} = 2{,}3\,\text{eV}}$$

1. Anmerkung

Für die quantentheoretische Deutung des Photoeffekts (auch als ‚**äußerer**' Photoelektrischer Effekt bezeichnet) wurde A. EINSTEIN im Jahre 1921 mit dem Nobelpreis ausgezeichnet (nicht für die von ihm entwickelte Spezielle und Allgemeine Relativitätstheorie). Licht war bis 1905 als kontinuierliches Wellenfeld gedeutet worden, die Deutung des Lichts als quantisiertes Strahlungsfeld war etwas absolut Neues. Die Abklärung des Photoeffekts kann mit dem Beginn der Quantenmechanik gleichgesetzt werden.

2. Anmerkung

Neben dem oben beschriebenen kennt man den ‚**inneren**' Photoeffekt, der mit der erhöhten elektrischen Leitfähigkeit von Halbleitermaterialien bei Lichtfall in Verbindung steht. – Die Messung der Lichtintensität mit Hilfe einer Photozelle beruht auf diesem Effekt. Abb. 1.16 zeigt das Prinzip: Innerhalb eines evakuierten Glaskolbens liegt eine dünne

Halbleiter-Metallplatte. Wird die Metallschicht bestrahlt, kann über den induzierten Gleichstrom nach entsprechender Eichung die Intensität der Strahlung gemessen werden. Wegen der hohen Empfindlichkeit kann mit dieser Methode schwächstes Licht vermessen werden, bis hin zu einzelnen Photonen.

3. Anmerkung

Die Gewinnung von Strom mit Hilfe der Photovoltaiktechnik beruht auf dem **photovoltaischen** Effekt. Hierbei wird die eingefangene Photonenenergie der Sonne im dotiertem Halbleitermaterial in elektrische Energie gewandelt (Abschn. 1.1.6, 4. Ergänzung).

1.1.5   Compton-Effekt

Im Jahre 1922 lenkte A.H. COMPTON (1892–1962) energiereiche (harte) Röntgenstrahlen auf einen Graphitblock und beobachtete eine Streustrahlung von Photonen **und** Elektronen. Sie strahlten in alle Richtungen. Dabei konnte er eine vom Streuwinkel abhängige Energieverteilung der ringsum gestreuten Photonen messen.

Der oben geschilderte Befund des lichtelektrischen Effekts, wonach Licht (allgemeiner, elektromagnetische Strahlung) als **Teilchenstrom mit Welleneigenschaften** gedeutet werden konnte, bzw. musste, legte die Vermutung nahe, dass die Teilchen nicht nur kinetische Energie, sondern auch einen Impuls ($p = m \cdot c$) tragen könnten. Wenn das zutreffen sollte, wäre zu erwarten, dass für die Lichtteilchen die Stoßgesetze und darüber hinaus die Energie- und Impulserhaltungsgesetze der Mechanik gelten würden. Ausgehend von diesen Hypothesen wertete A.H. COMPTON seine Versuche aus. Sollten seine Vermutungen zutreffen, wären das weitere wichtige Bausteine der Quantenmechanik.

Wie in Bd. III, Abschn. 4.1.5.3 gezeigt (daselbst Gleichung (u)), besteht zwischen dem relativistischen Impuls p und der relativistischer Energie E eines Teilchens und der relativistischen Geschwindigkeit $v = c$ (c: Lichtgeschwindigkeit) die Beziehung:

$$E^2 = p^2 \cdot c^2 + m_0^2 \cdot c^4$$

m_0 ist die Ruhemasse; sie ist beim Photon Null. Demnach gilt für ein Lichtteilchen, wenn es sich mit der Lichtgeschwindigkeit c bewegt:

$$E^2 = p^2 \cdot c^2 \quad \rightarrow \quad E = p \cdot c$$

Das bedeutet: Das Photon trägt (als ‚massebehaftetes Teilchen') den Impuls p:

$$p = \frac{E}{c} \quad \left[\frac{J}{m/s} = kg \cdot \frac{m}{s} \right]$$

Abb. 1.17

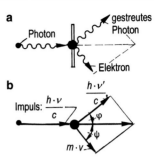

Mit $E = h \cdot v$ und $c = v \cdot \lambda$ kann der Impuls zu

$$p = p_{\text{Photon}} = \frac{h \cdot v}{c} = \frac{h}{\lambda}$$

angeschrieben werden.

Abb. 1.17a zeigt die Streuung eines ankommenden Photons an einem Elektron. Beide werden als feste elastische Teilchen betrachtet. Nach dem Prallstoß werden Energie und Impuls des gestreuten Photons geringer sein als jene des stoßenden Photons. Die reduzierten Anteile sind auf das frei gesetzte Elektron übergegangen. So die Hypothese von A.H. COMPTON. Um sie zu prüfen, wird die Änderung der Frequenz des gestreuten Photons (Frequenz: v') gegenüber jener des ankommenden Photons (Frequenz: v) bestimmt. Hiervon ausgehend lassen sich dann Energie und Impuls des gestreuten Photons und des frei gesetzten Elektrons ermitteln.

Im Einzelnen (Abb. 1.17b): Der Energieerhaltungssatz verlangt:

$$h \cdot v = h \cdot v' + \frac{m \cdot v^2}{2} \quad \rightarrow \quad \frac{m \cdot v^2}{2} = h \cdot (v - v')$$

m ist hier die Masse des Elektrons und $m \cdot v^2 / 2$ seine kinetische Energie.

Der Impulssatz gilt vektoriell in Stoßrichtung und quer dazu. Wird von einem ‚elastischen' Stoß (ohne Dissipation = ohne Energiezerstreuung) ausgegangen, gilt für die Längs- und Querrichtung:

$$\rightarrow \quad \frac{h \cdot v}{c} = \frac{h \cdot v'}{c} \cdot \cos \varphi + m \cdot v \cdot \cos \psi$$

$$\uparrow \quad 0 = \frac{h \cdot v'}{c} \cdot \sin \varphi - m \cdot v \cdot \sin \psi$$

Gesucht ist v' bzw. die Frequenzänderung $v - v'$ des gestreuten Photons gegenüber dem ankommenden. Indem die beiden Impulsgleichungen nach $m \cdot v \cdot \cos \psi$ bzw.

$m \cdot v \cdot \sin \psi$ frei gestellt, anschließend quadriert und addiert werden, findet man:

$$\frac{m^2 \cdot v^2}{2} = \frac{1}{2} \left(\frac{h}{c} \right)^2 \cdot \left(v^2 + v'^2 - 2vv' \cdot \cos \varphi \right)$$

Die Verknüpfung mit der Energiegleichung ergibt:

$$(v - v') - \frac{h}{2mc^2} \left(v^2 + v'^2 - 2vv' \cdot \cos \varphi \right) = 0$$

Aus dieser transzendenten Gleichung lässt sich für eine bestimmte Frequenz v die Frequenz v' für unterschiedliche Streuwinkel φ und anschließend aus der Energiegleichung die Geschwindigkeit v des Elektrons berechnen.

Die Frequenzänderung wird gering sein, das bedeutet: $v \approx v'$. Setzt man als Näherung

$$v^2 + v'^2 \approx 2v^2 \approx 2vv',$$

folgt für die vorstehende Gleichung nach Zwischenrechnung

$$(v - v') - \frac{h}{mc^2} \cdot vv' (1 - \cos \varphi) = 0$$

und nach Division durch vv':

$$\frac{1}{v'} - \frac{1}{v} - \frac{h}{mc^2} \cdot (1 - \cos \varphi) = 0 \quad \rightarrow \quad \lambda' - \lambda = \frac{h}{mc} \cdot (1 - \cos \varphi)$$

Das ist die Änderung der Wellenlänge zwischen dem abgehenden und dem ankommenden Photon, die durch die Streuung am Elektron in Richtung φ eintritt. Man bezeichnet $\Delta \lambda = \lambda' - \lambda$ als Compton-Verschiebung. Der Produktterm vor der Klammer (h/mc) wird mit ,**Compton-Wellenlänge des Elektrons**' benannt und mit $\lambda_{\text{Compton}} = \lambda_C$ abgekürzt; er ist ein Festwert. Hiermit lautet die hergeleitete Formel für die Verschiebung der Wellenlänge des abgehenden gegenüber dem ankommenden Photon:

$$\Delta \lambda = \lambda' - \lambda = \lambda_C \cdot (1 - \cos \varphi)$$

Der Zahlenwert von λ_C beträgt:

$$\lambda_C = \frac{h}{mc} = 2{,}43 \cdot 10^{-12} \ \text{m}$$

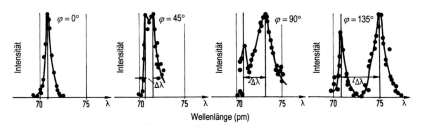

Abb. 1.18

Für $\varphi = 0$ ergibt sich die Verschiebung der Wellenlänge zu Null. Für $\varphi = 90°$ ist sie gleich λ_C und für $\varphi = 180°$ ist sie am größten, nämlich gleich $2\lambda_C$.

Hinweis
Es lässt sich zeigen, dass die vorstehende Formel auch ohne obige Näherung hergeleitet werden kann, auch dann, wenn die Geschwindigkeit des Elektrons relativistisch angesetzt wird.

Wichtig ist die Erkenntnis, dass das Elektron zwar ein Teilchen ist, gleichwohl die Eigenschaft einer Welle hat, wie anders ist λ_C sonst zu verstehen. Offensichtlich ist nicht nur das Photon von dualer Natur, sondern auch das Elektron! Die hiermit verbundene Deutung wird in Abschn. 1.1.7 wieder aufgenommen.

Außerdem war der seinerzeitige experimentelle Befund insofern bedeutend, dass die gestreuten Photonen in den verschiedenen Streurichtungen (φ) bevorzugt mit jenen Wellenlängenverschiebungen auftraten, die sich aus der dargestellten Stoßtheorie ableiten ließen, vgl. Abb. 1.17. Das wurde als weiterer Beweis für den Teilchencharakter des Lichts, also die Richtigkeit des Photonen-Konzeptes, angesehen. Für die Entdeckung und Deutung des nach ihm benannten Effektes wurde A.H. COMPTON im Jahre 1927 mit dem Nobelpreis geehrt.

1. Beispiel
Die Versuche führte A.H. COMPTON mit Röntgenstrahlen durch. Ihre Wellenlänge betrug $\lambda = 71{,}1\,\text{pm}$ ($1\,\text{pm} = 10^{-12}\,\text{m}$). – Im Falle eines Rückpralls des Photons um $\varphi = 135°$ beträgt die Änderung der Wellenlänge:

$$\Delta\lambda = \lambda_C(1 - \cos\varphi) = 2{,}43 \cdot 10^{-12}(1 - \cos 135°) = 2{,}43 \cdot 10^{-12}(1 - (-0{,}7071))$$
$$= 2{,}43 \cdot 10^{-12} \cdot 1{,}7071 = \underline{4{,}15 \cdot 10^{-12}\,\text{m}}$$

und damit die Wellenlänge des abgehenden Photons:

$$\lambda' = \Delta\lambda + \lambda = 4{,}15 \cdot 10^{-12} + 71{,}1 \cdot 10^{-12} = \underline{75{,}2 \cdot 10^{-12}\,\text{m}}$$

In Abb. 1.18 rechts erkennt man neben dem Peak bei $71{,}1 \cdot 10^{-12}\,\text{m}$ einen zweiten bei λ'.

φ	$1-\cos\varphi$	λ'	v'	$E_{\text{Streuquant}} = h \cdot v'$	v_{Elektron}	E_{Elektron}
0	0	$1{,}000 \cdot 10^{-12}$	$3{,}000 \cdot 10^{20}$	$19{,}89 \cdot 10^{-14}$	0	0
30°	0,134	$1{,}326 \cdot 10^{-12}$	$2{,}262 \cdot 10^{20}$	$15{,}00 \cdot 10^{-14}$	$3{,}279 \cdot 10^{8}$	$4{,}89 \cdot 10^{14}$
60°	0,500	$2{,}215 \cdot 10^{-12}$	$1{,}354 \cdot 10^{20}$	$8{,}98 \cdot 10^{-14}$	$4{,}897 \cdot 10^{8}$	$10{,}91 \cdot 10^{14}$
90°	1	$3{,}430 \cdot 10^{-12}$	$0{,}874 \cdot 10^{20}$	$5{,}79 \cdot 10^{-14}$	$5{,}566 \cdot 10^{8}$	$14{,}10 \cdot 10^{14}$
120°	1,500	$4{,}645 \cdot 10^{-12}$	$0{,}646 \cdot 10^{20}$	$4{,}28 \cdot 10^{-14}$	$5{,}857 \cdot 10^{8}$	$15{,}61 \cdot 10^{14}$
150°	1,866	$5{,}534 \cdot 10^{-12}$	$0{,}542 \cdot 10^{20}$	$3{,}59 \cdot 10^{-14}$	$5{,}985 \cdot 10^{8}$	$16{,}30 \cdot 10^{14}$
180°	2	$5{,}860 \cdot 10^{-12}$	$0{,}512 \cdot 10^{20}$	$3{,}39 \cdot 10^{-14}$	$6{,}021 \cdot 10^{8}$	$16{,}50 \cdot 10^{14}$
		m	Hz	J	m/s	J

Abb. 1.19

Die Energien des ankommenden und abgehenden Photons betragen ($E_{\text{Photon}} = h \cdot v = h \cdot c / \lambda$):

$$\lambda = 71{,}1 \cdot 10^{-12}\,\text{m}: \quad E = 2{,}80 \cdot 10^{-15}\,\text{J} = 17{,}5\,\text{keV}$$

$$\lambda' = 75{,}2 \cdot 10^{-12}\,\text{m}: \quad E = 2{,}96 \cdot 10^{-15}\,\text{J} = 18{,}5\,\text{keV}$$

2. Beispiel

Ein γ-Quant mit $\lambda = 1\,\text{pm} = 1 \cdot 10^{-12}\,\text{m}$ Wellenlänge werde gestreut. Das Quant bewegt sich mit der Frequenz:

$$v = c/\lambda = 3{,}0 \cdot 10^{8} / 1 \cdot 10^{-12} = 3{,}0 \cdot 10^{20}\,\text{Hz}$$

Die Energie beträgt

$$E_{\gamma\text{-Quant}} = h \cdot v = 6{,}63 \cdot 10^{-34} \cdot 3{,}0 \cdot 10^{20} = \underline{19{,}89 \cdot 10^{-14}\,\text{J}}$$

und der Impuls:

$$p_{\gamma\text{-Quant}} = \frac{h \cdot v}{c} = \frac{19{,}89 \cdot 10^{-14}}{3 \cdot 10^{8}} = \underline{6{,}63 \cdot 10^{-22}\,\text{kg} \cdot \text{m/s}}$$

Aus der Compton-Frequenzverschiebung lässt sich die Frequenz des gestreuten Quants berechnen:

$$\lambda' - \lambda = \lambda_C \cdot (1 - \cos\varphi) \quad \rightarrow \quad \lambda' = \lambda + \lambda_C \cdot (1 - \cos\varphi); \quad \lambda_C = 2{,}43 \cdot 10^{-12}\,\text{m}$$

In der Tabelle der Abb. 1.19 sind λ', v' und die Energie des gestreuten Quants für den Bereich $\varphi = 0°$ bis 180° ausgewiesen:

$$E_{\text{gestreutes Lichtquant}} = h \cdot v'$$

Aus der Gleichung

$$E_{\text{Elektron}} = \frac{m \cdot v^2}{2} = h \cdot (v - v'), \quad v = v_{\text{Elektron}}$$

lässt sich die Geschwindigkeit des Elektrons und seine mitgeführte kinetische Energie bestimmen:

$$v_{\text{Elektron}} = \sqrt{\frac{2}{m} \cdot h \cdot (v - v')}; \quad m \equiv m_{\text{Elektron}} = 9{,}1 \cdot 10^{-31} \, \text{kg}; \quad E_{\text{Elektron}} = \frac{m \cdot v^2}{2}$$

Das Ergebnis der Zahlenrechnung ist in Abb. 1.19 ausgewiesen. Wie es sein muss, bestätigt man:

$$E_{\gamma\text{-Quant}} = E_{\text{gestreutes Lichtquant}} + E_{\text{Elektron}} = \underline{19{,}89 \cdot 10^{-14} \, \text{J}}$$

3. Beispiel
Der vom Menschen wahrnehmbare Wellenlängenbereich des Lichts liegt zwischen

- kurzwelligem Licht:

$$\lambda = 3{,}8 \cdot 10^{-7} \, \text{m}, \quad v = 7{,}9 \cdot 10^{14} \, \text{Hz}: \quad E_{\text{Photon}} = 52{,}3 \cdot 10^{-20} \, \text{J} = 3{,}26 \, \text{eV} \quad \text{und}$$

- langwelligem Licht:

$$\lambda = 7{,}8 \cdot 10^{-7} \, \text{m}, \quad v = 3{,}8 \cdot 10^{14} \, \text{Hz}: \quad E_{\text{Photon}} = 25{,}2 \cdot 10^{-20} \, \text{J} = 1{,}57 \, \text{eV}.$$

(Vgl. hier Bd. III, Abschn. 2.5 und 2.6). Bei im Mittel $\lambda = 5{,}8 \cdot 10^{-7}$ m beträgt die zughörige Energie:

$$E_{\text{Photon}} = h \cdot c / \lambda = 3{,}43 \cdot 10^{-19} \, \text{J}.$$

Die Solarkonstante gibt die von der Sonne empfangene Energie außerhalb der Erdatmosphäre in Richtung Sonne pro Sekunde und pro m^2 Erdoberfläche an (vgl. Bd. III, Abschn. 2.7.3):

$$I = 1360 \, \text{J/s} \cdot \text{m}^2 = 1360 \, \text{W/m}^2.$$

In Deutschland beträgt die Konstante ca. $I = 1000 \, \text{J/s} \cdot \text{m}^2 = 1000 \, \text{W/m}^2$. Die Anzahl der Photonen die mit obiger Energie eine Fläche von 1 m^2 pro 1 Sekunde durchstoßen, berechnet sich zu:

$$n \cdot E_{\text{Photon}} = 1000 \, \text{J/s} \cdot \text{m}^2$$
$$\rightarrow \quad n = 1000 / 3{,}43 \cdot 10^{-19} = 2{,}92 \cdot 10^{21} \approx \underline{3 \cdot 10^{21} / \text{s} \cdot \text{m}^2}$$
$$= 3 \cdot 10^{17} / \text{s} \cdot \text{cm}^2 = 3 \cdot 10^{15} / \text{s} \cdot \text{mm}^2$$
$$= 3.000.000.000.000.000 \, \frac{\text{Photonen}}{\text{s} \cdot \text{mm}^2} \, !$$

Anmerkung
Photonen werden wie materielle Partikel behandelt. Sie verfügen über Energie (Arbeitsvermögen) in Form potentieller oder/und kinetischer Energie, gemessen in J ($= \text{N} \cdot \text{m}$).

P: Leistung ist Umsatz von Energie pro Zeiteinheit (s), gemessen in W = J/s.

I: Intensität ist Umsatz von Energie pro Zeiteinheit (s) *und* Flächeneinheit (m^2), gemessen in W/m^2 = J/s $\cdot$ m^2. Für die Intensität gibt es keinen eigenen Einheitennamen.

Abb. 1.20

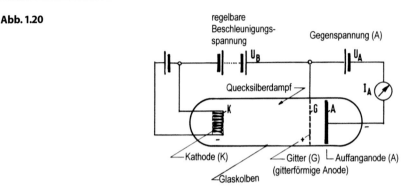

1.1.6 Ergänzungen: Franck-Hertz-Versuch – Röntgen-Strahlung – Halbleitertechnik – Photovoltaik – Schwarzer Strahler – Transistor – Stimulierte Emission – Laser – LED

Im Rahmen der folgenden Ergänzungen werden einige wichtige Anwendungen der Quantenmechanik, auch solche auf technischem Gebiet, in gebotener Tiefe dargestellt. Dabei können einsichtiger Weise immer nur die Grundlagen behandelt werden.

1. Ergänzung: Franck-Hertz-Versuch

Im Jahre 1914 gelang J. FRANCK (1882–1964) und G. HERTZ (1887–1975) ein wichtiger Versuch, der im Jahre 1925 mit dem Nobelpreis für Physik ausgezeichnet wurde. Der Versuch lieferte gute Argumente für die Stimmigkeit des ein Jahr zuvor von N. BOHR vorgeschlagenen Atommodells und der von ihm postulierten quantenhaften atomaren Energiezustände.

Abb. 1.20 zeigt die Versuchsanordnung in Form eines evakuierten Glaskolbens, der mit wenigen Quecksilbertropfen (Hg) gefüllt ist. Von einer Glühkathode (K) werden Elektronen abgestrahlt und über eine regelbare Spannung U_B in Richtung auf eine Anode (Auffanganode A) mit vorgelagerter Gitteranode (G) beschleunigt. Die Energie der Elektronen beträgt $E = e \cdot U_B$, e ist die Elementarladung. An der Gitteranode liegt eine konstante Bremsspannung U_A an (0,5 V). Mit Hilfe des integrierten Amperemeters kann die Stromstärke I_A an der Anode A gemessen werden. Wird die Beschleunigungsspannung kontinuierlich gesteigert, wird an der Anode ein Strom I_A als Funktion von U_B gemessen, wie es die Kurve in Abb. 1.21 wiedergibt. Es kommt nach charakteristischen Spannungszuwächsen ΔU_B immer wieder zu einem Abfall der Kurve. Bei dem hier gezeigten Versuch mit Quecksilberdampf (Hg, 200 °C) beträgt die charakteristische Spannungsdifferenz ΔU_B ca. 4,9 V.

Deutung: Beim Durchlaufen der Strecke von der Glühkathode bis zur Anode stoßen die Elektronen mit den Hg-Atomen regelmäßig zusammen. Die Masse der Hg-Atome ist ungleich größer als jene der Elektronen. Es handelt sich demgemäß um **elastische Stöße**, bei denen die Elektronen kaum Energie verlieren. Nach dem Abprall setzten sie ihren Weg fort,

Abb. 1.21

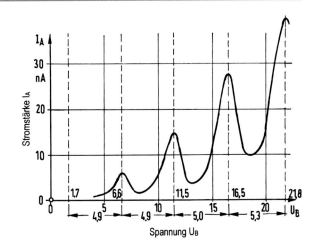

irgendwann erreichen sie die Anode. Stoßen die Elektronen mit einer solchen Energie auf ein Hg-Atom, die eine Anregung des Atoms, also einen Quantensprung und -rücksprung im Hg-Atom zur Folge hat, womit ein Photonenausstoß einhergeht, verliert das stoßende Elektron viel von seiner kinetischen Energie, i. Allg. zu viel, um bei Erreichen der Gitteranode das Feld zwischen G und A weiter überwinden zu können, es fällt zurück. Man spricht in diesen Falle von einem **inelastischen Stoß**. Mit ansteigender Spannung U_B wird die Anzahl der Elektronen immer höher. Bei Anwachsen um ΔU_B wächst auch die Anzahl jener Elektronen, die den angeregten Zustand im Hg-Atom erneut auslösen. Im Gefolge der vergrößerten Anzahl fällt die Stromstärke I_A bei dem zugehörigen U_B entsprechend stärker ab. Das ist die Ursache dafür, dass sich beim Versuch in regelmäßiger Folge bei den Spannungen

$$U_B = 6{,}6 + 4{,}9 = 11{,}5\,\text{V}, \quad U_B = 11{,}5 + 5{,}0 = 16{,}5\,\text{V},$$
$$U_B = 16{,}5 + 5{,}3 = 21{,}8\,\text{V} \quad \text{usf.}$$

angeregte Zustände einstellen, vgl. Abb. 1.21.

Die Deutung dürfte zutreffen, denn bei $U = 4{,}9\,\text{V}$ und dem Vielfachen davon, erreicht die kinetische Energie der Elektronen immer wieder die mit der niedrigsten Anregungsstufe des Hg-Atoms zusammenfallende Anregungsenergie. Hiermit geht ein ‚Leuchten‘ des Quecksilberdampfes im UV-Bereich bei der Wellenlänge $\lambda = 253\,\text{nm}$ einher. Aus der Energiezunahme (= Anregungsenergie) um

$$\Delta E = e \cdot \Delta U_B = 1{,}602 \cdot 10^{-19}\,\text{C} \cdot 4{,}9\,\frac{\text{J}}{\text{C}} = \underline{7{,}85 \cdot 10^{-19}\,\text{J}}$$

lässt sich bei Berücksichtigung von

$$E = h \cdot v = h \cdot \frac{c}{\lambda} \quad \rightarrow \quad \lambda = \frac{h \cdot c}{E}$$

jene Wellenlänge berechnen, bei welcher das Gas leuchtet:

$$\lambda = \frac{6{,}626 \cdot 10^{-34} \cdot 2{,}998 \cdot 10^{8}}{7{,}85 \cdot 10^{-19}} = 2{,}53 \cdot 10^{-7} = 252 \cdot 10^{-9}\,\mathrm{m} = \underline{253\,\mathrm{nm}}$$

(nm: Nanometer).

Dieses Resultat, das später für andere Füllungen der Elektronenröhre, z. B. mit Neon, immer wieder bestätigt werden konnte, wurde bzw. wird als experimenteller Beleg dafür gesehen, dass die Energie von den Atomen nur in Quanten aufgenommen und abgegeben werden kann. Insofern zählte bzw. zählt der Versuch zu den wichtigsten in der Quantenmechanik.

Anmerkung

Unterschieden werden zwei Arten der Anregung, eine solche durch ein (energiereiches) Photon, das absorbiert wird, und eine solche, die durch Stoß eines massebehafteten Teilchens verursacht wird. Die Anregung löst in dem gebundenen System Quantensprünge aus, z. B. solche von Elektronen zwischen den Bahnen (Energiezuständen). Ist die Anregung derart stark, dass ein Elektron das Atom verlässt, spricht man von Ionisation.

2. Ergänzung: Röntgenstrahlung

Die elektromagnetische Strahlung im spektralen Bereich

$$\lambda = 1 \cdot 10^{-11}\,\mathrm{m} \quad \rightarrow \quad \nu = 3 \cdot 10^{19}\,\mathrm{Hz} \quad \rightarrow \quad E_{\mathrm{Photon}} = 2 \cdot 10^{-14}\,\mathrm{J} = 1{,}2 \cdot 10^{5}\,\mathrm{eV} \quad \text{bis}$$

$$\lambda = 2 \cdot 10^{-8}\,\mathrm{m} \quad \rightarrow \quad \nu = 1{,}5 \cdot 10^{16}\,\mathrm{Hz} \quad \rightarrow \quad E_{\mathrm{Photon}} = 2 \cdot 10^{-17}\,\mathrm{J} = 0{,}6 \cdot 10^{2}\,\mathrm{eV}$$

wird als Röntgenstrahlung bezeichnet (vgl. Abb. 1.3 in Bd. III, Abschn. 2.4), dabei bezeichnet man eine Strahlung mit $\lambda = 1 \cdot 10^{-11}\,\mathrm{m} = 0{,}01\,\mathrm{nm}$ als ‚hart‘, eine mit $\lambda = 2 \cdot 10^{-8}\,\mathrm{m} = 20\,\mathrm{nm}$ als ‚weich‘. (Zum Teil werden die Grenzen weiter außen verortet.)

Hinweise

Frequenz $\nu = c/$Wellenlänge λ, $c =$ Lichtgeschwindigkeit ($c = 3 \cdot 10^{8}$ m/s). Umrechnung der Energieeinheit J in eV: $1\,\mathrm{J} = 6{,}24 \cdot 10^{18}\,\mathrm{eV}$.

Ein Vergleich der Photonenenergie der Röntgenstrahlung mit jener des sichtbaren Lichts macht deutlich, um wie viel intensiver Röntgenstrahlen gegenüber Lichtstrahlen sind, sie vermögen ’weiche’ Materialien zu durchdringen. Die Strahlen des sichtbaren Lichts liegen im Mittel bei $\nu = 10^{14}$ Hz, die Röntgenstrahlen im Mittel bei $\nu = 10^{18}$ Hz. Die Photonenergien unterscheiden sich um 4 Zehnerpotenzen! Die Energie harter Röntgenstrahlung liegt sogar um 5 Zehnerpotenzen höher als jene des sichtbaren Lichts. – Natürliche Röntgenstrahlung entsteht in den Sternen, einschl. Sonne. Die Gasmoleküle der Erdatmosphäre schirmen die ‚Bewohner der Erde‘ gegen diese Strahlung ab, gemeint ist alle lebende Kreatur auf Erden.

Die künstliche Erzeugung von Röntgenstrahlen gelang dem Physiker W.C. RÖNTGEN (1845–1923) im Jahre 1895. Die Entdeckung sollte sich später als sehr bedeutsam erweisen, sie wurde im Jahre 1901 mit dem ersten Nobelpreis für Physik geehrt. Da die Entstehung der Strahlung zunächst unerklärlich blieb, wurde sie X-Strahlung genannt, so wird sie heute noch im angelsächsischen Raum bezeichnet (x-ray).

Abb. 1.22

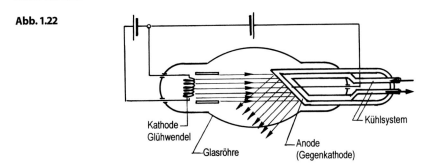

Kathode
Glühwendel
Glasröhre
Anode
(Gegenkathode)
Kühlsystem

Röntgenstrahlung lässt sich künstlich in hoch evakuierten Röhren erzeugen (Abb. 1.22): Zwischen die Kathode in Form einer Glühwendel und die gegenüber liegende Anode wird eine Höchstspannung U angelegt. Die abgestrahlten, hoch beschleunigten Elektronen erreichen nach Bündelung die Anode mit hoher Geschwindigkeit (Kathodenstrahlung). Die auftreffende kinetische Energie setzt sich zu 90 % und mehr in Wärme um. Um eine Überhitzung der Anode zu verhindern, wird sie gekühlt. Aus der restlichen Energie baut sich die Röntgenstrahlung auf.

Als Anodenbelag kommen hoch schmelzende Metalle, wie Wolfram ($Z = 74$) oder Platin ($Z = 78$) zum Einsatz. Die Energie der Elektronen ist von der angelegten Spannung U abhängig:

$$E_{\text{Elektron}} = e \cdot U$$

e ist die Elementarladung des Elektrons. Setzt sich die Energie des beschleunigten Elektrons verlustfrei in voller Höhe in die Energie eines herausgeschlagenen und abgestrahlten Photons um

$$E_{\text{Photon}} = h \cdot \nu = h \cdot \frac{c}{\lambda}$$

(h = Planck'sches Wirkungsquantum), erhält man aus der Gleichsetzung $E_{Elektron} = E_{Photon}$:

$$e \cdot U = \frac{h \cdot c}{\lambda} \quad \rightarrow \quad \lambda = \frac{h \cdot c}{e \cdot U} = \lambda_{\text{min}} \quad \rightarrow \quad \nu_{\text{max}} = \frac{e \cdot U}{h}$$

Unterhalb der Wellenlänge λ_{min} kann keine Röntgenstrahlung induziert werden. Es gibt keinen effektiveren Stoß als den vorstehend angegebenen.

Die oberhalb λ_{min} abgestrahlten Röntgenquanten weisen die unterschiedlichsten Wellenlängen auf, je nachdem welche Elektronen im Anodenmaterial angeregt werden: $\lambda \geq \lambda_{\text{min}}$. Im Ergebnis schlägt sich das Geschehen in einem **kontinuierlichen Röntgenspektrum** nieder, das durch $\lambda_{\text{Grenze}} = \lambda_{\text{min}}$ begrenzt ist (Abb. 1.23). Es ist interessant, dass der Grenzwert unabhängig vom Anodenmaterial ist. Man spricht vom Bremsmaterial und entsprechend vom Bremsspektrum. Durch die Höhe der Spannung kann die Energie der Röntgenstrahlung

Abb. 1.23

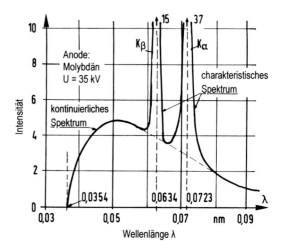

Wellenlänge λ

und damit die Härte = Durchdringungsfähigkeit eingestellt werden. Durch die Stromstärke (also über die Glühtemperatur) lässt sich die Intensität der Strahlung, also die Menge der abgestrahlten Röntgenquanten pro Flächen- und Zeiteinheit, steuern, sie ist vom Anodenmaterial abhängig: Mit der Stromstärke steigt die Zahl der Elektronen linear an, entsprechend die Anzahl der Stöße im Anodenmaterial und damit die Intensität der Strahlung.

Neben dem kontinuierlichen Spektrum kann ein sogen. **charakteristisches Röntgenspektrum** beobachtet werden. Es entsteht, wenn das Anodenmaterial aus sehr schwerem Metall besteht (hohe Kernladungszahl): Vermag ein energiereiches Elektron durch die mehrschalige Hülle eines solchen Atoms zu einem kernnahen Elektron auf der K- oder L-Schale vorzudringen und wird dieses auf einen freien Platz einer kernfernen Bahn angehoben oder ganz aus dem Atom herausgeschleudert, entsteht eine Lücke auf der kernnahen Schale. Diese wird durch ein Elektron einer höheren Schale aufgefüllt. Durch diesen Sprung nach innen wird Energie frei und ein Quant mit der entsprechenden Wellenlänge abgestrahlt. In die neu entstandene Lücke rückt fallweise ein weiteres Elektron vor, usf. Im Spektrum sind diesen Quantensprüngen charakteristische Linien zugeordnet, ihre Lage ist vom Anodenmaterial abhängig. Bei einem Sprung von der L- auf die K-Schale stellt sich die K_α-Linie ein, bei einem Sprung von der M- auf die K-Schale die K_β-Linie usf. In Abb. 1.24 sind die Quantensprünge veranschaulicht. Abb. 1.23 zeigt ein so entstandenes Intensitätsspektrum, in diesem Falle mit dem Anodenmaterial Molybdän ($Z = 42$).

Werden in die Formel für λ_{min}

$$\lambda_{min} = \frac{h \cdot c / e}{U}$$

die Naturkonstanten h, c und e eingesetzt, erhält man:

$$\lambda_{min} = \frac{12,39 \cdot 10^{-10}\,\text{m}}{U\,\text{in kV}}$$

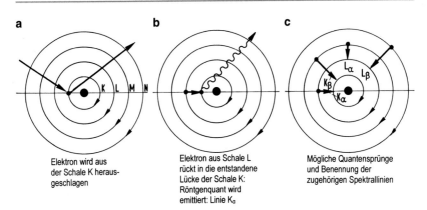

a

b

c

Elektron wird aus
der Schale K heraus-
geschlagen

Elektron aus Schale L
rückt in die entstandene
Lücke der Schale K:
Röntgenquant wird
emittiert: Linie K_α

Mögliche Quantensprünge
und Benennung der
zugehörigen Spektrallinien

Abb. 1.24

Das bedeutet: Für eine Spannung $U = 12{,}39\,\text{kV}$ beträgt $\lambda_{min} = 1 \cdot 10^{-10}\,\text{m} = 0{,}1\,\text{nm}$. Das Spektrum in Abb. 1.23 wurde für $U = 35\,\text{kV}$ aufgenommen. Die Formel liefert:

$$\lambda_{min} = \frac{12{,}39 \cdot 10^{-10}\,\text{m}}{35} = 0{,}354 \cdot 10^{-10}\,\text{m} = \underline{0{,}0354\,\text{nm}}$$

Nach dem von H. MOSELEY (1887–1915) entwickelten Gesetz lässt sich die Frequenz der K_α-Linie zu

$$\nu(K_\alpha) = 0{,}75 \cdot R_H \cdot c \cdot (Z - 1)^2$$

angeben. Z: Kernladungszahl, R_H: Rydberg-Konstante $R_H = 1{,}097 \cdot 10^7\,\text{m}^{-1}$. Für Molybdän folgt:

$$\nu(K_\alpha) = 0{,}75 \cdot 1{,}097 \cdot 10^7 \cdot 3{,}0 \cdot 10^8 \cdot (42 - 1)^2 = 4{,}15 \cdot 10^{18}\,\text{Hz}$$

$$\rightarrow \quad \lambda(K_\alpha) = \frac{c}{\nu(K_\alpha)} = \frac{3 \cdot 10^8}{4{,}15 \cdot 10^{18}} = 0{,}723 \cdot 10^{-10}\,\text{m} = \underline{0{,}0723\,\text{nm}}$$

Für die K_β-Linie lautet die Frequenzformel:

$$\nu(K_\beta) = 0{,}89 \cdot R_H \cdot c \cdot (Z - 1{,}8)^2.$$

Für $Z = 42$ findet man:

$$\nu(K_\beta) = 4{,}73 \cdot 10^{18}\,\text{Hz} \quad \rightarrow \quad \lambda(K_\beta) = \frac{c}{\nu(K_\beta)} = 0{,}634 \cdot 10^{-10}\,\text{m} = \underline{0{,}0634\,\text{nm}}$$

Röntgenstrahlen vermögen ‚undurchsichtige' Stoffe aus leichten Elementen zu durchstrahlen, wie weiches Körpergewebe. Materie aus schwereren Elementen, wie Knochen (Phosphor, $Z = 15$, Calcium, $Z = 20$) dagegen nicht. Beim Durchstrahlen entstehen von

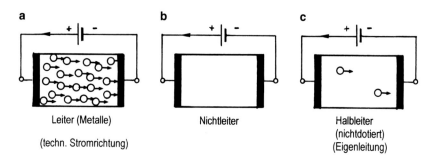

a Leiter (Metalle)

(techn. Stromrichtung)

b Nichtleiter

c Halbleiter
(nichtdotiert)
(Eigenleitung)

Abb. 1.25

den Knochen Schattenbilder auf der Photoplatte. Hierauf beruht die Röntgendiagnostik. Wenn Atome des organischen Gewebes im Zuge der Röntgenuntersuchung ionisiert werden, können sich Veränderungen an den Zellen einstellen und sich zu Zellschäden entwickeln, indessen nur bei häufigen und energiereichen Bestrahlungen. – Zur Physik und Technik der Radiologie vgl. [11–14].

In der Materialforschung und -prüfung kommen hochenergetische Röntgenstrahlen zum Einsatz, wenn beispielsweise Schweißnähte auf Bindefehler untersucht werden sollen.

3. Ergänzung: Halbleiter, dotierte Halbleiter, p-n-Grenzschicht

In der Elektronik werden die Stoffe nach ihrer elektrischen Leitfähigkeit in drei Element-gruppen unterteilt, in Leiter, in Halbleiter und in Nichtleiter (Isolatoren); Abb. 1.25 zeigt eine schematische Gegenüberstellung. Zur Leitfähigkeit G einiger Stoffe (bzw. ihrem elektr. Widerstand) vgl. Bd. III, Abschn. 1.3.

Metalle sind gute bis sehr gute **Leiter**. Die äußere Atomschale ist mit einem oder mit zwei Elektronen besetzt. Man nennt sie Valenz- oder Bindungselektronen. Im Kristallver-band wechseln sie permanent ihre Position zwischen den Atomen an deren Gitterplätzen. Bewegen sie sich frei innerhalb des Gitters, nennt man sie Leitungselektronen. Ist im Gitter ein Spannungsgefälle vorhanden, driften sie in großer Zahl im Gitter in Richtung des Ge-fälles. Jedes Elektron trägt dabei die Ladungseinheit $e = 1{,}60218 \cdot 10^{-19} C$ (C: Coulomb). Diese gerichtete Elektronenbewegung bezeichnet man als elektrischen Strom, vgl. Kap. 1 in Bd. III und Abb. 1.25a. Das Gesagte gilt auch für Metalllegierungen. – In der Tabelle der Abb. 1.26 sind für einige Metalle die Elektronenbelegungen auf den Atomschalen gegenüber gestellt.

Bei **Nichtleitern** ist die äußere Schale weitgehend voll besetzt. In diesem Falle sind die Valenzelektronen in den Atomen bzw. Molekülen fest gebunden, freie Elektronen sind nicht vorhanden. Liegt eine Spannung an, fließt kein Strom (Abb. 1.25b).

Halbleiter sind Elemente, die im Vergleich zu den Leitern nur über eine geringe Leit-fähigkeit verfügen. Zu ihnen zählen vorrangig Silizium (Si, $Z = 14$) und Germanium (Ge, $Z = 32$) mit je vier Elektronen auf der äußeren Schale, Abb. 1.26. Die Atome fügen sich, wie bei den Metallen, zu einem Gitter. In diesem räumlichen Gitter ist jedes Atom über die vier Elektronen mit den Nachbarelektronen verbunden. Abb. 1.27a zeigt das Prinzip dieser

Z	Element		K	L	M	N	O	P
24	Chrom	Cr	2	8	13	1		
29	Kupfer	Cu	2	8	18	1		
47	Silber	Ag	2	8	18	18	1	
78	Platin	Pt	2	8	18	32	17	1
79	Gold	Au	2	8	18	32	18	1
23	Vanadium	V	2	8	11	2		
26	Eisen	Fe	2	8	14	2		
14	Silicium	Si	2	8	4			
32	Germanium	Ge	2	8	18	4		
5	Bor	B	2	3				
13	Aluminium	Al	2	8	3			
31	Gallium	Ga	2	8	18	3		
49	Indium	In	2	8	18	18	3	
15	Phosphor	P	2	8	5			
33	Arsen	As	2	8	18	5		
51	Antimon	Sb	2	8	18	18	5	
83	Bismut	Bi	2	8	18	32	18	5
34	Selen	Se	2	8	18	6		

(Leiter (Metalle); Halbleiter)

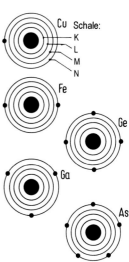

Abb. 1.26

Abb. 1.27

a   b

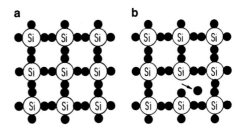

räumlichen Bindung in Form eines Tetraedergitters (hier als ebenes Modell gezeichnet!). – Wie ausgeführt, schwingt jedes Atom an seinem Gitterplatz. Sinkt die Temperatur auf den absoluten Nullpunkt, erstarrt jede Bewegung. Steigt sie dagegen durch von außen eingetragene Energie, sei es in Form von Wärme, von Photonen oder Kernstrahlung, schwingen die Atome umso heftiger, je höher der Energieeintrag ist. Erreicht die eingeprägte Energie Werte, die über der Bindungsenergie liegen, bricht die Bindung zwischen den Atomen vereinzelt auf, Elektronen lösen sich ab und bewegen sich frei (Abb. 1.27b). Bei Silizium beträgt die Bindungsenergie 1,1 eV, bei Germanium 0,7 eV (die Bindungselektronen liegen beim Ge-Atom eine Schale weiter außen, was die geringe Bindungsenergie erklärt, vgl. Abb. 1.26).

Abb. 1.28

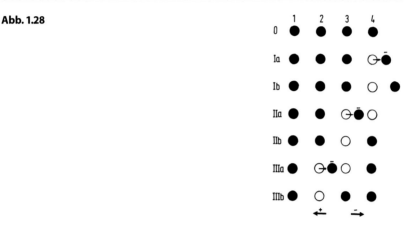

In das entstandene Loch der aufgebrochenen Bindung wechselt das Elektron eines Nach-baratoms. Das dadurch neu entstandene Loch wird in gleicher Weise wieder aufgefüllt. Loch um Loch werden die Atome kurzzeitig zu positiv geladenen Ionen um sofort wieder in den Urzustand zurück zu kehren (Abb. 1.28). Man spricht bei diesem Vorgang der Rekombi-nation von **Löcherleitung**, weil positive Ladung ‚strömt'. **Die Löcher nennt man auch Defektelektronen**. Sie bewegen sich frei wie die Elektronen. Wird an den Kristall eine Spannung angelegt, verhalten sie sich in einem elektrischen Feld wie Träger einer positi-ven Ladung. Da freie Elektronen und Defektelektronen (Löcher) stets paarweise erzeugt werden, gibt es im Gitter gleich viele von ihnen. In der Summe bilden sie den Gesamtstrom, man spricht von **Eigenleitung** (Abb. 1.25c).

Sofern einfallende Sonnenstrahlen (Photonen) die Ursache für den Bruch der atomaren Bindung sind und elektrische Ladung strömt, spricht man vom **inneren (photo-)elektri-schen Effekt** oder vom photovoltaischen Effekt, kurz vom Photoeffekt. Auf diesem Effekt beruht die Photozelle.

Halbleiter unterscheiden sich von Leitern in dreifacher Weise:

1. Die elektrische Leitfähigkeit liegt bei Leitern deutlich höher als bei Halbleitern. Metalle sind gegenüber reinem Silizium und Germanium um einen Faktor bis zu 10^{10} leitfähiger.

2. Mit ansteigender Temperatur **sinkt** die Leitfähigkeit in Leitern, weil der freie Raum im Gitter durch die intensiveren Atomschwingungen eingeengt wird. Bei Halbleitern **steigt** die Leitfähigkeit, weil die Anzahl der aufgebrochenen Elektronen/Defektelektronen mit steigender Temperatur anwächst.

3. Insgesamt ist die Bindung zwischen den Halbleiteratomen im Vergleich zu den Leiter-atomen relativ stabil und fest.

Die Leitfähigkeit des Halbleitermaterials lässt sich deutlich steigern, wenn beispielsweise im SI- oder Ge-Gitter an die Stelle eines Si- bzw. Ge-Atoms eine ‚Verunreinigung', eine ‚Störung', eingebaut wird und zwar in Form eines Atoms eines solchen Elementes, bei dem

Abb. 1.29

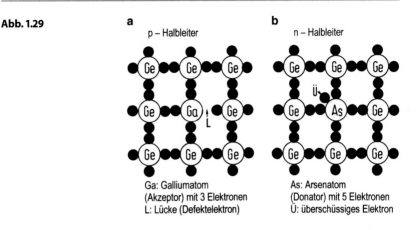

a
p – Halbleiter

b
n – Halbleiter

Ga: Galliumatom
(Akzeptor) mit 3 Elektronen
L: Lücke (Defektelektron)

As: Arsenatom
(Donator) mit 5 Elektronen
Ü: überschüssiges Elektron

die äußere Schale nur mit **drei Valenzelektronen** besetzt ist. Für solche ‚Fremd'-Atome kommen z. B. Gallium-Atome infrage, die in ein Germanium-Gitter eingefügt werden. In Abb. 1.29a ist dieser Fall dargestellt. An der **Störstelle** (L) fehlt ein Bindungselektron. Es kann durch das Elektron eines Nachbaratoms ersetzt werden. Das hierdurch entstandene Loch kann wiederum durch ein Nachbarelektron gefüllt (rekombiniert) werden, usf. Hierdurch wird ein Strom im Halbleiter (wie oben beschrieben) ausgelöst. Beim gezielten Einbau solcher Fremdatome, also der Generierung von Störstellen, spricht man von einer **Dotierung**. Bei einer Dotierung mit B-, Al-, Ga- oder In-Atomen, die **drei Valenzelektronen** tragen, ergibt sich ein **p-Halbleiter. Die Leitfähigkeit wird durch die Dotierung um fünf Größenordnungen und mehr gesteigert!** Man nennt die dotierten Atome Akzeptoren (Elektronenaufnehmer, hier, in Abb. 1.29a, Ga mit drei Valenzelektronen).

Besteht die generierte Störstelle im Si- oder Ge-Gitter aus Atomen der Elemente P, As, Sb oder Bi mit **fünf Valenzelektronen**, liegt an den dotierten Stellen je ein zusätzliches Elektron als Ladungsträger an (Abb. 1.29b). Wenn sich dieses löst, wird es zu einem freien Elektron. Auch durch diese Art der Dotierung wird die Leitfähigkeit deutlich gesteigert. Man spricht in diesem Falle von einem **n-Halbleiter** und bei den dotierten Atomen von Donatoren (Elektronenspender, hier, Abb. 1.29b, As mit fünf Valenzelektronen).

Weil bei einer Dotierung mit 3 oder 5 Valenzelektronen-Elementen positive bzw. negative Ladung überschüssig vorhanden ist, steht **p** für **positiv** und **n** für **negativ**.

Ohne äußere Einwirkung sind alle Gitter, von außen betrachtet, elektrisch neutral, denn bei der Dotierung sind keine Ladungsträger hinzu gefügt worden, die Akzeptoren und Donatoren sind selbst neutral. Erst bei Anlegen einer Spannung oder bei einem äußeren Energieeintrag (Wärme, Strahlung) wird der Kristall leitend. Ob p-Halbleiter oder n-Halbleiter, in beiden Fällen sind Elektronen und Defektelektronen als Ladungsträger am Aufbau des elektrischen Stroms gleichrangig beteiligt, man spricht von **Störstellenleitung**.

Fügt man zwei Halbleitermaterialien, ein n-leitendes und ein p-leitendes Halbleitermaterial, nahtlos zusammen, stellt sich beidseitig des Übergangs ein Ladungsausgleich ein, ohne dass eine äußere Spannung anliegt (Abb. 1.30a): Aus dem Grenzgebiet des n-Halbleiters mit seinen 5-wertig dotierten Atomen dringen freie Elektronen in das Grenzgebiet des p-

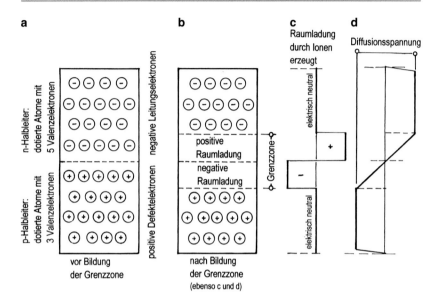

vor Bildung
der Grenzzone

nach Bildung
der Grenzzone
(ebenso c und d)

Abb. 1.30

Halbleiters mit seinen 3-wertig dotierten Atomen ein. Man spricht von Diffusion. Indem sich ein Elektron an ein dotiertes Atom im p-Gebiet anlegt, wird die Bindung an dieser Stelle richtig gestellt $(3 + 1 = 4)$, das Atom ist jetzt nicht mehr neutral sondern negativ geladen, also ein negativ geladenes Ion. Aus dem Grenzgebiet des p-Leiters mit seinen 3-wertig dotierten Atomen dringen Defektelektronen (Löcher) in das Grenzgebiet des n-Leiters ein. Diese Defektelektronen legen sich an die 5-wertig dotierten Atome an. Sie sind jetzt mit 4 Elektronen an die Nachbaratome gebunden $(5 - 1 = 4)$. Sie werden dadurch zu positiv geladenen Ionen, Abb. 1.30b.

Auf diese Weise entstehen auf beiden Seiten der Grenzlinie ein positiver und ein negativer Raumladungsbereich, es entsteht insgesamt eine Grenzzone, man nennt sie **p-n-Grenzschicht**. Sie verhindert eine jeweils noch tiefere Diffusion in die gegenseitigen rückwärtigen Bereiche. So betrachtet ist sie eine Sperrschicht: Die freien Elektronen des n-Halbleiters werden von den entstandenen negativen Ionen des p-Gebiets abgestoßen, in der anderen Richtung werden die freien Defektelektronen des p-Halbleiters von den entstandenen positiven Ionen des n-Gebiets abgestoßen.

Die geschilderte Ladungstrennung $\rightleftarrows$ geht mit einem elektrischen Strom innerhalb der Grenzschicht einher. **Der Strom fließt ohne das Vorhandensein einer äußeren Spannung**, getrieben von der inneren Diffusionsspannung zwischen den elektrischen Feldern des n- bzw. p-Gebietes. Der Strom fließt solange, bis sich die p-n-Grenzschicht vollständig ausgebildet hat, bis quasi Gleichgewicht besteht. In der Grenzschicht existieren keine freien Elektronen und Defektelektronen, die Schicht ist nichtleitend. Bei schwacher Dotierung stellt sich eine

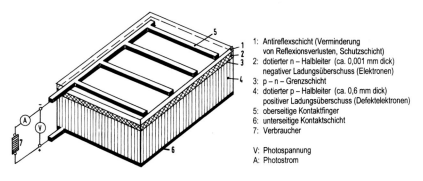

1: Antireflexschicht (Verminderung
   von Reflexionsverlusten, Schutzschicht)
2: dotierter n – Halbleiter (ca. 0,001 mm dick)
   negativer Ladungsüberschuss (Elektronen)
3: p – n – Grenzschicht
4: dotierter p – Halbleiter (ca. 0,6 mm dick)
   positiver Ladungsüberschuss (Defektelektronen)
5: oberseitige Kontaktfinger
6: unterseitige Kontaktschicht
7: Verbraucher

V: Photospannung
A: Photostrom

Abb. 1.31

breite, bei starker Dotierung eine schmale Sperrschicht ein. In Abb. 1.30 sind die Vorgänge veranschaulicht.

Theorie und Praxis der Halbleiter gehören zum Gebiet der Festkörperphysik, ein weites Feld der angewandten Atom- und Quantenmechanik [15–19].

4. Ergänzung: Photovoltaik

Für die direkte Umsetzung von (kurzwelliger) Sonnenenergie in elektrische Energie dienen Solarzellen (photovoltaische Zellen). Für den gängigen Masseneinsatz solcher Zellen wird dotiertes Silizium-Halbleitermaterial eingesetzt. Abb. 1.31 zeigt den prinzipiellen Aufbau einer Solarzelle, sie ist sehr dünnwandig aufgebaut. Damit die Strahlung die p-Leiterschicht (ca. 0,3 bis 0,6 mm dick) erreichen kann, ist die n-Leiterschicht nur ca. 0,001 mm dick. Die p-Schicht gibt der Zelle ihre Festigkeit. Die Randabmessungen betragen $10 \times 10\,cm$ bis $20 \times 20\,cm$. Ober- und unterseitig liegen die Kontakte des elektrischen Stromkreises (vgl. Legende zu Abb. 1.31). Die Zellen werden zu einem Modul zusammengefasst.

Zwischen den positiv und negativ geladenen Ionen in der p-n-Grenzschicht besteht ein permanentes elektrisches Feld mit einer inneren Diffusionsspannung in der Größenordnung 0,5 bis 0,6 V, vgl. die Darstellung in der vorangegangenen Ergänzung. Der Bestand dieser Raumladungszone ist Voraussetzung für die Funktion einer Solarzelle. Sie bleibt bestehen, wenn Strom fließ. Dringen Photonen der Sonne über die Antireflexschicht in die Zelle ein, werden Elektronen und Defektelektronen frei gesetzt. Durch die aufgenommene Strahlungsenergie befinden sie sich auf einem höheren Energieniveau. Sie werden von der Diffusionsspannung des elektrischen Feldes zu den Metallkontakten getrieben. Die Spannung zwischen den Kontakten beträgt bei dotiertem Silizium 0,5 V. Es fließt ein Photostrom (Gleichstrom) im Verbraucherstromkreis (Abb. 1.32).

Nur ausreichend energiereiche Photonen der Sonnenstrahlung vermögen Elektronen und Defektelektronen zu aktivieren. Viele rekombinieren gegenseitig und setzen die Strahlungsenergie in Wärme um. Ein Teil der Photonen geht zudem durch Abschattung oder Reflektion verloren. Aus diesen Gründen liegt der Wirkungsgrad zwischen der abströmenden elektrischen Energie und der einfallenden Sonnenenergie nur zwischen ca. 5 und 17 %. Der untere Wert gilt für **amorphes** Material, das als Dünnschicht auf Glas abgeschieden wird, der obe-

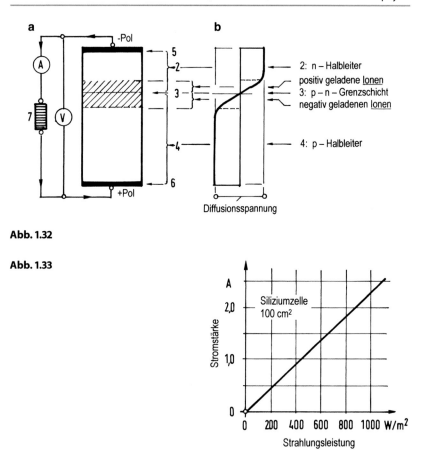

Abb. 1.32

Abb. 1.33

re Wert gilt für **monokristallines** Silizium, dünne Scheiben werden aus hochrein gezogenen Stäben gesägt. Aus gegossenen Blöcken gesägte Scheiben weisen keine vergleichbare Reinheit auf, man spricht von polykristallinem Material, der Wirkungsgrad liegt zwischen 13 bis 15 %. Aus sehr speziellem Halbleitermaterial (z. B. GaAr) gefertigte Solarzellen erreichen einen Wirkungsgrad bis 40 %. Sie kommen in der Weltraumtechnik zum Einsatz, z. B. für die ‚Sonnensegel' von Satelliten.

Für eine Siliziumsolarzelle $10 \, cm \times 10 \, cm = 100 \, cm^2$ zeigt Abb. 1.33 die lineare Zunahme der Stromstärke in A (Ampere) als Funktion der Bestrahlungsintensität in W/m^2 (Watt pro m^2 beschienene Zellenfläche).

Die Empfindlichkeit der Solardioden, also ihre Quantenausbeute, ist abhängig von der Wellenlänge des Lichts, bei Siliziumzellen erreicht sie bei einer Wellenlänge $\lambda = 800 \, nm$ ihren höchsten Wert.

Abb. 1.34

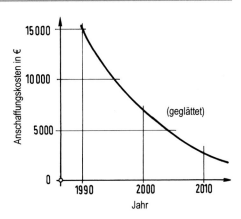

Wie in Bd. III, Abschn. 2.7.3 gezeigt, beträgt die Solarkonstante 1360 W/m². In Abhängigkeit von der geographischen Breite liegt die Strahlungsleistung in Deutschland in günstigen Fällen nahe 1000 W/m².

Um die Leistungsfähigkeit einer Solarzelle bzw. aus solchen Zellen aufgebauter Module zu kennzeichnen, wurde die (im SI nicht genormte) Einheit kWp (kiloWattpeak) eingeführt. Dieser Kennwert wird im Versuch bestimmt. Dabei wird am Solarmodul die abgegebene elektrische Leistung in kW gemessen, wenn der Modul mit Licht des atmosphärischen Sonnenspektrums bei einem Zentriwinkel von 50° beaufschlagt und die Strahlungsleistung zu 1000 W/m² eingestellt wird. Für eine solche Messung stehen Sonnenstrahlungs-Simulatoren zur Verfügung. Die Solarzelle soll dabei eine Temperatur von 25 °C aufweisen. Der Versuch liefert als Ergebnis den Kennwert kWp: Kilowattpeak. (Elektrische Leistung $P = U \cdot I =$ Spannung mal Stromstärke.)

Die Erfahrung zeigt, dass eine 1-kWp-Anlage in Deutschland im Laufe eines Jahres i. M. eine Energie von 700 bis 900 kW h (i. M. 800 kW h) erzeugen kann. Setzt man den jährlichen Strombedarf eines 4-Personen-Haushalts zu 4000 kWh an und soll dieser Bedarf voll durch Photovoltaik gedeckt werden, wäre eine Anlage mit 4000/800 = 5,0 kWp zu installieren. Eine solche Bemessung sollte durch eine Auslegung, die die örtlichen Standortbedingungen (Breitengrad, mittlere Strahlungsintensität, Temperatur, Wetterverhältnisse usf.) berücksichtigt, abgesichert werden. In jedem Falle empfiehlt sich eine fachqualifizierte Planung, Montage und Wartung.

Sonnenmodule erreichen (als ruhende Generatoren) eine vergleichsweise hohe Lebensdauer, nach 20 Jahren vielfach noch mit einer 80 %igen Ausbeute. Die Förderung von Solarstrom in Cent pro kW h ist in Deutschland von 57 Ct im Jahre 2004 auf 17 Ct im Jahre 2012 gesunken, gleichzeitig sind die Anschaffungskosten deutlich gefallen, Abb. 1.34: € pro 1 kWp.

Nicht nur bei den privaten Haushalten hat die Selbstversorgung mit Strom durch Photovoltaik große Fortschritte gemacht; dem Trend folgen inzwischen auch Gewerbe und Industrie mit beträchtlichen Investitionen, vielfach gleichzeitig mit Batteriespeicher. Vgl. hier auch Bd. II, Abschn. 3.5.7.2 und als Ergänzung zu den vorangegangenen Ausführungen [20–22].

Abb. 1.35

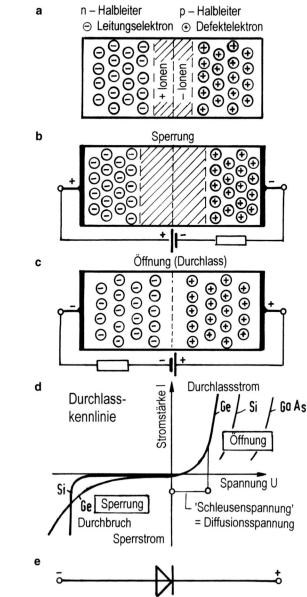

a
n – Halbleiter   p – Halbleiter
⊖ Leitungselektron ⊕ Defektelektron

b
Sperrung

c
Öffnung (Durchlass)

d
Durchlass-
kennlinie

e
Symbol für die Durchlassrichtung
(vereinfacht)

Abb. 1.36

Halbleiterdiode

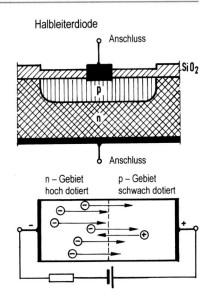

Abb. 1.37

5. Ergänzung: Halbleiter-Diode

Eine Diode besteht aus zwei zusammengefügten dünnen Schichten n- und p-dotierten Halbleitermaterials. Beidseitig der Grenzlinie liegt auf der p-Seite die Raumladungszone mit negativ geladenen Ionen und auf der n-Seite die Raumladungszone mit positiv geladenen Ionen. Innerhalb des p-Halbleiters befinden sich freie, positiv geladene Defektelektronen (Löcher ⊕) und innerhalb des n-Halbleiters freie, negativ geladene Leitungselektronen ⊖, wie in Abb. 1.35a dargestellt.

Wird an die Diode eine äußere Spannung angelegt, derart, dass der Pluspol am n-Halbleiter und der Minuspol am p-Halbleiter anliegt, zieht der +-Pol die freien Elektronen und der —-Pol die freien Defektelektronen an. Die p-n-Grenzzone vergrößert sich. Das von der Diffusionsspannung aufgebaute elektrische Feld wird verstärkt. Die p-n-Zone wirkt bei dieser Polung wie eine Sperrschicht (Abb. 1.35b, d, links). Es fließt kein Strom, allenfalls ein schwacher Sperrstrom, gespeist von der temperaturabhängigen Eigenleitung. Bei Anlegen einer sehr hohen Spannung, kann es zu einem Stromdurchschlag kommen.

Bei einer Umpolung der Anschlüsse verschmälert sich die p-n-Grenzschicht. Mit wachsender Spannung überwinden die Elektronen und Defektelektronen die abstoßenden Kräfte der Ionen. Erreicht die Spannung die Höhe der Diffusionsspannung, wird die p-n-Grenzzone vollständig abgebaut, die Defektelektronen und Elektronen diffundieren in das Grenzgebiet und rekombinieren, es fließt Strom, der mit steigender Spannung überproportional und schließlich geradlinig anwächst (Abb. 1.35c, d, rechts).

In Abb. 1.36 ist der schematische Aufbau einer Halbleiterdiode im Schnitt mit den Anschlusskontakten dargestellt.

Die Diode kommt bei Wechselstrom als Gleichrichter, sowohl in der Schwachstrom- wie in der Starkstromtechnik zum Einsatz.

Durch den Grad der Dotierung und die Dicke der Schichten lassen sich die unterschiedlichsten Dioden mit sehr speziellen Eigenschaften und Kennlinien entwerfen. – Abb. 1.37

zeigt als Beispiel eine Diode mit einer hochdotierten n-Schicht und einer schwach dotierten p-Schicht. Wird eine in Durchlassrichtung gepolte Spannung angelegt, dringen nur wenige Defektelektronen in das n-Gebiet aber viele Leitungselektronen in das p-Gebiet, die p-n-Ladung wird abgebaut, man sagt, das p-Gebiet wird mit Elektronen ,injiziert'. Dieses Verhalten ist für den Entwurf von Transistoren bedeutsam.

6. Ergänzung: Transistor

Der (bipolare Flächen-)Transistor besteht in seiner elementaren Form aus **drei Halbleiterschichten**, im Falle des n-p-n-Transistors aus zwei außen liegenden n-dotierten und einer innen liegenden, sehr dünnen p-dotierten Schicht. Demzufolge hat der Transistor zwei p-n-Übergänge, wie in Abb. 1.38a skizziert. Ein Transistor ist quasi ein aus zwei p-n-Dioden zusammen gesetztes Element. Die Dioden sind mit entgegen gerichteter Polarität in Reihe geschaltet. Teilfigur b zeigt das Schaltsymbol.

Wird an die linksseitige n- und die mittige p-Schicht eine Spannung angelegt, wie in Abb. 1.38c gezeigt, wird die gemeinsame Grenzschicht abgebaut (in der Abbildung linksseitig). Die in die p-Schicht injizierten Elektronen strömen zur Stromquelle zurück. Da negative Ladungsträger aus der n- bzw. n-p-Schicht ausgesandt (emittiert) werden, nennt man sie zusammen **Emitterschicht**. Die gegenüberliegende p-Schicht wirkt als Sperrschicht.

Bei einer Polung gemäß Abb. 1.38d wirkt die rechtsseitige p-n-Schicht sperrend, es fließt kein Strom.

Wird schließlich an beide außen liegenden n-Halbleiter eine Spannung gemäß Abb. 1.38e angelegt, wobei die Emitterspannung gering, die gegenüberliegende hoch sein soll, sammelt letztere den größten Teil der vom Emitter (E) abströmenden Elektronen ein. Sie wird daher **Kollektor** (C) genannt. Die mittige p-Zone heißt **Basis** (B). Der Emitter ist die Quelle für beide Ströme, für den Kollektorstrom I_C und für den Basisstrom I_B. Ist I_E der Emitterstrom, gilt: $I_C = I_E - I_B$.

Fazit: Indem Dicke und Dotierung der drei Halbleiterschichten definiert bemessen und gefertigt werden, kann der Durchlassstrom durch den n-p-n-Transistor über die Basisspannung geregelt (geschaltet und verstärkt) werden, man spricht daher auch von Steuerspannung. Transistoren bilden die Grundlage für elektronische Bauteile und integrierte Schaltungen aller Art. Die Schaltzeiten liegen im Nanosekundenbereich. Im Gegensatz zu einer Röhrentriode arbeitet ein Transistor nur mit geringer Wärmeabgabe. Seine Abmessungen sind winzig im Vergleich zu den ehemals gebräuchlichen Röhren, womit eine Miniaturisierung der elektronischen Geräte einher gegangen ist, man denke an Computer und alles was damit im Zusammenhang steht.

In Abb. 1.39 ist das schematische Schnittbild eines Flächentransistors dargestellt.

Erste Grundlagen zur Halbleitertechnik wurden von W. SCHOTTKY (1886–1975) gelegt. Im Jahre 1939 konnte er die Bildung einer ladungsträgerarmen Schicht mit schwacher elektrischer Leitfähigkeit darstellen, eine Sperrschicht. – Im Jahre 1947 wurde von J. BARDEEN (1908–1991) und von W.H. BRATTAIN (1902–1987) der Spitzentransistor vorgestellt, 1948 folgte W.B. SHOCKLEY (1910–1989) mit dem Flächentransistor. Er hatte bereits in den 30er Jahren des letzten Jahrhunderts an Halbleitermaterialien geforscht. Im Jahre 1956 erhielten die drei letztgenannten Forscher den Nobelpreis für Physik.

Abb. 1.38

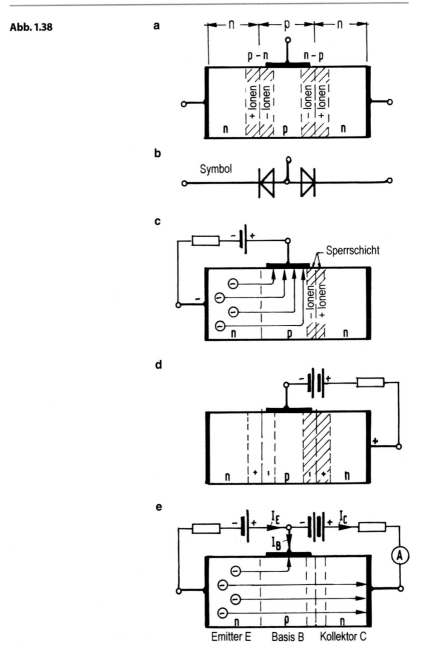

Emitter E   Basis B   Kollektor C

Abb. 1.39

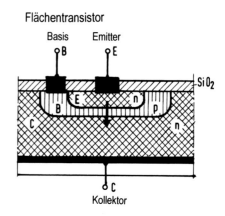

Flächentransistor

Mit den ab den 60er Jahren entwickelten computergestützten Fertigungsverfahren gelang die Massenfertigung von Halbleiterbauteilen und das in Verbindung mit integrierten Schaltungen zunehmend höherer Verdichtung.

Die Grundlagen der Halbleiterphysik gehören zur Festkörperphysik, zwecks Vertiefung vgl. [15–19].

7. Ergänzung: Stimulierte Emission

Sind N gleichartige Atome in einer bestimmten Materiemenge einem stationären Strahlungsfeld ausgesetzt und können sie, wie in Abb. 1.40 dargestellt, nur die Energiestufen E_1 oder E_2 annehmen, dann kann ein einzelnes Atom im Strahlungsfeld folgende Quantenzustände einnehmen:

1. Im Grundzustand befindet sich das Atom in der Energiestufe E_1.

2. Von den vielen Photonen, die das Atom treffen, ist eines, das eine Energie trägt, die mit der Energiedifferenz $E_2 - E_1$ übereinstimmt:

$$E_{\text{Photon}} = \Delta E \quad \rightarrow \quad \nu \cdot h = E_2 - E_1.$$

3. Das Photon wird vom Atom absorbiert. Durch die **Absorption** nimmt das Atom die Photonenenergie auf und rückt in die Energiestufe E_2 (indem ein Elektron aus der Schale 1 in die Schale 2 springt), das Atom befindet sich damit in dieser Stufe in einem ‚angeregten' Zustand. In dieser kann es verbleiben oder es kehrt spontan in den Grundzustand zurück. Die Verweildauer ist mit ca. 10^{-8} Sekunden sehr gering.

4. Nach der spontanen Rückkehr des Atoms in den Grundzustand wird ein Photon emittiert, man spricht von **spontaner Emission**. Das Photon trägt die Energie des ursprünglich absorbierten Photons.

5. Das emittierte Photon bewegt sich in beliebige Richtung.

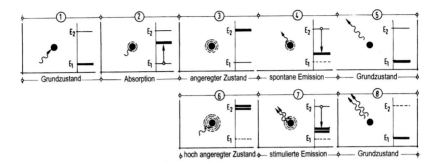

Abb. 1.40

Neben dem geschilderten ist ein weiterer Ablauf möglich:

6. Aus dem Strahlungsfeld trifft ein Photon mit passenden Energie auf ein bereits angeregtes Atom. Der energetische Anregungszustand wird dadurch erhöht und instabil.

7. Das hat zur Folge, dass das Atom aus dem angeregten Zustand in den Grundzustand zurückfällt, als wäre es durch das zusätzliche Photon dazu stimuliert worden. Dabei werden jetzt **zwei gebundene Photonen** frei gesetzt. Man spricht von **stimulierter oder induzierter Emission**.

8. Jedes der beiden Photonen trägt dieselbe Energie (wie zuvor), sie bewegen sich in dieselbe Richtung und mit derselben Phase und derselben Polarität.

Die Wahrscheinlichkeit mit der sich eines der insgesamt N Atome in einem der beiden skizzierten Quantenzustände zu einem bestimmtem Zeitpunkt befindet, ist unterschiedlich und u. a. von der Art des äußeren Strahlungsfeldes abhängig. Es gibt ein Strahlungsfeld, für welches sich die Frage beantworten lässt, es ist das Strahlungsfeld des **Schwarzen Strahlers** (z. B. der Sonne, vgl. hier Bd. III, Abschn. 2.6.4 sowie die anschließende Ergänzung).

8. Ergänzung: Strahlungsgesetz des Schwarzen Strahlers

Im Jahre 1900 hatte M. PLANCK das Strahlungsgesetz des Schwarzen Strahlers hergeleitet, wobei er von der seinerzeitigen Vorstellung ausging, Licht habe (nur) Welleneigenschaften (Bd. III, Abschn. 2.6.2/5). Siebzehn Jahre später gelang es A. EINSTEIN das Gesetz auf der Basis der Quantenvorstellung zu bestätigen. Dazu postulierte er die Möglichkeit einer stimulierten Emission (s. o.). Sie bietet die Möglichkeit einer Lichtverstärkung! Die von A. EINSTEIN gezeigte Herleitung des Strahlungsgesetzes ist hilfreich, will man das Prinzip, das der Lasertechnik zugrunde liegt, verstehen (vgl. folgende Ergänzung).

Der Schwarze Strahler ist ein Hohlkörper, z. B. ein kugelförmiger Behälter, der durch einen Ofen allseitig auf eine konstante Temperatur erhitzt und gehalten wird. Im evakuierten Innenraum absorbiert und emittiert die geschwärzte Innenwand Photonen unterschiedlicher Frequenz. Die Photonen sind massefrei, gegenseitige Stöße auf ihrem Weg zwischen den

Wänden sind nicht möglich. Dennoch spricht man von 'Photonengas'. Durch die Wechselwirkung der Hohlraumstrahlung mit der Materie der Wandung, also der Photonen mit den
hier liegenden Atomen, werden die Atome in einen angeregten Zustand versetzt ($E_1 \to E_2$),
aus dem sie wieder in den Grundzustand zurückkehren ($E_2 \to E_1$). Von den N Atomen werden sich N_1 Atome zu einem bestimmten Zeitpunkt im Energiezustand E_1 und N_2 Atome
im Energiezustand E_2 befinden. Da es sich um einen stationären Energiezustand des Photo-
nengases in einem stationären Strahlungsfeld handelt, herrscht allseits thermodynamisches
Gleichgewicht. Für ein Atom ist das Verhältnis, in dem es sich in einem der beiden Energiezustände befindet, gleich dem Boltzmann'schen Faktor (siehe Bd. II, Abschn. 3.2.5.4):

$$N_2/N_1 = e^{-\frac{E_2 - E_1}{k \cdot T}} = e^{-\frac{\Delta E}{k \cdot T}} = e^{-\frac{h \cdot \nu}{k \cdot T}}$$

Der Faktor gilt für ideale Gase, er wird auf das Photonengas ausgedehnt. $k = k_B$ ist die
Boltzmann'sche Konstante und h das Planck'sche Wirkungsquantum. N_1 und N_2 nennt man
die Besetzungszahlen für die Energieniveaus E_1 und E_2. Wie erkennbar, ist das Verhältnis
von der Frequenz abhängig. Gesucht ist: Die Häufigkeitsverteilung der Frequenzen, deren
Dichteverteilung und damit die Energieverteilung im Feld der hier betrachteten Schwarz-
körperstrahlung. Es ist einsichtig, dass die gesuchten Verteilungen von der Temperatur des
Schwarzen Körpers abhängig sein werden. Die gesuchte Dichtefunktion wird mit $u = u(\nu)$
abgekürzt. – Das Strahlungsgeschehen geht mit Absorption und Emission der Photonen einher. Deren Anzahl pro Zeiteinheit, also ihre Rate, wird bei der Absorption proportional zu
N_1 sein und bei der Emission proportional zu N_2, im Übrigen sind sie jeweils mit einer
gewissen Auftretenswahrscheinlichkeit behaftet:

- Rate der Absorption: : $B_{12} \cdot u(\nu) \cdot N_1$
- Rate der spontanen Emission: $A_{21} \cdot N_2$
- Rate der stimulierten Emission: $B_{21} \cdot u(\nu) \cdot N_2$

B_{12}, A_{21} und B_{21} sind die sogen. Einstein-Koeffizienten. Sie geben die Wahrscheinlichkeit
für die Übergänge $E_1 \to E_2$ und $E_2 \to E_1$ in der Zeiteinheit dt an. Da, wie ausgeführt,
sich das Strahlungsfeld in einem thermodynamischen Gleichgewichtszustand befindet ($T =$
konst.), müssen die Übergangsraten $\uparrow$ und $\downarrow$ gleich sein:

$$B_{12} \cdot u(\nu) \cdot N_1 = A_{21} \cdot N_2 + B_{21} \cdot u(\nu) \cdot N_2$$

Hieraus lässt sich der Quotient N_2/N_1 frei stellen. Nach Gleichsetzung mit dem Boltzmann'schen Faktor kann der Ausdruck für die gesuchte Dichtefunktion gewonnen werden:

$$u(\nu) = \frac{A_{12}}{B_{12} \cdot e^{h \cdot \nu / k \cdot T} - B_{21}} = \frac{A_{12}}{B_{12} \cdot (e^{h \cdot \nu / k \cdot T} - 1)}$$

In der rechtsseitigen Version ist $B_{12} = B_{21}$ gesetzt, was aus einer Grenzbetrachtung für
$T \to \infty$ gefolgert werden kann.

Für niedrige Frequenzen wird der Exponent der e-Funktion sehr klein. Es bietet sich eine
Reihenentwicklung für diesen Bereich an (vgl. mathematische Formelsammlungen):

$$e^{h \cdot \nu / k \cdot T} = 1 + (h \cdot \nu / k \cdot T) + (h \cdot \nu / k \cdot T)^2 / 2! + \ldots \approx 1 + (h \cdot \nu / k \cdot T)$$

Hiermit nimmt die Energiedichtefunktion die Form

$$u(v) = \frac{A_{12}}{B_{12} \cdot (1 + h \cdot v/k \cdot T - 1)} = \frac{A_{12}}{B_{12}} \cdot \frac{k \cdot T}{h \cdot v}$$

an. Das seinerzeit von J.W. RAYLEIGH (1842–1919) und J.H. JEANS (1877–1946) für den Bereich geringer Frequenzen (Ultraviolett-Bereich) experimentell gefundene Gesetz lautet:

$$u(v) = \frac{8\pi \cdot k \cdot T}{c^3} \cdot v^2;$$

c: Lichtgeschwindigkeit.

   Die Gleichsetzung mit dem voran gegangenen Ausdruck erlaubt die Bestimmung von A_{12}/B_{12} und damit die Angabe der gesuchten Funktion für die Energiedichte des Schwarzen Strahlers:

$$u(v, T) = \frac{8\pi \cdot h \cdot v^3}{c^3} \frac{1}{e^{h \cdot v/k \cdot T} - 1}$$

Mit $L = c \cdot u(v)/4\pi$ findet man die Planck'sche Strahlungsgleichung, vgl. hierzu und zu weiteren Folgerungen Bd. III, Abschn. 2.6.4/5.

   Der Fakt, dass die Herleitung des Strahlungsgesetzes nach A. EINSTEIN zum selben Ergebnis führt, wie jene von M. PLANCK, lässt im Rückschluss vermuten, dass das Konzept der stimulierten Emission die Quantenvorgänge zutreffend beschreibt.

9. Ergänzung: Laser
Das Wort Laser steht für die Abkürzung des engl. Wortes ‚Light amplification by stimulated emission of radiation‘ = ‚Lichtverstärkung durch stimulierte Emission von Strahlung‘.

   Die auf dem Laserprinzip fußende Technik begann sich erst mit Beginn der 60er Jahre des letzten Jahrhunderts zu entwickeln; in seinen diversen Varianten hat der Laser inzwischen für viele Bereiche des modernen Lebens die allergrößte Bedeutung. Das Laserprinzip hat zweierlei Basis:

1. Während sich bei den meisten Stoffen und Stoffsystemen die Atome überwiegend energetisch im Grundzustand E_1 befinden, gibt es einige Stoffe, bei denen es gelingt, die Atome in einem Strahlungsfeld mehrheitlich auf ein höheres Energieniveau zu heben, sie dabei in diesem angeregten Zustand zu halten und schließlich viele von ihnen durch die Photonen der Strahlung zum Übergang in den Grundzustand zu stimulieren. In Abb. 1.41a sind spontane und stimulierte Emission aus dem Niveau E_2 auf das Niveau E_1 gegenübergestellt. Die gezielte Umkehr der Besetzung mit angeregten Atomen auf dem höheren Energieniveau, anstelle auf dem niederen, nennt man Belegungsumkehr oder **Belegungsinversion**. Sie gelingt, wie gesagt, nur bei wenigen Stoffen, einschl. Halbleiter, im Zustand fest, flüssig oder gasförmig.

2. Das emittierte Photonenpaar wird in einem **optischen Oszillator (Resonator)** vermehrt. Dadurch gelingt es, einen exakt ausgerichteten Lichtstrahl zu erzeugen, in welchem die Photonen, also die Energiequanten, mit identischer Frequenz, Phase und linearer Polarität, demgemäß in der Summe mit hoher Energie, gebündelt sind. Man spricht

Abb. 1.41

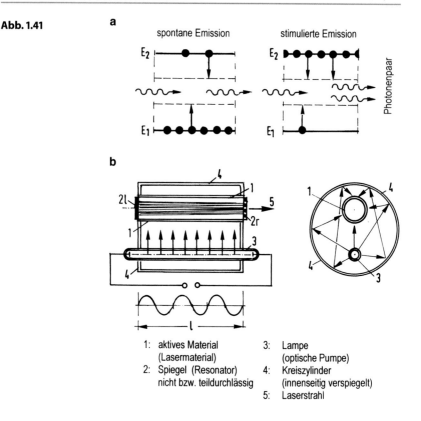

1: aktives Material   3: Lampe
    (Lasermaterial)   (optische Pumpe)
2: Spiegel (Resonator)   4: Kreiszylinder
    nicht bzw. teildurchlässig   (innenseitig verspiegelt)
                               5: Laserstrahl

von monochromatischer Strahlung. Der Resonator besteht aus zwei Spiegeln zu beiden Seiten des laseraktiven Materials. Die Spiegel haben unterschiedliche Reflexionsgrade. In Abb. 1.41b reflektiert der Spiegel 2l zu $\approx 100\,\%$ und der Spiegel 2r vermindert, er ist schwach durchlässig. Nach mehrfacher Reflektion baut sich durch das Hinzutreten immer weiterer stimulierter Photonen innerhalb des Spiegelsystems ein gerichteter Quantenstrom auf, ein Teil tritt in Richtung der Zentralachse als Laserstrahl nach außen.

Abb. 1.41b zeigt den prinzipiellen Aufbau. Über eine Lampe (3) wird dem aktiven Material (1) die notwendige Energie für die Belegungsinversion zugeführt. Man spricht von einer optischen Pumpe. Innerhalb der kreiszylindrischen, innenseitig verspiegelten Kammer (4) liegen Resonator (2) und Lampe (3) exzentrisch zum Mittelpunkt des Querschnitts, sodass die von der Lampe ausgehenden Photonen das Lasermaterial direkt oder (nach ein- oder mehrfacher Spiegelung) indirekt treffen können. Möglich ist auch ein elliptischer Querschnitt der

Abb. 1.42

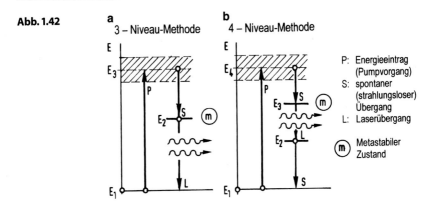

länglichen Kammer, in welchem das Lasermaterial und die Lampe in den Brennpunkten der Ellipse liegen.

Um einen Laser zu bauen, bedarf es einer Inversion > 1 und einer Aufenthaltsdauer auf dem erhöhten Niveau, das deutlich höher liegt als 10^{-8} s, z. B. 10^{-5} s. Die Forderungen lassen sich mit der **3-Niveau-Methode** erfüllen.

Hierbei werden die Atome mit monochromatischem Licht auf ein über E_2 liegendes Niveau E_3 ,gepumpt'. Es kann auch ein Energieband sein, das mittels nicht-monochromatischen Lichts erzeugt wird, vgl. Abb. 1.42a: Dieser Anregungszustand fällt spontan in den Zustand E_2 herunter, in welchem sich dank einer längeren Verweildauer eine starke Besetzungsdichte aufbaut. Durch (Selbst-)Stimulation geht dieser E_2-Zustand in den Grundzustand E_1 über, wobei ein mächtiger Schwarm energiereicher Photonen lawinenartig frei gesetzt wird. Durch die Anregungsenergie des von einer Blitzlampe ausgesandten Lichtpulses wird ein Laserpuls ausgelöst. Mittels einer kontinuierlichen Lampenstrahlung lässt sich auch ein kontinuierlicher Laserlichtstrom erzeugen.

Nach der 3-Niveau-Methode arbeitet z. B. der Rubinlaser. Er wurde im Jahre 1960 als erster Feststofflaser ($\nu = 4{,}3 \cdot 10^{14}$ Hz) von T. MAIMAN (1927–2007) gebaut. Dem Bau gingen theoretische Arbeiten von N.G. BASSOW (1922–2001), A.M. PROKHOROV (1916–2002) sowie die Entwicklung des Masers (,*M*icro wave *a*mplifikation by *s*timulated *e*mission of *r*adiation') im Mikrowellenbereich $\nu = 2{,}1 \cdot 10^{11}$ Hz im Jahre 1953 von C.H. TOWNES (1915–2015) voraus. Im Jahre 1964 wurden die Genannten für ihre Grundlagenarbeiten mit dem Nobelpreis geehrt.

Die **4-Niveau-Methode** (Abb. 1.42b) arbeitet nochmals effizienter: Die Atome werden auf ein sehr hohes Niveau E_4 angeregt, von hier gehen sie spontan auf das Niveau E_3 über, auf welchem sie länger verweilen, dabei baut sich eine starke Elektronen-Verdichtung auf. Nach Stimulation gehen die Elektronen in das Niveau E_2 über (der eigentliche Laserübergang) und von hier in den Grundzustand. Entscheidend ist, dass sich die Elektronen während einer längeren Zeit auf einem hohen Energieniveau zu großer Dichte ansammeln können (man spricht von einem metastabilen Zustand), aus dem sie dann nach Stimulation ausbrechen.

Der Ne-He-Gaslaser arbeitet nach einer Mischform beider Methoden: Die Energie geht von einer Glühwendel aus. Durch Hochspannung wird eine Gasentladung ausgelöst, freie Elektronen regen die Heliumatome an, welche ihre Energie durch Stöße auf die Neonatome übertragen (E_3). Von hier aus werden die Photonen abgestrahlt. Helium ist das pumpaktive und Neon das laseraktive Medium. – Zwecks Vertiefung vgl. [23, 24].

Die Lasertechnik kommt inzwischen vielfältig zur Anwendung: Messtechnik (Vermessungswesen, Ingenieurgeodäsie, Radarüberwachung), Holographie, Datentechnik, Laserdrucker und Laserleser, CD-ROM, Laserspektakel aller Art, Augen- und Zahnmedizin, Schneid- und Schweißtechnik, Metallbearbeitung, wobei extreme Energien induziert werden.

10. Ergänzung: LED

In der Funk-, Radio- und Fernsehtechnik haben Halbleiterbauteile die ehemals üblichen Röhren vollständig verdrängt. In allen Bereichen der Elektronik sind Dioden und Transistoren als Schalt- und Steuerelemente, vielfach auf einem Chip zusammengefasst, als integrierte Bauteile vertreten, man denke an Handys, Laptops und Computer in allen Größenordnungen.

In der Beleuchtungstechnik gilt das zunehmend auch für den Einsatz von LED-Leuchten. LED steht für ‚Light Emitting Diode‘, Leuchtdiode, auch Lumineszenzdiode. Zunächst wurde sie nur als kleine rote oder grüne Leuchtanzeige (Warn- oder Signallicht) eingesetzt, inzwischen kommen LED-Leuchtmittel in allen Haushalts- und Gewerbebereichen mit den herkömmlichen Fassungen E27 und E14 im 230V-Netz zum Einsatz. In der Lampenfassung ist die Elektronik integriert. Dem höheren Kaufpreis stehen im Vergleich zu den bislang gängigen Leuchtmitteln ein sehr geringer Energieverbrauch und eine hohe Lebensdauer (> 25.000 Stunden) gegenüber, insbesondere im Vergleich zu Glühlampen aller Art einschließlich Halogenlampen.

Eine Leuchtdiode arbeitet im Prinzip wie die Umkehrung einer Photodiode (vgl. 4./5. Ergänzung): An die Diode wird eine Spannung in Durchlassrichtung angelegt. Die Elektronen rekombinieren dabei mit den Defektelektronen. Dabei wird Energie frei. Sie wird in Form von Photonen, also als Licht, abgestrahlt. Das Licht hat in Abhängigkeit vom eingesetzten Halbleitermaterial eine bestimmte Farbe (Wellenlänge). Als Halbleitermaterial kommen Verbindungen aus den Elementen Ga, In, Al, As, P und N zum Einsatz. Material und angelegte Spannung (2,1 bis 3,2 V) bestimmen die Farbe in einem jeweils engen Wellenlängenbereich. Will man einfarbiges weißes Licht erzeugen, bedarf es einer additiven Farbmischung aus drei Dioden mit den Farben Rot (700 nm), Grün (540 nm) und Blau (470 nm) nach dem RGB-Farbmodell, vgl. Bd. III, Abschn. 3.8.2. Indem die Anteile leicht differenziert gemischt werden, lässt sich weißes Licht unterschiedlicher Tönung erzeugen, ‚Warmlicht‘ für den Wohnbereich und ‚Funktionslicht‘ für den Arbeitsbereich, schließlich farbiges ‚Dekolicht‘ für den Gewerbebereich, einschließlich Licht für Werbe- und Signalzwecke. Das menschliche Auge vermag farbiges Licht am Tage im Wellenlängenbereich 380 nm (violett) bis 780 nm (tiefrot) sehen (Bd. III, Abschn. 3.2.6). Kerzenlicht ist das wärmste, LED-Licht das zurzeit noch kälteste.

Die Sonne kann als ‚Schwarzer Strahler‘ angesehen werden, dessen Strahlungsspektrum zu einer Temperatur von 5500 K gehört, oder anders ausgedrückt, weißes Sonnenlicht hat eine mittlere Farbtemperatur von 5500 K, vgl. Bd. III, Abschn. 2.7.2. Das rötliche Licht der Morgen- und Abendsonne hat eine mittlere Farbtemperatur von im Mittel 5000 K, das sonnenweiße Licht am Vor- und Nachmittag 5500 K. Das Licht am Mittag ist der Temperatur 5800 K zuzuordnen, das Licht bei klarem wolkenlosen blauen Himmel einer Farbtemperatur 7000 K und das klare bläulich-weiße Nordlicht Werten über 10.000 K.

Der weiße Farbton (Farbeindruck) einer künstlichen Lichtquelle lässt sich ebenfalls durch seine Farbtemperatur kennzeichnen: Kerzenlicht 1500 bis 1800 K, Glühlampenlicht 2500 bis 3000 K (warmweiß), Halogenlampen 2800 bis 3200 K (kaltweiß), Leuchtstofflampen 3000 bis 6000 K (kaltweiß bis tageslichtweiß). Mit steigender Watt-Zahl eines Leuchtkörpers steigt seine Kelvin-Zahl. Die Zuordnungen stimmen nur bedingt, denn die Lichtquellen sind eher Graue und keine Schwarzen Strahler. In der Beleuchtungstechnik wird das bei der Messung, Bewertung und Einstufung berücksichtigt. – Das Licht einer LED-Lampe wird ebenfalls durch ihre Farbtemperatur charakterisiert, sie überspannt einen Bereich von 2600 bis 8000 K. Die Auswahl einer LED-Lampe sollte sich an der Zweckbestimmung vor Ort orientieren; Anhalte: Wohnbereich 2700 K (warm-weiß), Büro- und Restauranträume 3000 bis 3500 K (helles warmweiß bis neutralweiß), Verkaufs- und Fertigungsräume, Praxen, Krankenhaus- und Laborräume, Klassenzimmer 4000 bis 5500 K (neutralweiß bis tageslichtweiß).

Die flachen Flüssigkristallbildschirme (für TV-Gerät, Monitor, Laptop und Smartphone) mit LED-Hintergrundausleuchtung werden künftig wohl zunehmend von solchen mit Organischen Leuchtdioden (OLED) ersetzt werden, die aus einem sehr dünnen und flexiblen mehrschichtigen Kunststoffmix (inklusive C) aufgebaut sind. Ihr Einsatz ist Gegenstand der Forschung. – Zur technischen Entwicklung und Realisation der Lichterzeugung vgl. [25, 26].

1.1.7 Doppelspaltversuch mit Photonen und Elektronen

1.1.7.1 Doppelspaltversuch mit Photonen

Ausgangspunkt ist der in Bd. III, Abschn. 3.3.4 behandelte Doppelspaltversuch. Er geht im Ursprung auf A.J. FRESNEL (1788–1827) zurück, später wurde er durch H. LLOYD (1800–1881) erweitert. Der Versuch gilt als erster experimenteller Beleg für den Wellencharakter des Lichts und damit der elektromagnetischen Strahlung.

In Abb. 1.43a (links) ist das Ergebnis des Versuchs dargestellt: Das durch zwei schmale Spalte dringende Licht einer monochromatischen Lichtquelle zeichnet auf dem entfernt liegenden Schirm ein Streifenmuster. Dieses wird als Folge der sich zwischen dem Doppelspalt und dem Schirm einstellenden Beugung und Interferenz der Lichtwellen gedeutet. Die Deutung ist naheliegend. Sie lässt sich unter der Annahme zweier von den Spalten ausgehenden harmonischen Wellenfeldern mathematisch beschreiben. Der so ermittelte Verlauf des Interferenzmusters wird von dem gemessenen Streifenbefund bestätigt: Im Zentrum ist die Helligkeit am höchsten, zu den Rändern hin nimmt sie ab und damit die Intensität der Streifen.

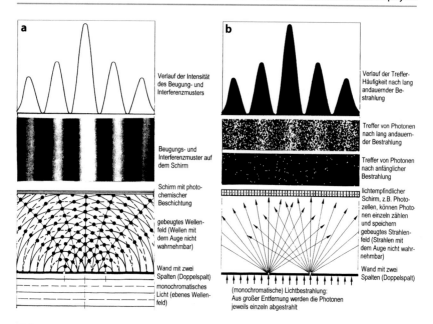

Abb. 1.43

Wie in der Theorie der mechanischen Wellen gezeigt, ist die Intensität als Maß für die von der Welle mitgeführte Energie dem Quadrat der lokalen Wellenauslenkung proportional, vgl. Bd. II, Abschn. 2.6.4.

Ist I_0 die Intensität im Zentrum, beträgt die Intensität der **Lichtwellen** im Abstand x vom Zentrum (Bd. III, Abschn. 3.3.4):

$$I(x) = I_0 \cdot \cos^2 \pi \frac{x/l}{\lambda/d} \cdot \left(\frac{\sin \pi \frac{x/l}{\lambda/a}}{\pi \frac{x/l}{\lambda/a}} \right)^2$$

d ist der gegenseitige Abstand der Spalte, a ihre Breite und l die Entfernung zum Schirm. In Abb. 1.43a (links oben) ist der Verlauf von $I(x)$ dargestellt.

Der Versuch werde nunmehr wiederholt, indem die Fläche des Schirms mit Detektoren in regelmäßigem Raster belegt wird, z. B. mit CCD-Sensoren. Sie vermögen einzelne Photonen, also Lichtquanten (so es sie gibt), zu registrieren. Die Versuchsanordnung wird durch ein Gerät ergänzt, das die auf jede Diode einzeln treffenden Photonen registriert und aufsummiert. In Abb. 1.43b (rechts) ist der Versuchsaufbau schematisch dargestellt. Von der Quelle werde monochromatisches Licht auf das Zentrum des Doppelspalts abgestrahlt. Die Strahlung sei so schwach eingestellt, dass immer nur ein einzelnes Photon bei irgendeinem Sensor eintrifft und registriert wird. Auf dem Detektorschirm zeigt sich anfänglich nur ein regelloses Treffermuster (kleine Lichtpunkte auf dem schwarzen Hintergrund, vgl. die Abbildung rechts mittig). Mit zunehmender Dauer der Bestrahlung zeichnen die Lichtpunkte ein Hell-Dunkel-Muster, das jenem des Beugungs-Interferenz-Musters entspricht. Da immer nur ein einzelnes Photon abgestrahlt wird, kann es zwischen der Ebene des Doppelspalts und dem Schirm zu keiner gegenseitigen Beeinflussung der Lichtquanten kommen. Man spricht von ‚Einteilchen-Interferenz'.

Warum sich die Treffer so verteilen, wie gemessen, ist nicht erklärlich. Es war G.I. TAYLOR (1886–1975), der den Versuch im Jahre 1909 als erster durchgeführt hat. Der Versuch dauerte wohl Monate.

Die Vorstellung, dass der Weg der Lichtteilchen hinter dem Schirm geradlinig verläuft (wie in der Abbildung gezeichnet), muss falsch sein, damit vermutlich auch die Vorstellung von gebeugten und interferierenden Wellen. Das bedeutet: **Im Kern ist und bleibt unbekannt, von welcher Natur das Licht und damit die elektromagnetische Strahlung genau sind.** Es gelingt zwar eine mathematische Beschreibung des Phänomens, das wirkliche physikalische Wesen des Lichts ist, ausgehend von den gewohnten Vorstellungen aus der Makrowelt, nicht begreifbar. Die Mikrowelt ist und bleibt etwas Unbekanntes, etwas Geheimnisvolles. Das gilt auch für die Invarianz der Geschwindigkeit, mit der sich die Energie der elektromagnetischen Strahlung ausbreitet (c =konst.) und das unabhängig von der Geschwindigkeit, mit der sich der strahlende Sender bewegt (Bd. III, Abschn. 4.1.3). – Zudem: Wenn ein Lichtquant emittiert wird und sich mit der Geschwindigkeit c bewegt, trägt es einen bestimmten Impuls und eine bestimmte Energie und hat gemäß dem Energieäquivalent die zugehörige Masse $m = E/c^2$. Und diese unterliegt (und das ist nun wirklich erstaunlich) der gravitativen Anziehung und Ablenkung, vgl. Bd. III, Abschn. 4.2.4. – Wird das Photon absorbiert, existiert es nicht mehr, wohl seine abgesetzte Energie.

In den ersten beiden Jahrzehnten des 20. Jahrhunderts weigerten sich viele Physiker, die neuen Erkenntnisse zu akzeptieren. Skeptiker gibt es bis heute. Mit den Erkenntnissen und Folgerungen, die aus den weiteren Versuchen ab den zwanziger Jahren des letzten Jahrhunderts gewonnen werden konnten, wurde der Mikrokosmos immer nur unbegreiflicher. Dennoch, die Versuche jener Zeit und unzählige weitere verhalfen der Quantenmechanik zum endgültigen Durchbruch. Sie gilt heute als in sich schlüssig und bildet die gesicherte Grundlage für das

moderne Naturverständnis in Physik, Chemie, Biologie und deren Anwendungsdisziplinen.

1.1.7.2 Doppelspaltversuch mit Elektronen – Wahrscheinlichkeitswelle

Inzwischen wurde nachgewiesen, dass alle ‚Quantenobjekte', wie Elektronen, Pro-
tonen, Neutronen, Atome und sogar Moleküle die gleiche duale Eigenschaft wie
Licht aufweisen! Das sei zunächst am Elektron gezeigt. Es wird dazu dem Prin-
zip nach der gleiche Doppelspaltversuch wie bei Licht durchgeführt, jetzt mit
Elektronenstrahlen (Kathodenstrahlen), die von einer Glühkathode ausgehen. Die
Trefferhäufigkeit auf dem Schirm wird mit $w(x)$ abgekürzt.

Im Gegensatz zu Lichtquanten haben Elektronen eine feste Ruhemasse:

$$m_0 = m_e = 9{,}109 \cdot 10^{-31} \text{ kg.}$$

Die Geschwindigkeit der Elektronen ist variabel, sie liegt i. Allg. deutlich unter
jener des Lichts, also der Photonen.

Es ist naheliegend, dass sich im Doppelspaltversuch bei einer Bestrahlung mit
Elektronen und bei **Öffnung nur eines Spaltes** (hier Spalt 1 links) eine Trefferhäufigkeit $w_1(x)$ einstellt, wie sie in Abb. 1.44a abgebildet ist. In Richtung hinter
dem Spalt werden die meisten Treffer registriert. Das Entsprechende gilt, wenn
nur Spalt 2 geöffnet ist ($w_2(x)$, Teilfigur b). Die Spalte haben eine Breite, die der
Größe des Quants, hier des Elektrons, entspricht. Die Auslenkung der Elektronen
hinter den Spalten nach beiden Seiten kommt durch ‚Berührung/Anprall' an den
Spalträndern zustande, man spricht von ‚Elektronenbeugung' (wie immer man sich
das vorstellen muss).

Man könnte erwarten, dass sich bei **Öffnung beider Spalte** eine Trefferhäufigkeit $w_1(x) + w_2(x)$ einstellt, also eine Überlagerung der Einzelhäufigkeiten, wie in
Teilfigur c skizziert. Der Versuch liefert hingegen ein gänzlich anderes Ergebnis,
es ist in Teilfigur d dargestellt. Es ist mit $w(x)$ abgekürzt. Der Verlauf entspricht
dem Interferenzmuster bei Licht, vgl. Abb. 1.43! Das ist völlig unverständlich, sind
doch **Elektronen definitiv mit Masse und Ladung behaftete Teilchen und keine Wellen.** Der erste Versuch dieser Art wurde im Jahre 1927 von C. DAVISSON
(1881–1958, Nobelpreis 1937) und L. GERMER (1896–1971) durchgeführt.

In Abb. 1.45 ist angedeutet, wie Häufigkeiten in der Statistik ermittelt werden (vgl. hier auch Bd. I, Abschn. 3.9): Es werden Klassen konstanter Breite
vereinbart und die Treffer gezählt, die in die einzelnen Klassen fallen. Beim Doppelspaltversuch ergibt sich die **absolute Trefferhäufigkeit** gemäß Abb. 1.45 als

Abb. 1.44

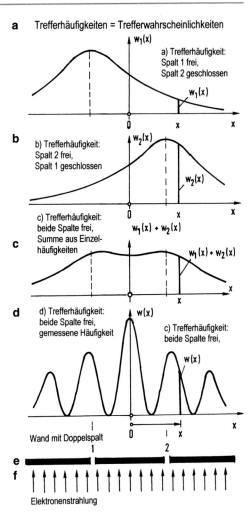

a) Trefferhäufigkeiten = Trefferwahrscheinlichkeiten

a) Trefferhäufigkeit:
Spalt 1 frei,
Spalt 2 geschlossen

b) Trefferhäufigkeit:
Spalt 2 frei,
Spalt 1 geschlossen

c) Trefferhäufigkeit:
beide Spalte frei,
Summe aus Einzel-
häufigkeiten

d) Trefferhäufigkeit:
beide Spalte frei,
gemessene Häufigkeit

c) Trefferhäufigkeit:
beide Spalte frei,

Wand mit Doppelspalt

Elektronenstrahlung

getreppte Linie. Ist die Gesamtanzahl der Treffer gleich n und wird die Anzahl der Treffer in den einzelnen Klassen durch n dividiert, gewinnt man die **relative Trefferhäufigkeit**. Am Verlauf ändert sich nichts, die Summe ist gleich Eins. Wird die abgetreppte Linie geglättet, erhält man eine kontinuierliche Kurve. Sie kennzeichnet den Verlauf der Trefferhäufigkeit an den Orten x und damit die

Abb. 1.45

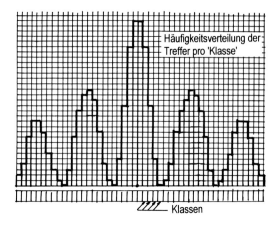

Häufigkeitsverteilung der Treffer pro 'Klasse'

Klassen

Wahrscheinlichkeit, mit der sich die Treffer bei einem Folgeversuch zu erwarten sind.

Wird nicht mit einzelnen Elektronen in Folge experimentiert, sondern mit einem Elektronenstrom, ergibt sich dieselbe Häufigkeitsverteilung der Treffer, also dieselbe Wahrscheinlichkeitsdichte, wie bei Einzelbestrahlung! Voraussetzung ist in jedem Falle, dass die Versuche in absoluter Dunkelheit durchgeführt werden. Anderenfalls stellt sich, bedingt durch die Wechselwirkung der Elektronen mit den Lichtphotonen, kein Interferenzmuster ein. Aus diesem Grund ist es auch nicht möglich, die Elektronen bei ihrer ‚Pfadfindung' zu beobachten oder zu vermessen.

Bei einer Bestrahlung lässt sich nicht vorhersagen, ob ein Elektron am Ort x einschlägt, es lässt sich nur angeben, mit welcher Wahrscheinlichkeit dieses Ereignis bei x eintreten wird. Diese statistische Deutung der Quantenmechanik geht auf M. BORN (1882–1970) zurück, das war im Jahre 1926. Viel später, im Jahre 1954, wurde M. BORN für diesen wahrscheinlichkeitstheoretischen Ansatz und für seine weiteren Arbeiten zur Quantenmechanik mit dem Nobelpreis geehrt.

Die Frage, warum die Wahrscheinlichkeitsdichte so verteilt ist, wie gemessen, ist und bleibt ein Rätsel, vgl. hier die Ausführungen im voran gegangenen Abschnitt.

Da die im Doppelspaltversuch mit Elektronen sich einstellende Trefferhäufigkeit, also Trefferwahrscheinlichkeit, einen Verlauf hat, der dem Intensitätsverlauf der interferierenden Wellen beim Doppelspaltversuch mit Licht entspricht (man vergleiche Abb. 1.43 links und rechts), wurde der Begriff **Wahrscheinlichkeits-**

welle des Quants geprägt und hierfür die Abkürzung $\psi(x)$ eingeführt. $\psi(x)$ ist eine wahrscheinlichkeitstheoretische Kennfunktion, sie beschreibt kein wirklich messbares Wellenphänomen, physikalisch ist sie nichts Reales!

Wie ausgeführt, steigt die Intensität einer Welle proportional mit dem Quadrat der Amplitude. Insofern war es naheliegend, die Wahrscheinlichkeit, mit der sich ein Quant an der Stelle x aufhält, mit dem Amplitudenquadrat $|\psi(x)|^2$ der Wahrscheinlichkeitswelle $\psi(x)$ gleich zu setzen. Wo $|\psi(x)|^2$ hohe Werte aufweist, ist die Auftretenswahrscheinlichkeit $w(x)$ groß, vice versa. Diese Interpretation war zunächst nur eine Hypothese! – Wie lässt sich diese Hypothese auf das Verhalten der Elektronen innerhalb eines Atoms übertragen? Dazu wird postuliert: Der Aufenthaltsort eines Elektrons im Umfeld eines Atomkerns liegt nicht determiniert fest. Für das Auftreten des Elektrons am Ort x lässt sich nur eine bestimmte Wahrscheinlichkeit angeben. Das gilt entsprechend, wenn sich viele Elektronen in der Hülle eines Atoms befinden. Raumbereiche mit hoher Auftretenswahrscheinlichkeit werden **Orbitale** genannt. Form und Ausdehnung der Orbitale sind

- von den elektrischen Kräften zwischen den Protonen im Kern des Atoms (mit positiver Ladung) und den Elektronen in der Hülle (mit negativer Ladung) abhängig, die Kräfte zwischen ihnen wirken anziehend aufeinander, sowie
- von den elektrischen Kräften der Elektronen untereinander (sie wirken abstoßend aufeinander).

Das ergibt bei protonen- und elektronenreichen Atomen komplizierte Kraftfelder und damit eine große Mannigfaltigkeit an Orbitalformen im Umfeld der Atomkerne. Man spricht bei der Atomhülle daher auch von einer Elektronen- oder Ladungswolke.

Der Verlauf der $\psi(x)$-Wahrscheinlichkeitsfunktion und damit der Verlauf des Amplitudenquadrats $|\psi(x)|^2$ folgen am Ort x aus der **Schrödinger-Gleichung**, wie in den folgenden Abschnitten noch zu behandeln sein wird. Diese Deutung bedeutet eine Abkehr von den Ansätzen von N. BOHR und A. SOMMERFELD, also eine Abkehr von der Vorstellung, Elektronen bewegten sich auf festen Kreis- oder Ellipsenbahnen. Gleichwohl, und das ist wieder überraschend, bei der Interpretation der orbitalen Elektronenwolke werden die vier Quantenzahlen des Schalenmodells (Abschn. 1.1.2) vom Wellenmodell bestätigt! Insofern kann den Gesetzen für die chemische Verbindung der Atome zu Molekülen nach wie vor das Schalenmodell zugrundegelegt werden, wenngleich das Orbitalmodell eine weitergehende Interpretation erlaubt. Wo liegt die Wahrheit? Dualität an allen Fronten!

Anmerkung

Es ist einsichtig, dass es den Begründern der Quantenmechanik, N. BOHR und W. HEI-SENBERG, zunächst schwer fiel, die Doppelnatur der Photonen und Elektronen zu akzeptieren. Die jeweilige Natur ist abhängig von der Art des Experiments und der Messung! Nach menschlichem Denkvermögen schließt sich so etwas aus. N. BOHR postulierte: In der Wellen- und Teilchennatur liegt die sich gegenseitig ergänzende Wirklichkeit der Photonen und Elektronen. Hierfür wählte er den Begriff Komplementaritätsprinzip. – W. HEISEN-BERG führte das Nachdenken über die Quanten-Unbestimmtheit auf die nach ihm benannten Relationen, die Ort-Impuls-Unschärfe und die Zeit-Energie-Unschärfe: Das jeweilige Produkt kann nur oberhalb von $(h/2\pi)$ Werte annehmen. Komplementaritätsprinzip und Unschärferelation wurden im Jahre 1927 postuliert und werden seither als die ‚Kopenhagener Deutung' der Quantenmechanik zusammengefasst, eine Deutung, der sich übrigens A. EINSTEIN nie anschließen konnte.

1.1.8 Materiewelle – de-Broglie-Welle

Bereits vor dem Versuch von C. DAVISSON und L. GERMER hatte L. de BRO-GLIE (1892–1987) im Jahre 1924 gemutmaßt, dass nicht nur Licht von dualer Natur sei, sondern alle freien materiellen Teilchen, wie Elektronen, Protonen, Neutronen usf., im Grenzfall auch solche in der Makrowelt. Materie existiere sowohl als Teilchen wie als Welle. Sie sei als **Materiewelle** mit bestimmter Frequenz und Wellenlänge zu begreifen. Ihr sei auch ein Impuls eigen. Die Impulsgleichung für Licht, $p = h/\lambda$ (vgl. Comptoneffekt, Abschn. 1.1.5), gelte auch für Elektronen. Das führt für die Wellenlänge der Materiewelle auf die Gleichung

$$\lambda = \frac{h}{p},$$

h: Planck'sches Wirkungsquantum.

Man nennt die Materiewelle nach ihrem ‚Erfinder' auch de-Broglie-Welle. Die Vermutung hatte zum Zeitpunkt ihrer Postulierung den Charakter einer Spekulation. Sie sollte sich später als zutreffend erweisen und wurde nicht nur durch das geschilderte Doppelspaltexperiment betätigt, sondern durch viele weitere Beugungsversuche mit Elektronenstrahlen an Kristallgittern. Zu nennen wären hier neben den Versuchen von G. P. THOMSON (1892–1975) im Jahre 1928, Nobelpreis 1937, viele weitere, insbesondere die Versuche am Doppelspalt mit extrem schmaler Spaltbreite und extrem geringem Spaltabstand von G. MÖLLEN-STEDT (1912–1997) im Jahre 1956 und von C. JÖNSSON (*1930) im Jahre 1961. Abb. 1.46 zeigt das von C. JÖNSSON gemessene Interferenzmuster. Das Experiment gilt vielen Physikern als das gelungenste aller Zeiten (2002).

Abb. 1.46

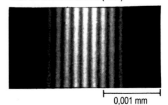

Versuch von C.JÖNSSON (1961)

0,001 mm

Spaltabstand: $10^{-6}\,\text{m} = 10^{-3}\,\text{mm}$
Spaltbreite: $3 \cdot 10^{-7}\,\text{m} = 3 \cdot 10^{-4}\,\text{mm}$
Masse: $9 \cdot 10^{-31}\,\text{kg}$

Die folgende Gegenüberstellung möge die Gemeinsamkeiten und die Unterschiede zwischen den Lichtteilchen (Photonen) und den Materieteilchen verdeutlichen:

	Lichtteilchen (Photonen, Lichtquanten)	**Materieteilchen** (Quanten)
Geschwindigkeit	c (konstant)	v (variabel)
Energie	$E = m \cdot c^2 = h \cdot v$	$E = m \cdot c^2 = h \cdot v$
Impuls	$p = m \cdot c = h/\lambda$	$p = m \cdot v = h/\lambda$

Beiden Quantenarten lässt sich demnach die Frequenz

$$v = \frac{E}{h} = \frac{m \cdot c^2}{h} = \frac{m_0 \cdot c^2}{h \cdot \sqrt{1 - (v/c)^2}}$$

zuordnen. Für die Wellenlänge gilt im Falle der Materiewelle:

$$\lambda = \frac{h}{p} = \frac{h}{m \cdot v} = \frac{h \cdot \sqrt{1 - (v/c)^2}}{m_0 \cdot v}$$

m ist in allen Fällen die Masse des bewegten Objekts und p dessen Impuls

$$m = \frac{m_0}{\sqrt{1 - (v/c)^2}} \quad \text{bzw.} \quad p = \frac{m_0 \cdot v}{\sqrt{1 - (v/c)^2}}$$

mit m_0 als Ruhemasse.

Im Falle eines **Lichtquants** (Photons) ist $v = c$. m wäre nach der Formel unendlich, was selbstredend nicht zutrifft: Das Photon hat keine Ruhemasse ($m_0 = 0$). Die Masse des Photons ist durch

$$m = \frac{E}{c^2} = \frac{h \cdot v}{c^2} \quad \text{oder} \quad m = \frac{p}{c} = \frac{h}{c \cdot \lambda}$$

gegeben.

1. Beispiel

Der Ruhemasse des Elektrons $m_e = m_0 = 9,109 \cdot 10^{-31}$ kg ist die Ruheenergie $E_0 = m_0 \cdot c^2$ zugeordnet:

$$E_0 = 9,109 \cdot 10^{-31} \cdot (3,0 \cdot 10^8)^2 = 81,98 \cdot 10^{-15} \text{ J} = 81,98 \cdot 10^{-15} \cdot 6,24 \cdot 10^{18} \text{ eV}$$
$$= 511.600 \text{ eV}$$

Würde sich das Elektron mit der kinetischen Energie $E_{kin} = 1000$ eV bewegen, so wäre E_{kin} gegenüber E_0 um den Faktor ca. $1/500$ kleiner und die Geschwindigkeit v viel geringer als die Lichtgeschwindigkeit: $v \ll c$. In einem solchen Falle kann nichtrelativistisch gerechnet werden. Aus der Formel für die kinetische Energie kann v frei gestellt werden. Das ergibt:

$$E_{kin} = \frac{1}{2} m \cdot v^2 \quad \rightarrow \quad v = \sqrt{2E_{kin}/m} \quad \rightarrow \quad p = m \cdot v = \sqrt{2m \cdot E_{kin}}$$

Die Auswertung für

$$E \approx E_{kin} = 1,0 \cdot 10^3 \text{ eV} = 1,0 \cdot 10^3 \cdot 1,603 \cdot 10^{-19} \text{ J} = 1,603 \cdot 10^{-16} \text{ J}$$

liefert mit $m \approx m_0 = 9,109 \cdot 10^{-31}$ kg:

$$v = 1,876 \cdot 10^7 \text{ m/s}, \quad p = 1,709 \cdot 10^{-23} \text{ kg} \cdot \text{m/s},$$

die Wellenlänge

$$\lambda = h/p = \underline{3,877 \cdot 10^{-11} \text{ m}} = 38,8 \text{ pm}, \quad v = E/h = 2,419 \cdot 10^{17} \text{ Hz}$$

Würde sich das Elektron mit $E_{kin} = 1 \cdot 10^6 eV = 1,603 \cdot 10^{-13} J$ bewegen, wäre seine gesamte Energie $E = E_0 + E_{kin} = 8,198 \cdot 10^{-14} + 16,03 \cdot 10^{-14} = 24,228 \cdot 10^{-14}$ J und seine (momentane) Masse $m = E/c^2 = 24,228 \cdot 10^{-14}/(3 \cdot 10^8)^2 = 2,69 \cdot 10^{-30}$ kg. Aus der oben angeschriebenen Formel für m folgen nach Umformung: Geschwindigkeit v und Wellenlänge λ zu:

$$\frac{v}{c} = \sqrt{1 - \left(\frac{m_0}{m}\right)^2} = \sqrt{1 - \left(\frac{9,109 \cdot 10^{-31}}{2,69 \cdot 10^{-30}}\right)^2} = \sqrt{1 - 0,1165} = \sqrt{0,8853} = 0,941$$

$$\rightarrow \quad v = 0,941 \cdot 3 \cdot 10^8 = 2,82 \cdot 10^8 \text{ m/s}$$

$$\rightarrow \quad \lambda = \frac{h}{m \cdot v} = \frac{6,63 \cdot 10^{-34}}{2,69 \cdot 10^{-30} \cdot 2,82 \cdot 10^8} = \underline{8,740 \cdot 10^{-13} \text{ m}}$$

v liegt nahe der Lichtgeschwindigkeit, daher muss in diesem Falle relativistisch gerechnet werden. – Gegenüberstellung der Ergebnisse:

$$E_{kin} = 1 \cdot 10^3 \, eV \quad \rightarrow \quad \lambda = 3{,}877 \cdot 10^{-11} \, m$$

$$E_{kin} = 1 \cdot 10^6 \, eV \quad \rightarrow \quad \lambda = 8{,}740 \cdot 10^{-13} \, m$$

Je höher Energie und Geschwindigkeit der Elektronen sind, umso kürzer ist die Länge und umso höher ist die Frequenz der zugeordneten Materiewelle.

Ergänzung
Bei vielen Experimenten werden Elektronen (in evakuierten Röhren) in einem elektrischen Feld mit der Spannung U beschleunigt. Die hierbei erreichte (End-)Geschwindigkeit v lässt sich aus der Gleichung

$$\frac{1}{2} m \cdot v^2 = e \cdot U \quad \rightarrow \quad v = \sqrt{\frac{2e \cdot U}{m}}$$

freistellen. Der zugehörige Impuls der Elektronen beträgt

$$p = m \cdot v = m \cdot \sqrt{\frac{2e \cdot U}{m}} = \sqrt{2e \cdot U \cdot m}$$

und die Materiewellenlänge:

$$\lambda = \frac{h}{p} = \frac{h}{\sqrt{2e \cdot U \cdot m}}$$

Bei sehr hoher Spannung müssen v und λ relativistisch berechnet werden.

2. Beispiel
Die Reflektion eines Elektronenstrahls an den Atomen eines regelmäßigen Kristallgitters führt dann zu konstruktiver Interferenz, wenn die Strahlen in Bezug zur Gitterebene mit dem sogen. ‚Glanzwinkel‘ α ein- und ausfallen, vgl. Abb. 1.47a. Die Formel für die Bestimmung

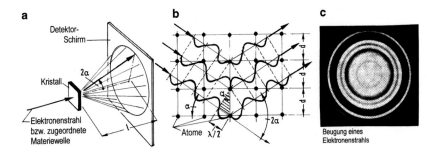

a Detektor-Schirm — Kristall — 2α — Elektronenstrahl bzw. zugeordnete Materiewelle

b Atome $\lambda/2$ — α — 2α

c Beugung eines Elektronenstrahls

Abb. 1.47

Abb. 1.48   a   b

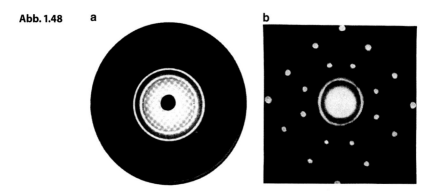

des Winkels α lässt sich aus Teilfigur b folgern: Unter dem gesuchten Winkel α überlagern sich die abgehenden Strahlen. Dieser Fall ist in der Abbildung dargestellt. Unter Winkeln, die von α abweichen, löschen sich die Strahlen gegenseitig aus. Die Interferenzbedingung lautet:

$$d \cdot \sin\alpha = \frac{\lambda}{2} \quad \text{bzw.} \quad 2d \cdot \sin\alpha = \lambda \quad \rightarrow \quad \sin\alpha = \frac{\lambda}{2d}$$

d ist der Abstand der Netzebenen. Auf dem Schirm im Abstand l wird der überlagerte Strahl unter dem Winkel 2α registriert, wenn die Netzebenen des Kristalls senkrecht zur Schirmebene liegen. Außerhalb sind alle Strahlen gelöscht. Wird der Kristall gedreht, wird auf dem Schirm ein Interferenzkreis erkennbar. – Ersetzt man den Kristall durch Kristallpulver, wird von vornherein ein Kreis erkennbar, weil in der Summe all' jene Strahlen, die auf Kristallkörner treffen und dabei der angeschriebenen Interferenzbedingung genügen (und davon gibt es in dem Gemenge unzählige), konstruktiv interferieren. – Abhängig vom Verhältnis Gitterkonstante zur Wellenlänge kommt es auch bei weiteren Glanzwinkeln zu konstruktiver Interferenz, das schlägt sich dann in mehreren Interferenzkreisen nieder.

Die hier vorgestellte experimentelle Methode zum Nachweis der Welleneigenschaften von Elektronen hatte in den im Jahre 1912 von M. v. LAUE (1879–1960, Nobelpreis 1914) durchgeführten Versuchen zur Röntgenstrahlinterferenz an Kristallen ihren Vorläufer. Ausgebaut wurden die Versuche von W. FRIEDRICH (1883–1968) und P. KNIPPING (1883–1935). Sie konnten damit den endgültigen Beweis erbringen, dass Röntgenstrahlen zu den elektromagnetischen Wellen gehören. Mit den Forschungen schufen die Genannten die Grundlagen der Röntgenstrukturanalyse, die in der Festkörperphysik, in der Chemie und insbesondere in der Biochemie große Bedeutung erlagen sollte. Weiter ausgebaut wurde das Verfahren später von W.H. BRAGG (1862–1942) und W.L. BRAGG (1890–1971).

In Abb. 1.48a ist als Beispiel die Röntgeninterferenz an Aluminium (Al) mit der Wellenlänge $\lambda = 1,54 \cdot 10^{-10}$ m wiedergegeben,

Teilfigur b zeigt die Laue-Interferenz an einem mit Neutronen bestrahlten Na-Cl-Kristall, womit gezeigt werden konnte, dass auch Neutronenstrahlen als Wellen (Materiewellen) gedeutet werden können.

Abb. 1.49

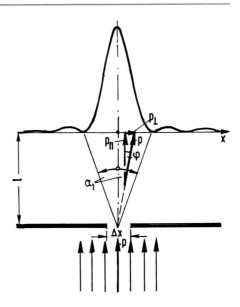

1.1.9 Unschärferelation

Die Unschärferelation (auch Unbestimmtheitsrelation genannt) spielt in der Quantenmechanik eine zentrale Rolle. Sie wurde im Jahre 1927 von W. HEISENBERG (1901–1976) aufgestellt. Sie gilt für alle Quantenobjekte und hat die Bedeutung eines Naturgesetzes.

Es gibt viele Wege sie herzuleiten. Die folgende ist besonders anschaulich (wenn auch nicht vollkommen): Der in Bd. III, Abschn. 3.3.2 behandelte Einspaltversuch mit Licht gilt unverändert für jede Form von Materiewellen.

In diesem Falle beträgt der vom Quant mitgeführte Impuls, z. B. eines Elektrons, gemäß der de-Broglie-Beziehung: $p = h/\lambda$; h ist die Planck'sche Konstante und λ die Wellenlänge der Materiewelle.

Nach Beugung der Welle am Spalt der Breite Δx zeichnet sich auf dem Schirm im Abstand l ein gegenüber Δx verbreitetes Interferenzmuster ab (Abb. 1.49). Der Verlauf der Intensität ist in der Abbildung skizziert. α_1 ist der Winkelabstand bis zum ersten Interferenzminimum.

Wie am Einspaltversuch gezeigt (vgl. oben), erfüllen die Minima die Bedingung $\sin \alpha = n \cdot \lambda/a$. Übertragen auf den vorliegenden Fall ($a = \Delta x$), gilt für das erste

Minimum ($n = 1$):

$$\sin \alpha_1 = \frac{\lambda}{\Delta x} \quad \rightarrow \quad \alpha_1 \approx \frac{\lambda}{\Delta x}$$

Gegenüber der zentralen Achse erfahren die Elektronenstrahlen (bzw. Wellenfronten) eine Beugung. Betrachtet werde die Richtung $\varphi \leq \alpha_1$. Die Komponenten des unter dem Winkel φ liegenden Impulsvektors p betragen, bezogen auf die ursprüngliche Richtung des Strahls und quer dazu:

$$p_\parallel = p \cdot \cos \varphi \approx p \quad \text{bzw.} \quad p_\perp = p \cdot \sin \varphi \approx p \cdot \varphi = \Delta p.$$

Gegenüber der Zentralachse liegen die möglichen Richtungsschwankungen (φ) zwischen den Winkeln $\varphi = -\alpha_1$ und $\varphi = +\alpha_1$. Für $\varphi = \pm \alpha_1$ sind sie am größten. Die Unsicherheit von Δp gegenüber p beträgt:

$$\frac{2\Delta p}{p} = \frac{2\alpha_1}{2\pi} \quad \rightarrow \quad \frac{\Delta p}{p} = \frac{\alpha_1}{2\pi} = \frac{\lambda/\Delta x}{2\pi} \quad \rightarrow \quad \Delta p \cdot \Delta x = p \cdot \frac{\lambda}{2\pi}$$

Mit $p = h/\lambda$ ergibt sich schließlich: $\Delta p \cdot \Delta x = h/2\pi$. Da Elektronen (wenn auch selten) außerhalb α_1 eintreffen können, gilt strenger:

$$\Delta p \cdot \Delta x \geq \frac{h}{4\pi}$$

In Worten: Für ein einzelnes Quantenobjekt ist es nicht möglich, die exakten Werte für dessen momentanen Impuls und dessen momentanen Aufenthaltsort gleichzeitig anzugeben, sondern nur eingeschränkt, oder anders ausgedrückt: In Bewegungsrichtung lassen sich Impuls und Lage des Objektes nicht gleichzeitig und beliebig genau messen. – Eine weitere Version der Unbestimmtheitsrelation lautet:

$$\Delta E \cdot \Delta t \geq \frac{h}{4\pi}$$

In Worten: Energie und Zeitpunkt eines Quantenvorgangs können nicht gleichzeitig beliebig genau bestimmt werden.

1.1.10 Materiewellen in einem Potentialkasten

Es werde ein ‚Kasten' betrachtet, zwischen dessen Wänden eine mit einer bestimmte Kraft gespannte **Saite** befestigt ist. Wie in Bd. II, Abschn. 2.6.5 ausgeführt

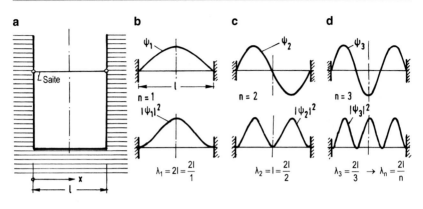

Abb. 1.50

kann die Saite mit einer, mit zwei, mit drei,... Halbwellen schwingen, es sind stehende **mechanische Wellen**. Zu jeder dieser stehenden Wellen (Eigenformen) gehört eine bestimmte Frequenz, ein bestimmter Ton, eine bestimmte Energie. Das bedeutet: Frequenz, Ton und Energie können nur mit diskreten Werten auftreten. Sie sind jeweils einer ganzzahligen Ordnungsnummer ($n = 1, 2, 3,...$) zugeordnet, einem Ton, wie aus der Theorie der Saiteninstrumente bekannt (Bd. II, Abschn. 2.7.4.3). Es gibt keine gebrochenen Halbwellen.

Es werde unterstellt, dass sich in einem solchen ‚Kasten' **Materiewellen** in Form stehender Wellen mit ein, zwei, drei,... Halbwellen ausprägen können. **Sie mögen** (als Hypothese) **den wahrscheinlichen Aufenthaltsort eines Elektrons innerhalb der Wände kennzeichnen.** Die Wände des Kastens seien unbegrenzt hoch, ihr Abstand sei l (Abb. 1.50).

Wie leicht einzusehen, kommen für solche Wellen Sinuswellen in Betracht. Ihre Funktionen lauten:

$$\psi(x) = \hat{\psi}_n \cdot \sin n\pi \frac{x}{l} \quad (n = 1, 2, 3,...)$$

In Abb. 1.50a ist der Kasten; in den Teilbildern b, c, und d (oben) sind die Verläufe von drei Wellen skizziert. Die Ordinate x hat ihren Ursprung am linken Rand. $\hat{\psi}_n$ ist die Amplitude der Welle mit der Ordnungszahl n. Über sie kann noch verfügt werden.

Zu den dargestellten Wellen gehören die Wellenlängen

$$\lambda_1 = \frac{2l}{1}, \quad \lambda_2 = \frac{2l}{2}, \quad \lambda_3 = \frac{2l}{3}, \quad ..., \quad \lambda_n = \frac{2l}{n},$$

die Impulse $p = h/\lambda$ mit h als Planck'scher Konstante

$$p_1 = \frac{h}{\lambda_1}, \quad p_2 = \frac{h}{\lambda_2}, \quad p_3 = \frac{h}{\lambda_3}, \quad \ldots, \quad p_n = \frac{h}{\lambda_n} = n \cdot \frac{h}{2l}$$

und die (nichtrelativistischen) Energien $E = p^2/2m$:

$$E_1 = \frac{p_1^2}{2m}, \quad E_2 = \frac{p_2^2}{2m}, \quad E_3 = \frac{p_3^2}{2m}, \quad \ldots, \quad E_n = \frac{p_n^2}{2m} = n^2 \frac{h^2}{8ml^2}$$

Ausgehend von der Wahrscheinlichkeitsdichte

$$w_n(x) = |\psi_n(x)^2| = \hat{\psi}_n^2 \cdot \sin^2 n\pi \frac{x}{l} \quad (n = 1, 2, 3, \ldots)$$

kann berechnet werden, mit welcher Wahrscheinlichkeit sich ein Elektron an einem bestimmten Ort innerhalb des Kastens aufhält. In Abb. 1.50b, c, d (unten) sind die Verläufe der quadrierten Sinusfunktionen dargestellt.

Irgendwo zwischen $x = 0$ und $x = l$ muss sich das Elektron mit der Wahrscheinlichkeit gleich Eins (also sicher) befinden. Aus dieser Einsicht kann geschlussfolgert werden: Wenn das Integral über $\psi(x)^2\, dx$ von $x = 0$ bis $x = l$ gebildet wird, muss es gleich Eins sein. Aus dieser Bedingung lassen sich die Amplituden der einzelnen Materiewellen bestimmen.

Aus Integraltafeln entnimmt man für $\int \sin^2 x\, dx$ die Lösung $\frac{1}{2} \cdot (x - \sin x \cos x)$. Mit der Substitution $z = n\pi x/l$ folgt:

$$\int\limits_0^l \hat{\psi}_n^2 \cdot \sin^2 n\pi \frac{x}{l}\, dx = \hat{\psi}_n^2 \frac{l}{n\pi} \int\limits_0^{n\pi} \sin^2 z\, dz = \hat{\psi}_n^2 \frac{l}{n\,\pi} \left[\frac{1}{2}(n\pi)\right] = \hat{\psi}_n^2 \frac{l}{2} \doteq 1$$

Hieraus ergibt sich $\hat{\psi}_n^2 = \frac{2}{l}$ und $\hat{\psi}_n = \sqrt{\frac{2}{l}}$. Die Ausdrücke sind unabhängig von n. Zusammengefasst lauten die Lösungen für die Materiewellen und deren Wahrscheinlichkeitsdichten, also die Auftretenswahrscheinlichkeiten des hypothetischen Elektrons in dem betrachteten ‚Kasten':

$$\psi_n(x) = \sqrt{\frac{2}{l}} \sin n\pi \frac{x}{l}; \quad w_n(x) = |\psi_n^2| = \frac{2}{l} \sin^2 n\pi \frac{x}{l} \quad (n = 1, 2, 3, \ldots)$$

$W_n(x) = w_n(x) \cdot \Delta x$ ist die Wahrscheinlichkeit dafür, dass sich das Elektron an der Stelle x innerhalb des Bereiches Δx befindet: Die Auftretenswahrscheinlichkeit ist offensichtlich für die verschiedenen Ordnungszahlen $n = 1, 2, 3$ (also die verschiedenen Quantenzustände) innerhalb des Kastens sehr unterschiedlich. In Bereichen, wo Knoten liegen, werden sich keine Elektronen aufhalten, in solchen, wo Maxima liegen, werden sich viele aufhalten.

Wird die Breite des Kastens mit der ungefähren Größe eines Atoms ($l = 10^{-10}$ m) gleich gesetzt, lassen sich für ein Elektron die Energien auf den verschiedenen Niveaus zu $E_n = n^2 \frac{h^2}{8ml^2}$ mit $m = m_0 = 9,109 \cdot 10^{-31}$ kg und $h = 6,626 \cdot 10^{-34}$ J $\cdot$ s berechnen. Es ergibt sich:

$$\underline{E_n = n^2 \cdot 6,025 \cdot 10^{-18} \, \text{J} = n^2 \cdot E_1.}$$

Wechselt ein Elektron von einem höheren auf ein kernnäheres Niveau und wird hierbei ein Photon emittiert, trägt dieses eine Energie, die der Energiedifferenz des Quantensprungs entspricht. Der aufgenommenen Energie ist im Photon eine bestimmte Frequenz bzw. bestimmte Wellenlänge zugeordnet: $\nu = E / h$ bzw. $\lambda = c/\nu$, c: Lichtgeschwindigkeit.

Damit ist der Anschluss an das Bohr'sche Atommodell gefunden, ohne dass von unterschiedlichen Kreis- oder Ellipsenbahnen des Elektrons ausgegangen werden muss. Indessen: Das Umfeld eines Atoms ist weder ein Kasten unbegrenzter Höhe noch sind dem Elektron Wellenfunktionen in Form stehender Sinuslinien zugeordnet. Dennoch, die Verhältnisse sind in Atomen ähnlich geartet, im Einzelnen sind sie kompliziert. Zwecks Klärung muss die Schrödinger-Gleichung gelöst werden und das bedeutet komplexe Mathematik (in doppeltem Sinne).

Beispiel
Für $n = 1, 2, 3, 4$ werden die Energien E_n nach obiger Formel für ein Elektron im Umfeld eines Atomkerns in J und eV berechnet ($1 \, \text{J} = 6,24 \cdot 10^{18}$ eV):

$$n = 1: \quad E_1 = 6,025 \cdot 10^{-18} \, J = \quad 37,60 \, \text{eV},$$
$$n = 2: \quad E_2 = 24,100 \cdot 10^{-18} \, J = 150,38 \, \text{eV},$$
$$n = 3: \quad E_3 = 54,225 \cdot 10^{-18} \, J = 336,96 \, \text{eV},$$
$$n = 4: \quad E_4 = 96,400 \cdot 10^{-18} \, J = 601,54 \, \text{eV}$$

Als wichtiges Faktum sei festgehalten: **Für $n = 1$ ist die Energie größer als Null** (Abb. 1.51). –

Beispielsweise beträgt die Energiedifferenz bei einem Sprung vom Quantenniveau $n = 4$ auf das darunter liegende Niveau $n = 3$: $\Delta E = E_4 - E_3 = 601,54 - 336,9 = 264,58$ eV. Für einen jeweils nächst niederen Sprung gilt allgemein:

$$\Delta E = E_n - E_{n-1} = \frac{h^2}{8ml^2}[n^2 - (n-1)^2] = (2n-1)\frac{h^2}{8ml^2} = (2n-1) \cdot E_1$$

Abb. 1.51

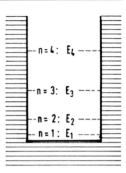

1.1.11   Schrödinger-Gleichung – ,Herleitung' und Deutung

Die eindimensionale Wellenfunktion des rechteckigen Potentialkastens wird modifiziert angeschrieben. Für den Abstand zwischen den Wänden gilt: $l = n(\lambda/2)$, vgl. Abb. 1.50b, c, d:

Für $n = 1$ gilt: $l = \lambda/2$: $\lambda = 2l$,

für $n = 2$ gilt: $l = \lambda$: $\lambda = l$,

für $n = 3$ gilt: $l = 3(\lambda/2)$: $\lambda = (2/3)l$,   usf.

Die oben angeschriebene Wellenfunktion lässt sich auch wie folgt notieren:

$$\psi(x) = \hat{\psi} \cdot \sin 2\pi \frac{x}{\lambda}$$

Nach zweimaliger Differentiation nach x folgt:

$$\frac{d^2\psi}{dx^2} = -\left(\frac{2\pi}{\lambda}\right)^2 \cdot \hat{\psi} \cdot \sin 2\pi \frac{x}{l} = -\frac{4\pi^2}{\lambda^2} \cdot \psi \quad \rightarrow \quad \frac{d^2\psi}{dx^2} + \frac{4\pi^2}{\lambda^2} \cdot \psi = 0$$

Wird für λ die de-Broglie-Beziehung $\lambda = h/p$ eingesetzt, ergibt sich:

$$\frac{d^2\psi}{dx^2} + \frac{4\pi^2}{h^2} \cdot p^2 \cdot \psi = 0$$

Aus $E_{\text{kin}} = mv^2/2$ kann die Geschwindigkeit v freigestellt und hiermit eine Beziehung zwischen Impuls und kinetischer Energie hergeleitet werden:

$$v = \sqrt{2E_{\text{kin}}/m} \quad \rightarrow \quad p = m \cdot v = \sqrt{2mE_{\text{kin}}} \quad \rightarrow \quad p^2 = 2mE_{\text{kin}}$$

In die vorstehende Gleichung wird dieser Ausdruck für p^2 eingesetzt:

$$\frac{d^2\psi}{dx^2} + \frac{4\pi^2}{h^2} \cdot (2m E_{kin}) \cdot \psi = 0$$

Die elektrostatische Gesamtenergie des Quants setzt sich aus seiner potentiellen und kinetischen Energie zusammen: $E = E_{pot} + E_{kin}$. Somit gilt: $E_{kin} = E - E_{pot}$. Hiermit ergibt sich die gesuchte Differentialgleichung für die Wellenfunktion zu:

$$\frac{d^2\psi}{dx^2} + \frac{8\pi^2}{h^2} \cdot m \cdot (E - E_{pot}) \cdot \psi = 0$$

Das ist die von E. SCHRÖDINGER (1887–1961) postulierte Gleichung für den Aufenthaltsort eines Quants im Inneren eines Potentialkastens. E ist die Gesamtenergie des Quants. Sie steht im Falle eines (gebundenen) Elektrons im Umfeld eines Atomkerns mit den elektrischen Kräften des Kerns in direktem Zusammenhang. Gelingt eine Lösung der Gleichung, lassen sich die wahrscheinlichen Aufenthaltsbereiche des Elektrons, seine Orbitale, innerhalb des Atoms angeben.

Die gezeigte ‚Herleitung' der Schrödinger-Gleichung ist keine im physikalischen Sinne, allenfalls eine Deutung mit Hilfe eines Analogieschlusses. Tatsächlich lässt sich die Gleichung nicht herleiten, so wenig wie sich das Gravitationsgesetz herleiten lässt: $F = G \cdot m_1 \cdot m_2 / r^2$. In dieser vergleichsweise einfachen Gleichung ist G eine Naturkonstante. In der Schrödinger-Gleichung ist h, das Planck'sche Wirkungsquantum, die kennzeichnende Naturkonstante. Fazit: **Die Schrödinger-Gleichung hat den Charakter eines Naturgesetzes.** Die Richtigkeit von Naturgesetzen lässt sich nur im Experiment durch Messung der Naturvorgänge bestätigen (beweisen).

Die (mathematische) Lösung der Schrödinger-Gleichung ist schwierig, weil die potentielle Energie des Quants eine Funktion von x ist. Es handelt sich um eine Differentialgleichung 2. Ordnung mit **variablem Koeffizienten**. Die Lösung solcher Differentialgleichungen ist grundsätzlich schwierig.

Die zuvor angeschriebene Gleichung gilt für **zeitunabhängige** Wellenfunktionen $\psi = \psi(x)$. Die allgemeinere Gleichung für **zeitabhängige** Wellenfunktionen $\psi = \psi(x, t)$ lässt sich nur im komplexen Zahlenraum lösen (auch das ist wiederum ein recht rätselhaftes Faktum).

1.1.12 Ergänzungen

Das Verhalten der Quanten kann mit Hilfe der Quantentheorie auf der Basis der Schrödinger-Gleichung studiert werden. Dafür wurde ein spezieller mathemati-

Abb. 1.52

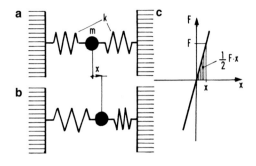

scher Formalismus im Komplexen entwickelt. Dieser entzieht sich einer populären Darstellung. Um die Schrödinger-Gleichung lösen zu können, muss für das anstehende Problem der Term $(E - E_{\text{pot}})$ in der Gleichung, also der Energiezustand des Quants, bekannt sein.

1. Ergänzung: Federelastisch gebundenes Elektron

Ein einfaches Beispiel, das erste Einsichten ermöglicht, ist die Untersuchung der eindimensionalen Bewegung eines federelastisch gebundenen Elektrons. Es handelt sich um das Modell eines ‚harmonischen Elektronen-Oszillators'. Die Masse des Elektrons ist m_e und die Federkonstante der Bindung sei k, siehe Abb. 1.52.

$F = k \cdot x$ ist die federelastische Rückstellkraft. Wenn sich das Elektron um x aus der Nulllage bewegt hat, ist die hierbei aufgenommene potentielle Energie gleich der gespeicherten Formänderungsarbeit W in der Feder. Sie ist gleich der in Abb. 1.52c schraffierten Dreiecksfläche:

$$E_{\text{pot}} = W = \frac{1}{2} F \cdot x = \frac{k}{2} x^2$$

Die Schrödinger-Gleichung nimmt damit folgende Form an:

$$\frac{d^2 \psi}{dx^2} + \frac{8\pi^2}{h^2} \cdot m_e \cdot \left(E - \frac{k}{2} x^2 \right) \psi = 0$$

Es handelt sich um eine lineare Differentialgleichung, demgemäß gilt das Überlagerungsgesetz.

Im zweiten Term der vorstehenden Gleichung tritt x^2 auf, das erschwert die Lösung außerordentlich. Gesucht ist jene Wellenfunktion $\psi = \psi(x)$, die, einschließlich ihrer zweiten Ableitung nach x, obige Gleichung zu Null erfüllt. – Eine Differentialgleichung des vorstehenden Typs nennt man homogen, die ‚rechte Seite' ist Null, es existiert kein partikuläres Glied, damit auch keine partikuläre Lösung, es existieren nur sogen. **Eigenlösungen**. Man kann vermuten, dass ihre Anzahl unbeschränkt ist. Das würde bedeuten, es gibt unendlich viele Eigenlösungen $\psi_n = \psi_n(x)$ und entsprechend viele zugeordnete Eigenwerte in Form diskreter Energien, in denen sich das Elektron befinden kann.

Ohne Beweis sind in Abb. 1.53 die Graphen der ersten vier Wellen- und Wahrscheinlichkeitsfunktionen $\psi_n(x)$ bzw. $\psi_n^2(x)$ für das anstehende Problem des harmonischen

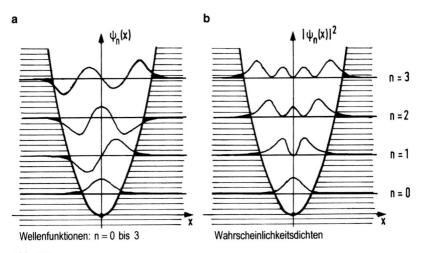

a $\psi_n(x)$ **b** $|\psi_n(x)|^2$

n = 3

n = 2

n = 1

n = 0

Wellenfunktionen: n = 0 bis 3   Wahrscheinlichkeitsdichten

Abb. 1.53

‚Elektronen-Oszillators' dargestellt ($n = 1, 2, 3, 4$). Das Potential wächst quadratisch mit
x, es kann als von einem ‚parabolischen Kasten' begrenzt gedeutet werden. In diesem
liegen die Energieniveaus in gleichem Abstand. Auch hier ist das niedrigste Niveau, wie
beim ‚rechteckigen Kasten', von Null verschieden! Das ist eine Konsequenz der Unbestimmtheitsrelation: $E = 0$ (Energie gleich Null) würde $t = \infty$ (Zeit des Zustandes dauert
unendlich lange) verlangen, was selbstredend bei einer Bewegung nicht der Fall sein kann. –
Interessant an Abb. 1.53 ist zudem, dass $\psi_n(x)$ und $\psi_n^2(x)$ auch außerhalb der auf einer Pa-
rabel liegenden Umkehrpunkte von Null verschiedene Werte aufweisen. In diesen Bereichen
kann sich das Elektron (wenn auch mit geringer Wahrscheinlichkeit) aufhalten (bewegen),
es tritt eine 'Tunnelung' statt. –
   Allgemein gilt: Läuft ein freies Teilchen gegen eine Potentialschwelle an, kann diese von
der Materiewelle bei entsprechend hoher Energie durchtunnelt werden. Ein solcher Tun-
neleffekt ist in der klassischen Mechanik, etwa bei einem ‚klassischen Schwinger', nicht
bekannt. Hieraus wird abermals deutlich, dass die Materiewelle keine reale mechanische
Welle ist, sondern nur eine mathematische Analogie ohne physikalische Realität.

2. Ergänzung: Bohr'sches Atommodell – Stationäre Materiewelle
In Abschn. 1.1 wurden, ausgehend vom 1. Bohr'schen Postulat, die verschiedenen Energiezustände des Elektrons im Wasserstoffatom einschl. Photonenemission und -absorption
behandelt und anschließend auf höhere Elemente erweitert. Mit Hilfe der Quantentheorie
gelingen ein vertieftes Verständnis und eine Begründung des Postulats. –
   Aus der Gleichsetzung der Zentrifugalkraft mit der elektrostatischen Coulomb-Kraft, denen das Elektron im Umfeld des Kerns ausgesetzt ist,

$$m_e \cdot \frac{v_n^2}{r_n} = \frac{1}{4\pi\varepsilon_0} \cdot \frac{e^2}{r_n^2},$$

Abb. 1.54

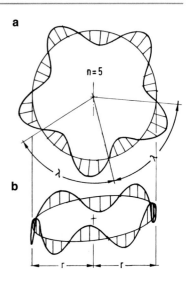

lässt sich die Umlaufgeschwindigkeit v_n bzw. für die n-te Umlaufbahn der zugehörige Bahn-radius r_n gewinnen:

$$r_n = \frac{e^2}{4\pi\varepsilon_0 \cdot m_e \cdot v_n^2}$$

Wird an dieser Stelle die Materiewelle für das Elektron eingeführt, die gemäß der Schrö-dinger-Gleichung einen stationären Zustand beschreibt, sind nur eingeschränkte Werte der Bahnradien möglich: Wie in Abb. 1.54 abgebildet, muss die Welle mit ganzzahligen Wel-lenlängen λ_n in der kreisförmigen Bahnlänge aufgehen, nur dann handelt es sich um eine stationäre (stehende) Welle:

$$2\pi r_n = n \cdot \lambda_n \quad (n = 1, 2, 3, \dots)$$

Mit der de-Broglie-Beziehung

$$\lambda_n = \frac{h}{p_n} = \frac{h}{m_e \cdot v_n}$$

folgt:

$$2\pi r_n = n \cdot \frac{h}{m_e \cdot v_n} \quad \rightarrow \quad v_n = n \cdot \frac{h}{m_e \cdot 2\pi r_n}$$

Eingesetzt in obige Gleichgewichtsgleichung findet man für r_n:

$$r_n = \frac{\varepsilon_0 \cdot h^2}{\pi \cdot e^2 \cdot m_e} \cdot n^2$$

Werden für ε_0, h, e und m_e deren Zahlenwerte eingesetzt, ergibt sich:

$$r_n = 5{,}2917 \cdot 10^{-11} \cdot n^2 \quad \text{(in m)}$$

Der kleinste, kernnächste Radius für die Hauptquantenzahl $n = 1$ beträgt:

$$r_1 = 5{,}3 \cdot 10^{-11} \text{ m}$$

Setzt man in $2\pi r_n = n \cdot \lambda_n$ für λ_n die oben angeschriebene de-Broglie-Wellenlänge ein, erkennt man:

$$2\pi r_n = n \cdot \frac{h}{m_e \cdot v_n} \quad \rightarrow \quad m_e \cdot r_n \cdot v_n = n \frac{h}{2\pi} \quad \rightarrow \quad L_n = n \frac{h}{2\pi}$$

Das 1. Bohr'sche Postulat fordert, dass die Ordnungszahl n (die Hauptquantenzahl) im Drehimpuls L_n nur ganzzahlige Werte annehmen kann. – Damit ist der Anschluss an die Ausführungen in Abschn. 1.1.1.2 aufgezeigt.

Hinweis
Die Darstellung in Abb. 1.54 bedeutet nicht, dass sich das Elektron real auf seiner Bahn als Welle bewegt. Die Darstellung veranschaulicht die Materiewelle als mathematisches Abstraktum, real ist sie nicht existent!

3. Ergänzung: Orbitale
In Abschn. 1.1.1.3 wurde in Verbindung mit dem 2. Bohr'schen Postulat das Energiepotential des Elektrons im Wasserstoffatom zu

$$E_n - E_{\text{pot}} = -\frac{e^2}{8\pi\varepsilon_0 r_n} + \frac{2 \cdot e^2}{8\pi\varepsilon_0 r_n} = \frac{e^2}{8\pi\varepsilon_0 r_n}$$

hergeleitet. Es wäre dennoch irrig, die Schrödinger-Gleichung für das Elektron im Wasserstoffatom in der Form

$$\frac{d^2\psi}{dx^2} + \frac{8\pi^2}{h^2} \cdot m_e \cdot \frac{e^2}{8\pi\varepsilon_0 r_n} \cdot \psi = 0$$

anzuschreiben, denn die Energiezustände des Elektrons sind von räumlicher Natur. Die Schrödinger-Gleichung muss daher zunächst auf Raumkoordinaten erweitert werden, indem

$$\frac{d^2\psi(x)}{dx^2}$$

in der elementaren Gleichung (s. o.) durch

$$\Delta\psi(x, y, z) = \frac{\partial^2\psi}{\partial x^2} + \frac{\partial^2\psi}{\partial y^2} + \frac{\partial^2\psi}{\partial z^2}$$

ersetzt wird. Auch die Gleichungsversion

$$\Delta\psi(x, y, z) + \frac{8\pi^2}{h^2} \cdot m_e \cdot \frac{e^2}{8\pi\varepsilon_0 r_n} \cdot \psi(x, y, z) = 0,$$

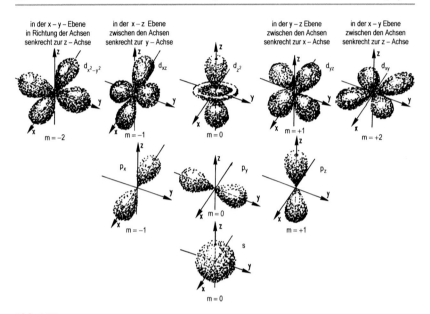

Abb. 1.55

mit $\psi(x, y, z)$ als Wellenfunktion und $\psi^2(x, y, z) \cdot dV$ als Wahrscheinlichkeit dafür, dass das Elektron im Volumenelement dV anzutreffen ist, ist als Lösungsbasis nicht geeignet. Dazu muss die Gleichung von kartesischen Koordinaten in Kugelkoordinaten transformiert werden. Für diese Gleichung lassen sich nunmehr analytische Lösungen angeben. Dabei zeigt sich, dass die Lösungen mit jenen des Schalenmodells korrespondieren! Es bedarf indessen einer anderen Interpretation, man spricht, wie ausgeführt, vom wellenmechanischen Modell: Die Elektronen befinden sich innerhalb einer Ladungswolke. Abb. 1.55 zeigt die Graphen der Orbitalen als Räume bestimmter Auftretenswahrscheinlichkeit. Ihre Formen ändern sich für andere Wahrscheinlichkeiten. Es ist müßig, die Anschauung aus dem gewohnten makroskopischen Raum zu bemühen, um sich ein Bild von den realen Elektronenbewegungen zu machen. In der klassischen Mechanik bewegen sich die Teilchen auf eindeutigen Bahnen, in der Quantenmechanik nicht, für den Ort ihrer ‚Bewegung' kann nur eine Wahrscheinlichkeit angegeben werden.

Die oben angeschriebene Schrödinger-Gleichung gilt nur für den Sonderfall eines einzelnen Quants. Für die räumlich-zeitlich variablen Quantenzustände allgemeiner Vielteilchensysteme, z. B. für die Atome eines höheren Elements mit vielen Elektronen, gelten gekoppelte partielle Differentialgleichungssysteme. Sie zu analysieren bedeutet schwierige Mathematik (i. Allg. läuft die Analyse auf numerische Näherungslösungen hinaus).

Ergänzend sei vermerkt, dass parallel zu der von E. SCHRÖDINGER angegebenen Fundamentalgleichung die Quantentheorie etwa zeitgleich von W. HEISENBERG (1901–1976) mit Hilfe des Matrizenkalküls hergeleitet werden konnte. Zu erwähnen ist außerdem, dass eine weitere Version der Quantentheorie von P.A.M. DIRAC (1902–1984) formuliert wurde. Auf diese Entwicklungen und die höhere Quantentheorie kann hier nicht eingegangen werden, z. B. auch nicht auf den von K. v. KLITZING (*1943) entdeckten Quanten-Hall-Effekt, der für die Metrologie (für das hochgenaue Messwesen) große Bedeutung hat, auch nicht auf den sogen. Zeeman- und Stark-Effekt (nach P. ZEEMAN, 1865–1943, bzw. nach J. STARK, 1874–1957), sowie die so wichtigen Anwendungen wie die Tunnelmikroskopie und die Computer- und Kernspinntomographie. Die Quantenmechanik ist inzwischen ein weites Feld, einschließlich ihrer Erweiterungen auf den relativistischen Bereich. Zur Einarbeitung steht ein umfangreiches Fachschrifttum zur Verfügung [1–5]. –

Sehr seltsam sind die Effekte der Quantenverschränkung und Quantenteleportation. Sie wurden ganz wesentlich von A. ZEILINGER (*1945) und Mitarbeiter entdeckt und weiter entwickelt. Das Gebiet ist inzwischen Gegenstand weltweiter Forschung. Es wird im Folgenden in gebotener Kürze behandelt.

1.1.13 Quanten-Interferenzversuche

1.1.13.1 Vorbemerkungen

Um Effekte an einem Quantenobjekt, wie einem Photon oder Elektron, experimentell aufzeigen zu können, muss es über ein oder mehrere Merkmale (Markierungen) verfügen. Es müssen bestimmte Observable sein, mittels derer sie detektiert werden können: Licht kann als elektromagnetisches Wellenphänomen polarisiert werden, ‚links herum oder rechts herum‘, der Spin eines Elektrons kann mittels eines Magnetfeldes in zwei gegenläufige Richtungen gedreht werden, ‚positiv oder negativ‘. Masse und Ladung sind als Observable nicht geeignet, sie sind als skalare Größen bei allen Quanten, wie z. B. bei Elektronen, gleichgroß, als Merkmal für zwei oder mehrere unterschiedliche Zustände scheiden solche Merkmale aus. –

Inzwischen wurden auch mit sehr massereichen Kernbausteinen, wie Protonen und Neutronen Quantenversuche durchgeführt, auch mit ganzen Atomen und Molekülen. Die Quantenmechanik konnte in allen Fällen bestätigt werden [27]. – Die Experimente erfordern ein hohes Maß an Präzision und Innovation [28].

In Ergänzung zum Doppelspaltversuch in Abschn. 1.1.7 werden nachfolgend weitere Versuche mit Licht (in seiner Dualität als Welle und Teilchen) vorgestellt, sie lassen sich inzwischen im Schulunterricht vorführen [29]. Anschließend werden Versuche mit massebehafteten Quantenobjekten behandelt und schließlich Zwillingsphotonen-Interferenzexperimente diskutiert. Als Ergebnis zeigt sich: **Alle Quantenobjekte sind Welle und Teilchen zugleich.** Das gilt für die gesamte Materie im Kosmos, ein wahrlich schwierig zu begreifendes Faktum.

Abb. 1.56

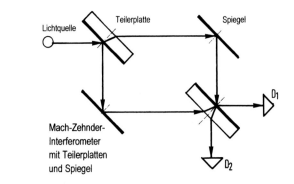

1.1.13.2　Interferenzversuche mit Photonen

Die Versuche erfordern eine Lichtquelle, gewisse optische Bauteile und Detektoren. Letztere müssen die Photonen registrieren und zählen können. Es wird monofrequentes (einfarbiges) und kohärentes (zeitlich und örtlich zusammenhängendes) Licht, z. B. Laserlicht, verwendet.

Das Licht muss sich an der Quelle so abschwächen lassen, dass nur einzelne Lichtquanten (Photonen) nacheinander abgestrahlt werden, eine experimentell sehr anspruchsvolle Aufgabe. –

Als Versuchsgerät kann die in Abb. 1.56 abgebildete Anordnung mit zwei Strahlteilern, zwei Spiegeln und zwei Detektoren eingesetzt werden. Im Verbund handelt es sich um ein sogen. Mach-Zehnder-Interferometer.

Das Gerät geht auf E. MACH (1838–1916) und L. ZEHNDER (1854–1949) zurück (1892). Es wird in der Optik für Aufgaben der Lichtforschung verwendet.

Bevor die Experimente erläutert werden, sei daran erinnert, dass Licht reflektiert (gespiegelt) und refraktiert (gebrochen) werden kann, vgl. Bd. II, Abschn. 3.2.

Bei der **Reflektion** eines Lichtstrahls an einer harten Wand bleiben Wellenlänge und Phasengeschwindigkeit erhalten, wohl kommt es zu einer Phasenänderung, zu einem Phasensprung um $\lambda/2$, λ ist die Wellenlänge (Abb. 1.57). Liegt die Spiegelebene innenseitig des dichteren Mediums, kommt es bei der Reflektion innerhalb des Mediums (z. B. an der Grenzfläche Glas/Luft) zu keinem Phasensprung.

Wenn Licht durch ein anderes Medium hindurch tritt, es also transmittiert, wird es **refraktiert**, es wird gebrochen. Das geschieht auch dann, wenn es aus dem Medium wieder heraustritt. Dabei ändert sich zweimal die Fortpflanzungsgeschwindigkeit (Abb. 1.58): Im Vakuum pflanzt sich Licht mit Lichtgeschwindigkeit fort (mit c abgekürzt), in Glas um den Brechungsindex n verringert. Für die Phasengeschwindigkeit v der ebenen Welle gilt: $v = \nu \cdot \lambda$. Daraus ergibt sich deren Wellenlänge zu: $\lambda = v/\nu = (c/n)/\nu$. Somit ist λ im Medium um $1/n$ kürzer als

Abb. 1.57

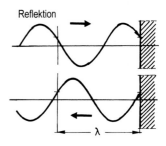

Reflektion

im Vakuum (Luft). Für Glas gilt als Mittelwert $n = 1{,}5$, das ergibt eine Wellengeschwindigkeit: $v = c/1{,}5 = 0{,}67 \cdot c$.

Die im Interferometer (Abb. 1.56) von der Quelle ausgehenden monofrequenten Lichtwellen (Lichtstrahlen) bewegen sich von der ersten Teilerplatte aus auf zwei Wegen weiter. – Abb. 1.59 zeigt die drei möglichen Durchstrahlungswege des Lichts in einer solchen Teilerplatte. Die Platte wird auch Strahlteiler genannt und besteht aus Glas. Auf der einen Oberfläche ist eine (metallische) Beschichtung aufgedampft. Ein ankommender Lichtstrahl (hier unter 45°) wird zum Teil reflektiert, zum Teil gebrochen. Die Frequenz v der Welle bleibt in beiden Fällen unverändert.

Für den Weg zu den beiden Detektoren gibt es insgesamt vier Möglichkeiten (Abb. 1.60).

Bei der Durchführung des Experiments zeigt sich, dass sich das Licht nicht zu 50 % : 50 % auf die beiden Detektoren verteilt, Licht wird nur am Detektor D1 registriert, am Detektor D2 keines. Wird Licht als **Wellenphänomen** gesehen, ist das einsichtig: Die möglichen Phasenänderungen der Wellenlänge, die bei den beiden Teilerplatten des Interferometers bei Reflexion und Refraktion auftreten können, sind in Abb. 1.59 zusammengefasst. Sie sind mit PS abgekürzt. PS ist jene Änderung der Phase, die sich gegenüber dem vorangegangenen Zustand der Welle einstellt. λ' ist die Änderung der Wellenlänge bei der Transmission durch die Glasplatte. Da die beiden Teilerplatten im Interferometer aus dem gleichen

Abb. 1.58

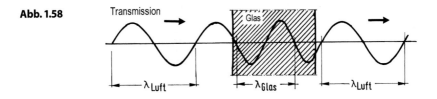

Transmission   Glas λ_{Luft} λ_{Glas} λ_{Luft}

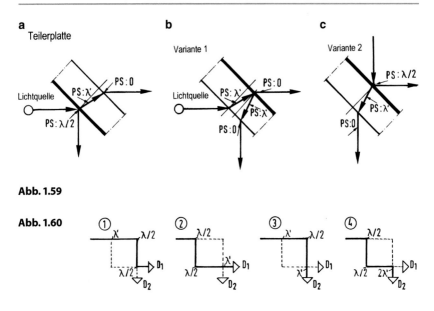

Abb. 1.59

Abb. 1.60

Material bestehen und gleichdick sind und der Strahl exakt unter $45°$ verläuft, ist λ' in allen Fällen dem Betrage nach gleichgroß.

Auf den **Wegen 1 und 2** (Abb. 1.60) treten je zwei gleiche Gangunterschiede auf, es kommt zu konstruktiver Interferenz, auf beiden Wege ergibt sich bei zwei Reflektionen und einer Transmission: $2 \cdot \lambda/2 + \lambda' = \lambda + \lambda'$.

Auf den **Wegen 3 und 4** geht die Ausbreitung mit unterschiedlichen Phasenänderungen einher, die Wellen interferieren destruktiv: Weg 3: $2 \cdot \lambda' + \lambda/2$, Weg 4: $2 \cdot \lambda/2 + 2 \cdot \lambda' = \lambda + 2 \cdot \lambda'$. Auf Weg 3 ist die Phase des Lichts um $\lambda/2$, auf Weg 4 um λ'' ‚verschoben‘, das führt zur Auslöschung. –

Wird bei einem weiteren Experiment die Lauflänge eines Lichtweges im Interferometer um $\lambda/2$ verlängert oder verkürzt, so wird nur am Detektor D2 Licht registriert, am Detektor D1 keines. Wird die Lauflänge kontinuierlich verändert, wechselt die Intensität des interferierenden Lichts an den Detektoren in Form sich kontinuierlich verschiebender Streifen.

Beim nächsten Experiment wird die Intensität des Lichts an der Quelle derart reduziert, dass von ihr immer nur ein einzelnes Photon abgestrahlt wird. Das Licht wird also als **Partikelphänomen** betrachtet. Es zeigt sich, dass nur am Detektor D1 Lichtquanten eintreffen, am Detektor D2 keine! Das stimmt mit dem vorangegangenen Ergebnis überein, welches mit kontinuierlicher Lichtausstrahlung gewonnen wurde und das sich als Wellenphänomen optisch erklären ließ. Obwohl eine Inter-

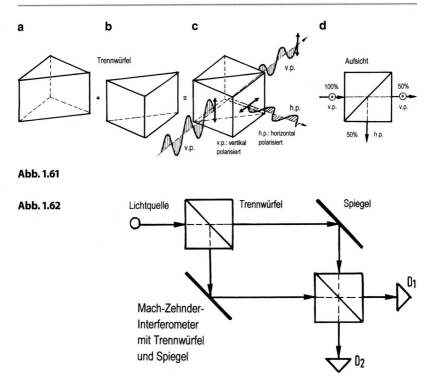

Abb. 1.61

Abb. 1.62

Mach-Zehnder-
Interferometer
mit Trennwürfel
und Spiegel

ferenz zwischen den einzelnen Photonen nicht stattfinden kann, verhalten sich die Einzelpartikel genauso wie das Licht als ‚strömende Welle'.

Das aufgezeigte Versuchsergebnis bestätigt insgesamt den Doppelspaltversuch: **Licht besitzt als Welle und Partikel einen Doppelcharakter.**

Eine Bestätigung der aufgezeigten Resultate gelingt, wenn im Mach-Zehnder-Interferometer an die Stelle der Teilerplatten Trennwürfeln treten. Solche Trennwürfel werden aus zwei Prismen zusammengekittet (Figur 61a/b/c). Die Beschichtung in der Trennebene ist derart, dass das linear-polarisierte Licht (aus einem vorgeschalteten Polarisator) nach dem Durchgang in Strahlrichtung vertikal und quer zur Strahlrichtung horizontal polarisiert ist, und das je zur Hälfte im Verhältnis 50 % : 50 %, wie in Abb. 1.61d dargestellt.

Durch die wechselnde Polarisation im Gerät interferiert das Licht im Detektor D1 konstruktiv, im Detektor D2 destruktiv (Abb. 1.62). Dabei ist im Einzelnen nicht wichtig, durch welche Merkmalssuperposition das zustande kommt, entscheidend und wieder unbegreiflich ist das Faktum, dass sich beim Strahlendurchgang einzelner Quanten, also einzelner Photonen, das gleiche Ergebnis wie bei kontinuierlicher Lichtwellenbeaufschlagung einstellt: Photonen treffen nur bei D1 ein! Man könnte vermuten, dass die Photonen dank ihrer Welleneigenschaft als Licht ‚wissen‘, wie sie interferieren müssen, wenn sie als einzelne Partikel und nicht als Glieder eines kontinuierlichen Lichtstroms innerhalb des Geräts unterwegs sind. Ein solches ‚individuelles Wissen‘ der Partikel ist schwierig verstehbar und wohl auszuschließen. Da sie sich singulär bewegen, ist ein ‚Informationsaustausch mit anderen Quanten‘ nicht möglich. Es muss andere Gründe geben, die die Partikel veranlassen, wie eine Welle zu interferieren, auch wenn sie einzeln unterwegs sind.

Ein weiteres wichtiges Ergebnis ergeben Experimente, bei denen versucht wird, den Weg der einzelnen Lichtquanten während ihres Durchtritts durch das Gerät, z. B. mittels Lichtmarker, von außen zu orten. Sobald das versucht wird, wird keine Interferenz mehr erkennbar, die Detektoren registrieren die ankommenden Lichtquanten im Verhältnis 50 % : 50 %. Als Ursache kann vermutet werden, dass durch den vom Lichtmarker ausgehenden Impuls die Bahn des erfassten Photons gestört wird, die Phase wird in zufälliger Weise verändert. Es gibt allerdings Versuche, die eine solche Deutung nicht zulassen. – Insgesamt ist das Verhalten recht spukhaft und gibt Veranlassung zu vertieftem Nachdenken über die Natur [31–34].

1.1.13.3 Interferenzversuche mit Quanten (Elektronen etc.)

Im Gegensatz zu Photonen handelt es sich bei Elektronen, Protonen, Neutronen, Atomen und ganzen Molekülen um ‚echte‘ Quanten, also um **Materie**partikel mit einer definierten Ruhemasse. Die Funktion ihrer Materiewelle charakterisiert ihren Zustand, vice versa.

In Abschn. 1.1.7.2 wurde das Ergebnis von Einweg-Interferenzversuchen mit Elektronen wiedergegeben, sie entsprachen im Prinzip dem klassischen Young-Versuch.

Abb. 1.63 zeigt das Ergebnis eines Versuchs, bei welchem **Elektronen** an einem Lichtgitter gebeugt wurden, genauer, an lasergestützten stehenden Lichtwellen. Die Interferenzmuster in den beiden Abbildungen gelten für die Fälle mit und ohne Beugung. Die eingezeichneten Kurven geben für die gewählte Versuchsanordnung die theoretische Lösung der Schrödinger-Gleichung wieder (Quelle vgl. Legende im Bild).

Während sich Elektronen vergleichsweise einfach als Kathodenstrahlen erzeugen lassen, ist das bei den ‚schwereren‘ Quanten schwieriger. **Neutronen** werden beispielsweise in kleinen Reaktoren durch Kernspaltung gewonnen [35]. Als kontinuierliche Strahlung und als Einzelquanten zeigen auch sie wieder das gleiche Verhalten, wie zuvor für Photonen und Elektronen erläutert.

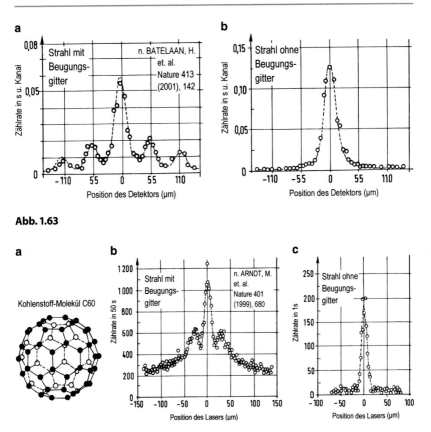

Abb. 1.63

Abb. 1.64

Abb. 1.64 zeigt ein weiteres Versuchsergebnis, dargestellt sind Interferenzkurven, die mit kugelförmigen Kohlenstoff**molekülen** C_{60} gewonnen wurden (Quelle vgl. Legende im Bild). Die Moleküle haben eine fußballähnliche Form mit 12 Fünf- und 20 Sechsecken. Auf den Ecken liegen insgesamt 60 Kohlenstoffatome, Durchmesser des Moleküls 0,7 nm. Man nennt sie Fullerene, ihre Entdeckung wurde im Jahre 1996 mit dem Nobelpreis gewürdigt. – Nach Abstrahlung solcher Moleküle mit einer Geschwindigkeit $v = 220\,\text{m/s}$ von einem auf $600\,°\text{C}$ erhitzten Ofen aus, konnte in einem Doppelspaltversuch Interferenz beobachtet werden. Das gelang in einem evakuierten Gerät mit einem photolithographisch hergestellten Beugungsgitter.

Inzwischen liegen weitere Ergebnisse von Interferenzversuchen mit noch grö-ßeren Molekülen vor. Dabei stoßen die Versuche an apparative Grenzen. Das mögen die folgenden Abschätzungen verständlich machen. Hierzu wird für frei gewählte Energiezustände die Materiewellenlänge der nachstehenden Quanten berechnet (vgl. Abschn. 1.1.8):

- Elektron: $m_0 = m_e = 9{,}109 \cdot 10^{-31}$ kg, elektrisch beschleunigt auf:

$$E_{kin} = 300\,eV = 300 \cdot 1{,}603 \cdot 10^{-19} = 480{,}9 \cdot 10^{-19}\,J = \underline{4{,}809 \cdot 10^{-17}\,J}$$

$$v = \sqrt{2E_{kin}/m} = \sqrt{2 \cdot 4{,}809 \cdot 10^{-17}/0{,}109 \cdot 10^{-31}} = \underline{1{,}03 \cdot 10^7\,m/s} < c$$

$$\lambda = \frac{h \cdot \sqrt{1-(v/c)^2}}{m_0 \cdot v} = \frac{6{,}626 \cdot 10^{-34} \cdot \sqrt{1-(1{,}03 \cdot 10^7/3 \cdot 10^8)^2}}{9{,}109 \cdot 10^{-31} \cdot 1{,}03 \cdot 10^7}$$

$$= \underline{\underline{70{,}75 \cdot 10^{-12}\,m}} = \underline{\underline{70{,}75\,pm}}$$

- Neutron: $m_0 = m_n = 1{,}675 \cdot 10^{-27}$ kg, thermisch beschleunigt auf:

$$E_{kin} = 3 \cdot 10^{-4}\,eV = 3 \cdot 10^{-4} \cdot 1{,}603 \cdot 10^{-19} = \underline{4{,}809 \cdot 10^{-23}\,J}$$

$$v = \sqrt{2E_{kin}/m} = \sqrt{2 \cdot 4{,}809 \cdot 10^{-23}/1{,}675 \cdot 10^{-27}} = 2{,}396 \cdot 10^2\,m/s$$

$$= \underline{239{,}6\,m/s} \ll c$$

$$\lambda = \frac{h}{m \cdot v} = \frac{6{,}626 \cdot 10^{-34}}{1{,}675 \cdot 10^{-27} \cdot 2{,}396 \cdot 10^2} = \underline{1{,}651 \cdot 10^{-9}\,m} = \underline{1{,}651\,nm}$$

- Fulleren-Molekül C_{60}: 60 Kohlenstoffatome à $1{,}995 \cdot 10^{-26}$ kg: $m_0 = m_{C60} =$ $60 \cdot 1{,}995 \cdot 10^{-26} = 119{,}7 \cdot 10^{-26}\,kg = 1{,}197 \cdot 10^{-24}$ kg beschleunigt auf $220\,m/s \ll c$:

$$E_{kin} = 2{,}297 \cdot 10^{20}\,J, \quad p = 2{,}63 \cdot 10^{-22}\,kg\,m/s,$$

$$\lambda = \underline{2{,}52 \cdot 10^{-12}\,m} = \underline{2{,}52\,pm}.$$

Der Wert ist kleiner als der Durchmesser des Moleküls!
- PKW mit $m = 1500$ kg fährt mit $v = 200\,km/h = 55{,}56\,m/s$:

$$p = m \cdot v = 1500 \cdot 55{,}56 = 8{,}33 \cdot 10^4\,kg\,m/s,$$

$$E_{kin} = \frac{1}{2}mv^2 = \frac{1}{2}1500 \cdot 55{,}56^2 = 2{,}315 \cdot 10^6\,J,$$

$$\lambda = \frac{h}{p} = \frac{6{,}626 \cdot 10^{-34}}{8{,}33 \cdot 10^4} = \underline{0{,}795 \cdot 10^{-38}\,m} < l_{Pl} = 1{,}617 \cdot 10^{-35}\,m$$

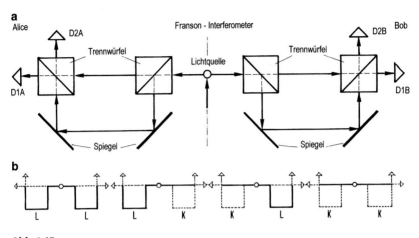

Abb. 1.65

Eine Wellenlänge kleiner als die Planck-Länge kann es nicht geben. Die Übertragung der Quantenmechanik auf den makroskopischen Raum stößt offensichtlich auf Widersprüche, ein PKW setzt sich aus einer Riesenanzahl von Molekülen zusammen, ein Quant ist es nicht.

1.1.13.4 Zweiteilcheninterferenz mit Photonen – Quantenverschränkung

In Abb. 1.65a ist ein sogen. Franson-Interferometer als Schema wiedergegeben. In Bezug zur mittigen Lichtquelle ist das Gerät in allen Einzelheiten streng symmetrisch aufgebaut. Von dem in der Lichtquelle liegenden Kristallsystem werden bei Bestrahlung nach beiden Seiten Lichtquanten abgestrahlt, ihre Energie ist halb so groß wie jene des anregenden Lichts. Diese Zwillingsbildung beruht auf der sogen. parametrischen Fluoreszenz im Kristall. Mit Hilfe der der Lichtquelle nachgeschalteten Filter ist das nach beiden Seiten zeitgleich ausgehende Licht vertikal polarisiert. Die Quanten können beidseitig unterschiedliche Wege einschlagen. (Teilfigur b): Die Wege L ↔ L und K ↔ K sind von der Quelle aus jeweils gleichlang, sie sind **ununterscheidbar**, die Partner des Quantenpaares erfahren dieselben Polarisationsänderungen. Die Wege L ↔ K und K ↔ L von der Quelle aus sind dagegen deutlich verschieden. Der Versuch zeigt: Wenn die Partner die Wege L ↔ L oder K ↔ K wählen, treffen sie entweder bei den Detektoren D1A (links) und D1B (rechts) oder bei den Detektoren D2A (links) und D2B (rechts) jeweils **stets ge-**

meinsam und gleichzeitig ein, im langzeitigen Mittel im Verhältnis 50 % : 50 %. Man spricht von **perfekter Korrelation**. Wenn sie die Wege L ↔ K oder K ↔ L wählen, treffen sie ohne erkennbare Regel bei den Detektoren ungleichzeitig ein.

Wird als weiteres Experiment die Lauflänge eines Lichtweges, entweder im linken oder rechten Teil des Geräts, um $\lambda/2$ verlängert oder verkürzt, treffen die Partner bei D1A und D2B oder bei D2A und D1B jeweils gemeinsam ein, im Mittel wieder im Verhältnis 50 % : 50 %. Man spricht von **perfekter Antikorrelation**.

Auch hier stellt sich die Frage, warum verhalten sich die Paare ausnahmslos so gleichartig, wenn sie auf ununterscheidbaren Wegen unterwegs sind? Da sie sich mit Lichtgeschwindigkeit voneinander weg bewegen, ist ein gegenseitiger Informationsaustausch beidseitig der Quelle nicht möglich. Gleichwohl existiert zweifelsfrei ein Wirkzusammenhang, ist aber vor Ort räumlich und zeitlich nicht nachvollziehbar. Im Ergebnis handelt es sich um eine *spukhafte Fernwirkung*, wie es A. EINSTEIN formulierte (und kritisierte). – In vielen weiteren Versuchen, auch mit mehreren verschränkten Teilchen, konnte deren strenge Korrelation/Antikorrelation bestätigt und theoretisch untermauert werden, mit der Logik der Alltagserfahrung bleibt sie ursächlich unverstanden.

An dieser Stelle wären die vielen weiteren denkerischen Anstrengungen zu diskutieren, die mit den rätselhaften Phänomenen der Quantenverschränkung in Verbindung stehen. Stichworte: a) das auf A. EINSTEIN und Mitarbeiter eingeführte EPR-Argument, b) die von N. BOHR vertretene Kopenhagener Deutung, c) die Nichtlokalität und Dekohärenz der Quantenereignisse, d) die von J.S. BELL (1928–1990) angegebene sogen. Bell'sche Ungleichung, e) die Erklärung einer ‚Führungswelle' nach D. BOHM, f) die Quantendeutung von E. SCHRÖDINGER und das von ihm eingeführte Gedankenexperiment der ‚Schrödinger-Katze' und schließlich die vielen sehr unterschiedlich angelegten Versuche, welche das Verhalten der verschränkten Quanten zum Gegenstand hatten und haben. Das leitet über zur Quantenkryptographie (Verschlüsselung), zum Konzept des ultraschnellen Quantencomputers, zur Quantenfotographie und letztlich zur Quantenteleportation zeitgleicher Zustände über beliebig weite Entfernungen hinweg. Insgesamt handelt es sich um ein weites Gebiet, in dem versucht wird, tief in die Natur einzudringen. Naturphilosophie, Spekulation und Science Fiction liegen nahe beieinander. Aufregend und anregend sind die Fragen allemal, was sich inzwischen in einem umfangreichen Schrifttum niederschlägt [6–10, 31–34, 36–43], wohl auch ein Indiz für die Faszination und manche Ratlosigkeit, die die Beschäftigung mit der Quantenmechanik auslöst. Eine vertiefte populärwissenschaftliche Darstellung stößt an dieser Stelle an ihre Grenze.

1.2 Atomkern – Aufbau, Spaltung, Verschmelzung

1.2.1 Nuklide – Radionuklide

Die Vorstellungen über den atomaren Aufbau der Materie im Mikrokosmos entwickelten sich in der Chemie über die Stöchiometrie und in der Physik über die Gasgesetze (Bd. I, Abschn. 2.7). Experimente, bei denen dünne Metallfolien und Kristalle durchstrahlt wurden, führten schließlich zum heutigen Kenntnisstand, wonach sich alle Materie der anorganischen und organischen Stoffe aus Molekülen aufbaut, die ihrerseits aus den Atomen der 92 natürlichen Elemente bestehen. – Es gab noch einen dritten Erkenntnisstrang, er verlief über die Entdeckung der Radioaktivität. Diese Entdeckung führte insbesondere zu einem vertieften Verständnis über den Aufbau des Atomkerns, des **Nuklids**. Das Nuklid besteht aus Protonen und Neutronen. Deren Anzahl ist in den Atomen der verschiedenen Elemente unterschiedlich:

Anzahl der Protonen (p): Z
Anzahl der Neutronen (n): N

Z nennt man **Ordnungszahl**, auch **Atom-** oder **Kernladungszahl**. Protonen tragen eine positive elektrische Ladung, Neutronen keine. Protonen und Neutronen fasst man unter dem Begriff **Nukleonen** zusammen. Die Summe aus ihnen ergibt die **Massenzahl**:

$$A = Z + N$$

Nuklide werden durch Indizes gekennzeichnet, die dem Kürzel des Elements vorgestellt sind:

$$_{Z}^{A}E$$

E: Kürzel (Symbol) für das Element.

Beispiele
$_{20}^{40}$Ca: Calcium mit $Z = 20$ Protonen und $N = A - Z = 40 - 20 = 20$ Neutronen
$_{92}^{238}$U: Uran mit $Z = 92$ Protonen und $N = A - Z = 238 - 92 = 146$ Neutronen

Von jedem Einzelnen der 92 natürlichen Elemente gibt es eine größere Zahl **Isotope**. Insgesamt sind etwa 300 Isotope mit stabilem und ca. 2400 mit instabilem

Nuklid bekannt. Die Isotope eines Elements haben dieselbe Ordnungszahl, d. h. dieselbe Protonen- und Elektronenanzahl. Die Anzahl der Neutronen ist dagegen unterschiedlich. Die chemischen Eigenschaften der Isotope eines Elementes sind weitgehend gleichartig, weil die chemischen Eigenschaften im Wesentlichen von den Elektronen bestimmt werden. Die nuklearen (physikalischen) Eigenschaften der Isotope sind dagegen i. Allg. deutlich verschieden voneinander.

Die Bedeutung, die das Periodensystem der Elemente für die Chemie hat, hat die sogen. Nuklidkarte für die Physik der Kerne. In dieser Karte sind für jedes Element die verschiedenen Isotope nebeneinander mit ihren Nukliden aufgereiht.

Beispiele
$^{197}_{79}$Au: Gold mit $Z = 79$ Protonen und $N = A - Z = 197 - 79 = 118$ Neutronen. Das Atom (Isotop) ist stabil. Hinzu treten 36 instabile Isotope. – Zinn (Sn) hat 10 stabile Isotope und damit die meisten. Xenon (Xe) hat über 40 instabile (radioaktive) Isotope. Es gibt keine stabilen Isotope mit einer Ordnungszahl $Z > 83$ (B-83: Bismut).

Die instabilen Nuklide bezeichnet man auch als **Radionuklide**. Diese (Mutter-) Nuklide wandeln sich nach einer für sie typischen Zeit in ein anderes Nuklid um man nennt den Vorgang **Radioaktiven Zerfall**. Das umgewandelte (Tochter-) Nuklid ist meist auch instabil. Der radioaktive Zerfall verläuft im Mittel mit konstanter Rate. Die Rate lässt sich weder durch Druck, Temperatur oder durch irgendwelche chemischen Prozesse beeinflussen!

Die **Größe der Atomkerne** ist bekannt, sie konnte gemessen werden. Die Kerne sind im Verhältnis zum Atom winzig klein, ca. ein zehntausendstel kleiner als das Atom. Die Größenordnungen im atomaren und subatomaren Bereich entziehen sich jedem Vorstellungsvermögen. Die Form der Kerne ist (näherungsweise) kugelförmig. Der Radius kann in Verbindung mit der Massenzahl A zu

$$r \approx r_0 \cdot \sqrt[3]{A}$$

abgeschätzt werden. r_0 hat die Größe $r_0 = 1{,}2 \cdot 10^{-15}$ m bzw. $1{,}2$ fm (fm: Femtometer $= 10^{-15}$ m). – Die **Dichte im Kern** ist mit $\rho \approx 2 \cdot 10^{17}$ kg/m^3 unvorstellbar riesig, sie ist in den Kernen aller Elemente etwa gleich hoch.

1.2.2 Bindungsenergie – Massendefekt

Die innerhalb des Atomkerns vereinigten, positiv geladenen Protonen stoßen sich gegenseitig ab. Das beruht auf ihrer gegengerichteten elektrischen positiven Ladung. Der abstoßenden Wirkung der elektrischen Coulombkraft wirkt die **Starke**

Kernkraft entgegen. Durch sie ziehen sich alle Nukleonen im Kern gegenseitig an. Die Wirkung dieser Kraft ist auf die Ausdehnung des Nuklids begrenzt. Der Kern ist aus seinen Nukleonen derart aufgebaut, dass die abstoßenden Coulombkräfte und anziehenden Starken Kernkräfte untereinander im Gleichgewicht stehen. Verbinden sich zwei oder mehrere Nukleonen vermöge der Starken Kernkraft zu einem Kern, ist die Masse dieses Kerns geringer als die Summe der Massen der ursprünglich ‚freien' Nukleonen! Das Massenerhaltungsgesetz bleibt dennoch gültig, weil die der Massendifferenz äquivalente Energie genau jene Energie ist, die die Bindung bewirkt. Man spricht vom **Massendefekt** und von der hierauf beruhenden **Bindungsenergie**. Die Bindungsenergie in einem Nuklid kann als jene Energie gedeutet werden, die notwendig ist, um das Nuklid in seine Einzelteile, seine Nukleonen, zu zerlegen.

Die Zahl der Protonen im Kern wird mit Z, jene der Neutronen mit N abgekürzt. Die Massen der beiden Nukleonen sind geringfügig unterschiedlich, sie betragen:

Protonen: $m_p = 1,67262 \cdot 10^{-27}$ kg,
Neutronen: $m_n = 1,67493 \cdot 10^{-27}$ kg,

Die der Masse der Teilchen äquivalente Bindungsenergie berechnet sich gemäß $E = m \cdot c^2$ zu:

$$E_B = [(Z \cdot m_p + N \cdot m_n) - m_{\text{Kern}}] \cdot c^2$$

Die Masse des Kerns (m_{Kern}) lässt sich nicht direkt messen, wohl jene des Atoms. Das gelingt inzwischen spektroskopisch mit großer Genauigkeit. In der gemessenen Masse des Atoms ist indessen die Masse der Elektronen enthalten. Deren Anzahl ist in einem neutralen Atom gleich der Anzahl der Protonen. Es ist daher zweckmäßig, der Berechnung der Bindungsenergie nicht die Anzahl der Protonen allein, sondern die Anzahl der Protonen + Elektronen zugrunde zu legen, also Z mit der Masse eines Wasserstoffatoms zu multiplizieren, es besteht aus einem Proton mit zugehörigem Elektron. Die Bindungsenergie im Kern berechnet sich damit zu:

$$E_B = [(Z \cdot m_{^1_1\text{H}} + N \cdot m_n) - m_{\text{Atom}}] \cdot c^2$$

$m_{^1_1\text{H}}$ ist die Masse eines Wasserstoffatoms (Masse eines Protons + Masse eines Elektrons, $m_e = 9,10939 \cdot 10^{-31} = 0,00091 \cdot 10^{-27}$ kg):

$$m_{^1_1\text{H}} = (1,67262 + 0,00091) \cdot 10^{-27} = 1,67353 \cdot 10^{-27} \text{ kg}$$

a

Nuklid	Z	N	A	E_{BN} in MeV
$^{4}_{2}\text{He}$	2	2	4	7,07
$^{7}_{3}\text{Li}$	3	4	7	5,61
$^{12}_{6}\text{C}$	6	6	12	7,68
$^{120}_{50}\text{Sn}$	50	70	120	8,51
$^{56}_{26}\text{Fe}$	26	30	56	8,79
$^{62}_{28}\text{Ni}$	28	34	62	8,79
$^{197}_{79}\text{Au}$	79	118	197	7,91
$^{238}_{92}\text{U}$	92	146	238	7,57
$^{239}_{94}\text{Pu}$	94	145	239	7,56

b

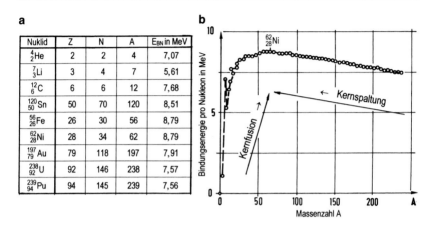

Abb. 1.66

Beispiel

Gesucht ist die Bindungsenergie im Kern des stabilen Kohlenstoffisotops $^{12}_{6}\text{C}$. Die Masse des Atoms beträgt qua definitionem $12,0000\,u$. u ist die Atomare Masseneinheit:

$$u = 1,660539 \cdot 10^{-27}\,\text{kg}$$

Mit $c^2 = (2,997928 \cdot 10^8)^2 = 8,987572 \cdot 10^{16}$ (m/s)^2 berechnet sich die Bindungsenergie zu:

$$E_B = [6 \cdot 1,67353 \cdot 10^{-27} + 6 \cdot 1,67493 \cdot 10^{-27} - 12,0000 \cdot 1,660539 \cdot 10^{-27}] \cdot 8,987572 \cdot 10^{16}$$
$$= 1,47657 \cdot 10^{-11} \quad [\text{kg} \cdot (\text{m/s})^2 = \text{N m} = \text{J}]$$

Diese Energie in der Einheit J wird in die Einheit eV umgerechnet: $1\,\text{eV} = 1,602177 \cdot 10^{-19}$ J $\rightarrow 1\,\text{J} = 6,241508 \cdot 10^{18}$ eV. Damit ergibt sich für E_B:

$$E_B = 1,47657 \cdot 10^{-11} \cdot 6,241508 \cdot 10^{18} = 92,1601 \cdot 10^6\,\text{eV} = \underline{92,1601\,\text{MeV}}.$$

Für jedes einzelne der $6 + 6 = 12$ Nukleonen im Kern beträgt die Bindungsenergie:

$$E_{BN} = 92,1601/12 = \underline{7,680\,\text{MeV}}$$

Wird für die verschiedenen Elemente die Bindungsenergie der Nukleonen (E_{BN}) gemessen/berechnet, erhält man die in Abb. 1.66a angegebenen Werte bzw. die in Teilfigur b dargestellte Abhängigkeit der Bindungsenergie von der Massenzahl A. Die energetische Bindung der Nukleonen in den Kernen der verschiedenen

Elemente ist offensichtlich sehr unterschiedlich. Im Nickel-Nuklid ist die Bindungsenergie mit $E_{BN} = 8,79$ MeV am höchsten. Nach beiden Seiten dieses Wertes fällt E_{BN} ab. Damit sind überaus wichtige Konsequenzen verbunden:

Spaltet sich ein Nuklid auf der Seite der schweren Elemente (rechts vom Maximum der E_{BN}–Kurve) in zwei kleinere Nuklide, ist ihre Masse zwar jeweils geringer, die nukleare Bindung ihrer Nukleonen aber jeweils höher als jene im Ausgangskern. Diesen Vorgang bezeichnet man als **Kernspaltung** (Kernfission). –

Binden sich die Nukleonen zweier Nuklide auf der Seite der leichten Elemente zu einem neuen Nuklid (links vom Maximum der E_{BN}-Kurve), ist die Masse in dem neu entstandenen Kern höher, ebenfalls die nukleare Bindung der Nukleonen im neu entstandenen Kern. In diesem Falle spricht man von **Kernverschmelzung (Kernfusion)**.

Mit der festeren Bindung geht in beiden Fällen eine Energiefreisetzung im Vergleich zum Ausgangszustand einher, der Folgezustand ist energetisch günstiger und wird angestrebt. Die Energiefreisetzung geht meist mit einer radioaktiven Strahlung einher.

1.2.3 Kernzerfall – Radioaktivität

1.2.3.1 α-, β-, γ-Strahlung

Bei Versuchen mit Uran-Erz entdeckte A.H. BECQUEREL (1852–1908) im Jahre 1896 die Einschwärzung von Fotoplatten, die gemeinsam mit einem Kalium-Uranyl-Sulfat in einem verschlossenen Kasten lagerten. Offensichtlich handelte es sich um eine aus dem Uran-Erz austretende, bis dato unbekannte Strahlung, denn weitere Experimente zeigten, dass sich die Strahlen magnetisch ablenken ließen (1899). Es konnte sich also nicht um die von W.C. RÖNTGEN (1845–1923) im Jahre 1895 entdeckten ‚X-Strahlen' handeln. – 1898 bzw. 1902 gelang es dem Ehepaar P. CURIE (1859–1906) und M. CURIE (1867–1934) nach langwierigen Arbeiten aus dem Uranmineral ‚Pechblende' (U_3O_8) zwei neue Elemente abzuscheiden. Sie erwiesen als radioaktiv und hochgefährlich, was dem Ehepaar CURIE beim Hantieren mit den Stoffen zunächst nicht bekannt war und sie schädigen sollte.

Die entdeckten radioaktiven Stoffe waren:

- Polonium, silbriges Metall: $^{190}_{84}$Po bis $^{210}_{84}$Po
- Radium, erdalkalisches Element: $^{213}_{88}$Ra bis $^{230}_{88}$Ra

Für ihre Forschungen erhielt das Ehepaar im Jahre 1903 den Nobelpreis für Physik. MARIE CURIE wurde im Jahre 1911 für ihre weiteren Forschungen nochmals geehrt, diesmal mit dem Nobelpreis für Chemie (ihr Mann war bei einem Verkehrs-unfall verunglückt).

Es war E. RUTHERFORD (1871–1937), der den natürlichen radioaktiven Zer-fall mit dem gleichzeitigen Auftreten der von ihm identifizierten und von ihm so benannten α-, β- und γ-Strahlen experimentell klären konnte, wofür er im Jahre 1908 mit dem Nobelpreis für Chemie ausgezeichnet wurde. Basierend auf diesen und weiteren Forschungen postulierte er im Jahre 1911 das ‚planetare Atommo-dell‘ (vgl. Abschn. 1.1.1.1).

Im Jahre 1919 entdeckte er als erster eine künstlich herbeigeführte Kernum-wandlung und zwar von Stickstoff in Sauerstoff durch Bestrahlung von Stickstoff-gas mit α-Teilchen. Hierbei entdeckte er das Proton. Im Jahre 1932 kam eine weitere Entdeckung durch J. CHADWICK (1891–1974) hinzu, der das Neutron durch Beschuss von Beryllium mit α-Teilchen frei setzten konnte (Nobelpreis für Physik 1935). Die Existenz eines neutralen Kernteilchens hatte E. RUTHERFORD bereits im Jahre 1920 gemutmaßt.

Aus alledem und durch die Arbeiten weiterer Forscher wurde es schließlich zur Gewissheit, dass sich beim radioaktiven Zerfall das Mutternuklid in ein Tochter-nuklid umwandelt, also in ein anderes Element, und dass damit eine energiereiche Strahlung einher geht. Es handelt sich also nicht um eine Kernspaltung in zwei neue Nuklide, sondern um eine (spontane) Umwandlung eines Nuklids in ein nie-derwertiges mit gleichzeitiger radioaktiver Strahlung.

Die bei der Umwandlung (beim Zerfall) des Nuklids austretende Strahlung ist unterschiedlich und von folgender Beschaffenheit:

- α-Strahlen sind ‚Bündel‘ aus zwei Protonen und zwei Neutronen, es sind also Helium-Kerne $^4_2$He. Ihre elektrische Ladung beträgt $+2e$ mit e als Elementarla-dung. Dank ihrer positiven Ladung können die Teilchen magnetisch abgelenkt werden. Auf diese Weise konnten sie entdeckt werden. – Die Austrittsgeschwin-digkeit der Teilchen ist mit ca. 10^7 m/s eher niedrig. Abhängig vom Ausgangs-kern liegt die Energie ihrer Strahlung zwischen 4 bis 10 MeV. Ihre Reichweite ist mit 5 bis 10 cm gering. Eine Abschirmung der Strahlung ist vergleichsweise einfach zu bewerkstelligen. –
Die Ordnungszahl des ‚strahlenden‘ Nuklids sinkt beim Zerfall um 2 und die Massenzahl um 4.

Beispiel
Zerfall von

$$^{238}_{92}U \rightarrow\ ^{234}_{90}Th + ^4_2He \equiv\ ^{234}_{90}Th + \alpha$$

Ergebnis: Das Uran-Isotop U-238 wandelt sich in ein Thorium-Isotop Th-234 und ein α-Teilchen um.

- β-Strahlen sind Elektronen. Ihre Austrittsgeschwindigkeit erreicht Werte höher als 10^8 m/s, in gewissen Fällen liegt sie nahe der Lichtgeschwindigkeit! Es handelt sich somit um hochenergetische Elektronen-Strahlen. Dank ihrer negativen Ladung sind sie nachweisbar. Eine Abschirmung ist schwieriger zu bewerkstelligen, z. B. mit Hilfe 10 mm dicker Aluminium-Platten. – Bei dem Zerfall des Atoms wandelt sich ein Neutron im Kern in ein Proton um, gleichzeitig wird aus dem Kern ein β-Teilchen und ein Antineutrino ($\bar{\nu}$) abgestrahlt. Letzteres trägt weder Masse noch Ladung, wohl Energie. Man drückt das austretende Elektron durch das Symbol $_{-1}^{0}e$ oder durch $_{-1}^{0}\beta$ aus. Da die Anzahl der Protonen im Kern um 1 vermehrt wird, erhöht sich die Ordnungszahl des Nuklids um 1. Z bleibt erhalten.

Beispiel
Zerfall des Polonium-Isotops Po-215:

$$_{84}^{215}\text{Po} \rightarrow {}_{85}^{215}\text{At} + {}_{-1}^{0}\beta$$

Das Isotop zerfällt unter Aussendung eines β-Teilchens in das Astatium-Isotop At-215.

Neben dem beschriebenen β^--Zerfall gibt es den β^+-Zerfall, bei welchem aus dem Kern ein Positron (ein positiv geladenes Elektron) und ein Neutrino (ν) abgestrahlt wird.

- γ-Strahlen sind elektromagnetischer Natur. Die Quanten bewegen sich mit Lichtgeschwindigkeit. Sie treten gemeinsam mit α- oder β-Strahlen auf, nie selbständig. Die Strahlung ist hochenergetisch: $\lambda \approx 10^{-12}$ m, $\nu \approx 10^{20}$ Hz. Die Energie liegt in der Größenordnung der Röntgen-Strahlung oder darüber. γ-Strahlen lassen sich nur durch dicke Bleiplatten oder Graphitblöcke abschirmen.

Die radioaktive Umwandlung eines Nuklids (K) in ein neues Nuklid (K') kann durch folgende Gleichungen (in vereinfachter Notation) beschrieben werden:
α-Zerfall: A sinkt um 4, Z sinkt um 2:

$$_{Z}^{A}K \rightarrow {}_{Z-2}^{A-4}K' + \alpha$$

β-Zerfall: A bleibt erhalten, Z steigt um 1:

$$_{Z}^{A}K \rightarrow {}_{Z+1}^{A}K' + \beta$$

Abb. 1.67

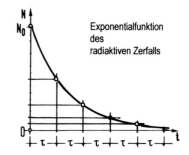

Exponentialfunktion des radiaktiven Zerfalls

Meist zerfällt das neu gebildete Nuklid (K') in einer bestimmten Abfolge erneut, und das solange, bis ein stabiles Nuklid erreicht ist. Man spricht von einer Zerfallskette.

Der radioaktive Zerfall folgt einem **Exponentialgesetz** (vgl. 3. Beispiel in Bd. I, Abschn. 3.8.2.3 und Abb. 1.67):

$$N(t) = N_0 \cdot e^{-\lambda t}$$

(e: Exponentialfunktion).

Hierin ist N_0 die Anzahl der Ausgangsnuklide zum Zeitpunkt $t = 0$. Nach der Zeit t ist hiervon die Anzahl $N(t)$ zerfallen; λ ist die **Zerfallskonstante** in der Einheit $1/s$. Ihre Größe ist für jedes radioaktive Isotop charakteristisch. Die Werte selbst sind sehr unterschiedlich. Ist zum Zeitpunkt $t = \tau$ **die Hälfte** von N_0 zerfallen, gilt:

$$N(\tau) = N_0 \cdot e^{-\lambda \tau} = \frac{1}{2} N_0$$

Hieraus folgt, wenn durch N_0 dividiert und beide Seiten der Gleichung logarithmiert werden, jene Zeitdauer bis zu der die Hälfte des Isotops zerfallen ist:

$$-\lambda \cdot \tau = \ln(1/2) \quad \rightarrow \quad \lambda \cdot \tau = -\ln(1/2) = \ln 2 = 0{,}6931$$

$$\rightarrow \quad \tau = 0{,}6931/\lambda$$

τ nennt man **Halbwertszeit**. Kann die Halbwertszeit gemessen werden, berechnet sich die Zerfallskonstante zu: $\lambda = 0{,}6931/\tau$. Die Halbwertszeit überstreicht bei den bekannten Isotopen einen Bereich von einer tausendstel Sekunde bis zu mehreren Milliarden Jahren!

Element	Isotop	Halbwertszeit	Zerfall von einem Milli-gramm pro Sekunde (Bq)	Element	Isotop	Halbwertszeit	Zerfall von einem Milli-gramm pro Sekunde (Bq)
Wasserstoff	$^{3}_{1}H$	12 a	25 830 000	Bismut	$^{214}_{83}Bi$	19,9 min	1 700 000 000 000 000
Krypton	$^{85}_{36}Kr$	10,6 a	418 100 000	Polonium	$^{218}_{84}Po$	3,05 min	10 500 000 000 000 000
Strontium	$^{90}_{38}Sr$	28 a	2 845 000 000	Radium	$^{226}_{88}Ra$	1602 a	37 000 000
Zirkonium	$^{93}_{40}Zr$	1 500 000 a	69 560	Thorium	$^{230}_{90}Th$	75 389 a	703 000
Niob	$^{95}_{41}Nb$	35 d	191 100 000 000	Thorium	$^{232}_{90}Th$	14 050 000 000 a	4
Ruthenium	$^{103}_{44}Ru$	40 d	44 880 000 000	Thorium	$^{234}_{90}Th$	21,1 d	874 000 000 000
Jod	$^{131}_{53}J$	8 d	4 600 000 000 000	Uran	$^{234}_{92}U$	245 500 a	246 000
Cäsium	$^{134}_{55}Cs$	2,1 a	9 068 000 000	Uran	$^{235}_{92}U$	703 800 000 a	80
Cäsium	$^{137}_{55}Cs$	30 a	3 959 000 000	Uran	$^{238}_{92}U$	4 468 000 000 a	12
Barium	$^{140}_{56}Ba$	13 d	49 840 000 000	Neptunium	$^{239}_{93}Np$	2,36 d	≈ 100 000
Cer	$^{144}_{58}Ce$	280 d	41 240 000 000	Plutonium	$^{239}_{94}Pu$	24 000 a	2 308 000

Abb. 1.68

Ein weiteres Maß zur Kennzeichnung des radioaktiven Zerfalls ist die **Zerfalls-rate** R. Sie gibt die Zerfallsanzahl in der Zeiteinheit an, z. B. in einer Sekunde:

$$R = -\frac{dN}{dt} = \lambda \cdot N_0 \cdot e^{-\lambda t} = R_0 \cdot e^{-\lambda t}$$

R_0 ist die Zerfallsrate zum Zeitpunkt $t = 0$, also zu Beginn des betrachteten Prozesses. Die **Aktivität** kennzeichnet die mittlere Zerfallsrate einer bestimm-ten Menge des radioaktiven Materials, das kann auch ein Stoffgemisch sein. Die SI-Einheit der Aktivität ist das Becquerel (Bq). 1 Bq bedeutet: 1 Zerfall pro 1 Se-kunde, z. B. Zerfall von 1 Milligramm des radioaktiven Stoffes pro Sekunde.

In der Tabelle der Abb. 1.68 sind für eine Reihe von Isotopen die Zerfallswerte notiert. Die Halbwertszeiten sind in Sekunden, Minuten, Stunden bzw. Jahren an-gegeben. – Ist die Halbwertszeit groß, ist die Zahl der Zerfälle pro Sekunde gering.

Beispiel
An $1\frac{1}{2}$ Gramm einer radioaktiven Materialmenge, welches zwei unterschiedliche radioaktive Isotope und weitere Stoffanteile enthält, wird eine Aktivität von $4 \cdot 10^{15}$ Bq gemessen. Das besagt, dass sich in der genannten Menge im Mittel $4 \cdot 10^{15}$ radioaktive Zerfälle pro Sekunde ereignen, das sind $4 \cdot 10^{15}/1,5 = 2,67 \cdot 10^{15}$ Bq pro Gramm der untersuchten Substanz.

Anmerkung
Ehemals war auch die Einheit 1 Curie = $3,70 \cdot 10^{10}$ Zerfälle pro Sekunde im Gebrauch, die Einheit entspricht der Zerfallsrate von 1 g Radium pro Sekunde.

1.2.3.2 Natürliche Radioaktivität – radiometrische Altersdatierung

In der Natur laufen ständig unterschiedliche radioaktive Zerfallsprozesse ab. Sie gehören überwiegend zu einem der vier natürlichen Zerfallsreihen für Elemente mit Ordnungszahlen $Z > 80$:

Uran-Radium-Reihe:	$^{238}_{92}U \rightarrow \ldots \rightarrow {}^{208}Pb$	(14 Zerfallsfolgen)
Thorium-Reihe:	$^{232}_{92}Th \rightarrow \ldots \rightarrow {}^{208}Pb$	(11 Zerfallsfolgen)
Uran-Actinium-Reihe:	$^{235}_{92}U \rightarrow \ldots \rightarrow {}^{207}Pb$	(11 Zerfallsfolgen)
Neptunium-Reihe:	$^{237}_{92}Np \rightarrow \ldots \rightarrow {}^{209}Bi$	(11 Zerfallsfolgen)

Die letztgenannte Reihe ist seit Bestehen des Sonnensystems weitgehend erloschen. – Die ersten drei Reihen enden bei stabilen Bleiisotopen. – Die Klammerwerte geben die Anzahl der Zerfallsfolgen an. Da von jedem zwischengeschalteten Nuklid die Zerfallszeit bekannt ist, sind Altersbestimmungen von Gesteinen und geologischen Schichten anhand der aufgefundenen Spuren(-verhältnisse) möglich. Insgesamt erfassen die aufgeführten Zerfallsreihen große Zeiträume. Mit Hilfe der Reihen sind auch Altersdatierungen von Meteoriten möglich.

Ist die Anzahl der Atome des Mutterisotops beim radioaktiven Zerfall zum Zeitpunkt $t = 0$ gleich N_0 und sinkt ihre Zahl im Laufe der Zeit t (quasi bis heute) auf $N(t)$, so steigt im gleichen Zeitraum die Zahl der Tochterisotope auf $\bar{N}(t)$ an. Da die beteiligten Massen konstant bleiben (Gesetz von der Erhaltung der Masse) gilt:

$$N_0 = N(t) + \bar{N}(t)$$

Aus dem Zerfallsgesetz ergibt sich die **Zerfallsdauer** t aus

$$N(t) = N_0 \cdot e^{-\lambda t} \quad \rightarrow \quad N(t) = [N(t) + \bar{N}(t)] \cdot e^{-\lambda t}$$

$$\rightarrow \quad t = \frac{1}{\lambda} \cdot \ln \left[\frac{N(t) + \bar{N}(t)}{N(t)} \right]$$

zu:

$$t = \frac{1}{\lambda} \cdot \ln \left[1 + \frac{\bar{N}(t)}{N(t)} \right]$$

Für die Altersbestimmung von Gesteinen (auch solchen vulkanischen Ursprungs) kommt überwiegend die **Kalium-Argon-Zerfallsreihe** zum Einsatz:

$$^{40}_{19}K + {}^{0}_{-1}e \rightarrow {}^{40}_{18}Ar + \gamma$$

Parallel zum vorstehenden Zerfall (11 % von K) verläuft ein Zerfall von K in Ca (89 % von K):

$$^{40}_{19}\text{K} \rightarrow\, ^{40}_{20}\text{Ca} +\, ^{0}_{-1}\text{e}$$

Wird dieser Umstand berücksichtigt, kann die Zerfallszeit nach der Formel

$$t = \frac{1}{\lambda_e + \lambda_\beta} \cdot \ln\left[1 + \frac{\lambda_e + \lambda_\beta}{\lambda_e} \cdot \frac{\text{Ar}(t)}{\text{K}(t)}\right],$$

$$\lambda_e = 0{,}581 \cdot 10^{-10}\,1/\text{a}, \quad \lambda_\beta = 4{,}962 \cdot 10^{-10}\,1/\text{a}$$

bestimmt werden. Der Quotient $\text{Ar}(t)/\text{K}(t)$ im zweiten Term der eckigen Klammer gibt das Verhältnis der Tochterisotope des gesamtheitlichen Zerfalls an.

Für die **Altersbestimmung in der Archäologie** hat das Kohlenstoff-Isotop ^{14}C große Bedeutung, seine Halbwertszeit beträgt 5730 Jahre. Man spricht von der Radiokarbonmethode. Das Datierungsverfahren wurde im Jahre 1946 von W. LIB-BY (1908–1980) angegeben und im Jahre 1960 mit dem Nobelpreis für Chemie gewürdigt. Dem Verfahren liegen folgende Überlegungen zugrunde: Durch die kosmische Strahlung werden in der Atmosphäre Neutronen freigesetzt, die ihrerseits das Stickstoff-Isotop ^{14}N in das Kohlenstoff-Isotop ^{14}C umwandeln:

$$^{14}_{7}\text{N} +\, ^{1}_{0}\text{n} \rightarrow\, ^{14}_{6}\text{C} +\, ^{1}_{1}\text{p}$$

Anschließend zerfällt es wieder:

$$^{14}_{6}\text{C} \rightarrow\, ^{14}_{7}\text{N} +\, ^{0}_{-1}\beta + \bar{v}$$

In der Luft der Atmosphäre ist das Isotop $^{14}_{6}\text{C}$ (neben den Isotopen $^{12}_{6}\text{C}$ und $^{13}_{6}\text{C}$) nur sehr schwach vertreten. $^{12}_{6}\text{C} : ^{13}_{6}\text{C} : ^{14}_{6}\text{C} = 98{,}89\,\% : 1{,}11\,\% : 0{,}0000000001\,\%$. In dieser schwachen Konzentration ist es seit Jahrtausenden konstant vorhanden, was auf der gleichförmigen kosmischen Strahlung seit Urzeiten beruht. Zerfall und Neubildung des Isotops stehen in der Atmosphäre im Gleichgewicht. Das Isotop gelangt über das Kohlenstoffdioxid $^{14}_{6}\text{CO}_2$ vermittels der Photosynthese in die Pflanzen und von hier über die Nahrungskette in die Tiere. Sterben sie ab, kommen Aufnahme und Einlagerung im abgestorbenen Körper zum Stillstand, d. h. ab jetzt setzt sich der radioaktive Zerfall ohne weitere Einlagerung fort. Das Alter des abgestorbenen Materials kann auf diese Weise nach chemischer Aufbereitung und radiometrischer Zählung bestimmt werden. Die Methode ist anwendbar auf biogene Stoffe aller Art, auf Knochen, Textilien, Holz, innerhalb eines Zeitraumes zwischen ca. 60.000 bis 300 Jahre vor heute.

Beispiel

Der Halbwertszeit $\tau = 5730$ Jahre entspricht eine Zerfallsrate von

$$\tau \cdot \lambda = \ln 2 \quad \rightarrow \quad \lambda = \frac{\ln 2}{\tau} = \frac{0{,}6931}{5730} = \underline{1{,}2096 \cdot 10^{-4} \, 1/a}$$

Unter obiger Annahme, dass die ^{14}C-Aktivität in ehemaligen Zeiten gleich der heutigen war, also in den zurückliegenden Jahrtausenden gleich geblieben ist, war sie bei den einst lebenden Organismen gleich der heute lebenden. Die heute an Holz gemessene Aktivität beträgt ca. 16 Zerfälle pro Minute, das sind $16/60 = 0{,}267$ Zerfälle pro Sekunde $\rightarrow R_0 = 0{,}267$ Bq. Hiervon ausgehend berechnet sich die Zerfallszeit, wenn an einem alten Material die Rate zu R gemessen wird, zu:

$$R = R_0 \cdot e^{-\lambda t} \quad \rightarrow \quad \frac{R}{R_0} = e^{-\lambda t} \quad \rightarrow \quad \ln \frac{R}{R_0} = -\lambda t \quad \rightarrow \quad t = \frac{\ln(R/R_0)}{-\lambda}$$

Wurde die Zerfallsrate R an einem alten Holzstück beispielsweise im Mittel zu 4,2 Zerfälle pro Minute (gleich 60 Sekunden) gemessen, bedeutet das: $R = 4{,}2/60 = 0{,}07$ Bq. – Nach der vorangegangenen Formel berechnet sich das Alter damit zu:

$$t = \frac{\ln(0{,}07/0{,}267)}{-1{,}2096 \cdot 10^{-4} \, 1/a} = \frac{-1{,}3376}{-0{,}00012096} \, a = \underline{11.058 \, a}$$

(a = Jahre).

1.2.3.3 Künstliche Radioaktivität

Wie in Abschn. 1.2.3.1 ausgeführt, gelang es E. RUTHERFORD erstmals im Jahre 1919 Stickstoffkerne umzuwandeln, indem er Stickstoffgas in einer Nebelkammer mit α-Teilchen bestrahlte:

$$^{14}_{7}\text{N} + ^{4}_{2}\alpha \rightarrow ^{18}_{9}\text{F} \rightarrow ^{17}_{8}\text{O} + ^{1}_{1}\text{p}$$

In der Zwischenstufe zerfällt der Fluorkern in den Sauerstoffkern, begleitet von einer Protonen-Strahlung.

Dem Ehepaar F. JOLIOT-CURIE (1900–1958) und I. JOLIOT-CURIE (1897–1956, Tochter von MARIE CURIE, s. o.) gelang mit den von ihnen entwickelten Verfahren die Umwandlung/Erzeugung weiterer strahlender Radioisotope (1934): Aluminium $\rightarrow$ Phosphor, Bor $\rightarrow$ Stickstoff, Magnesium $\rightarrow$ Silizium, was im Jahre 1935 mit dem Nobelpreis für Chemie gewürdigt wurde. Viele weitere Isotope wurden von ihnen gefunden, auch befassten sie sich schon mit der Möglichkeit einer Kernspaltung.

Als im Jahre 1932 J. CHADWICK Beryllium-Kerne mit α-Teilchen beschoss, gewann er, wie bereits erwähnt, neben dem stabilen $^{12}_{6}$C-Isotop das instabile $^{13}_{6}$C-Isotop und je ein **schnelles Neutron**:

$$^{9}_{4}\text{Be} + ^{4}_{2}\alpha \rightarrow ^{13}_{6}\text{C} \rightarrow ^{12}_{6}\text{C} + ^{1}_{0}\text{n}$$

Letzterem ist eine hohe kinetische Energie eigen, bis 100 MeV. Es zerfällt mit einer Halbwertszeit von ca. 13 Minuten in ein Proton und ein Elektron ($= \beta$-Teilchen):

$$_{0}^{1}\text{n} \rightarrow {}_{1}^{1}\text{p} + {}_{-1}^{0}\beta$$

Für **langsame Neutronen** gilt die Umwandlung:

$$_{4}^{9}\text{Be} + \gamma \rightarrow 2 \cdot {}_{2}^{4}\alpha + {}_{0}^{1}\text{n} \equiv 2 \cdot \alpha + {}_{0}^{1}\text{n}$$

Da das schnelle Neutron elektrisch neutral und hochenergetisch ist, gelingt mit ihm eine **Aktivierung** unterschiedlicher stabiler Nuklide. Da deren Halbwertszeit überwiegend sehr kurz ist, bieten sie sich für Bestrahlungszwecke in der Nuklearmedizin und in der Technik als kurzlebige Radionuklide an, z. B.:

$$\text{Cobalt: } {}^{60}\text{Co}, \quad \text{Gold: } {}^{200}\text{Au}, \quad \text{Jod: } {}^{131}\text{J}$$

Mit Hilfe von Beschleunigern gelingt die Herstellung von Isotopen mit einer Ordnungszahl größer 92, man spricht von **Elementsynthese** und nennt die Isotope **Transurane**. Die Transurane sind alle radioaktiv, ihre Halbwertszeit ist überwiegend sehr kurz.

Beispiel

$$_{0}^{1}\text{n} \rightarrow {}_{92}^{238}\text{U} \rightarrow {}_{92}^{239}\text{U} + {}_{-1}^{0}e \rightarrow {}_{92}^{239}\text{Np} + {}_{-1}^{0}e \rightarrow {}_{94}^{239}\text{Pu}$$

Es entstehen Neptunium und Plutonium unter Elektronenemission.

Werden die schnellen Neutronen durch geeignete Moderatoren verlangsamt, eignen sie sich zur Kernspaltung in Reaktoren, vgl. den folgenden Abschnitt.

Sind biologische Gewebe einer α-, β- oder γ-Strahlung ausgesetzt, sind irreversible Schäden nicht auszuschließen, insbesondere bei energiereicher und längerer Einwirkung. Das gilt auch für die bei Kernprozessen freiwerdenden Neutronen- und Protonenstrahlen, auch für Röntgen-Strahlen. Letztere sind elektromagnetischer Natur, wie in Abschn. 1.1.6, 2. Ergänzung, behandelt. Sie werden aus der Atomhülle emittiert (z. T. aus kernnahen Niveaus), γ-Strahlen aus dem Kern.

Wird das Gewebe durch harte Strahlung getroffen, kann eine Ionisation der Atome und Moleküle eintreten, das bedeutet, in den Molekülen werden Elektronen frei gesetzt, was eine biochemische Veränderung des von den Molekülen aufgebauten Gewebes und das Entstehen chemisch aggressiver Stoffe (Zellgift) zur Folge haben kann. Als Dosiermaß dient die von der bestrahlten Masse Δm des Gewebes absorbierte Strahlungsenergie ΔE, Definition (unabhängig von der Strahlungsart):

$$\textbf{Energiedosis} \quad D = \frac{\Delta E}{\Delta m},$$

gemessen in der Einheit Gy (Gray) = J/kg.

Zum Zwecke der Messung stehen unterschiedliche Dosimeter zur Verfügung. – Zur Bewertung der schädigenden Wirkung gibt D keinen ausreichenden Anhalt. Die Schädigung wird von der Ionisationsdichte an der bestrahlten Stelle und den hiervon ausgehenden biologischen Veränderungen bestimmt, was durch einen empirischen Faktor, die sogen. ‚Relative biologische Wirksamkeit', eingefangen wird. Man spricht vom q = RBW-Faktor. Die **Äquivalent-Energiedosis** ist zu

$$H = q \cdot D = q \cdot \frac{\Delta E}{\Delta m},$$

gemessen in der Einheit Sv (Sievert) =J/kg, definiert.

Hinweis
L.H. GRAY (1905–1965), R.H. SIEVERT (1896–1966).

Für den q-Faktor lassen sich folgende Anhalte angeben: γ- und Röntgenstrahlen: $q = 1$, β-Strahlen: $q = 1$ bis 1,7, langsame Neutronen (n): $q = 3$ bis 5, α-Strahlen, schnelle Neutronen (n) und Protonen (p): $q = 10$.

Bei der Angabe der Energiedosis H ist zu unterscheiden zwischen einer solchen, die sich auf eine Strahlungseinwirkung innerhalb eines bestimmten Zeitraumes, z. B. innerhalb eines Jahres (a), und einer solchen, die sich auf ein Einzelereignis bezieht, z. B. auf eine einzelne diagnostische oder therapeutische Maßnahme kurzer Dauer. –

Die konkreten Werte überstreichen einen weiten Bereich:

- 1 Sv: 1 Sievert
- 1 mSv: 1 Millisievert = $1/1000$ Sievert (ein tausendstel Sievert)
- 1 µSv: 1 Mikrosievert = $1/1.000.000$ Sievert (ein millionstel Sievert)

Wie ausgeführt, können durch die **ionisierende Wirkung der Strahlung** Veränderungen an den Zellwänden und -organen und dadurch an ihrer Funktion auftreten. Besonders schädlich sind solche, die die Zellerneuerung auf der Oberhaut, an den Blutgefäßen, an der inneren Darmwand oder am Knochenmark beeinträchtigen (es können Zellwucherungen ausgelöst werden = Strahlenkrebs, fallweise erst nach Jahren). Des Weiteren können vererbbare Mutationen an den weiblichen und männlichen Keimzellen verursacht werden, die genetisch bedingte Missbildungen und Erbkrankheiten in den folgenden Generationen zur Folge haben können.

Dringen Radionuklide über die Atmung oder Nahrung ins Körperinnere, ist deren Wirkung besonders schädlich. Während α-Strahlen wegen ihrer geringen Reichweite außerhalb des Körpers eher weniger gefährlich sind, gilt das nicht, wenn sie von einem im Körper strahlenden Nuklid ausgehen, etwa von einem eingeatmeten Plutoniumnuklid.

Seit der Mensch existiert, unterliegt er einer natürlichen radioaktiven Belastung: Strahlung aus dem Kosmos, von der Sonne, aus der Erdkruste. Der vorrangige Anteil dieser Belastung stammt für einen heutigen Menschen aus den Baumaterialien der Häuser, abhängig von der Geologie jener Region, in welcher die Rohstoffe gewonnen wurden. Die Isotope des radioaktiven Radons Rn-88 entweichen gasförmig und werden über die Atmung aufgenommen und sind dadurch über das Zerfallsprodukt Polonium am stärksten mit $1100\,\mu$Sv/a beteiligt. Gesamtheitlich summiert sich die **natürliche** radioaktive Belastung aus allen Quellen für einen Menschen in Deutschland zu ca. $2100\,\mu$Sv/a (jährlich), im Gebirge liegt die Belastung etwas höher.

Die **zivilisatorische** radioaktive Belastung als Folge der ehemaligen Kernwaffenversuche und Reaktorunfälle liegt mit $100\,\mu$Sv/a vergleichsweise niedrig, infolge aktueller AKW-Belastungen ist sie mit $10\,\mu$Sv/a sehr gering. Viel höher an der zivilisatorischen Belastung ist der Beitrag, der von den nuklear-medizinischen Behandlungen ausgeht. Der zunehmende Anteil an CT-Untersuchungen (CT: Computer-Tomographie = Schnittbildverfahren mit vielen Röntgenaufnahmen) wirkt sich dabei stark aus, wenngleich moderne Geräte inzwischen strahlungssparsam arbeiten. Für Menschen in Deutschland liegt die medizinisch bedingte Belastung im Mittel bei $1900\,\mu$Sv/a, sodass die zivilisatorisch verursachte Strahlungsbelastung insgesamt etwa dieselbe Höhe wie die natürliche erreicht, in der Summe ca. $4000\,\mu$Sv/a. Für den Einzelnen kann sie niedriger oder deutlich höher liegen, letzteres, wenn erhöhte Strahlungsdiagnosen oder -therapien notwendig sind. Anhalte (Mittelwerte):

- Röntgenuntersuchung der Zähne und Kieferknochen: $15\,\mu$Sv
- Röntgenuntersuchung des Brustkorbs und der Gliedmaßen: 50 bis $100\,\mu$Sv
- Röntgenuntersuchung der Hüfte und des Beckens: 300 bis $600\,\mu$Sv
- Röntgenuntersuchung der weiblichen Brust (Mammographie) $450\,\mu$Sv
- Röntgenuntersuchung der Wirbelsäule und des Bauchraums $1000\,\mu$Sv
- Röntgenuntersuchung der Verdauungsorgane: 4000 bis $15.000\,\mu$Sv
- CT-Untersuchung vom Kopf und Schädel: $2000\,\mu$Sv
- CT-Untersuchung vom Bauchraum (Abdomen): $7000\,\mu$Sv
- CT-Untersuchung vom Brustkörper (Thorax): $9000\,\mu$Sv

Um Einzelheiten in den Weichteilen im Bauch-, Darm- und Lungenbereich zu erkennen, bedarf es einer stärkeren Strahlung. Vorzuziehen ist in solchen Fällen, wenn möglich und gleichwertig, die strahlungsfreie MRT-Untersuchung (MRT:

Abb. 1.69

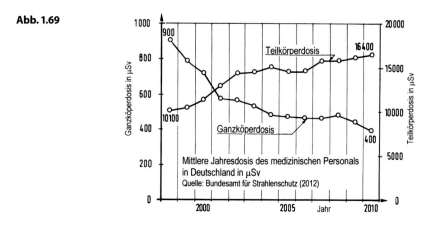

Magnetresonanz-Tomographie: Kernspin-Tomographie), fallweise, wenn ausreichend, Sonographie oder Endoskopie.

Bei einer Szintigraphie wird dem Patienten ein radioaktives Präparat injiziert. Es verbreitet sich im Körper über die Blutbahn. Der Körper des Menschen wird dadurch kurzzeitig zum Strahler. Das Präparat sammelt sich an entzündlichen Stellen und strahlt hier stärker. Die Belastung liegt pro Untersuchung im Bereich 6000 bis 8000 μSv, bei einer Schilddrüsenszintigraphie im Bereich 600 bis 1000 μSv.

In Deutschland werden nach der Strahlenschutz- und Röntgenverordnung 380.000 Personen laufend überwacht, davon 265.000 im medizinischen Bereich. Wie aus Abb. 1.69 erkennbar, ist die Ganzkörper-Strahlenbelastung rückläufig, im Mittel ist sie dem Betrage nach mit 500 μSv/a sehr gering, die Teilkörper-Exposition (insbesondere der Hände während nuklear-medizinischer Eingriffe) ist dagegen ansteigend.

Bei Piloten und Flugbegleitern liegt die Belastung mit 2400 μSv/a höher, die Spanne schwankt hier zwischen 200 bis 7000 μSv/a. Für einen einzelnen Kurzzeitflug können 20 μSv und für einen Langzeitflug (10 Stunden) 60 μSv angesetzt werden. – Für Arbeitnehmer mit Strahlenexposition (z. B. für Berufstätige in einem AKW) darf ein Jahresgrenzwert 20.000 μSv/a (in der EU) bzw. 50.000 μSv/a (in den USA) nicht überschritten werden.

Tabak ist radioaktiv. Ein täglicher Konsum von 1 bis 2 Schachteln täglich summiert sich zu einer Belastung von 13.000 μSv im Jahr!

Zur Frage, ab welcher Dosis pro Jahr oder ab welcher Einzeldosis pro Ereignis, mit gesundheitlichen Schäden, etwa mit einem erhöhten Krebsrisiko, zu rechen ist, gibt es bislang keine wissenschaftlich gesicherten und verbindlichen Antworten. Ab 100.000 μSv/a bis 250.000 μSv/a ist mit einer erhöhten Krebsrate zu rechnen.

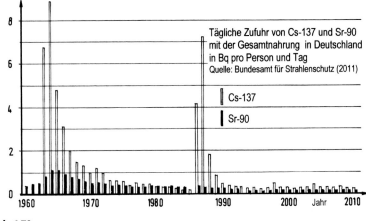

Abb. 1.70

Bei Strahlungsunfällen, etwa für Personen während der Havarie in einer Atomanlage, kann es kurzzeitig zu sehr hohen, lebensgefährlichen Belastungen kommen.

Anhalte für die Folgen einer kurzzeitigen hohen radioaktiven Belastung in Sv:

- Strahlenkrankheit 1.000.000 μSv = 1 Sv
- Die Hälfte der Betroffenen stirbt den Strahlentod 5.000.000 μSv = 5 Sv
- Jeder Betroffene stirbt alsbald den Strahlentod 8.000.000 μSv = 8 Sv

Die Strahlenkrankheit zeigt sich an verschiedenen Symptomen: Schädigung des blutbildenden Knochenmarks, Schädigung der Darmschleimhaut sowie Versagen des Immunsystems und der Blutgerinnung. Zellschädigungen aller Art können sich später (häufig sehr viel später) zu Tumoren entwickeln, einschließlich Leukämie.

Als Folge des Tschernobyl-Unfalls wurde in Deutschland ab 1986 das ‚Integrierte Mess- und Informationssystem zwecks Überwachung der Radioaktivität in der Umwelt', abgekürzt mit IMIS, mit 1800 Messstellen eingerichtet. Mit deren Hilfe wird die Umweltradioaktivität laufend gemessen und (nach Abruf) veröffentlicht. Auch wurden Richtwerte für Schutzmaßnahmen im Ereignisfall festgelegt.

Abb. 1.70 zeigt die mittlere tägliche Zufuhr von Cs-137 und Sr-90 über die Nahrung pro Person und Tag für einen Zeitraum von 50 Jahren. Aus dem Verlauf geht die Häufigkeitszunahme der Isotope als Folge der seinerzeitigen Atomwaffentests und der Tschernobyl-Katastrophe hervor.

Hinweis
Die offizielle Webpräsenz des Bundesamtes für Strahlenschutz (BfS) enthält umfangreiche Informationen zu allgemeinen Themen und aktuellen Fragen des Strahlenschutzes.

1.2.4 Kernspaltung

1.2.4.1 Spaltung des Uran-Nuklids

Im Gegensatz zum Kernzerfall, bei welchem ein Nuklid in **ein** anderes Nuklid überführt wird, entstehen bei einer Kernspaltung aus einem Nuklid **zwei** neue Nuklide mit i. Allg. deutlich verringerten Ordnungszahlen. Die bedeutendste Kernspaltung ist die von $^{235}_{92}$Uran durch den Beschuss mit **langsamen (thermischen) Neutronen**. Die entstehenden Spaltprodukte sind radioaktiv. Es wird Energie frei gesetzt (vgl. Erläuterungen zu Abb. 1.66).

Nach jahrzehntelanger Forschungstätigkeit in der Radio-Chemie (seit 1905) vermochte O. HAHN (1879–1968) im Jahre 1938 eine Kernspaltung nachzuweisen, assistiert von F. STRASSMANN (1902–1980). L. MEITNER (1878–1968) und O.R. FRISCH (1904–1979) deuteten und begründeten den Kernspaltungs-Prozess als solchen (im Jahre 1939, nach Emigration von Schweden aus). O. HAHN wurde für den Nachweis der Kernspaltung der Nobelpreis für Chemie des Jahres 1944 zuerkannt.

Die Kernspaltung von $^{235}_{92}$U wird durch das Eindringen eines Neutrons in den Kern bewirkt. Dieser wird dadurch ‚angeregt' und zerfällt in ein $^{236}_{92}$U-Nuklid und dieses anschließend in zwei mittelschwere Nuklide, wobei zwei oder drei Neutronen und zusätzlich γ-Strahlen frei gesetzt werden (Abb. 1.71). Beispiele:

$$^{235}_{92}\text{U} + {}^{1}_{0}\text{n} \rightarrow {}^{236}_{92}\text{U} \rightarrow {}^{90}_{36}\text{Kr} + {}^{143}_{56}\text{Ba} + 3 \cdot {}^{1}_{0}\text{n}$$

$$^{235}_{92}\text{U} + {}^{1}_{0}\text{n} \rightarrow {}^{236}_{92}\text{U} \rightarrow {}^{89}_{36}\text{Kr} + {}^{144}_{56}\text{Ba} + 3 \cdot {}^{1}_{0}\text{n}$$

$$^{235}_{92}\text{U} + {}^{1}_{0}\text{n} \rightarrow {}^{236}_{92}\text{U} \rightarrow {}^{138}_{53}\text{J} + {}^{95}_{39}\text{Y} + 3 \cdot {}^{1}_{0}\text{n}$$

$$^{235}_{92}\text{U} + {}^{1}_{0}\text{n} \rightarrow {}^{236}_{92}\text{U} \rightarrow {}^{140}_{55}\text{Ca} + {}^{94}_{37}\text{Rb} + 2 \cdot {}^{1}_{0}\text{n}$$

Es entstehen etwa 200 verschiedene Spaltprodukte aus 35 unterschiedlichen chemischen Elementen mit Massenzahlen zwischen ca. 70 bis 160, wobei die Häufigkeit der im Einzelnen entstehenden Nuklide sehr ungleich ist. Die Häufigkeitsver-

Abb. 1.71

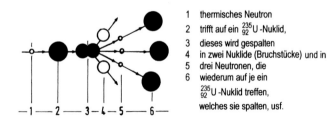

1 thermisches Neutron
2 trifft auf ein $^{235}_{92}$U -Nuklid,
3 dieses wird gespalten
4 in zwei Nuklide (Bruchstücke) und in
5 drei Neutronen, die
6 wiederum auf je ein
$^{235}_{92}$U -Nuklid treffen,
welches sie spalten, usf.

Abb. 1.72

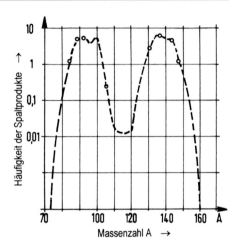

teilung hat im Falle der Kernspaltung von $^{235}_{92}$U die in Abb. 1.72 skizzierte Form mit zwei Höckern (die Häufigkeit ist in der Abbildung logarithmisch skaliert!) In der Natur findet sich nur dieses eine spaltbare Isotop ($^{235}_{92}$U), alle anderen spaltbaren Isotope müssen zunächst künstlich erzeugt werden, z. B. $^{239}_{94}$Pu.

Die durch Spaltung entstehenden Nuklide sind radioaktiv und wandeln sich in der der Spaltung folgenden Zerfallsreihe unter Aussendung von β- und γ-Strahlen weiter um (überwiegend treten nach der Spaltung drei Umwandlungen auf). Es wird eine beträchtliche Energiemenge pro Spaltung eines $^{235}_{92}$U-Nuklids frei, aufsummiert bis zum Erreichen des stabilen Endglieds der Zerfallsreihe. Das zeigt folgende Abschätzung.

Kinetische Energie der Kernbruchstücke:	165 MeV
Kinetische Energie der drei Neutronen:	5 MeV
Kinetische Energie der γ-Teilchen:	6 MeV
Kinetische Energie des Restzerfalls:	24 MeV
Summe der Energiefreisetzung:	200 MeV

Aus der Differenz der Bindungsenergien aller Endbruchstücke und jener des Anfangsnuklids lässt sich die pro Nuklidzerfall gewonnene Energie berechnen.

Es war S. FLÜGGE (1912–1997), der im Jahre 1939 kurz nach Entdeckung der Kernspaltung jene gewaltigen Energiemengen ausrechnete, die bei einer friedlichen Nutzung gewonnen werden können: Die mit hoher Geschwindigkeit aus-

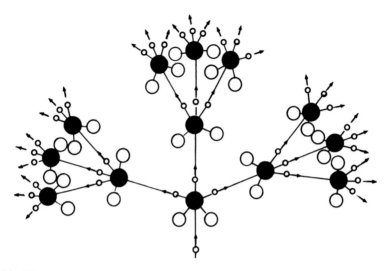

Abb. 1.73

tretenden Bruchstücke stoßen mit den vorhandenen Atomen zusammen, wobei die Energie in Form von Wärme frei wird. Durch die zwei bis drei entstehenden Neutronen werden neue Kernspaltungen ausgelöst, was zu einer **Kettenreaktion** führen kann (Abb. 1.73). Dazu muss eine Mindestmenge spaltbaren Materials $^{235}_{92}$U von hohem Reinheitsgrad vorhanden sein, anderenfalls wird ein zu großer Anteil der frei gesetzten Neutronen anderweitig absorbiert. Es bedarf einer Mindestmenge an ‚kritischer Masse‘. Nur ein vergleichsweise kleiner Anteil der Atome wird gespalten. –

Die Geschwindigkeit, mit der die Kettenreaktion abläuft, ist vom Verhältnis der nach einer Spaltung wirksamen Neutronen zur Anzahl der zuvor aktiven abhängig (Vermehrungsfaktor k). Ist der Faktor $k = 1$, stellt sich ein gleichförmig ablaufender Spaltprozess ein, es entstehen in Folge so viele neue Neutronen, wie für die Spaltung der vorangegangenen Generation wirksam waren. Dieser Fall liegt in Kernreaktoren ziviler Nutzung vor. – Ist das Verhältnis $k > 1$, kommt es zu einer Spaltung des gesamten spaltbaren Materials in Sekundenbruchteilen und damit zu einer Explosion, wie durch eine Atombombe ausgelöst. – Ist das Verhältnis $k < 1$, kommt der Prozess zum Stillstand, wie beim Abschalten eines Kernreaktors (die bislang zerfallenen Kernbruchstücke geben indes weiter Wärme ab, die Kühlung muss daher im Falle einer Reaktorabschaltung noch längere Zeit aufrecht erhalten bleiben!).

Abb. 1.74

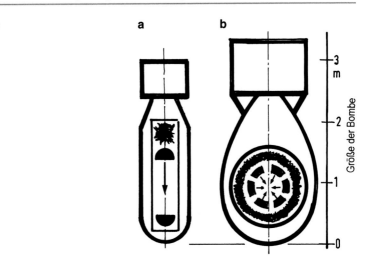

1.2.4.2 Militärische Nutzung der Kernspaltung

Bedingt durch die weltpolitische Lage während der Kriege in Europa und im asiatischen Raum, entschlossen sich die USA eine kriegsentscheidende Bombe nach dem Prinzip der Kernspaltung zu bauen [44]. Hierzu trug ein Brief von A. EINSTEIN vom 6. August 1939 an den damaligen Präsidenten F.D. ROOSEVELT bei, in welchem er auf die nicht auszuschließende Fähigkeit und Absicht Deutschlands hinwies, eine Atombombe bauen zu können und evtl. bauen zu wollen. Tatsächlich wurde in dieser Richtung in Deutschland, geforscht, allerdings ohne Ergebnis [45, 46].

In den USA wurden zwei Entwicklungslinien verfolgt:

- Die kritische Masse von Uran-235, bei der durch schnelle Neutronen eine unkontrollierte Kettenreaktion ausgelöst wird, beträgt 50 kg. Sie explodiert in 10^{-9} Sekunden. Dazu werden die in der Bombe auf Abstand liegenden Teilmengen der kritischen Masse durch eine Sprengung mit konventionellem Sprengstoff vereinigt. – Unter Leitung von E.F. FERMI (1901–1954), der sich seit 1932 mit der statistischen Quantentheorie sowie mit Radioaktivität und langsamen Neutronen beschäftigt hatte (wofür er im Jahre 1938 mit dem Nobelpreis geehrt wurde, im gleichen Jahr emigrierte er in die USA), wurde ein mit neutronen-absorbierenden Steuerstäben ausgerüsteter Reaktor entwickelt, um die großmaßstäbliche kontrollierte Kettenreaktion zu testen (nach diesem Prinzip arbeiten bis heute alle Kernreaktoren für friedliche Zwecke). Es handelte

sich um das sogen. Manhatten-Projekt in der Nähe von Chicago. J.R. OPPEN-
HEIMER (1904–1967) war der Leiter des Projekts. Graphit diente als Moderator der Neutronen. Der Reaktor wurde bereits am 2. Dezember 1942 kritisch. –
Für den Bau der **Atombombe (genauer: Kernstoff-Bombe)** war es zunächst
erforderlich, das mit nur 0,7 % in natürlichem Uran enthaltene U-235 aus dem
chemisch überführten gasförmigen Uranhexafluorid UF_6 in einem Diffusions-
verfahren mit mehreren tausend Stufen auf 95 % anzureichern. Mit dem so gewonnenen Sprengstoff wurde am 16. Juli 1945 die erste Testbombe erfolgreich
gezündet. Am 6. August 1945 wurde eine solche Bombe über der japanischen
Stadt Hiroshima abgeworfen, Sprengkraft ca. 12.300 t TNT, Abb. 1.74a.

• Wird in einem Reaktor natürliches U-238 durch schnelle Neutronen kontrolliert
gespalten, entsteht über das Element Neptunium das Element Plutonium; man
spricht bei diesen Elementen von Transuranen:

$$^{238}_{92}U + {}^{1}_{0}n \rightarrow {}^{239}_{92}U \rightarrow {}^{0}_{1}e + {}^{239}_{93}Np \rightarrow {}^{0}_{1}e + {}^{239}_{94}Pu$$

Plutonium Pu-239 eignet sich als Sprengstoff: Bei Pu-239 liegt die Zahl der
bei der Spaltung frei werdenden Neutronen, also der Vermehrungsfaktor, mit
2,87 gegenüber 2,43 bei U-235 etwas höher. – In einem Reaktor in Hanford im
Staate Washington wurde Plutonium Pu-239 durch Beschuss des nichtspaltba-
ren Isotops U-238 mit Neutronen als Kernsprengstoff gewonnen. Am 16. Juli
1945 wurde hiermit eine unterkritisch geladene Bombe in der Wüste New Me-
xicos getestet und am 9. August 1945 eine solche Plutoniumbombe über der
Stadt Nagasaki gezündet. Die Sprengkraft lag mit 22.000 t TNT höher als jene
der Hiroshima-Bombe. Gezündet wurde die Bombe wiederum mit Hilfe eines
konventionellen Sprengstoffs in der Bombe, wodurch die getrennten Teilmas-
sen des Kernsprengstoffs zur kritischen Menge vereinigt wurden.

Am 10. August 1945 kapitulierte Japan. – Die Verwüstungen als Folge der Spreng-
und Druckwirkung der ca. 550 m über dem Boden detonierten Bomben und der von
ihnen abgestrahlten Wärme und Radioaktivität waren von einem bis dahin nicht
gekannten apokalyptischen Ausmaß mit 140.000 bzw. 100.000 Toten, also in der
Summe mit 240.000 Toten und einer gleichhohen Anzahl Schwerverwundeter.

Nach dem Krieg wurde die Atombombenentwicklung fortgesetzt und eine
große Zahl von Atomwaffentests durchgeführt (Abb. 1.75).

Die Entwicklung der **Wasserstoffbombe** bedeutete eine nochmalige Steige-
rung der Zerstörungskraft. Hierbei werden Deuterium, Tritium und Lithium durch
die bei der Zündung einer Kernstoffbombe hervorgerufenen hohen Temperatur
in der Größenordnung $10 \cdot 10^6$ K zu Helium verschmolzen (Bombe in Bombe,
Abb. 1.74b).

Abb. 1.75

Quelle: SPL Agentur Focus, DER SPIEGEL 13 (2011)

Atomwaffentest der USA im Pazifik 1951

Im Zeitraum 1952/53 gelang den USA und der UdSSR gleichzeitig die Entwicklung und Erprobung einer solchen ‚trockenen' transportablen Wasserstoffbombe. Hierbei verschmilzt Lithiumdeuterid thermonuklear. Ende Okt. 1952 gelang den USA der erste erfolgreiche Test einer solchen Bombe, gefolgt von der UdSSR im August 1953. Am 30. Oktober 1961 zündete die UdSSR die stärkste Wasserstoffbombe (AN602) aller Zeiten. Sie war 27 t schwer. Die Zündung wurde in 4000 m Höhe über Boden in der Arktis ausgelöst. Ihre Sprengkraft entsprach mit über 50 Mt TNT ca. 6000 Hiroshima-Bomben!

Die Wirkung solcher Bomben ist ungeheuerlich.

Im Zuge des ‚Kalten Krieges' zwischen den westlichen Demokratien und der UdSSR wurde auf beiden Seiten ein gewaltiges Arsenal an Atom- und Wasserstoffbomben geschaffen und in ober- und unterirdischen Versuchen getestet: In der Zeit

Abb. 1.76

von 1945 bis heute waren es ca. 2000 Kernwaffenversuche, 700 Bomben explodierten in der Atmosphäre und 1300 unterirdisch oder unter Wasser, vorrangig von den USA (1039), von Großbritannien (45) und von der damaligen UdSSR (718) gezündet, später auch von Frankreich (198) und China (45). Hierbei sind im Laufe der Jahre gewaltige Mengen an Radionukliden frei gesetzt worden ('Fallout'), u. a. Pu-239 und Pu-240 sowie Cs-137 und Sr-90 mit jeweils langen Halbwertszeiten. –

Abb. 1.76 zeigt die Anzahl der Nuklearsprengköpfe, die den USA und der UdSSR (heute Russland) zur Verfügung standen bzw. stehen. Darüber hinaus verfügen über nukleare Sprengköpfe: CF: 300, GB: 225, China: 250, Israel: 75, Indien: 30, Pakistan: 30 (alle Zahlen sind sehr unsicher, da geheim).

Durch eine Reihe vertrauensbildender Abrüstungsverträge konnte die Anzahl der ehedem vorhandenen Bomben gesenkt werden (Abb. 1.76), die 'globale Null' für Atomwaffen bleibt wohl eine Illusion. – Große Besorgnis kommt immer wieder auf, nukleares Sprengmaterial könnte in die Hände von Terroristen gelangen. – Eine Reihe von Kriegs- und Forschungsschiffen (einschl. Eisbrecher) werden von Kernreaktoren angetrieben.

1.2.4.3 Zivile Nutzung der Kernspaltung – Kernenergie

Die kommerzielle Nutzung der **Kernenergie für zivile Zwecke** setzte im Jahre 1954 mit dem Kernkraftwerk Obninsk in der Nähe von Moskau und 1955 mit dem Kraftwerk Calder Hall (Nähe Sellafield) in Großbritannien ein, in Deutschland im Jahre 1961 mit der kleinen Anlage Kahl am Main (16 MW). – Inzwischen sind weltweit 441 Blöcke in 212 Kernkraftwerken in 31 Ländern mit ca. 370 GW in Betrieb (2015). Sie dienen der Erzeugung von Strom. – 65 Kernkraftblöcke sind im Bau.

Daneben gibt es eine Reihe Forschungsreaktoren, u. a. zur Erzeugung von Radioisotopen und Neutronen für Bestrahlungszwecke und technische Aufgaben, weltweit sind es in der Summe ca. 230 Anlagen, in Deutschland drei Anlagen in Berlin, Mainz und München.

Die Leistungskraftwerke zur Stromerzeugung verwenden $^{235}_{92}$U als Brennstoff. Das Isotop wird zunächst in Uran-Anreicherungsanlagen auf einen Anteil von bis zu 3,5 % aufbereitet, in Natururan kommt es nur mit 0,71 % vor.

Die bei der Kernspaltung frei gesetzten **schnellen** Neutronen haben eine Geschwindigkeit von ca. $3 \cdot 10^7$ m/s. Prallen sie mit dieser Geschwindigkeit auf ein $^{235}_{92}$U-Nuklid, werden sie gestreut, eine Spaltung vermögen sie nicht auszulösen. Eine kontrollierte Spaltung gelingt nur, wenn die Geschwindigkeit der Neutronen auf etwa ein Zehntausendstel (1/10.000) des ursprünglichen Wertes reduziert wird, man spricht jetzt von **langsamen** (auch thermischen) Neutronen. Sie vermögen in den Kern des Isotops einzudringen. Um eine solche Abbremsung zu bewirken, bedarf es einer Moderatorsubstanz, in welcher das spaltbare Material eingebettet ist. Die Substanz entzieht den Neutronen einen großen Teil ihrer Energie.

Geeignet hierfür ist Leichtes Wasser, Schweres Wasser (Deuterium) oder Graphit. Entsprechend dieser Moderatoren unterscheiden sich die Reaktortypen.

In Deutschland wurden ausschließlich Leicht-Wasser-Reaktoren gebaut und das in zwei Versionen, als Druckwasser-Reaktor (DWR) oder als Siedewasser-Reaktor (SWR). Der Anteil des erstgenannten Typs überwiegt, inzwischen weltweit.

Abb. 1.77 zeigt Aufbau und Prozessablauf eines **Druckwasserreaktors** in schematischer Form, schematisch hinsichtlich der Größenordnung der Aggregate zueinander, auch hinsichtlich der Anzahl und Redundanz (Mehrfachanordnung) der Komponenten. Es sind dieses u. a. Steuer-, Regel- und Sicherheitskomponenten.

Erläuterung zu Abb. 1.77:

1. In **gasdichten Hüllrohren** aus Zirkon, $\varnothing$ 12 mm, ca. 4 bis 5 m lang, liegen die Brennstofftabletten (Pellets) aus angereichertem Uran in Form von Uranoxid UO_2. Die Brenntemperatur im Betrieb beträgt ca. 500 bis 600 °C. Es sind dieses die eigentlichen **Brennstäbe**.

2. Die **Brennelemente** bestehen z. B. aus $16 \times 16 = 256$ Brennstäben. Durch die Brennelemente strömt von unter Wasser. Das Wasser ist Moderator, Kühlmittel und Wärmetransporteur in einem.

3. Zwischen den Brennelementen liegen die **Steuerstäbe** aus neutronen-absorbierendem Cadmium oder Bor. Sie regeln die Kernspaltung und damit die

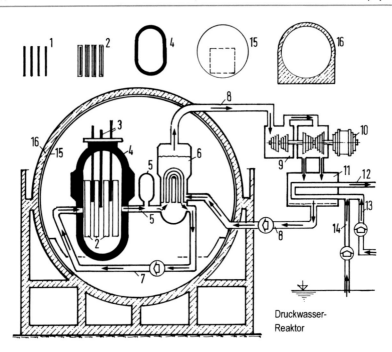

Druckwasser-
Reaktor

Abb. 1.77

Wassertemperatur. Beim vollständigen Abtauchen kommt die Kernspaltung augenblicklich zum Stillstand (Schnellabschaltung im Störfall).

4.   Das **Reaktor-Druckgefäß** aus Stahl hat eine Wanddicke bis 30 cm, Das Gefäß ist bis zu 20 m hoch und ist innenseitig mit nicht-rostendem Stahl plattiert. Im Reaktorkern heizt sich das Wasser auf ca. 320 °C auf, der Betriebsdruck beträgt ca. 160 bar. Der hohe Druck verhindert ein Sieden des Wassers, es bleibt flüssig. Das erhitze Wasser gelangt über eine

5.   **Druckwasserleitung mit Druckhalter** (**Primär-Kreislauf**) in den

6.   **Dampferzeuger** (Wärmetauscher), über dessen Heizrohre die Wärme an das Wasser des **Sekundär-Kreislaufes** (8) abgegeben wird. Das Wasser verdampft bei ca. 60 bar und 280 °C.

7.   Aus dem **Kondensator** wird das gekühlte Wasser in den Druckreaktor zurück gepumpt (8), womit der Primär-Kreislauf geschlossen ist.

8.   Über eine aus dem Dampferzeuger führende **Heißdampfleitung** wird der Dampf (8)

9. der **Turbine** (Hochdruckteil/Niederdruckteil) zugeführt, diese treibt den
10. **elektrischen Generator** an, von hier gelangt der Strom ins Netz.
11. Der entspannte Wasserdampf aus der Turbine kondensiert im **Kondensator** zu Wasser. Das heiße Wasser wird einem **Kühlturm**
12. zwecks Kühlung zugeführt. Aus dem Becken des Kühlturms
13. wird das Wasser zurück gepumpt und fallweise
14. kühles Neuwasser aus einem Fluss oder See in den Kondensator gepumpt (**Tertiär-Kreislauf**).
15. Die Komponenten des Primärkreislaufes liegen innerhalb eines Containments, das aus zwei Teilen besteht: Zum einen werden das Druckgefäß und alle sicherheitsrelevanten Teile durch bis zu 2,5 m dicke Stahlbetonwände und - decken eingekammert, zum anderen durch eine gasdichte kugelförmige Schale aus hochfestem Stahl umschlossen, diese ist 35 bis 40 mm dick und für 4 bis 5 bar Innendruck ausgelegt.
16. Gegen Einwirkungen von außen (Unwetter, Explosionsdruck, Flugzeugabsturz) schütz eine Stahlbetonhülle, Wanddicke 90 cm bis 1,80 m. Der Zwischenraum (15/16) steht unter leichtem Unterdruck, um möglicherweise auftretende kontaminierte Luft absaugen zu können.

Für die technische Durchführbarkeit der Kernspaltung und ihre sichere Beherrschung ist bedeutsam, dass ein Teil der Neutronen nicht unmittelbar (‚prompt‘, 99 %) nach der Spaltung freigesetzt wird, sondern im Zuge des anschließenden radioaktiven Zerfalls der beiden gespaltenen Stoffe ‚verzögert‘ (1 %): Dadurch kann auf eine Störung im Reaktor zeitnah mit dem Abtauchen der Steuerstäbe reagiert werden, ohne dass der Reaktor blitzartig reagiert und ‚durchgeht‘. – Die verschiedenen Sicherheitsbarrieren des Reaktors sind in Abb. 1.77 oben aufgelistet, dazu gehören zusätzlich Not-Kühlmittelleitungen und Not-Stromanlagen. – Selbstredend sind Atomkraftwerke gegen Hochwasser und Erdbeben (für eine jeweils 1000-jährige Auftretenswahrscheinlichkeit) ausgelegt. – Die abgebrannten Brennelemente werden in den meisten Fällen vor Ort in wassergefüllten Becken zwischengelagert. – Zur Kerntechnik und ihrer Zukunft vgl. [47, 48].

1.2.4.4 Beispiele und Ergänzungen

1. Beispiel

Von den vielen möglichen Kernspaltungen des U-235-Isotops sei für die folgende Spaltung die freigesetzte Energie gesucht und zwar aus der Masse des Anfangsstoffes und der Masse der beiden Endprodukte nach Abschluss der insgesamt 7 radioaktiven Zerfalle. In der Atomaren Einheit $u = 1{,}660539 \cdot 10^{-27}$ kg betragen die Kernmassen $^{235}_{92}$U: 235,0439; $^{95}_{42}$Mo

(Molybdän): 94,9057; $^{139}_{57}$La (Lanthan): 138,9091 und die Masse des Neutrons: $^{1}_{0}$n: 1,0087.

$$^{235}_{92}U + ^{1}_{0}n \rightarrow ^{236}_{92}U \rightarrow ^{95}_{42}Mo + ^{139}_{57}La + 2 \cdot ^{1}_{0}n$$

$$m_U + m_n = 235,0439\,u + 1,0087\,u = 236,0525\,u$$

$$m_{Mo} + m_{La} + 2 \cdot m_n = 94,9057\,u + 138,9061\,u + 2 \cdot 1,0087\,u = 235,8292\,u$$

$$\Delta m = (236,0525 - 235,8292)\,u = 0,2233\,u$$

$$\rightarrow \quad \Delta E = \Delta m \cdot c^2 = 0,2233 \cdot 1,660539 \cdot 10^{-27} \cdot (2,997\,925 \cdot 10^8)^2$$

$$= 3,3341 \cdot 10^{-11}\,J = 2,0810 \cdot 10^8\,eV = \underline{208,10\,MeV}$$

Dieser Wert korrespondiert mit der Abschätzung in Abschn. 1.2.4.1. – Bei jedem radioaktiven Zerfall wird ein Elektron (β-Teilchen) und ein Antineutrino abgestrahlt, nachdem sich im Kern ein Neutron in ein Proton umgewandelt hat. Die Massenzahl A bleibt einschließlich der beiden frei gesetzten Neutronen erhalten, die Protonenzahl Z wächst bei jedem Zerfall um 1.

2. Beispiel

Ausgehend von der beim Spaltprozess pro Kernbaustein im Mittel frei werdenden Energie 200 MeV sei jener konkrete Anteil des U-235 Ausgangsstoffes von beispielsweise 1 kg Masse gesucht, der dabei zerstrahlt wird. – Für die Masse der beiden Kernbausteine (Proton, Neutron) kann in guter Näherung von der Atomaren Masseneinheit ausgegangen werden. Das liefert für die Masse eines U-235-Kerns: $235 \cdot 1,66 \cdot 10^{-27}$ kg $= 3,901 \cdot 10^{-25}$ kg. 1 kg Masse des Uranisotops U-235 besteht somit aus $1,0/3,910 \cdot 10^{-25} = 2,563 \cdot 10^{24}$ Kernen. Würden alle Kerne gespalten, ergäbe das eine frei gesetzte Energie in Höhe von:

$$2,563 \cdot 10^{24} \cdot 200 = 5,126 \cdot 10^{26}\,MeV = 5,126 \cdot 10^{32}\,eV = 5,126 \cdot 10^{32} \cdot 1,60 \cdot 10^{-19}$$

$$= \underline{8,202 \cdot 10^{13}\,J}$$

Aus der Äquivalenz dieser Energie mit $\Delta m \cdot c^2$ lässt sich die zerstrahlte Masse Δm bestimmen:

$$\Delta m = \frac{8,202 \cdot 10^{13}\,J}{(3 \cdot 10^8\,\text{m/s})^2} = \underline{9,113 \cdot 10^{-4}\,kg} \approx 10 \cdot 10^{-4}\,kg \approx 1 \cdot 10^{-3}\,kg \approx \underline{1\,g\,(1\,Gramm)}$$

Somit wird vom Ausgangsstoff nur ca. 0,1 % zerstrahlt, genauer 0,09 %. – Die Bomben auf Hiroshima und Nagasaki enthielten zusammen ca. 1 kg Sprengstoff. Nur etwa 1 g wurde gespalten und zerstrahlt, was der vorangegangenen Abschätzung entspricht.

1. Ergänzung: Kernbrennstoff Uran: Vorkommen – Aufbereitung

Als Brennstoff in Kernreaktoren kommt, wie ausgeführt, überwiegend U-235 zum Einsatz. Es ist mit 0,71 % in den natürlichen Uranvorkommen enthalten. Uran wurde im Jahre 1789 von M.H. KLAPROTH (1743–1817) entdeckt. Die Halbwertszeit von U-235 beträgt $7,04 \cdot 10^8$ Jahre (a), jene von U-238 fällt mit $4,47 \cdot 10^9$ Jahren etwa mit dem Alter des Sonnensystems zusammen. – Die größten Uran-Vorkommen liegen in Australien, Kanada, in den Ländern der ehemaligen UdSSR, in Brasilien, in Namibia und in Südafrika. Ein Teil des

Brennstoffs wird durch Wiederaufbereitung abgebrannter Brennstäbe und inzwischen nach militärischer Abrüstung aus atomaren Sprengstoffen gewonnen. – Beim bergmännischen Abbau der Uranerze fällt viel Abraum an. Uran findet sich als Gangfüllung in Urgestein (Granit, Gneis) und in Gestein bzw. Ablagerungen, die durch Verwitterung und Umlagerung aus solchem Urgestein entstanden sind. – Nach Zertrümmerung und Mahlen des Erzes wird das Material in Form von Uranhexafluorid UF_6 mit dem Ziel einer U-235-Anreicherung aufbereitet. Das gelingt entweder durch Diffusion des gasförmigen UF_6 durch eine poröse Membran in vielen hintereinander liegenden Trennstufen oder in Gaszentrifugen. Die schwereren U-238-UF_6 Moleküle sammeln sich bei einer Umdrehung 60.000/min außen, die leichteren innen. Auch in diesem Falle werden die Zentrifugen in großer Zahl in Reihe angeordnet. Die weltweit jährlich erzeugte Menge an hoch angereichertem Uran U-235 beträgt ca. 1600 Tonnen. Der jährliche Abbau von U-238 liegt bei etwa 75.000 Tonnen und steigt.

1. Anmerkung

Aus der Tatsache, dass es Lagerstätten gibt, in denen U-235 nur mit 0,42 % vorkommt, wird geschlossen, dass hier vor langer Zeit eine Kernspaltung von U-235 in ‚natürlichen Reaktoren' einschließlich Zerstrahlung stattgefunden hat. Die Vorkommen von Neptunium und Plutonium in der Erdrinde (in extrem geringsten Mengen) werden auf solche lange zurückliegenden Prozesse zurückgeführt.

2. Anmerkung

Wegen der stark unterschiedlichen Halbwertzeiten von U-238 (Hauptisotop, H) und U-235 (Nebenisotop, N) muss nach Ausformung des festen Erdkörpers der Anteil von U-235 sehr viel höher als heute gewesen sein. Die zugehörigen Zerfallskonstanten betragen (Abschn. 1.2.3.1):

$$U\text{-}238: \quad \lambda_H = 0,6931/4,47 \cdot 10^9 \, a = 1,551 \cdot 10^{-10}/a;$$

$$U\text{-}235: \quad \lambda_N = 0,6931/7,04 \cdot 10^8 \, a = 9,85 \cdot 10^{-10}/a$$

Wird das Alter der Erde zu $4,6 \cdot 10^9$ Jahre angesetzt und betrug damals die Anzahl der U-238-Isotope N_{0H} und jene der U-235-Isotope N_{0N}, ist das Verhältnis ihrer Anzahlen heute nach der Zeitdauer $t = 4,6 \cdot 10^9$ a:

$$\frac{N_N(t)}{N_H(t)} = \frac{N_{0N} \cdot e^{-\lambda_N t}}{N_{0H} \cdot e^{-\lambda_H t}} = \frac{N_{0N}}{N_{0H}} \cdot e^{-(\lambda_N - \lambda_H)t}$$

$$\rightarrow \quad \frac{0,71}{99,29} = \frac{N_{0N}}{N_{0H}} \cdot e^{-(9,85 \cdot 10^{-10} - 1,551 \cdot 10^{-10}) \cdot 4,6 \cdot 10^9}$$

$$\rightarrow \quad 0,0072 = \frac{N_{0N}}{N_{0H}} \cdot 0,0220 \quad \rightarrow \quad \frac{N_{0N}}{N_{0H}} = \underline{0,325 \doteq 32,5\,\%}$$

Somit lag der Anteil von U-235 in den Uranvorkommen zum Zeitpunkt der Erdentstehung bei ca. 30 %.

2. Ergänzung: Reaktortypen

Im Gegensatz zum **Druckwasserreaktor** arbeitet der **Siedewasserreaktor** mit zwei Kreisläufen: Im Reaktor siedet das Wasser bei 350 °C, der Betriebsdruck beträgt 70 bar. Nach

Trennung des Dampf-Wasser-Gemisches im oberen Teil des Druckbehälters strömt der Dampf direkt in die Turbine (Primärkreislauf). Der Sekundärkreislauf entspricht dem Tertiärkreislauf des Druckwasserreaktors.

Neben dem Druck- und Siedewasserreaktor wurden weitere Reaktortypen entwickelt und gebaut. Zu erwähnen sind die seinerzeit in Großbritannien und Frankreich gefertigten sogen. ‚**Magnox-Reaktoren**‘, die natürliches Uran (U-238) als Brennstoff in einem Einschluss aus einer Magnesiumlegierung einsetzten, mit Graphit als Moderator und Kohlendioxid als Kühlmittel. Der Reaktortyp wurde später wieder aufgegeben und durch Reaktoren ersetzt, die mit angereichertem Uran (U-235) und Edelstahleinschluss anstelle der Magnox-Legierung arbeiten. –

Ein weiterer mit Heliumgas gekühlter Typ ist der **Hochtemperaturreaktor** (HTR) mit Graphit als Moderator. Im Graphit ist der Kernbrennstoff (einschließlich Th-233, Thorium) in kleinen Kügelchen eingebettet. Sie werden zu größeren Brennelementen kugelförmig zusammengefasst und können dem Reaktor kontinuierlich zugeführt werden. Die Kühlmitteltemperatur ist mit 900 bis 1000 °C sehr hoch. Aus diesem Grund kommen keramische statt metallische Werkstoffe zum Einsatz. Der in Deutschland betriebene THTR war nur wenige Jahre in Betrieb. – Auch wurden schon Reaktoren mit Schwerem Wasser (D_2O) als Kühlmittel betrieben. –

Schließlich sind die in der ehemaligen UdSSR entwickelten und bis zu einer Leistung von 1500 MW gebauten **graphit-moderierten Leichtwasser-Reaktoren** zu erwähnen. Bedingt durch das Betriebsprinzip dieses Reaktortyps arbeitet die Anlage weniger stabil, auch fehlt eine Sicherheitshülle (Tschernobyl-Typ). Der wirtschaftliche Vorteil liegt in der Möglichkeit, die Brennstäbe während des Betriebs austauschen zu können.

Mit ‚**Schnellen Brütern**‘ (Brutreaktoren) wurde bzw. wird versucht, künstlich Spaltstoff (Pu-239, Pu-241) zu erzeugen, wobei U-238 bzw. Pu-240 als Brutstoff dient. Die Brüter arbeiten ohne Moderator mit schnellen Neutronen. Nur so lässt sich eine Spaltung des Brutstoffs erreichen, und das bei hohen Temperaturen (ca. 550 °C). Flüssiges Natrium dient als Kühlmittel (Schmelztemperatur 98 °C, Siedetemperatur 880 °C). Die Idee besteht darin, mit dem Brüter mehr Spaltstoff zu gewinnen wie eingesetzt wird. In der UdSSR wurden Brüter mit Leistungen bis 600 MW gebaut, in Frankreich der ‚Superphénix‘ mit 1200 MW. Dieser Brüter wurde später außer Betrieb genommen, wie die meisten anderen Brutreaktoren auch, Testreaktoren sind nach wie vor in Betrieb. Die Korrosion der Stahlrohrleitungen durch das heiße Natrium ist ein nur schwer zu beherrschendes Problem. Der in Deutschland im Jahre 1985 fertig gestellte Brüter ‚Kalkar SNR300‘ ging nie ans Netz und wurde ab 1991 rückgebaut. – In Indien und China ist je ein neuer Brüter im Bau (2013).

Von den 435 Kernkraftblöcken, die weltweit betrieben werden, stehen u. a. in den USA 104, in Großbritannien 19, Frankreich 58, Schweden 10, Japan 54, Ukraine 15, Russland 32 + 11, Indien 20 + 5, China 13 + 27, Südkorea 21 + 5 (die +-Werte geben die Anzahl der in Bau befindlichen Blöcke an, 2013).

Nachdem in Deutschland im Jahre 2010 eine Verlängerung der Laufzeit der seinerzeitigen 17 Atomkraftwerke beschlossen worden war, um Zeit und Kosten für den Ausbau erneuerbarer Energien zu gewinnen, die CO_2-Ziele zu erreichen und die fossilen Ressourcen zu schonen, wurde ein Jahr später (2011) unter dem Eindruck der nuklearen Fukushima-Katastrophe der alsbaldige vollständige Ausstieg aus der Kernenergie beschlossen, 8 Kraftwerke wurden sofort still gelegt, die restlichen 9 werden bis zum Jahr 2022 sukzessive abgeschaltet. Das bedeutet, dass innerhalb einer relativ kurzen Zeitspanne in Deutschland auf einen 22 %igen Anteil an der Stromversorgung durch Kernkraft verzichtet wird.

3. Ergänzung: Risiken der Kernenergie

In einem Kernreaktor ist Energie, also Arbeitsvermögen, auf kleinstem Raum in hoch verdichtetem Zustand eingeschlossen. Sie gilt es kontrolliert durch Spaltung der Atomkerne in Nutzenergie zu überführen. Es gibt wohl keine Energietechnik, in welcher so intensiv geforscht und entwickelt wurde, wie in der Kerntechnik. Der Betrieb der Anlagen ist gleichfalls nicht risikofrei. Diverse Entwicklungslinien wurden aufgegeben, s. o. – Es gab bislang drei schwere Unfälle, die mit einer Kernschmelze des Brennstoffes einher gingen:

- Am 28. März 1979 kam es in den USA im Atomkraftwerk **Three Mile Island** in der Nähe von Harrisburg (Pennsylvania) in Block 2, einem Druckwasserreaktor mit 880 MW Leistung, zu einem Unfall mit Kernschmelze: Beim Ausfall zweier Pumpen, über die der Reaktorkern gekühlt wurde, schaltete sich die Anlage durch Einfahren der Steuerstäbe planmäßig ab, der sich bildende Innendruck baute sich durch die sich öffnenden Sicherheitsventile ebenfalls planmäßig ab. Da sich die Ventile aber nicht wieder schlossen, was im Kontrollraum unbemerkt blieb, entwich Kühlwasser. Wegen eines versperrten Ventils an anderer Stelle erreichte das von Notpumpen geförderte Wasser den Kern nicht. Die Brennstäbe lagen zunehmend trocken, sie erhitzten sich auf über 2000 °C und begannen partiell zu schmelzen. Die hochradioaktive Schmelze sammelte sich im Auffangbecken. Radioaktivität geriet über das verdampfende Wasser nach außen. Das Containment hielt dem sich aufbauenden Druck als Folge der sich bildenden Wasserstoffblase stand, es kam zu keiner Explosion des Reaktors. – Ca. 140.000 Menschen wurden in den Tagen nach dem Vorfall vorsorglich evakuiert. Deren äquivalente radioaktive Belastung entsprach im Mittel etwa 10 μSv/a, maximal 1000 μSv/a, sie war also sehr gering. In den Jahren 1984 bis 1995 wurde der havarierte Block rückgebaut, der vom Unfall nicht betroffenen Zwillingsblock ist nach wie vor in Betrieb.
- Am 26. April 1986 ereignete sich in der ehemaligen UdSSR in der Nähr der ukrainischen Stadt Prypjat im Kernkraftwerk **Tschernobyl** ein schwerer Nuklearunfall in dem graphit-moderierten Siedewasserreaktor des Blocks 4. Im Kraftwerk wurden vier Reaktoren mit je 1000 MW betrieben. Im Zuge der planmäßig wegen einer vorgesehenen Wartung durchgeführten Abschaltung sollte in einem Versuch der Nachweis geführt werden, dass bei einem vollständigen Ausfall des Stromnetzes und der anschließenden Selbstausschaltung des Reaktors, die Stromversorgung durch die Rotationsenergie der auslaufenden Turbine und ihres Generators über die Dauer von 40 bis 60 Sekunden aufrechterhalten bleiben würde, ausreichend lange, bis die Notstromaggregate die Stromversorgung für die Notkühlpumpen übernehmen würden. Hierbei sollte ein neu entwickelter elektrischer Schalter auf seine Tauglichkeit getestet werden. Im Vertrauen auf das Gelingen des Versuchs, wurde die Stromversorgung unterbrochen, der Reaktor begann sich abzuschalten, allerdings mit längeren Verzögerungen, was eine anlagenbedingte sekundenschnelle und nicht mehr zu beherrschende Leistungssteigerung auslöste. Da die Kühlmittelpumpen mangels Strom (der im Rahmen des Versuches abgeschaltet worden war) nicht arbeiteten, verdampfte der vorhandene Kühlmittelinhalt im Reaktor umgehend, der Kern begann zu schmelzen und der Graphit zu brennen. Es baute sich ein gewaltiger Druck auf, der schließlich zu einer Explosion des Reaktors führte. Abdeckplatte und Gebäudedecke wurden zerstört. Da ein Sicherheitscontainment fehlte, wurde eine riesige Menge radioaktiver Stoffe in große Höhen geschleudert, die in den folgen-

den Tagen und Wochen als Fallout im Umkreis des Kraftwerks (Ukraine, Weißrussland, Russland) niedergingen und durch den Wind bis nach Europa verfrachtet wurden und sich hier abregneten, in Deutschland insbesondere im Raum südliches und östliches Bayern. – Seit Jahren wird versucht, die Ruine des zerborstenen Kraftwerkblockes zu verfüllen und zu sichern, zunächst mittels eines Stahlbeton-Sarkophags, inzwischen mit Hilfe einer bogenförmigen Halle, 260 m breit, 105 m hoch, die inzwischen über Block und Sarkophag geschoben worden ist. – Große Teile der Bevölkerung wurden seinerzeit evakuiert und dauerhaft umgesiedelt. Eine große Zahl sogen. Liquidatoren, die zu den Rettungs- und Aufräumarbeiten verpflichtet worden waren (wohl 500.000 Personen), wurden strahlengeschädigt, auch die Bevölkerung (und hier die Kinder) im oben genannten Umkreis, vor allem durch Jod-131, der Schilddrüsenkrebs auslösen kann, sowie durch Cäsium-137. Die gesundheitlichen Schäden wurden wohl, statistisch gesehen, überschätzt, das gilt auch für die weit außerhalb liegenden Regionen, wie in Europa. – 25 Jahre nach dem Unfall wird immer noch vor dem Verzehr von Waldpilzen und Schwarzwild in den erwähnten Regionen Bayerns gewarnt. Sämtliches Schwarzwildfleisch wird kontrolliert, nur solches mit weniger als 600 Bq/kg kommt zum Verkauf; der Wert gilt auch für andere Nahrungsmittel, z. B. Gemüse.

• Durch ein Erdbeben der Magnitude $M = 9{,}0$ wurde am 11. März 2011 an der Ostküste Japans ein Tsunami ausgelöst. Die Welle, über 13 m hoch, drang bis zu 12 km tief ins Landesinnere vor. Das Epizentrum des Bebens lag 160 km vor der Küste in 24 km Tiefe. Eine Reihe von Küstenstädten wurde schwer bis völlig zerstört, ca. 16.000 Menschen starben, ca. eine halbe Million musste evakuiert werden.

Von den sechs Siedewasser-Reaktorblöcken des 40 Jahre alten Kernkraftwerks **Fukushima** waren die Blöcke 1, 2 und 3 in Betrieb, Block 4 wegen Revision nicht, die Blöcke 5 und 6 waren ebenfalls seit längerem in der Wartung. – Als die Erdbebenstöße das Kraftwerk erreichten, schalteten sich die Böcke 1 bis 3 planmäßig ab und auf Notkühlung um. Die Stromversorgung über das Netz fiel indessen infolge des Erdbebens aus, die Notstromaggregate übernahmen die Versorgung. Insofern verlief die Abschaltung bis dahin nach Plan. Nach ca. 50 Minuten erreichte die Tsunamiwelle die Küste und drang über die 5,70 m hohe Schutzmauer in die Gebäude des Kraftwerks ein, worauf viele Anlagen mehrere Meter unter Wasser standen. Die Öltanks der Notstromversorgung wurden weggespült, die Pumpen für die Kühlwasserversorgung fielen aus, die Seewasserpumpen wurden zerstört. Die meisten Kommunikationsleitungen fielen ebenfalls aus. In den folgenden Stunden/Tagen erhitzten sich die Reaktorkerne in den Blöcken 1, 2 und 3 als Folge der Nachzerfallswärme bis zur Schmelze. Die Druckentlastung der Reaktoren hatte die Freisetzung radioaktiver Stoffe über den Dampf in die Umwelt zur Folge. Der dabei frei gesetzte Wasserstoff sammelte sich in den Gebäuden der Blöcke 1, 3, 2 und 4. Als die kritische Konzentration erreicht wurde, explodierte das Wasserstoff-Luftgemisch, was große Zerstörungen an den Gebäude- und Anlagenteilen nach sich zog. Erst 10 Tage nach dem Unglück konnten alle Kraftwerksteile an das Stromnetz angeschlossen und eine gewisse Stabilisierung erreicht werden. – Die radioaktive Belastung der Arbeiter und Rettungskräfte im Kraftwerk war erheblich, über jene der Bevölkerung, weiträumig evakuiert, liegen bis dato keine verlässlichen Angaben vor (2015), sie war wohl insgesamt geringer, als zunächst befürchtet.

4. Ergänzung: Endlagerung radioaktiver Abfälle

Der Abraum, der beim bergmännischen Abbau von Uranerz anfällt, wird i. Allg. in der Nähe der Förderanlagen auf Halden deponiert (nicht immer ausreichend sicher verschlossen gegenüber der Atmosphäre und dem Boden). –

Die Abfälle nach Nutzung als Brennmaterial und nach Nutzung in der Medizin und Forschung für Strahlungszwecke werden in Abhängigkeit von ihrer Aktivität unterteilt in (in Becquerel pro m^3 Stoff):

- **Schwachradioaktiver** Abfall ($< 10^{11}$ Bq/m^3): Es bedarf bei der Handhabung und beim Transport keiner Abschirmung.
- **Mittelradioaktiver** Abfall (10^{10} bis 10^{15} Bq/m^3): Es bedarf einer Abschirmung. In Deutschland wird bzw. wurde das ehemalige Salzbergwerk Asse II zur Lagerung genutzt. Seit 1967 wurden dort ca. 125.000 Fässer und Gebinde deponiert. Wegen der Gefahr des Einsturzes und Wassereinbruchs sollen alle Bestände rückgeholt werden. Neben dem Lager Asse II existiert noch das vorläufige Lager Morsleben. Schacht Konrad wird zu einem Endlager nach modernen Standards ausgebaut, er wird frühestens ab dem Jahr 2019 verfügbar sein.
- **Hochradioaktiver** Abfall ($> 10^{14}$ Bq/m^3, die Werte der zu lagernden Stoffe liegen i. Allg. deutlich darüber): Es handelt sich um wärmeentwickelnden Abfall, überwiegend um abgebrannte Brennstäbe. Sie werden zunächst in Abklingbecken in reinem Wasser über Jahrzehnte hinweg zwischengelagert und müssen gekühlt werden. Fällt die Kühlung dabei aus und fallen die Stäbe trocken, kommt es zu deren Erhitzung bis zur Schmelze bei ca. 900 °C (mit der Gefahr einer Kettenreaktion, wie in Block 4 des havarierten Fukushima-Kraftwerks geschehen, s. o.). Nach ausreichendem Abklingen der Radioaktivität werden die Brennstäbe in Glas eingeschmolzen oder/und in Metallbehälter eingeschlossen.

Weltweit gibt es bislang noch in keinem Land eine planmäßig betriebene Endlagerung. Konzepte sind in Arbeit. In Deutschland soll nach dem ‚Standortauswahlgesetz' (StandAG) der Standort für die Endlagerung bis 2031 festlegen und an diesem mit der Endentsorgung (der ‚Castoren') ab 2050 begonnen werden, gesteuert vom ‚Bundesamt für kerntechnische Entsorgung' (Planung 2016).

Für den dauerhaft sicheren Abschluss gegenüber der belebten Natur gibt es für die Lagerung im Wirtsgestein drei Optionen:

- Lagerung in **Salz**, es ist bis zu einer Temperatur 200 °C standfest, indessen wasserlöslich (bislang wurde in Deutschland der Salzstock Gorleben favorisiert),
- Lagerung in verfestigtem **Tongestein**, es ist praktisch gas- und wasserundurchlässig, allerdings nur bis 100 °C standfest; die Schicht sollte ausreichend mächtig und nicht wasserführend sein,
- Lagerung in Urgestein (**Granit**), es ist hochfest, hohlraumstabil, temperaturunempfindlich und wasserunauflöslich, indessen nur in nicht geklüftetem Gestein wasser- und gasdicht.

Es ist absehbar, dass es kaum gelingen wird, im dicht besiedelten Deutschland gegen den zu erwartenden Widerstand der Bevölkerung ein Endlager durchzusetzen. Man sollte versuchen, von vornherein mit ausländischen Partnern zu kooperieren.

1.2.5 Kernfusion (Kernverschmelzung)

1.2.5.1 Kernfusion in den Sternen

Wie in Abb. 1.66 dargestellt, wird bei der Kernfusion (Verschmelzung) **zweier** Nuklide leichter Elemente zu **einem** Kern Bindungsenergie frei (dabei entsteht ein neues Element). Auf diesem Prozess beruht die Energieabstrahlung der Sterne im All, einschließlich jene der Sonne. Dabei werden im Zentrum der Sterne schwere Kerne ‚erbrütet‘, beispielsweise Kohlenstoffkerne. In massereichen Sternen werden Kerne bis zu den Elementen Eisen und Nickel erbrütet. Bei einer Supernova hochmassereicher Sterne schließlich werden während der Explosion als Folge der ins Extreme ansteigenden Temperatur und Dichte Kerne bis hin zum Urannuklid erzeugt (Bd. III, Abschn. 3.9.8.5). So gesehen ist die Kernfusion der fundamentalste Prozess für alle energetischen und materiellen Wandlungen im Universum.

Die Kernverschmelzung im Inneren der Sterne setzt eine sehr hohe Temperatur voraus. Im Zentrum der Sonne beträgt sie etwa $15 \cdot 10^6$ K. Bei so hohen Temperaturen haben sich die Elektronen von den Kernen getrennt, die Materie befindet sich im Zustand eines Plasmas. Die massenhaft vorhandenen Wasserstoffkerne (= Protonen) durchlaufen die in Abb. 1.78 dargestellte sogenannte ‚Proton-Proton-Reaktion 1‘: In drei Schritten entsteht zunächst der Kern des ‚Schweren‘ Wasserstoffs (Deuterium, ^{2}H) und bei dessen anschließender Verschmelzung mit einem weiteren Wasserstoffkern ein Helium-3He-Kern; im letzten Schritt fusionieren zwei von ihnen zu einem Helium-4He-Kern, wobei zwei Protonen wieder frei gesetzt werden. Im Verlauf dieses Prozesses werden beim 1. Schritt ein Positron (= positiv geladenes Elektron) sowie ein Neutrino und beim 2. Schritt ein γ-Quant abgestrahlt. Sie sorgen für eine ausgeglichene Energie- und Impulsbilanz innerhalb des Prozesses.

Der 3. Schritt setzt voraus, dass zwei Fusionen des 2. Schrittes abgeschlossen sind:

$$1. \text{ Schritt:} \quad {}^1_1\text{H} + {}^1_1\text{H} \rightarrow {}^2_1\text{H} + e^+ + \nu$$

$$2. \text{ Schritt:} \quad {}^2_1\text{H} + {}^1_1\text{H} \rightarrow {}^3_2\text{He} + \gamma$$

$$3. \text{ Schritt:} \quad {}^3_2\text{He} + {}^3_2\text{He} \rightarrow {}^4_2\text{He} + {}^1_1\text{H} + {}^1_1\text{H}$$

Zusammengefasst:

$$2\left[{}^1_1\text{H} + {}^1_1\text{H} + {}^1_1\text{H}\right] \rightarrow {}^4_2\text{He} + 2 \cdot (e^+ + \nu + \gamma) + 2 \cdot {}^1_1\text{H}$$

$$4 \cdot {}^1_1\text{H} \rightarrow {}^4_2\text{He} + 2\,e^+ + 2\,\nu + 2\,\gamma$$

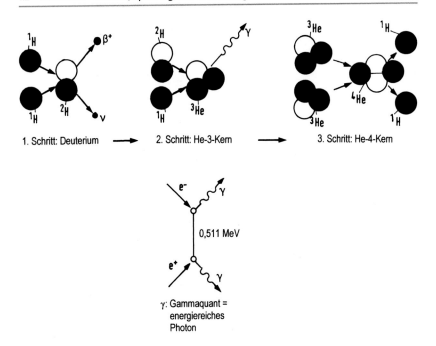

Abb. 1.78

Um die bei dem Prozess frei werdende Bindungsenergie berechnen zu können, wird die Massendifferenz bestimmt und gemäß $E = m \cdot c^2$ mit dem Quadrat der Lichtgeschwindigkeit multipliziert. Die Masse der vier Wasserstoffkerne (linke Seite der Gleichung) beträgt:

$$4 \cdot m_p = 4 \cdot 1{,}672\,622 \cdot 10^{-27} = \underline{6{,}690488 \cdot 10^{-27}\,\text{kg}}$$

Die Masse des Helium-4He-Kerns (rechte Seite der Gleichung) ist gleich der Masse des zugehörigen Atoms ($4{,}002603 \cdot u$) abzüglich der Masse zweier Elektronen ($m_e = 9{,}101383 \cdot 10^{-31}\,\text{kg}$). Atomare Masseneinheit: $u = 1{,}660539 \cdot 10^{-27}\,\text{kg}$:

$$4{,}002603 \cdot 1{,}660539 \cdot 10^{-27} - 2 \cdot 9{,}109383 \cdot 10^{-31}$$
$$= (6{,}646478 - 0{,}001822) \cdot 10^{-27} = \underline{6{,}644656 \cdot 10^{-27}\,\text{kg}}$$

Mit $c = 2{,}997925 \cdot 10^8$ m/s und 1 J $= 6{,}24 \cdot 10^{18}$ eV $= 6{,}24 \cdot 10^{12}$ MeV folgt:

$$\Delta E = \Delta m \cdot c^2 = (6{,}690488 - 6{,}644656) \cdot 10^{-27} \cdot (2{,}997925 \cdot 10^8)^2$$
$$= 4{,}119176 \cdot 10^{-12}\,\text{J} = 25{,}70 \cdot 10^6\,\text{eV} = \underline{25{,}70\,\text{MeV}}$$

Trifft ein Positron auf ein Elektron löschen die Teilchen sich gegenseitig aus, wobei die der Elektronenmasse äquivalente Energie frei wird:

$$(m_e)c^2 = [0{,}511\,\text{MeV}/c^2] \cdot c^2 = 0{,}511\,\text{MeV}$$

Bei dem oben geschilderten Prozess werden zwei Positronen/Elektronen gelöscht, dem entspricht eine Energie $1{,}022$ MeV. Dieser Betrag wird dem Prozess entzogen. Zusammengefasst wird die Energie

$$(25{,}70 - 1{,}022) = \underline{24{,}68\,\text{MeV}}$$

frei gesetzt.

Es entsteht die Frage, wie viel Masse die Sonne durch die Fusion permanent verliert und wie lange sie noch strahlen kann. In Bd. III, Abschn. 2.7.3 wurde die gesamte Strahlungsleistung der Sonne zu

$$3{,}826 \cdot 10^{20}\,\text{MW} = 3{,}826 \cdot 10^{26}\,\text{W} = 3{,}826 \cdot 10^{26}\,\frac{\text{J}}{\text{s}}$$

hergeleitet. Der Massenverlust pro Sekunde folgt daraus zu:

$$\Delta m \cdot c^2 = 3{,}826 \cdot 10^{26}\,\frac{\text{J}}{\text{s}}$$

zu:

$$\Delta m = \frac{3{,}826 \cdot 10^{26}\,\text{J/s}}{(3{,}0 \cdot 10^8)^2\,(\text{m/s})^2} = \underline{4{,}257 \cdot 10^9\,\text{kg/s}}$$

Ein Jahr hat $365 \cdot 24 \cdot 60 \cdot 60 = 31{,}536 \cdot 10^6$ Sekunden. Der jährliche Massenverlust beträgt demnach:

$$\Delta m = 4{,}257 \cdot 10^9\,\frac{\text{kg}}{\text{s}} \cdot 31{,}536 \cdot 10^6\,\frac{\text{s}}{\text{Jahr}} = 1{,}342 \cdot 10^{17}\,\text{kg/Jahr}$$

Wird das derzeitige Alter der Erde zu 4,7 Milliarden Jahre $= 4,7 \cdot 10^9$ Jahre angesetzt und war die Energieabstrahlung über diesen Zeitraum bis heute konstant, wurde bis dato eine Masse von

$$\Delta m = 1{,}342 \cdot 10^{17} \cdot 4{,}7 \cdot 10^9 = 6{,}307 \cdot 10^{26} \, \text{kg}$$

verstrahlt. Bezogen auf die jetzige Masse der Sonne mit $1{,}99 \cdot 10^{30}$ kg ist das der

$$\frac{6{,}307 \cdot 10^{26} \, \text{kg}}{1{,}99 \cdot 10^{30} \, \text{kg}} = 3{,}17 \cdot 10^{-4} \approx \frac{3}{10.000} \approx 3000\text{-stel Anteil.}$$

Hieraus kann indessen nicht geschlossen werden, die Brenndauer der Sonne würde nochmals das 3000-fache betragen. Tatsächlich wird sie nur noch zweimal so lange wie bisher strahlen, dann wird sie in den Zustand eines Roten Riesen übergehen. Das hat kernphysikalische Gründe, u. a. weil inzwischen ein nicht unbeträchtlicher Anteil des anfänglichen Wasserstoffs zu Helium verschmolzen worden ist.

Es waren H.A. BETHE (1906–2005, Nobelpreis 1967) und C.F. v. WEIZSÄCKER (1912–2007), die im Jahre 1938 den sogen. CNO-Zyklus als Energiequelle der Sterne entwickelten. Der Zyklus führt im Ergebnis zur selben Energiefreisetzung wie der zuvor behandelte Proton-Proton 1-Prozess, setzt indessen das Vorhandensein der Kerne der Elemente Kohlenstoff (C), Stickstoff (N) und Sauerstoff (O) voraus. Sie wirken quasi als Katalysatoren. Dazu müssen die Elemente erst erbrütet worden sein, was nur in Sternen mit sehr hoher Masse und entsprechend hoher Fusionstemperatur im Sternzentrum (ab ca. $15 \cdot 10^6$ K) möglich ist.

Wie in Bd. III, Abschn. 3.9.8, erläutert, entwickeln sich die Sterne aus einer riesigen Ansammlung von Staub- und Gaspartikel. Die Sterne jüngerer Generation sammeln auch die Reste ehemaliger Supernovae mit ein. Als Folge der Gravitation zwischen den Teilchen zieht sich die Materiewolke in Richtung auf den gemeinsamen Schwerpunkt zusammen. Da dieser ‚Körper' nicht zentralsymmetrisch strukturiert ist, beginnt er zu rotieren und nimmt die Form einer Scheibe an. Die Materie verdichtet sich zum Zentrum hin immer stärker und wird hier zur Kugelform. Temperatur und Druck wachsen progressiv. Die Materie geht in den Zustand eines Plasmas über. Der Abstand der positiv geladenen Kerne wird immer geringer. Bei einem mittleren gegenseitigen Abstand von ca. $1 \cdot 10^{-15}$ m dominiert die Kernkraft gegenüber der elektrischen Abstoßung. Die Kerne verschmelzen, die Fusion beginnt. Bei Sternen mittlerer Größe stellt sich ein lang andauernder stabiler Gleichgewichtszustand zwischen abgestrahlter und durch Fusion nachgelieferter Energie ein. Das ist bei der Sonne der Fall. Sterne mit deutlich größerer Masse ‚brennen heißer', ihr ‚Brennstoff' geht schneller zur Neige, sie ‚leben' nur

Abb. 1.79

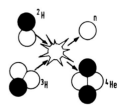

kurz und enden meist als Supernova (Bd. III, Abschn. 3.9.8.5). Bei den hierbei extrem ansteigenden Temperaturen im Moment des Supernova-Kollapses entstehen Kerne immer höherer Ordnung.

1.2.5.2 Thermonukleare Energiegewinnung

Im Jahre 1954 wurde die erste Wasserstoffbombe (über dem Bikini-Atoll) gezündet, weitere folgten (Abschn. 1.2.4.2). Die Energie stammte aus der unkontrollierten thermonuklearen Fusion. Die russische AN602 war im Jahre 1961 die stärkste Kernverschmelzungsbombe, ihre Sprengkraft lag über 50 Millionen Tonnen TNT (zur Wertung vgl. Bd. II, Abschn. 3.3.7, 10. Anmerkung). Das Bombenarsenal diente im ‚Kalten Krieg‘ (und wohl bis heute) der gegenseitigen Abschreckung und damit der Verhinderung eines weiteren globalen Weltkrieges. Vor dem Hintergrund einer solchen Gefahr apokalyptischen Ausmaßes war die **militärische Nutzung** der Kernspaltung und Kernverschmelzung wohl ethisch gerechtfertigt, ihr Rückbau in heutiger Zeit ist ebenso ethisch zwingend.

Der **zivilen Nutzung** der Kernfusion widmet sich die Forschung seit 60 Jahren. Das Ziel besteht darin, einen stabilen kontrollierten Fusionsprozess technisch zu entwickeln, bei welchem die frei gesetzte Energie die Fusion aufrecht erhält **und** zusätzliche Nutzenergie anfällt. Mit letzterer wird ein Wärmekraftwerk betrieben und Strom erzeugt. Ein ehrgeiziges und kühnes Projekt!

Der solare P-P-1-Prozess kommt für eine Reaktorfusion nicht infrage, da die Fusion zu langsam verläuft, die Energiefreisetzungsrate wäre zu gering. Seitens der Plasmaphysik wird die D-T-Fusion favorisiert, weil sie sehr effizient arbeitet: Ein Kern des Schweren Wasserstoffs (Deuterium-Kern ^{2}H) verschmilzt mit dem Kern eines Überschweren Wasserstoffkerns (Tritium-Kern, ^{3}H) zu einem Helium-4-Kern (^{4}He), wobei ein Neutron frei wird (Abb. 1.79). Da sich der hohe Druck und die hiermit verbundene hohe Kerndichte, wie sie im Sterninneren dank der Gravitation herrscht, im Reaktor nicht realisieren lässt, muss die Temperatur im Reaktor gegenüber jener im Sternzentrum, nochmals deutlich höher liegen. Sie muss so hoch liegen, dass die Kerne eine ausreichend hohe kinetische (Stoß-)Energie zur Überwindung der elektrischen Abstoßung zwischen den ionisierten Kernen erhalten. Die Temperatur sollte (gegenüber $15 \cdot 10^6$ K in der Sonne) einen Wert um $100 \cdot 10^6$ K erreichen, oder, wenn technisch möglich, einen Wert $300 \cdot 10^6$ K. Das lässt sich technisch nur realisieren, wenn das heiße Plasma innerhalb des Reaktors durch ein Magnetfeld gebündelt und von den Behälterwänden ferngehalten wird. Zum Aufbau eines solchen Magnetfeldes bedarf es einer anfänglich hohen elektrischen Energie, wodurch sich das Plasma im Reaktor aufheizt (Hochfrequenzheizung). Das Plasma liegt jetzt im Zustand höchster Verdünnung vor, eigentlich eher im Zustand eines Vakuums. Im Falle eines stabilen Fusionsfeuers wird das Plasma von der frei gesetzten Energie auf der für die Verschmelzung notwendigen hohen Temperatur gehalten. Es wird angestrebt, dass 20 % der frei werdenden Energie das Plasma aufheizt und der restliche Teil als Wärme auf Kühlmittel, die in den Behälterwänden liegen, z. B. Wasser oder Helium, übertragen wird. Die übertragene Wärme wird über Wärmetauscher einem Dampferzeuger zugeführt. Der Dampf treibt im Kraftwerk die Turbine und diese den Generator.

Der Prozess setzt die Verfügbarkeit von Tritium voraus. Dieses wird im Reaktor parallel zur Fusion mit deren Energie erbrütet. Lithium ist von allen Metallen das leichteste. Es liegt in der Reaktorwand. Die frei gesetzten Neutronen können das Magnetfeld verlassen. Treffen sie den Kern eines Lithium-6-Isotops, zerfällt es in einen Helium- und einen Tritiumkern. Das ist ein radioaktiver Prozess. Das bedeutet, die Wandung des Reaktors wird durch den Neutronenbeschuss radioaktiv belastet. Bei einem künftigen Rückbau müssten die Teile entsorgt werden. Im Vergleich zu einem Kernspaltungsreaktor ist die radioaktivierte Menge indessen deutlich geringer. Die Halbwertszeit von Tritium beträgt 12,3 Jahre.

Die Vorteile der thermonuklearen Energieerzeugung sind:

- Absolute kerntechnische Sicherheit: Bei einem Aussetzen der Energieversorgung und damit einem Zusammenbruch des magnetischen Käfigs, kühlt das Gas augenblicklich ab, der Fusionsprozess stoppt sofort.
- Klimaschädliches CO_2 fällt nicht an.
- Deuterium steht unbeschränkt zur Verfügung, für Lithium gilt das in Grenzen auch.
- Die Menge der kontaminierten Teile ist relativ gering, sie lassen sich vergleichsweise einfacher entsorgen.

Der Bau einer Fusionsreaktoranlage ist kapitalintensiv. Es ist noch viel Forschungsarbeit zu leisten, ein Gelingen ist keinesfalls sicher. Die zentrale Aufgabe besteht nach wie vor darin, das heiße Plasma magnetisch sicher einzuschließen.

An zwei Einschlussformen wird intensiv geforscht, dem **Stellarator-Prinzip** und dem **Tokamak-Prinzip**. Die Grundidee zu ersterem geht auf L. SPITZER

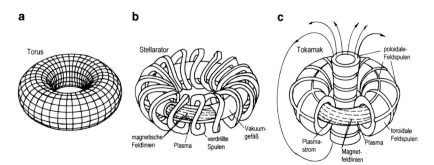

Abb. 1.80

(1914–1997) zurück, die Idee zu letzterem auf I.G. TAMM (1895–1971) und A.D. SACHAROW (1921–1989). In beiden Fällen fielen die Vorschläge in die Zeit Anfang der fünfziger Jahre des letzten Jahrhunderts. Gemeinsam ist beiden Prinzipien ein kreisringförmiger Einschluss in Form eines Torus (Abb. 1.80a).

Nimmt das Plasma durch die torodiale Ringform des Reaktors eine entsprechende Form an, ist seine Dichte innerhalb des Volumens sehr ungleich verteilt (inhomogen). Durch die genannten Einschlussformen soll erreicht werden, dass sich im gesamten Volumen eine möglichst gleichförmige Plasmadichte einstellt. Beim Stellarator gelingt das durch speziell verdrillte Magnetspulen, die ihrerseits ein verdrilltes Magnetfeld induzieren (Abb. 1.80b). Beim Tokamak wird die Verschraubung der Magnetfeldlinien durch einen torusförmigen Strom im Plasma erzeugt, der gleichzeitig das Plasma aufheizt (Abb. 1.80c). Dazu muss der von den poloidalen Feldspulen induzierte Strom gepulst eingetragen werden. Diesen Nachteil hat der Stellarator nicht, er eignet sich für einen kontinuierlichen Dauerbetrieb.

Bislang wurden an fünf größeren Forschungsreaktoren nach dem Tokamak-Prinzip Fusionsversuche durchgeführt (TEXTOR 1982, JET 1983, TORE SUPRA 1988, FT-Upgrade 1989, ASDEX-Upgrade 1991). Im Jahre 1997 konnte im Jet-Reaktor eine kurzzeitige Fusionsleistung von 16 MW erzeugt werden.

Fertig gestellt wurde inzwischen der Stellarator-Versuchsreaktor WENDEL-STEIN 7-x in Greifswald (2015). – Im Bau befindet sich der große Tokamak-Versuchs-Reaktor ITER, ein Gemeinschaftsunternehmen der Länder Europas, der USA, Japans, Russlands, Chinas, Südkoreas und Indiens. Der Reaktor entsteht in Cadarache (Frankreich). Der Reaktor wird ein Plasmavolumen von $837\,\mathrm{m}^3$ haben, wird $30\,\mathrm{m}$ hoch sein und einen Gesamtdurchmesser von $30\,\mathrm{m}$ aufweisen (Abb. 1.81). Es wird eine Fusionsleistung von $500\,\mathrm{MW}$ über eine Brenndauer von ≥ 300 Sekunden angestrebt, Abkühlung der Magnetspulen auf $-270\,^\circ\mathrm{C}$. Geplanter Betriebsbeginn: 2020. Als Baukosten sind 15 Milliarden Euro eingeplant. Nach al-

einzelne Person

Quelle: iter.org

Fusionsreaktor ITER, seit 2007 in Bau

Abb. 1.81

ler Erfahrung werden diese Vorgaben eher nicht einzuhalten sein. (Die bisherigen Kosten für das ISS-Programm liegen bei 100 Milliarden €.) Sollte das ITER-Projekt gelingen, ist das erste kommerzielle Fusionskraftwerk für 2050 geplant (DEMO). Um die Jahrhundertwende 2100 könnte der Strombedarf dann zu 20 bis 30 % durch Fusion gedeckt werden. Sind diese Ziele eine Illusion? Verdienstvoll sind die dem Ziel gewidmeten Anstrengungen und Aufwendungen allemal! Zur Physik und Technik vgl. auch [49–52].

1.2.5.3 Ergänzungen und Beispiele

1. Beispiel
Ausgehend von den relativen Atommassen für Deuterium $^2_1$H: 2,014101 und Tritium $^3_1$H: 3,016049 sowie für das Helium-Isotop $^4_2$He: 4,002603, sei die frei werdende Fusionsenergie

der D-T-Reaktion gesucht (Abb. 1.79):

$$\,^2_1\text{H} + \,^3_1\text{H} \rightarrow \,^4_2\text{He} + \text{n}$$

Da sich an der Anzahl der Elektronen bei der Reaktion (vgl. linke und rechte Seite der Gleichung) nichts ändert, kann die Massendifferenz der Kerne aus der Massendifferenz der Atome berechnet werden:

$$(2{,}014\,101 + 3{,}016\,049 - 4{,}002\,603) \cdot u = 1{,}027\,548 \cdot 1{,}660\,539 \cdot 10^{-27} = 1{,}706\,284 \cdot 10^{-27}$$

Hiervon ist die Masse des frei werden Neutrons in Abzug zu bringen ($1{,}674\,927 \cdot 10^{-27}$ kg):

$$\Delta m = (1{,}706\,284 - 1{,}674\,927) \cdot 10^{-27} = 0{,}031\,357 \cdot 10^{-27}\,\text{kg}$$

$$\Delta E = \Delta m \cdot c^2 = 0{,}031\,357 \cdot 10^{-27} \cdot (2{,}997\,925 \cdot 10^8)^2 = 2{,}818\,230 \cdot 10^{-12}\,\text{J} = \underline{17{,}59\,\text{MeV}}$$

ΔE teilt sich auf $^4_2$He und das Neutron im Verhältnis 3,52 MeV zu 14,07 MeV auf.

2. Beispiel

Bei der zuvor behandelten Reaktion betrage die Temperatur $100 \cdot 10^6$ K. Die mittlere Geschwindigkeit der Deuterium- und Tritiumkerne sei unter der Annahme gesucht, dass das Plasmagas wie ein ideales Gas betrachtet werden kann. Dann kann die mittlere kinetische Energie der Teilchen (hier der Kerne) nach der Formel

$$\langle E_{\text{kin}} \rangle = \frac{3}{2} k_B \cdot T \quad \text{mit } k_B = 1{,}381 \cdot 10^{-23}\,\text{J/K}$$

bestimmt werden. k_B ist die Boltzmann-Konstante, vgl. Bd. II, Abschn. 3.2.5.5:

$$\overline{E_{\text{kin}}} = \langle E_{\text{kin}} \rangle = \frac{3}{2} \cdot 1{,}381 \cdot 10^{-23} \cdot 100 \cdot 10^6 = \underline{2{,}0715 \cdot 10^{-15}\,\text{J}}$$

Die mittlere Geschwindigkeit folgt aus:

$$\frac{1}{2} m \cdot \overline{v^2} = \overline{E_{\text{kin}}} \quad \rightarrow \quad \bar{v} = \sqrt{\overline{v^2}} = \sqrt{\frac{2 \cdot \overline{E_{\text{kin}}}}{m}}$$

Die Kernmasse lässt sich aus der Atommasse, abzüglich der Elektronenmasse, ermitteln. Wenn sie bekannt ist, berechnet sich die mittlere Geschwindigkeit nach der angegebenen Formel. Die relative Elektronenmasse ist: 0,000549:

$$^2_1\text{H:} \qquad m = (2{,}014\,101 - 0{,}000\,549) \cdot 1{,}660\,539 \cdot 10^{-27} = \underline{3{,}344 \cdot 10^{-27}}$$

$$\rightarrow \quad \bar{v} = \sqrt{\frac{2 \cdot 2{,}0715 \cdot 10^{-15}}{3{,}344 \cdot 10^{-27}}} = \underline{1{,}113 \cdot 10^6\,\text{m/s}}$$

$$^3_1\text{H:} \qquad m = (3{,}016\,049 - 0{,}000\,549) \cdot 1{,}660\,539 \cdot 10^{-27} = \underline{5{,}007 \cdot 10^{-27}}$$

$$\rightarrow \quad \bar{v} = \sqrt{\frac{2 \cdot 2{,}0715 \cdot 10^{-15}}{5{,}007 \cdot 10^{-27}}} = \underline{0{,}910 \cdot 10^6\,\text{m/s}}$$

Abb. 1.82

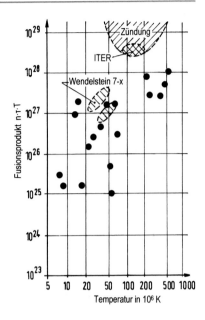

3. Beispiel

Damit sich eine selbsttragende Fusion einstellt, muss die von J.D. LAWSON (1923–2008) angegebene Bedingung

$$n \cdot \tau \cdot T > 6 \cdot 10^{28}$$

(in der Einheit $s \cdot K/m^3$) während des Fusionsprozesses eingehalten werden. Hierin bedeuten: n: Teilchendichte der reaktionsfähigen Kerne im Fusionsvolumen, τ: Einschlusszeit der stabilen Plasmafusion in s, T: Temperatur im Plasma in K. – Die Wahrscheinlichkeit dafür, dass zwei Kerne fusionieren, steigt mit dem Anstieg der Parameter n, τ und T, das ist einsichtig. Die Gesamtwahrscheinlichkeit ist das Produkt aus den Einzelwahrscheinlichkeiten.

Beispielsweise müsste bei einer Teilchendichte $n = 0{,}5 \cdot 10^{20}/m^3$ und einer angestrebten Einschlusszeit von $\tau = 10\,s$, die Temperatur höher liegen als

$$T > \frac{6 \cdot 10^{28}}{n \cdot \tau} = \frac{6 \cdot 10^{28}}{0{,}5 \cdot 10^{20} \cdot 10} = 120 \cdot 10^6 \, K$$

$n \cdot \tau \cdot T$ beträgt

$$0{,}5 \cdot 10^{20} \cdot 10 \cdot 120 \cdot 10^6 = \underline{6 \cdot 10^{28}}.$$

Abb. 1.82 zeigt die bislang in Versuchsfusionsreaktoren erreichten $n \cdot \tau \cdot T$-Werte und jenen Bereich, in dem der ITER-Reaktor arbeiten soll.

1.3 Elementarteilchen

1.3.1 Vorbemerkung – Hochenergiephysik

Grundbausteine aller Materie, der kalten wie der strahlenden, der anorganischen wie der organischen, der toten wie der lebenden, sind, wie dargestellt, die Moleküle. Sie bestehen ihrerseits aus den Atomen der 92 ,natürlichen' chemischen Elemente (Größenordnung 10^{-10} m). – Die Vorstellung, die Atome seien die kleinsten unteilbaren Bausteine der Natur ($\alpha\tau o\mu o\nu$, das Unteilbare), musste Anfang des 20. Jahrhunderts aufgegeben werden. Es wurde erkannt, dass Atome aus einem Kern (Größenordnung 10^{-14} m) und aus einer Elektronenhülle (e) bestehen. Aus der Hülle werden Lichtteilchen (Photonen γ) emittiert oder von ihr absorbiert. Stammen die Photonen aus dem kernnahen Bereich der Hülle, sind sie sehr energiereich. Auch wurde erkannt, dass die Atomkerne strukturiert sind und sich aus Protonen (p) und Neutronen (n) aufbauen, letzteres wurde erst im Jahre 1932 experimentell bestätigt. Mit p, n, e und γ waren anfangs alle wichtigen **atomaren Teilchen** bekannt. Dass es darüber hinaus weitere **subatomare Teilchen** gibt, wurde in den folgenden Jahren theoretisch vorhergesagt und experimentell abgeklärt, und das dank der Erforschung

- der radioaktiven Strahlung,
- der extraterrestrischen Höhenstrahlung und
- der Teilchenstrahlung in dafür speziell gebauten Beschleunigungsanlagen.

Mit solchen Hochenergieanlagen gelang ein immer tieferer Blick in das Innere der Materie und ein immer tieferes Verständnis der Wechselwirkung der Teilchen untereinander, also der Kräfte, die alles zusammen halten.

Bei den Beschleunigern handelt sich um aufwändige und komplizierte technische Geräte. Mit ihnen etablierte sich die Hochenergiephysik als neues Teilgebiet der Physik. Es ist Physik und Technik der Superlative! Die Theorie der Elementarteilchen ist ein spannendes Gebiet der Physik und Gegenstand der Forschung [53–61].

Abb. 1.83 zeigt exemplarisch das in einem Detektor erscheinende Spurenbild der ,Kollisionstrümmer'. Aus solchen Befunden versucht der Teilchenphysiker zu ergründen, was die *Natur im Innersten zusammenhält*. Die Forschung ist inzwischen so weit fortgeschritten, dass ein **Standardmodell der Teilchenphysik** propagiert werden kann, in engem Verbund mit dem **Standardmodell der Kosmologie** (Bd. III, Abschn. 4.3).

Trifft ein Teilchen der Masse m mit hoher Geschwindigkeit v, also mit hohem Impuls ($p = m \cdot v$) und hoher kinetischer Energie ($E = 1/2 \cdot m \cdot v^2$), auf ein

Abb. 1.83

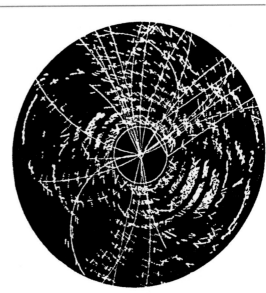

anderes Teilchen (Target: Ziel), können bei dem Stoß neue Teilchen entstehen. Dabei werden aus dem stoßenden und dem gestoßenen Teilchen i. Allg. mehrere neue Teilchen generiert. Die neuen Teilchen bestehen nicht aus Teilstücken der alten Teilchen. Es sind neue Teilchen mit für sie spezifischen Eigenschaften, wirklich neue Teilchen. Wohl bleibt die Summe der Eigenschaften vor und nach dem Stoß erhalten, wie Energie (Masse), Impuls, Drehimpuls, Spin, elektrische Ladung und weitere.

Je höher die Masse und die Geschwindigkeit der an der Kollision beteiligten Teilchen sind, umso höher ist die Wucht des Aufpralls, umso höher muss die von der Anlage für die Teilchenbeschleunigung aufgebrachte Antriebsenergie sein. – Da die Teilchen mit Hoch- bis Höchstgeschwindigkeit aufeinanderprallen, bedarf es der Speziellen Relativitätstheorie, um die Versuchsergebnisse interpretieren zu können.

1.3.2 Teilcheneigenschaften

Die Teilchen lassen sich anhand ihrer Eigenschaften erkennen (detektieren): Neben den früh erkannten Eigenschaften (Ruhe)Masse, elektrische Ladung und Spin, wurden weitere erkannt bzw. zwecks Klassifizierung eingeführt.

- **Masse:** Die Masse wird i. Allg. gemäß der Fundamentalbeziehung $E = mc^2$ in der Form

$$m = \frac{E}{c^2} \quad \text{in der Einheit} \quad \frac{J}{c^2} \text{ oder } \frac{eV}{c^2}$$

angegeben. Umrechnung: $1\,J = 6{,}242 \cdot 10^{18}\,eV = 6{,}242 \cdot 10^{12}\,MeV$. Die Masse der Teilchen ist nicht quantisiert, d. h. sie können jeden beliebigen Wert annehmen.

- **Ladung:** Die elektrische Elementarladung beträgt: $e = 1{,}602176 \cdot 10^{-19}\,C$. (C: Coulomb, vgl. Bd. III, Kap. 1.2.1). Die Ladung der Teilchen ist quantisiert, d. h. die Ladung kann nur einen ganzzahligen Wert der Elementarladung annehmen. Ausnahmen bilden gewisse subatomare Teilchen wie die Quarks. In ihnen tritt die Ladung als 1/3 oder als 2/3 von e auf. Es gibt auch ladungsfreie Teilchen, wie Neutronen und Neutrinos.

- **Spin:** Die Fundamentalteilchen werden als Punktgrößen begriffen. Insofern kann ihr Spin nicht als Eigendrehimpuls gedeutet werden. Der Anschauung wegen geschieht das dennoch, ist aber falsch, denn dazu müsste das Teilchen körperhaft sein, z. B. eine Kugel mit einem Eigenträgheitsmoment J. Überwiegend haben die Teilchen die Spinzahl $s = 1/2$ wie im Falle der Protonen, Neutronen, Elektronen und Neutrinos, man spricht von den Spin-1/2-Teilchen. Daneben gibt es solche mit einem ganzzahlig Mehrfachen von $s = 1/2$. Sie unterliegen alle dem Pauli-Prinzip; nur bei jenen mit $s = 0, 1, 2, \ldots$ ist das nicht der Fall. Der Spin ist ein Vektor. Beim Elektron hat der Spin die Größe:

$$+\frac{1}{2}\hbar \text{ oder } -\frac{1}{2}\hbar \quad \text{mit } \hbar = \frac{h}{2\pi} = \frac{6{,}626069 \cdot 10^{-34}}{2\pi} = 1{,}05 \cdot 10^{-34}\,J \cdot s,$$

h: Planck'sches Wirkungsquantum.

Bewegt sich ein Fundamentalteilchen um eine Achse, besitzt es (wie ein materielles Teilchen in der Mechanik) einen Drehimpuls. Dieser und die zugehörige Energie sind quantisiert, sie bestimmen die Feinstruktur im Spektrum. – Systeme, die sich aus Teilchen zusammensetzen, haben neben einem Eigendrehimpuls, bezogen auf die Systemeigenachse, einen Bahndrehimpuls (am Hebelarm in Bezug zur Rotationsachse des Systems).

Darüber hinaus haben Teilchen und aus ihnen gebildete Systeme ein magnetisches Moment (Magneton), das sich aus dem magnetischen Moment des Spins und jenem des magnetischen Bahndrehimpulses zusammensetzt.

Beim Bohr-Sommerfeld'schen Schalenmodell sind die verschiedenen Quantengrößen auf **atomarer** Ebene übersichtlich geordnet. Diese Ordnung bildet die

Basis für die moderne Chemie. Im **subatomaren** Bereich versuchen die Quanten-
mechaniker eine vergleichbare Ordnung herzustellen, einschließlich ihrer Wechselwirkungen. Es sind solche Teilchen,

- aus denen sich die Materie unterhalb der Atomebene aufbaut und
- solche, die die vier Grundkräfte zwischen den Elementarteilchen, also Anziehung und Abstoßung, bewirken.

Diese Aufgaben erfüllen die Teilchen einheitlich im gesamten Kosmos und das von
Anfang an, so postuliert es die Theorie!

Es sind wohl ca. 200 Elementarteilchen bekannt. Sie sind überwiegend instabil
und zerfallen meist in kürzester Zeit in leichtere und schließlich stabile Teile. Es
ist ein schwieriges Unterfangen, die ihnen zugrundeliegende Ordnung zu erkennen. Vielfach spricht man despektierlich von einem Teilchenzoo, den die Physiker
zusammengestellt haben. Vielleicht sollte man eher von einem Teilchenzirkus sprechen und die experimentellen Teilchenphysiker als Dompteure bezeichnen und ihre
theoretischen Partner als Artisten. Die Mathematiker und Informatiker bilden die
Zirkuskapelle, sie macht die Musik. Manchen Partien fehlt es noch an Harmonie.
Bis ‚Die Vollendete‘ gespielt werden kann, muss im Zirkus noch viel geprobt werden. Als Dirigenten werden sich noch viele Nobelpreisträger ablösen.

1.3.3 Entdeckung der Teilchen

In Verbindung und im Anschluss mit der Abklärung der Radioaktivität durch
A.H. BECQUEREL, durch das Ehepaar P. und M. CURIE und schließlich durch
E. RUTHERFORD und andere, u. a.: H. GEIGER (1882–1945), P.M. BLACKETT
(1897–1974), wurden viele weitere, bis dahin unbekannte Teilchen entdeckt. –

Wie dargestellt, werden bei radioaktiven Zerfällen eines instabilen Kerns (meist
über eine Zerfallskette) drei Teilchen frei (Abschn. 1.2.3.1):

- das α-Teilchen, es ist schwer, hat eine geringe Reichweite, es handelt sich um
  Heliumkerne $^4_2$He,
- das β-Teilchen, es ist ein aus dem Kern eines Atoms ausgestoßenes Elektron
  hoher Energie und
- das γ-Teilchen, es handelt sich um ein hochenergetisches Photon.

Es konnte bzw. kann gezeigt werden, dass beim radioaktiven Zerfall den Erhal-
tungssätzen genügt wird, dem Drehimpulserhalt beim β-Zerfall indessen nicht!
Daraus folgerte W. PAULI im Jahre 1930, es müsse noch ein weiteres Teilchen

	Teilchenname	Kürzel	Lebensdauer in Sekunden	Ruhemasse in MeV/c^2	Ladung in e	Spin in λ
Leptonen	Elektron	e	stabil	0,511	−1	½
	Myon	μ	$2,2 \cdot 10^{-6}$	105,7	−1	½
	Tau(on)	τ	$2,9 \cdot 10^{-13}$	1772	−1	½
	Elektron-Neutrino	ν_e	stabil	$0 (< 2 \cdot 10^{-6})$	0	½
	Myon-Neutrino	ν_μ	stabil	$0 (< 0,17)$	0	½
	Tau-Neutrino	ν_τ	stabil	$0 (< 15,6)$	0	½

Abb. 1.84

geben. Das Teilchen konnte erst im Jahre 1955 experimentell nachgewiesen werden und trägt den Namen **Neutrino** (ν). Es ist ladungsneutral, hat den Spin $\hbar/2$ und eine sehr geringe Masse. Unterschieden werden drei Neutrinoarten, das Elektron-Neutrino (ν_e), das My-Neutrino (ν_μ) und das Tau-Neutrino (ν_τ). Ihre Ruhemassen sind sehr unterschiedlich. Es war lange umstritten, ob sie überhaupt über eine Ruhemasse verfügen. Sie dürften eine haben, denn ihre Geschwindigkeit liegt geringfügig unter der Lichtgeschwindigkeit. Als obere Grenzwerte gelten für die drei Arten $5\,\text{eV}/c^2$, $270\,\text{keV}/c^2$ bzw. $24\,\text{MeV}/c^2$. Da die Neutrinos so winzig und elektrisch neutral sind, durchdringen sie selbst die größten Materieansammlungen wechselwirkungsfrei, etwa einen Himmelskörper. Aus demselben Grund sind sie extrem schwierig zu detektieren.

Aus der Höhenstrahlung konnten im Jahre 1937 das **Myon** (τ) und im Jahre 1947 das **Meson** (π) entdeckt werden.

Und so ging es im Zuge der Experimente mit Hilfe der hierzu gebauten Teilchenbeschleuniger weiter, die Anregungsenergien wurden in den Anlagen immer größer.

In Abb. 1.84 sind die zur Gruppe der **Leptonen** gehörenden Teilchen mit ihren Kennwerten zusammengestellt. Es handelt sich um sehr leichte Teilchen, das Elektron gehört dazu. Die Leptonen werden als **elementar** angesehen, das bedeutet, sie setzen sich nicht aus nochmals kleineren Teilchen zusammen. –

In der Tabelle der Abb. 1.85 sind die wichtigsten **Hadronen** zusammengefasst. Sie alle setzen sich nochmals aus kleineren Teilchen zusammen(!), aus den Quarks, vgl. Abschn. 1.3.7. Die Hadronen werden in die **Mesonen** und **Baryonen** unterteilt, letztere unterscheiden sich im Spin (Spalte 4). – Auf die Spezifika der diversen Teilchen wird hier nicht eingegangen. Das Fachschrifttum gibt Auskunft.

		Teilchenname		1	2	3	4	5	6	7	8
Hadronen	Mesonen	Pion	π^0	$8,5\cdot10^{-17}$	135,0	0	0		0	1	0
		Pion	$\pi^\pm$	$2,6\cdot10^{-8}$	139,6	±1	0		0	1	$\mp$
			ω	$7,8\cdot10^{-22}$	782,7	0	0		0		
		Eta	η^0	$2\cdot10^{-19}$	547,9	0	0		0	0	0
		Kaon	K^+	$1,24\cdot10^{-8}$	493,7	+1	0		1	½	+½
		Kaon	K^0	$0,88\cdot10^{-10}$	497,6	0	0		1	½	−½
	Baryonen	Proton	p	∞	938,3	0	½	1	0	½	−½
		Neutron	n	886	939,6	0	½	1	0	½	+½
		Lambda	Λ^0	$2,6\cdot10^{-10}$	1116	−1	½	1	−1	0	0
		Sigma	Σ^-	$1,5\cdot10^{-10}$	1197	−1	½	1	−1	1	−1
		Sigma	Σ^0	$7,4\cdot10^{-20}$	1193	−1	½	1	−1	1	0
		Sigma	Σ^+	$0,8\cdot10^{-10}$	1189	−1	½	1	−1	1	+1
		Xi	Ξ^-	$1,6\cdot10^{-10}$	1321	−2	½	1	−2	½	−½
		Xi	Ξ^0	$2,9\cdot10^{-10}$	1315	−2	½	1	−2	½	+½
		Omega	Ω^-	$0,8\cdot10^{-10}$	1672	−3	$3\cdot$½	1	−3	0	0

1: Lebensdauer in Sekunden (s), 2: Ruhemasse in MeV/c², 3: Ladung in e,
4: Spin in $\hbar = h/2\pi$, 5: B, Baryonenzahl, 6: S, Strangess, 7: I, Isospin,
8: I_3, Isospin-Einstellung

Abb. 1.85

1.3.4 Detektoren

Nicht nur die Beschleunigungsanlagen, auch die Detektoren wurden immer leistungsstärker. In der Pionierzeit der Teilchenphysik konnten mit relativ einfachen
Geräten bedeutende Erkenntnisse gewonnen werden
    Nach dem im Jahre 1928 von H. GEIGER (1882–1945) und W. MÜLLER
(1905–1979) erfundenen Prinzip werden heute noch **Geiger-Müller-Zählrohre** in
unterschiedlichen Versionen gebaut. Abb. 1.86 zeigt den prinzipiellen Aufbau des
Gerätes im Längsschnitt: Im Zentrum eines metallischen Rohres liegt der Zähldraht, der über einen hochohmigen Widerstand (R) und über eine Batterie mit dem
Metallrohr verbunden ist. Unter Strom baut sich um den Zählstab ein zentralsym-
metrisches elektrisches Feld auf. Tritt durch das vordere Fenster ein radioaktives

Abb. 1.86   Geiger-Müller-Zählrohr (Prinzip)

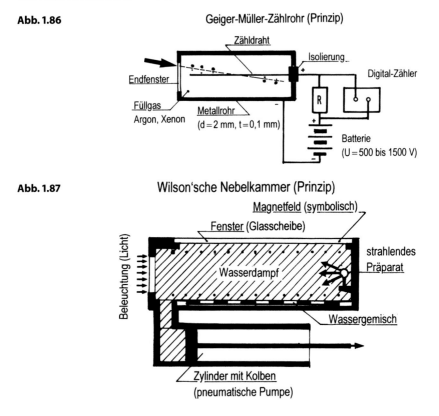

Abb. 1.87   Wilson'sche Nebelkammer (Prinzip)

Teilchen, kommt es entlang der Spur zu einer (Primär)Ionisation der Füllgasatome. Die positiven Ionen bewegen sich in Richtung auf das Metallrohr (langsam, weil schwer und träge). Die im Vergleich nahezu schwerelosen negativen Elektronen bewegen sich dagegen stark beschleunigt in Richtung auf den Zähldraht, wobei es zu einer weiteren lawinenartigen Sekundär-Stoßionisation kommt. Der Stromkreis ist kurzzeitig geschlossen, am Widerstand wird ein Strompuls ausgelöst. Die Entladung wird registriert. Die Höhe der angelegten Spannung bestimmt die Arbeitsweise des Gerätes. Aus der Zählrate (Pulse pro Zeiteinheit) kann auf die Art der radioaktiven Substanz geschlossen werden. Von α-Strahlen geht eine starke ionisierende Wirkung aus, von β-Strahlen eine deutlich schwächere.

Ab dem Jahre 1911 stand die von C.T.R. WILSON (1869–1959, Nobelpreis 1927) entwickelte und nach ihm benannte **Nebelkammer** als Teilchen-Detektor zur Verfügung. In der Kammer ist ein Magnetfeld aufgespannt. In Abb. 1.87 ist

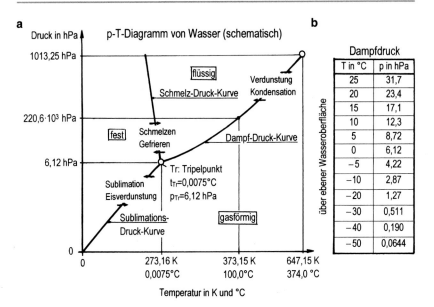

a

Druck in hPa

p-T-Diagramm von Wasser (schematisch)

b

Dampfdruck

T in °C	p in hPa
25	31,7
20	23,4
15	17,1
10	12,3
5	8,72
0	6,12
−5	4,22
−10	2,87
−20	1,27
−30	0,511
−40	0,190
−50	0,0644

Abb. 1.88

der Aufbau einer solchen Kammer dargestellt. Beim Betrieb muss der Innenraum der Kammer absolut staubfrei sein. Der Kammerboden ist mit einer Flüssigkeit (Wassergemisch aus Alkohol, Spiritus u. a.) befeuchtet, die Flüssigkeit wird leicht erwärmt und verdunstet, bis sich ein Sättigungsdampfdruck einstellt, der mit der Temperatur im Kammerinneren korrespondiert. Dann besteht thermodynamisches Gleichgewicht.

In Abb. 1.88 ist die **Sättigungsdampfdruckkurve** für Wasser dargestellt; in der beigefügten Tabelle sind Sättigungswerte ausgewiesen.

Mit Hilfe einer pneumatischen Pumpe lässt sich das Gasvolumen in der Nebelkammer verändern. Wird der Kolben gezogen, vergrößert sich das Volumen. Wenn kein Wärmeübergang nach außen stattfindet, liegt adiabatische Expansion vor (Bd. II, Abschn. 3.4.3). Die Temperatur sinkt, es tritt eine Unterkühlung des Gases ein. Für die abgesunkene Temperatur liegt auch der Sättigungsdruck niedriger. – Durchdringt ein Teilchen den Kammerraum, entsteht im Nachlauf für kurze Zeit eine Kondensspur, ähnlich einem Kondensstreifen hinter einem Flugzeug, in diesem Falle sind es die Verbrennungspartikel, an denen der übersättigte Wasserdampf in eisiger Höhe bei klarer Luft zu Nebel kondensiert. –

Abb. 1.89

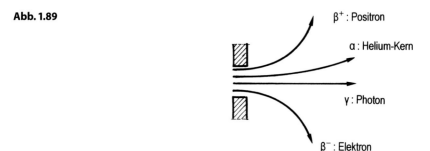

Sind die Teilchen beim Durchdringen der Kammer elektrisch geladen, werden sie magnetisch abgelenkt, die Spur ist gekrümmt, wie in Abb. 1.89 angedeutet. Die Spurlänge ist von der Teilchenenergie abhängig. Die Lichtphotonen der Kammerausleuchtung werden beim Auftreffen auf die Wassertröpfchen gestreut. Die Spur kann visuell oder fotographisch beobachtet bzw. festgehalten werden, meist ist das nur kurzzeitig bis zum alsbald einsetzenden Wärmeausgleich in der Kammer möglich. Das hat einen diskontinuierlichen Betrieb zur Folge. Später stand die sogen. Diffusionskammer mit der Möglichkeit eines stetigen Messbetriebs zur Verfügung.

Beispiel
Die bei einer adiabatischen Expansion anzuwendenden Gesetze für Druck und Temperatur lauten (Bd. II, Abschn. 3.4.3):

$$\frac{p_1}{p_2} \left(\frac{V_1}{V_2} \right)^\kappa = 1 \quad \rightarrow \quad p_2 = p_1 \cdot \left(\frac{V_1}{V_2} \right)^\kappa$$

$$\frac{T_1}{T_2} \left(\frac{V_1}{V_2} \right)^{\kappa-1} = 1 \quad \rightarrow \quad T_2 = T_1 \cdot \left(\frac{V_1}{V_2} \right)^{\kappa-1}$$

κ ist der Adiabatenkoeffizient. Für das Luftgemisch (in der Kammer) gilt: $\kappa = 1,4$. – Das anfängliche Volumen (V_1) werde beim Ziehen des Kolbens um 35 % vergrößert: $V_2 = 1,35 \cdot V_1$. Der Druck sinkt von p_1 auf p_2 und die Temperatur von T_1 auf T_2:

$$p_2 = p_1 \cdot \left(\frac{V_1}{1,35 \cdot V_1} \right)^{1,4} = 0,657 \cdot p_1,$$

$$T_2 = T_1 \cdot \left(\frac{V_1}{1,35 \cdot V_1} \right)^{1,4-1} = 0,887 \cdot T_1$$

Die Ausgangstemperatur in der Nebelkammer betrage 15 °C, $T_1 = 15 + 273 = 288$ K. Bei dieser Temperatur (15 °C) stellt sich in der luftdichten Kammer ein Druck gleich dem Sättigungsdruck ein, er beträgt (Abb. 1.88b): $p_1 = 17,8$ hPa. Da das Gasgemisch absolut rein und keimfrei ist, kann sich mangels Kondensationskeimen kein Nebel bilden. – Bei der Expansion sinkt die Temperatur auf $T_2 = 0,887 \cdot 288 = 255,4\,\text{K} = -18\,°\text{C}$. Der Druck in der Kammer fällt sprunghaft auf $p_2 = 0,657 \cdot 17,0 = 11,2\,\text{hPa}$ ab. Der Sättigungsdruck beträgt bei $-18\,°\text{C}$: $1,2\,\text{hPa}$. Das ist gegenüber dem Ausgangswert eine Verstärkung der Übersättigung um den Faktor ca. 15. Das sind gute Bedingungen für eine spontane Kondensation, wenn Teilchen als Kondensationskeime in der Kammer auftauchen.

Die Teilchen lassen sich an der Form und Breite der Spur erkennen, α-Teilchen zeigen kurze, dicke und gerade Spuren, β-Teilchen dünne, mehr oder minder unregelmäßige. γ- Teilchen zeigen keine, allenfalls aufgelöste Sprühspuren.

Als deutlich effizienter erwies sich die im Jahre 1952 von D.A. GLASER (*1922, Nobelpreis 1960) erfundene **Blasenkammer**. Die Kammer ist ähnlich wie die Nebelkammer einschl. Magnetfeld aufgebaut. Sie wird mit flüssigem Wasserstoff ($21\,\text{K} = -252\,°\text{C}$) gefüllt. Infrage kommen auch andere leicht siedende Flüssigkeiten. Die Flüssigkeit steht unter hohem Druck, der ein Sieden (Verdampfen) verhindert. Wird das Volumen vergrößert (Extraktion), sinkt der Dampfdruck, die Flüssigkeit siedet. Wenn jetzt hochenergetische Teilchen die Flüssigkeit durchdringen, werden sie durch eine Bläschenspur erkennbar. Dabei werden sie in der Flüssigkeit abgebremst, und das bedeutend stärker als in der Nebelkammer, was die Detektion auch hochenergetischer Teilchen erlaubt.

Abb. 1.90 zeigt Spurenbilder in einer Blasenkammer. In beiden Fällen wurden die Spuren durch das Eindringen eines γ-Quants hervorgerufen. Der von links ankommende γ-Quant ist ungeladen und bleibt demgemäß bis zum Stoß unsichtbar. Es entstehen in beiden Fällen Elektron-Positron-Paare:

a) $\gamma + e^- \rightarrow e^- + e^+ + e^-$, mit starker Bahnkrümmung,

b) $\gamma + e^- \rightarrow e^- + e^+$, mit schwacher Bahnkrümmung.

Die Spuren verraten nicht nur das Auftreten eines Teilchens als solches. Aus der Länge, der Krümmung und der Dicke der Spur lassen sich Aussagen über die Teilcheneigenschaften machen:

In Bd. III, Abschn. 1.4.2 wird gezeigt, dass in einem Magnetfeld mit der Flussdichte B (in Tesla) auf ein einzelnes Elektron mit der Ladung e eine Kraft quer zum Feld ausgeübt wird, es ist die Lorentzkraft

$$F_L = e \cdot v \cdot B$$

v ist die Geschwindigkeit des Elektrons. Die Kraft bewirkt eine Abkrümmung der Flugbahn. Die Zentrifugalkraft auf das Elektron

$$F_Z = \frac{m \cdot v^2}{r}$$

Abb. 1.90   Elektron-Positron-Paarbildung

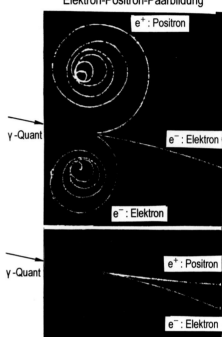

Quelle: Berkeley-Laboratories

steht im lokalen kreisförmigen Bahnelement mit der Lorentzkraft im Gleichgewicht. m ist die Masse des Elektrons und r der lokale Krümmungsradius. Durch
das Wechselspiel der Kräfte kommt die Bahnform zustande. Werden die Kräfte
gleichgesetzt, folgt (Abb. 1.91):

$$F_L = F_Z \quad \rightarrow \quad e \cdot v \cdot B = \frac{m \cdot v^2}{r} \quad \rightarrow \quad r = \frac{m \cdot v}{e \cdot B}$$

Der Bahnradius ist proportional zur Geschwindigkeit. Sinkt v infolge ‚Reibung' im
Medium (Ionisation der Moleküle = Blasenbildung), sinkt r mit fortschreitender
Bahnlänge, das Elektron bewegt sich solange spiralig bis es zur Ruhe kommt.
    Nach Umstellung vorstehender Formel gilt:

$$v = \frac{e \cdot B \cdot r}{m}$$

Abb. 1.91

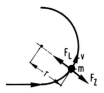

Die kinetische Energie des Elektrons lässt sich hiermit zu

$$E_{\text{kin}} = \frac{m \cdot v^2}{2} = \frac{m}{2} \cdot \frac{e^2 \cdot B^2 \cdot r^2}{m^2} = \frac{1}{2\,m} \cdot e^2 \cdot r^2 \cdot B^2$$

anschreiben. Für den Impuls des Elektrons gilt:

$$p = m \cdot v = m \frac{e \cdot B \cdot r}{m} = e \cdot B \cdot r \quad \rightarrow \quad r = \frac{p}{e \cdot B}$$

Die angeschriebenen Beziehungen gelten auch für andere elektrisch geladene Teilchen, z. B. Protonen, anstelle e ist dann mit der Ladung q des Teilchens zu rechnen, entsprechend ist mit der Masse m zu verfahren.

Bei sehr hoher Geschwindigkeit ist relativistisch zu rechnen, ausgehend von Abschn. 4.1.5 in Bd. III. Das läuft auf eine Iteration hinaus, denn in

$$E_{\text{kin}} = (m - m_0) \cdot c^2,$$

mit m_0 als Ruhemasse des Teilchens, ist die Masse m des Teilchens von der Geschwindigkeit v abhängig:

$$m = \gamma \cdot m_0 = \frac{1}{\sqrt{1 - (v/c)^2}} \cdot m_0$$

Beispiel
In eine Blasenkammer treten ein α-Teilchen (Heliumkern) und ein β-Teilchen (Elektron) mit *gleicher* Geschwindigkeit v ein. Da sie sich in ihren Massen stark unterscheiden, werden sie im Magnetfeld stark unterschiedlich abgelenkt. Masse des α-Teilchens: 2 Protonen + 2 Neutronen: $m_\alpha = 2 \cdot 938{,}3 + 2 \cdot 939{,}6 = 3755{,}8 \,\text{MeV}/c^2$, Ladung: $q_\alpha = 2e$. Masse des β-Teilchens: $m_\beta = 0{,}511 \,\text{MeV}/c^2$, Ladung $q_\beta = e$. Das Verhältnis der Bahnradien folgt aus:

$$\frac{r_\alpha}{r_\beta} = \frac{m_\alpha \cdot v}{q_\alpha \cdot B} \cdot \frac{q_\beta \cdot B}{m_\beta \cdot v} = \frac{m_\alpha}{m_\beta} \cdot \frac{q_\beta}{q_\alpha} = \frac{3755{,}8}{0{,}511} \cdot \frac{1}{2} = \underline{3675}$$

Das Verhältnis der Bahnkrümmungen ist 1/3675. Das bedeutet: In einem Magnetfeld erfährt ein β-Teilchen eine ca. 3700-fache Ablenkung, weil es gegenüber dem schweren und trägen α-Teilchen deutlich leichter ist. Bei gleicher Geschwindigkeit ist die kinetische Energie des α-Teilchens gegenüber dem β-Teilchen um den Faktor $m_\alpha/m_\beta = 3756{,}8/0{,}511 = 7352$ höher.

Abb. 1.92

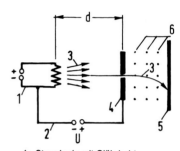

1: Stromkreis mit Glühdraht
2: Beschleunigungsspannung U
3: Elektronen
4: Anode
5: Schirmfeld
6: Magnetfeldlinien
(durchstoßen die Zeichenebene)

1.3.5   Teilchenbeschleuniger

Um den atomaren und subatomaren Aufbau der Materie zu ergründen, bedarf es technischer Anlagen, in denen die Teilchen zerlegt werden können. Aus den Spuren werden ihre Eigenschaften erschlossen. Als Geschosse kommen Teilchen mit elektrischer Ladung zur Anwendung. Je höher ihre Energie ist, umso tiefere Einblicke sind möglich. Elektronen sind negativ, Protonen positiv geladen. Letztere sind die Kerne des Wasserstoffatoms, also handelsübliches Wasserstoffgas. Wird mit schweren Atomen experimentiert, z. B. mit Blei, denen ein oder mehrere Elektronen fehlen, spricht man von Schwerionen-Physik.

Dank ihrer Ladung können Elektronen und Ionen in einem elektrischen Feld beschleunigt und in einem magnetischen Feld abgelenkt werden. Nach diesem Prinzip arbeiten alle Kollisionsanlagen. Mit ungeladenen Teilchen, wie Neutronen, lässt sich nur schwierig experimentieren, in mäßigem Umfang durch Stoßbeschleunigung.

Kathodenstrahlen werden mit Hilfe einer elektrischen Heizspirale erzeugt. Die abgesprühten Elektronen werden im elektrischen Feld gebündelt und beschleunigt. Liegt zwischen den Polen im Abstand d die Spannung U an, baut sich ein konstantes Feld mit der Feldstärke E auf, vgl. Bd. III, Abschn. 1.2.7 und Abb. 1.92:

$$E = \frac{U}{d}$$

Ein Teilchen, gleichgültig ob mit negativer oder positiver Ladung q, wird dabei im Feld mit der Kraft F beschleunigt:

$$F = q \cdot E = q\frac{U}{d} \quad \text{(konst.)}$$

Auf dem Weg s durch das Feld verrichtet das Teilchen die Arbeit

$$W = F \cdot s = q \cdot U \cdot \frac{s}{d}$$

Nach vollständigem Durchlauf $s = d$ trägt das Teilchen die Energie $W_{max} = q \cdot U$. Wird dieser Wert mit

$$E_{kin} = \frac{m \cdot v^2}{2}$$

gleichgesetzt, worin m die Masse des Teilchens ist, folgt die Geschwindigkeit am Ende der Beschleunigungsstrecke zu:

$$v = \sqrt{2 \cdot U \cdot \frac{q}{m}}$$

Ein Magnetfeld mit der Flussdichte B, das quer zur Flugbahn gerichtet ist, bewirkt eine Ablenkung des Teilchens. Der Radius der Kreisbahn ist proportional zur momentanen Geschwindigkeit (vgl. vorangegangenen Abschnitt):

$$r = \frac{v \cdot m}{B \cdot q} = \sqrt{\frac{2U}{B^2} \cdot \frac{m}{q}}$$

Als Beschleuniger werden unterschieden: Linear- und Ringbeschleuniger.

Im **Linearbeschleuniger** (Linac) werden die Teilchen in hintereinander liegenden hohlzylindrischen Elektroden (Driftröhren) mit jeweils anwachsender Länge durch ein passend geregeltes elektrisches Wechselfeld beschleunigt (Abb. 1.93). Linearbeschleuniger kommen als kleinere Geräte in der Medizin für Zwecke der Bestrahlungstherapie und in der Materialforschung für Strukturuntersuchungen zum Einsatz, in großen Teilchenbeschleunigern als Vorbeschleuniger. –

Beim **Zyklotron** durchlaufen die Teilchen ein elektrisches Wechselfeld auf spiraligen Bahnen (Abb. 1.94). Die Anlage besteht aus zwei getrennten D-förmigen Elektroden. Zwischen beiden liegt eine hochfrequente Wechselspannung an. Die Frequenz ist konstant. Die Geschwindigkeit der aus dem Zentrum abgestrahlten

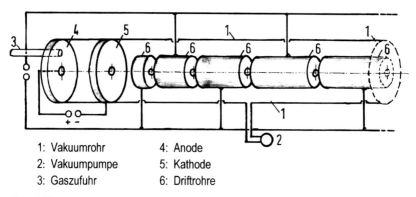

1: Vakuumrohr   4: Anode
2: Vakuumpumpe   5: Kathode
3: Gaszufuhr   6: Driftrohre

Abb. 1.93

a

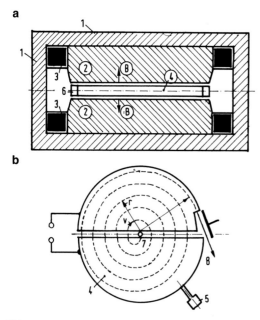

1: Eisenjoch
2: Unterer und oberer Polschuh
3: Untere und obere Magnetspule
4: Vakuum-Kammer
5: Vakuum-Pumpe
6: Wand der Vakuum-Kammer
7: Ionenquelle
8: Austretender Ionenstrahl

b

Abb. 1.94

Ionen wird immer größer, das senkrecht dazu wirkende Magnetfeld zwingt die Teilchen auf Kreisbahnen. Bei jedem Beschleunigungsschub erhöhen sich die Geschwindigkeit und damit der Bahnradius. Zum Schluss treffen die Teilchen über einen Ablenkmagneten das Ziel (Target).

Abb. 1.95

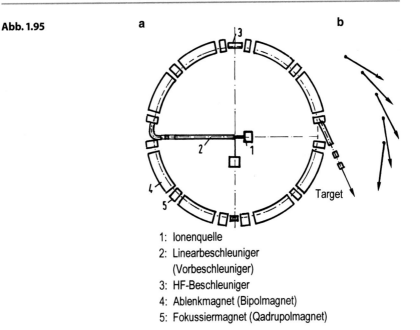

a   b

Target

1: Ionenquelle
2: Linearbeschleuniger
   (Vorbeschleuniger)
3: HF-Beschleuniger
4: Ablenkmagnet (Bipolmagnet)
5: Fokussiermagnet (Qadrupolmagnet)

    Nochmals höhere Geschwindigkeiten werden in einem **Synchrotron** auf einer Kreisbahn mit konstantem Bahnradius erreicht (Abb. 1.95a). Die Beschleunigung wird durch ein phasensynchron angepasstes Magnetfeld erreicht. Die Bahn hat streng betrachtet keine Kreisform, eher eine Polygonform. Indem zwei Teilchen gleichzeitig entlang zweier paralleler Bahnen gegenläufig geführt und dabei nahezu bis an die Lichtgeschwindigkeit heran beschleunigt werden, können bei ihrem Aufeinandertreffen hochenergetische Impacts erreicht werden. – Nach diesem Konzept arbeitet der LHC-Beschleuniger am CERN. – Nachteil aller Ringbeschleuniger ist das Entstehen einer sogen. Synchrotron-Strahlung, einer elektromagnetischen Strahlung tangential zur Ringbahn (Teilfigur b). Man spricht auch von Bremsstrahlung. Der zugehörige Energieverlust steigt mit der kinetischen Energie der Teilchen hoch 4 und proportional zur Bahnkrümmung. Daher sollte der Bahnradius möglichst groß sein. vgl. hier auch Bd. I, Abschn. 2.2.

1.3.6 Antiteilchen – Antimaterie

Das von E. SCHRÖDINGER angegebene Differentialgleichungssystem für die materiellen Partikel bzw. Wellen, gilt innerhalb des nicht-relativistischen Bereiches für geringe Geschwindigkeiten im Sinne der Newton'schen Mechanik. Im Jahre 1928 erweiterte P.A.M. DIRAC (1902–1984) die Theorie für den relativistischen Bereich. Die Lösung des zugehörigen Gleichungssystems führte bzw. führt für die Elektronen auf $2 \times 2 = 4$ Teillösungen, zwei Zustände mit negativer Ladung und $\pm$Spin und zwei Zustände mit positiver Ladung und $\pm$Spin. Der Schluss lag bzw. liegt nahe, dass es Elektronen mit positiver Ladung geben muss!

Wird die in Bd. III, Abschn. 4.1.5.3 angegebene Gleichung

$$E^2 = (m_0 \cdot c^2)^2 + (p \cdot c)^2,$$

welche Energie, Ruhemasse und Impuls relativistisch untereinander verknüpft, auf ein Elektron angewandt und beide Seiten radiziert, folgt:

$$E = \pm \sqrt{m_e^2 c^4 + p^2 c^2}$$

Hieraus wird deutlich, dass es Zustände negativer Energie gibt. Diese Einsicht war seinerzeit nur schwierig zu verstehen (und ist es eigentlich bis heute). Das Elektron mit positiver Ladung wurde zunächst als Anti-Elektron, dann als **Positron**, bezeichnet (Masse und Spin sind unverändert). – Das Konzept wurde später auf alle Teilchen erweitert. – Treffen Teilchen und Antiteilchen aufeinander, löschen sie sich aus, man spricht von Annihilation, wobei die Summe ihrer Ruheenergien frei wird.

Im Jahre 1932 konnte C.D. ANDERSON (1905–1991, Nobelpreis 1936) positiv geladene Elektronen in der kosmischen Strahlung entdecken. Später wurden auch Anti-Myonen in der Höhenstrahlung aufgespürt sowie Anti-Protonen (1995) und Anti-Wasserstoffatome (2010). –

Bei den Kollisionsversuchen der Hochenergiephysik fallen die unterschiedlichsten Anti-Teilchen regelmäßig an. Für die Interpretation der Versuchsergebnisse sind sie unverzichtbar: Antimaterie ist Bestandteil des Standardmodells! –

In Abb. 1.96 ist ein in einer Beschleunigungsanlage im Jahre 2011 gewonnenes Ergebnis wieder gegeben, es zeigt gemessene Helium- und Anti-Helium-Teilchen (Quelle vgl. Legende im Bild).

Nach dem Kosmologischen Standardmodell bildeten sich im frühen Universum im Zuge der beginnenden Abkühlung aus der Urenergie nahezu gleichviele Teilchen und Antiteilchen im Verhältnis 1.000.000.001 : 1.000.000.000. Bis auf den geringen Überhang annihilierten sie sich wieder gegenseitig. Aus dem Rest baute sich das Universum auf. Antimaterie scheint nirgendwo vorhanden zu sein, zumindest nicht im Sonnensystem und in der Galaxis. Eine physikalische Begründung für den anfänglichen Ablauf fehlt bis dato. Das löst Spekulationen dahingehend

Abb. 1.96

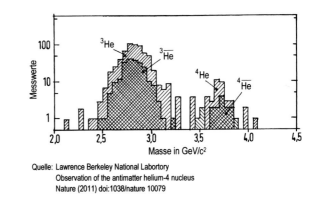

Quelle: Lawrence Berkeley National Labortory
Observation of the antimatter helium-4 nucleus
Nature (2011) doi:1038/nature 10079

aus, es könnten im Kosmos nicht nur Galaxien aus Materie existieren, sondern auch solche aus Antimaterie. Gefunden wurden noch keine. Wie erwähnt, konnte Anti-Wasserstoff in der Höhenstrahlung entdeckt werden. Das war bei der Kollision energiereicher kosmischer Strahlung mit dem in der irdischen Atmosphäre vorhandenen Wasserstoff zu erwarten gewesen. Zuverlässiger für den Beweis von Antimaterie im Kosmos wäre der Nachweis von Anti-Wasserstoff und Anti-Helium in der kosmischen Strahlung außerhalb der Atmosphäre. Für diesen Zweck wurde in der Raumstation ISS der AMS-02-Spektograph installiert. – Soweit bekannt, schlug das Gerät bislang noch nicht an. – Was die Antimaterie anbelangt, verbleibt, summa summarum, noch vieles im Dunkeln, vgl. hier [62, 63].

1.3.7 Standardmodell der Teilchenphysik

Dass sich die Bausteine der Atomkerne, die Protonen und Neutronen, aus zwei weiteren fundamentalen Teilchen zusammensetzen, wurde im Jahre 1964 von M. GELL-MANN (*1929, Nobelpreis 1969) und G. ZWEIG (*1937) unabhängig voneinander postuliert. Der Erstgenannte gab den Teilchen den Namen ‚quark‘ (Quark), der Zweitgenannte den Namen ‚aces‘ (Ass). Ab den sechziger Jahren des letzten Jahrhunderts wurden die **Quarks** (Größenordnung 10^{-18} m) von unterschiedlichen Forscherteams verifiziert, indessen nur indirekt [55, 56].

Es werden drei Quarkgenerationen unterschieden; Generation I, II und III. Wie aus Abb. 1.97 ersichtlich, unterscheiden sie sich in ihrer Masse, zudem in ihrer (nicht-ganzzahligen) Ladung. Im Zustand der I. Generation benennt man sie mit ‚leicht‘, im Zustand der II. und III. Generation mit ‚mittelschwer‘ bzw. mit ‚schwer‘.

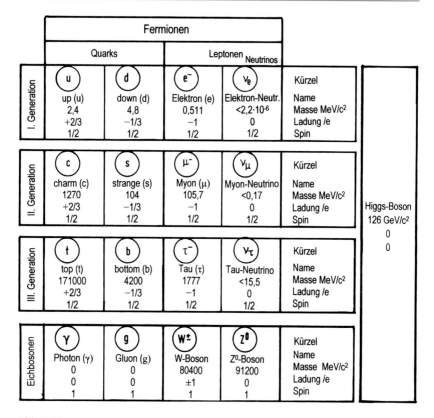

Abb. 1.97

Nur die **Quarks und Leptonen der I. Generation** haben für die Materie im Kosmos Bedeutung, jene der II. und III. Generation für die Materiebildung während der Entstehungsphase des Universums, also während der Inflationsphase nach dem Urknall. Nach wie vor sind sie für das Verständnis gewisser kosmischer Vorgänge im All von Belang, sowie bei der Deutung der vielen bei den Kollisionsversuchen entstehenden kurzlebigen Baryonen mit relativ hohen Ruhemassen und anderer Teilchen (vgl. Abb. 1.97).

Die (Ruhe-)Masse eines Protons beträgt:

$$m_p = 1{,}672622 \cdot 10^{-27} \,\text{kg} = \underline{938{,}272 \,\text{MeV}/c^2}.$$

Abb. 1.98

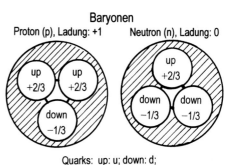

Baryonen

Proton (p), Ladung: +1   Neutron (n), Ladung: 0

Quarks: up: u; down: d;
elektr. Ladung / e: 2,3 bzw. 1/3

Geht man von der Masse der Quarks aus, ergibt sich die Masse des Protons zu:

$$u + u + d: \quad (2{,}4 + 2{,}4 + 4{,}8)\,\mathrm{MeV}/c^2 = \underline{9{,}6\,\mathrm{MeV}/c^2}$$

Dieser Wert beträgt nur ca. 1 % vom vorangegangenen. Die Diskrepanz beruht darauf, dass die **Masse des Protons** vorrangig aus der zur **Bindungsenergie der Quarks äquivalenten Masse** besteht! Die Bindungsenergie beruht ihrerseits auf der Wechselwirkung der Quarks mit den zugeordneten **Gluonen** im Proton. Das Entsprechende gilt für das Neutron. Obwohl die Ruhemasse der Gluonen Null ist, wird dem Massenerhaltungsgesetz genügt. Dieses nur schwierig zu verstehende Faktum wird im nächsten Abschnitt erläutert.

Es gibt keine freien Quarks. Die Kraft zwischen den Quarks ist derart groß, dass sie bei den Zerstrümmerungsversuchen bislang nicht frei gelegt werden konnten. Es bleibt abzuwarten, ob es je gelingt.

Für die elektrische Ladung des Protons und Neutrons erhält man eine ausgeglichene Bilanz:

Proton: $u + u + d: (+2/3 + 2/3 - 1/3) \cdot e = 3/3 \cdot e = e,$

Neutron: $u + d + d: (+2/3 - 1/3 - 1/3) \cdot e = 0.$

In Abb. 1.98 ist das Ergebnis veranschaulicht. Ausgeglichen ist auch die Bilanz der Spinzahlen, wenn man die Spinzahl des d-Quarks negativ ansetzt.

Neben den Quarks existieren die **Leptonen**, das sind die Elektronen und Elektron-Neutrinos. Sie sind elementar, d. h. sie sind nicht weiter teilbar, vgl. Abschn. 1.3.3.

Aus den **Quarks und Leptonen** der ersten Generation und ihren Antiteilchen besteht die Materie. Man fasst sie unter dem Namen Fermionen zusammen und spricht von **baryonischer Materie**. Hinzu treten die Teilchen der II. und III. Generation sowie die **Austauschteilchen** (g, γ, W und Z). Es ergeben sich somit 2 mal 6 Quarks plus 2 mal 6 Leptonen und 4 Austauschteilchen, in der Summe 16 Teilchen. Mit den entsprechenden Antipartnern sind es 32 Teilchen. Werden die Teilchen weiter untergliedert, kommt man auf insgesamt 48 bzw. 96 Teilchen.

Das Verhalten der Teilchen untereinander, ihr Zusammenhalt und damit der Zustand der Materie im Kleinen und Großen, werden von vier **Grundkräften vermöge ihrer Austauschteilchen** bewirkt. Stärke und Reichweite der Grundkräfte sind extrem unterschiedlich:

- Die **Starke Kernkraft** wirkt zwischen den Quarks in den Protonen und Neutronen und zwischen diesen im Atomkern, relative Stärke 1, kein Abfall, Reichweite ca. 10^{-15} m. Die Kraft wird durch **Gluonen** unterschiedlicher ‚Farbe‘ vermittelt (glue steht im Englischen für Leim, Kleber).
- Die **Elektromagnetische Kraft** wirkt zwischen den elektrischen Ladungen, relative Stärke 10^{-2}, Abfall mit dem Abstand zum Quadrat, Reichweite unendlich. Die Kraft wird durch **Photonen** als Austauschteilchen vermittelt. Je nach Ladung ist die Wechselwirkung von abstoßender oder anziehender Art.
- Die **Schwache Kernkraft** wirkt zwischen den Hadronen und Leptonen. Sie ist bedeutsam beim radioaktiven β-Zerfall, relative Stärke 10^{-15}, sehr starker Abfall, Reichweite 10^{-18} m. Die Kraft wird durch W^{+}-, W^{-}- und Z^{0}-**Bosonen** hoher Masse vermittelt.
- Das **Gravitation** wirkt zwischen allen materiellen Partikeln und Körpern, relative Stärke 10^{-41}, Abfall mit dem Abstand zum Quadrat, Reichweite unendlich. Die Kraft wird durch **Gravitonen** vermittelt. Das Graviton soll keine Masse haben und den Spin 2 tragen. Experimentell konnte es bis heute nicht nachgewiesen werden, was wohl auch aus prinzipiellen Gründen unmöglich ist!

Alle genannten Kräfte haben ihre Besonderheiten. Wegen ihrer Bedeutung wird die Starke Kernkraft nachfolgend etwas eingehender betrachtet.

Um bei der Entwicklung des Quarkmodells nicht gegen das Pauli-Prinzip zu verstoßen, wurden im Jahre 1971 von M. GELL-MANN und H. FRITSCH (*1943) für die Quark-Teilchen die **Farbladung** als neue Quantenzahl eingeführt. Demnach unterscheiden sich die Quarks nicht nur in der elektrischen Ladung und im Spin (Abb. 1.97), sondern auch in drei ‚Farben‘ (auch ‚colours‘). Diese Kennung wurde in Anlehnung an die Farbenlehre (als Hilfsvorstellung) mit den Grundfarben rot, grün und blau eingeführt. Hiervon ausgehend wurde von den Genannten die Quantenchromodynamik (QCD) als erweiterte Eichtheorie in Ergänzung zur Quantenelektrodynamik (QED) ausgearbeitet.

Jedes Quark tritt in einer der drei Farben auf, die Antiquarks in einer der korrespondierenden Antifarben. Ihre Überlagerung ergibt jeweils die Farbe weiß. Protonen und Neutronen (und ihre Antiteilchen) treten nur in dieser Farbbeschaffenheit auf. Als Kraftvermittler tragen die masselosen Gluonen ebenfalls eine Farbladung, sechs von ihnen zwei Farbladungen und zwei von ihnen mehrere. Es gibt also 8 verschiedene Gluonen. Indem sich die Gluonen in Form einer Selbstwechselwirkung untereinander und mit den Quarks und den Antiteilchen (in jeweils extrem kurzen Zeitspannen) ihre Farb- und Antifarbladungen unter Einhaltung bestimmter Symmetriebedingungen austauschen, bleiben sie über die hierbei entstehenden Energiefreisetzungen kraftvoll miteinander verbunden. Die Zeitspannen Δt dieser Umwandlungen sind so kurz, dass die Gluonen hierbei gemäß der Heisenberg'schen Unschärferelation (Abschn. 1.1.9: $\Delta E \cdot \Delta t \geq \hbar/2$) zusätzlich Energie (quasi aus den Nichts) aufnehmen und abgeben. Das erklärt die oben ausgewiesene Diskrepanz zwischen der Summe der Quark-Ruhemassen und der Protonenmasse. Sie beruht auf der (zum Teil geborgten) Bindungsenergie der Farbwechselwirkung. (Wie vieles in der Quantenmechanik, bereitet auch dieser Gedankengang dem Laien beträchtliche Verständnisschwierigkeiten.)

Die Frage, wie die Teilchen auf allen atomaren Ebenen zu ihrer Masse bzw. zu ihrer Energie kommen ($E = m \cdot c^2$), wurde über Jahrzehnte hinweg diskutiert und mit der Existenz eines weiteren Teilchens, des sogen. **Higgs-Bosons**, in Verbindung gebracht. Das Teilchen wurde im Jahre 2012 entdeckt, was bei den Versuchen mit dem LHC-Beschleuniger am CERN gelang. Verkündet wurde der Befund am 4. Juli 2012. Das Teilchen hat für die Absicherung des Standardmodells die allergrößte Bedeutung (was ihm den Namen ‚Gottesteilchen‘ einbrachte). –

Die Existenz eines solchen Teilchens wurde von den Theoretikern R. BROUT (1928–2011) und F. ENGLERT (*1932) und unabhängig davon von P. HIGGS (*1929) im Jahre 1964 postuliert. Nach der Entdeckung des Teilchens erhielten die beiden Letztgenannten für ihr weitsichtiges Konzept den Nobelpreis für Physik des Jahres 2013.

Mit gängiger Anschauung (und ohne Mathematik) ist der Higgs-Mechanismus wiederum nur schwierig zu verstehen. Maßgebend ist das vom Higgs-Boson aufgespannte **Higgs-Feld**. In diesem Feld erfahren alle Elementarteilchen bei ihrer Bewegung einen ‚Widerstand‘, eine Bremsung, eine Verzögerung, die sich als Bewegungsträgheit und damit als (träge) Masse auswirkt. Das Feld ist allgegenwärtig im gesamten Kosmos aufgespannt, denn allüberall ist massebehaftete Materie gegenwärtig, auch in intergalaktischen ‚Leerräumen‘. Das Feld war von Anfang an präsent und bedeutsam für die Inflationsphase nach dem Urknall, es wuchs mit

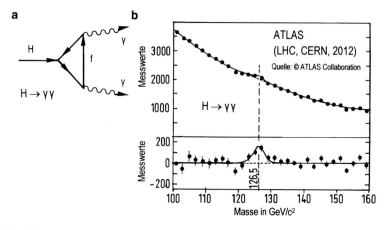

Abb. 1.99

dem Raum. Vermittelt wird das Feld vom Higgs-Boson. Es ist elementar, ladungs-
und spin-frei. Es wechselt ständig seine Existenz und Nichtexistenz im Takt von
10^{-22} s. Dabei koppelt es an die Teilchen mit unterschiedlicher Stärke an und verleiht ihnen eine dieser Kopplungsstärke proportionale Masse.

Ausgehend von dem theoretisch prognostizierten Energieband und orientiert
an den möglichen Zerfallswegen konnte nach dem Higgs-Teilchen bei den LHC-
Versuchen gezielt gesucht werden. Da es selbst elektrisch neutral ist, muss das vorangegangene Zerfallspaar als Teilchen-Antiteilchen gegenläufig geladen sein, um
sich unter Freisetzung hoher Energie zu annihilieren. Möglich sind vorangegangene Paare von W-Bosonen, Z-Bosonen oder auch Photonenpaare. In Abb. 1.99a ist
dargestellt, wie ein Higgs-Teilchen (H-Boson) über ein virtuelles Fermion in zwei
Photonen zerfällt (H → γγ). Aus Teilfigur b geht die gemessene kennzeichnende
Signatur des Higgs-Signals im Bereich 126 GeV/c² hervor.

Seitens der Forschung wird selbstkritisch eingeräumt, dass viele Fragen einer
weiteren Klärung bedürfen: Gibt es auch im Zustand absoluter Ruhe Masse oder
nur Energie? Beruht die Ruhemasse auf einer Urunruhe? Woher bezieht das Higgs-
Teilchen seine eigene Masse? Wie vermittelt der Mechanismus die höchst unterschiedlichen Massen, umfasst doch die Masse der Teilchen vom Elektron bis zum
top-Quark fünf Größenordnungen (vgl. Abb. 1.84 und 1.97). Gibt es vielleicht so
viele Arten von Higgs-Teilchen wie es Arten von Teilchen gibt?

Die weiteren Versuche mit dem LHC am CERN werden vielleicht mit den dann
verfügbaren höheren Beschleunigungsenergien Antworten geben können (2015).

Wenn nicht dort, wo dann? Der Bau von Anlagen mit nochmals höheren Beschleunigungsenergien ist wohl für die nähere und fernere Zukunft auszuschließen. Dass es Felder gibt, zeigt

- das elektromagnetische Feld, über welches die weltweite Kommunikation mit inzwischen wohl 1 Milliarde Handys abgewickelt wird und über welches der Funkkontakt zu den Sonden und Satelliten im intersolaren Raum gelingt,

und zeigt

- das gravitative Feld, das den Mond um die Erde und die Erde um die Sonne führt.

Auch die Starke und Schwache Kraft werden über ihre Feldquanten im lokalen Feld innerhalb des Atomkerns vermittelt. Von daher ist die Existenz eines Higgs-Feldes vorstellbar.

Vielleicht gibt es Felder, die von Feldquanten aufgespannt werden, die zur Dunklen Materie und zur Dunklen Energie gehören?

Grundlage von alledem ist die Quantenfeldtheorie. Dazu gehört das von E. NOETHER (1882–1935) postulierte Theorem der auf Symmetrietransformationen beruhenden Erhaltungssätze sowie die auf Eichsymmetrien basierende Unabhängigkeit der Feldgleichungen von Raum und Zeit. Vielleicht gelingt es irgendwann, jene ‚Große Vereinhitlichte Theorie‘ (‚Grand Unified Theorie‘, GUT) zu entwickeln, die alle Wechselwirkungen geschlossen erklären kann. Gearbeitet wird an dem Projekt seit langem. Kandidat ist vielleicht die Stringtheorie. Hiernach gründen alle Erscheinungen auf ‚zitternden fadenförmigen Strings‘ in der Größenordnung der Plancklänge (10^{-35} m). Das wäre dann der Höhepunkt und das Ende der Geschichte, indes, ein solches Ende wird es niemals geben.

Literatur

1. FEYNMAN, R.: Feynman Vorlesungen über Physik, Bd. 3: Quantenmechanik. 4. Aufl. München: Oldenbourg 1999
2. DEMTRÖDER, W.: Experimentalphysik 3: Atome, Moleküle und Festkörper. 4. Aufl. Berlin: Springer 2010
3. GRIFFITHS, D.J.: Quantenmechanik: Lehr- und Übungsbuch. 2. Aufl. München: Pearson Studium 2012
4. MAYER-KUCKUK, T.: Atomphysik: Eine Einführung. 5. Aufl. Wiesbaden: Springer Vieweg 1997

5. NOLTING, W.: Grundkurs Theoretische Physik, Bd. 5, Quantenmechanik, 5/1 Grundlagen, 5/2 Methoden und Anwendungen. Berlin: Springer 2008/2012

6. HEY, T. u. WALTERS, P.: Das Quantenuniversum – Die Welt der Wellen und Teilchen. Heidelberg: Spektrum, Akad. Verlag 1998

7. BRANDT, S.: Geschichte der modernen Physik. München: Beck 2011

8. INGOLD, G.-L.: Quantentheorie der modernen Physik. 3. Aufl. München: Beck 2005

9. CAMEJO, S.A.: Skurrile Quantenwelt. Berlin: Springer 2006

10. KIEFER, C.: Quantentheorie: Eine Einführung. 2. Aufl. Frankfurt a.m: Fischer 2011

11. LINK, T.M. u. HEPPE, A.: Physikalische und technische Grundlagen der Radiologie. 2. Aufl. Berlin: Springer 1998

12. LAUBENBERGER, T. u. J.: Technik der medizinischen Radiologie. Diagnostik, Strahlentherapie, Strahlenschutz, 7. Aufl. Köln: Deutscher Ärzteverlag 1999

13. ALKADHI, H. (Hrsg.): Wie funktioniert CT: Physik und Anwendung der Computertomographie. Berlin: Springer 2011

14. WEISHAUPT, D. u. a.: Wie funktioniert MRT? Eine Einführung in die Physik und Funktionsweise der Magnetresonanzbildgebung, 7. Aufl. Berlin: Springer 2014

15. KITTEL, C.: Einführung in die Festkörperphysik. 13. Aufl. München: Oldenbourg 2002

16. KOPITZKI, K. u. HERZOG, P.: Einführung in die Festkörperphysik, 6. Aufl. Wiesbaden: Springer Vieweg 2007

17. GROSS, R. u. MARX, A.: Festkörperphysik. 2. Aufl. Berlin: de Gruyter 2014

18. HUEBENER, R.: Leiter, Halbleiter, Supraleiter: Eine Einführung in die Festkörperphysik. 2. Aufl. Berlin: Springer Spektrum 2013

19. THUSELT, F.: Physik der Halbleiterbauelemente. 2. Aufl. Berlin: Springer-Verlag 2011

20. WÜRFEL, P.: Physik der Solarzellen. 2. Aufl. Heidelberg: Spektrum Akad.Verlag 2000

21. WAGEMANN, H.-G. u. ESCHRICH, H.: Photovoltaik: Solarstrahlung und Halbleitereigenschaften, Solarzellenkonzepte und Aufgaben. 2. Aufl. Wiesbaden: Vieweg+Teubner 2010

22. MERTENS, K.: Photovoltaik: Lehrbuch zu Grundlagen, Technologie und Praxis, 3. Aufl. München: Hanser 2015

23. EICHLER, J. u. H.J.: Laser: Bauformen, Strahlführung, Anwendung, 7. Aufl. Berlin: Springer 2010

24. KNEUBÜHL, F.K. u. SIGRIST, M.W.: Laser. 7. Aufl. Wiesbaden: Springer Vieweg 2008

25. HEINZ, R.: Grundlagen der Lichterzeugung: Von der Glühlampe bis zur LED, OLED und Laser. 5. Aufl. Heidelberg: Hüthig 2015

26. DOHLUS, R.: Lichtquellen. Berlin: de Gruyter/Oldenbourg 2014

27. GRIBBIN, J.: Auf der Suche nach Schrödingers Katze – Quantenphysik und Wirklichkeit, 11. Aufl. München: Piper-Verlag 2013

28. SCARANI, V.: Physik in Quanten – Eine kurze Begegnung mit Wellen, Teilchen und den realen physikalischen Zuständen. München: Elsevier-Spektrum Akad. Verlag 2007

29. MEYN, J.-P.: Grundlegende Experimentiertechnik im Physikunterricht. 2. Aufl. München: Oldenbourg 2013

30. BRONNER, P.: Quantenoptische Experimente als Grundlage eines Curriculums zur Quantenphysik des Photons. Berlin: Logos Verlag 2010

31. AUDRETSCH, J. (Hrsg.): Verschränke Welt – Faszination der Quanten. Weinheim: Wiley-Verlag 2002

32. ZEILINGER, A.: Einsteins Schleier – Die neue Welt der Quantenphysik. 2. Aufl. München: Goldmann 2007

33. ZEILINGER, A.: Einsteins Spuk – Teleportation und weitere Mysterien der Quantenphysik, 3. Aufl. München: Goldmann 2007

34. FINK, H.: Interpretation verschränkter Zustände: Die Quantenwelt – unbestimmt und nicht lokal? Physik Unserer Zeit 35 (2004), S. 168–173

35. RAUCH, H.: Interferometrie mit Neutronen. Ein Fundament der Quantenoptik massiver Teilchen. Physik Journal 3 (2004), Nr. 7, S. 38–45

36. HUND, F.: Geschichte der Quantentheorie. 3. Aufl. Mannheim: Bibliographisches Institut BI 1984

37. HERBERT, N.: Quantenrealität: Jenseits der Neuen Physik. Basel: Birkhäuser 1987

38. RAE, A.: Quantenphysik: Illusion oder Realität. Stuttgart: Reclam 1996

39. FISCHER, E.P.: Die Hintertreppe zum Quantensprung: Die Erforschung der kleinsten Teilchen von Max Planck bis Anton Zeilinger. 2. Aufl. Frankfurt a. M.: Fischer 2012

40. FRIEBE, C. et. al.: Philosophie der Quantenphysik. Berlin: Springer Spektrum 2014

41. SATZ, H.: Gottes unsichtbare Würfel – Die Physik an den Grenzen des Erforschbaren. München: Beck 2013

42. CHOWN, M.: Warum Gott doch würfelt – Über ‚schizophrene' Atome und andere Merkwürdigkeiten in der Quantenwelt. München: Deutscher Taschenbuch Verlag 2005

43. ZEH, H.D.: Physik ohne Realität – Tiefsinn oder Wahnsinn. Berlin: Springer 2012

44. MANIA, H.: Kettenreaktion – Die Geschichte der Atombombe. Hamburg: Rowohlt 2010

45. KARLSCH, R.: Hitlers Bombe. München: Deutsche Verlagsanstalt 2005

46. SCHIRACH, R.v.: Die Nacht der Physiker – Heisenberg, Hahn, Weizsäcker und die deutsche Bombe. Berlin: Berenberg Verlag 2012

47. ZIEGLER, A. u. ALLELEIN, H.-J. (Hrsg.): Reaktortechnik. 2. Aufl. Berlin: Springer 2012

48. NELES, J.M. u. PISTNER, C. (Hrsg.): Kernenergie für die Zukunft? Berlin: Springer 2012

49. REBHAHN, E.: Heißer als das Sonnenfeuer – Plasmaphysik und Kernfusion. München: Piper 1992

50. LACKNER, K.: Der nächste Schritt zum Fusionskraftwerk: Spektrum der Wissenschaft 2000, Heft 6, S. 86–90

51. MILCH, I.: Tokamak und Stellarator – zwei Wege zur Fusionsenergie. Physik Unserer Zeit, Heft 4, 2006, S. 170–174

52. IPP, FZJ u. FZK: Kernfusion: Helmholtz Gemeinschaft 2006

53. BERGER, C.: Elementarteilchenphysik: Von den Grundlagen zu den modernen Experimenten. 3. Aufl. Berlin: Springer Spektrum 2014

54. POVH, B. u. a.: Teilchen und Kerne: Eine Einführung in die physikalischen Konzepte. 9. Aufl. Berlin: Springer Spektrum 2014

55. FRITZSCH, H.: Quarks – Urstoff unserer Welt. 5. Aufl. München: Piper 1983

56. FRITZSCH, H.: Elementarteilchen – Bausteine der Materie. München: Beck 2004

57. FRITZSCH, H.: Quantenfeldtheorie – Wie man beschreibt, was die Welt im Innersten zusammenhält. Berlin: Springer Verlag 2015

58. DOSCH, H.G.: Jenseits der Nanowelt. Leptonen, Quarks, Eichbosonen. Berlin: Springer-Verlag 2005

59. BLECK-NEUHAUS, J.: Elementare Teilchen: Von den Atomen über das Standard-Modell bis zum Higgs-Boson. 2. Aufl. Berlin: Springer Spektrum 2012

60. Lesch, H. (Hrsg.): Die Entdeckung des Higgs-Teilchens – Oder wie das Universum seine Masse bekam. München: Bertelsmann 2013 (auch als Hörbuch MP3-CD)

61. VAAS, R.: Vom Gottesteilchen zur Weltformel – Urknall, Higgs, Antimaterie und die rätselhafte Schattenwelt. Stuttgart: Franckh-Kosmos-Verlag 2013

62. KELLERBAUER, A.: Antimaterie – Spiegelbild oder Zerrbild. Physik Unserer Zeit 38 (2007), Heft 7, S. 166–169, vgl. auch 43 (2012), Heft 7, S. 174–177

63. CLOSE, F.: Antimaterie. Heidelberg: Spektrum Akad. Verlag 2010

Chemie

2

2.1 Einführung – Historische Anmerkungen

Bier und Wein, Brot und Käse waren schon im alten Mesopotamien und Ägypten bekannt, ihre Herstellung beruht auf Gärung, einem chemischen Prozess. Auch kannten die Menschen in den frühen Kulturen das Pökeln von Fisch und das Räuchern von Fleisch, ebenso das Sieden von Seife, das Gerben von Tierhäuten, das Färben von Stoffen, das Sintern von Keramik, das Brennen von Ziegeln, das Schmelzen von Glas und das Härten von Metallen. Die Beherrschung des Feuers war für den Fortgang und den Fortschritt entscheidend. Die Kenntnisse wurden an die nächste Generation weiter gegeben und von dieser weiter entwickelt, so verlief die technisch-zivilisatorische Evolution über die Jahrhunderte hinweg. Es handelt sich bei all' diesen Fertigkeiten um physikalisch-chemisches Wissen, nicht im Verständnis der Moderne, auch nicht bei den Stoffdeutungen des Altertums. Nach dieser alten Vorstellung würde sich alles Stoffliche aus Erde, Feuer, Luft, Wasser und Äther zusammensetzten (Bd. I, Abschn. 1.2.2, vgl. auch [1]). Zwar waren schon vor der Zeitenwende eine Reihe von Grundstoffen bekannt, die sich in Gewicht, in Festigkeit und Härte, im Schmelzpunkt usf., unterschieden, an den Fünf Elementen als Urgrund aller Stoffe hielt man dennoch fest, auch noch im Mittelalter. Erst im 16. Jahrhundert kamen mit der Aufklärung Zweifel auf.

Den Versuchen der Alchimisten im Altertum, unedle Metalle, wie Blei und Quecksilber, in edle, wie Silber und Gold, zu überführen, lag weniger wissenschaftliche Neugier als ökonomischer Antrieb zugrunde. So war es auch noch im Mittelalter. Man suchte nach dem ‚Stein des Weisen‘, eines stofflich-geistigen Substrats, welches die Goldmacherei bewirken sollte und dehnte das Bemühen auf die Heiligen Zahlen, auf die Heilkunst, auf das Astrale und die Aura im Menschen aus, mystische Ziele, denen sich selbst heute noch esoterische Sekten und Geheimbünde widmen. Bei der Suche nach dem ‚Stein‘ geht jeder seinen Weg.

© Springer Fachmedien Wiesbaden GmbH 2017
C. Petersen, *Naturwissenschaften im Fokus IV*, DOI 10.1007/978-3-658-15302-1_2

Das Tun der Alchimisten führte in der Materialkunde ungewollt zu manch' neuen Kenntnissen und Techniken. Besonders experimentierfreudig war man im alten China. Um 100 n. Chr. entdeckte man dort die Fertigung von Papier aus den Holzfasern des Maulbeerbaumes. – Ab dem 7. Jahrhundert vermochten die Chinesen Porzellan herzustellen. Die Rezeptur hielten sie geheim. Erst viel später, im Jahre 1708, wurde die Fertigung von Hartporzellan von J.F. BÖTTGER (1682–1719) und E.W. v. TSCHIRMHANS (1651–1708) ‚neu erfunden'. Dazu hatte der sächsische König AUGUST II (August der Starke, 1670–1733) den jungen und begabten Alchimisten BÖTTGER über 10 Jahre bei mäßigem Sold inhaftiert gehalten: Die Herstellung des Porzellans aus Kaolin (Tonerde, 67 %), Feldspat (8 %) und Quarz (25 %), bei ca. 1400 °C gebrannt, bildete im Jahre 1710 die Grundlage für die Gründung der Manufaktur in Meißen und später weiterer an anderen Königshöfen.

Ähnlich verlief viel früher die Entdeckung des Schwarzpulvers. Das Pulver war schon im alten Arabien und China bekannt gewesen. Dass es in Europa im Jahre 1353 von dem Alchimisten und Mönch B. SCHWARZ ‚neu entdeckt' wurde, könnte auch eine Legende sein. Das Pulver diente über Jahrhunderte im Bergbau als Sprengstoff und dem Militär als Treibladung für Schusswaffen aller Art, bis in die Mitte des 19. Jahrhunderts hinein. Schwarzpulver besteht aus Kaliumnitrat (73 %), Holzkohle (16 %) und Schwefel (11 %).

Der Übergang von der Alchimie zur naturwissenschaftlichen Disziplin Chemie war eher fließend. Die Experimentiertechniken hatten Fortschritte gemacht. Im Jahre 1609 wurde die erste Professur für Chemie an der Universität Marburg eingerichtet. Es folgten weitere dieser Art. Die Kenntnisse nahmen zwar zu, gleichwohl blieb das meiste unscharf und spekulativ. Wie in Bd. I, Abschn. 2.7.2 dargestellt, waren es R. BOYLE (1627–1691), A.L. de LAVOISIER (1743–1794) und J. DALTON (1766–1844), welche die moderne Chemie begründeten. Aus ihren Experimenten zogen sie die richtigen denkerischen Schlüsse.

Zunächst hatte LAVOISIER seine Versuche in einem kleinen, später in einem Großlaboratorium angestellt. Mit Hilfe seiner Instrumente waren ihm exakte Massen-, Volumen- und Temperaturmessungen der am Prozess beteiligten Stoffe möglich. Durch Messung und Rechnung gewann er wegweisende neue Erkenntnisse: Wasser kann in zwei Elemente (H und O) zerlegt werden, ist also kein eigenständiges Element (im Sinne der Fünfelementenlehre). Sauerstoff ist vielmehr Bestandteil der Luft, verbindet es sich beim Verbrennen mit einem anderen Stoff, entsteht ein Oxid. Dessen Masse ist gleich der Masse des Ausgangsstoffes und des verbrauchten Sauerstoffgases. Des von G.E. STAHL (1659–1734) postulierten ‚Phlogistons' bedurfte es beim Verbrennen als brennbares Feuersubstrat offensichtlich nicht. Es dauerte einige Zeit bis die Stahl'sche Annahme als endgültig widerlegt galt. In Schriften und Büchern schuf LAVOISIER die im Grunde noch heute in der Chemie geltende Systematik. Als ehemaliger Leiter der staatlichen Pulververwaltung und als Mitglied einer von LUDWIG XIV (1638–1715) eingerichteten Gesellschaft, welche die Steuern für den Staat eintrieb, war LAVOISIER vermögend geworden, was ihm Bau und Unterhalt seines Großlabors ermöglichte. Im Jahre 1794 wurde er vom Revolutionstribunal als Nutznießer des Ancien Régime zum Tode verurteilt und noch am selben Tage mit dem Fallbeil der Guillotine hingerichtet. – Zur Geschichte der Chemie gäbe es noch viel zu erzählen, siehe [2, 3].

Es gibt 92 unterschiedliche Elemente auf Erden, also Reinstoffe. Sie unterscheiden sich in der Anzahl der Protonen und Neutronen im Atomkern und in der Anzahl und Anordnung der Elektronen in der Atomhülle. Verbinden sich zwei oder mehr Atome unterschiedlicher Elemente, entsteht ein Molekül. In ihrer Gesamtheit bilden die Moleküle einen neuen Stoff mit überwiegend völlig anderen Eigenschaften als die Ausgangselemente. Die Stoffe existieren in den gängigen Zuständen fest, flüssig und gasförmig nur bei eher mäßigen Temperaturen, wie sie auf den Planeten, wohl auch auf den Braunen Zwergen und in den kalten galaktischen Materie- und Gaswolken herrschen. Auf der Oberfläche und insbesondere im Inneren der Sonne und der Sterne befindet sich die Materie im (Aggregat-)Zustand eines Plasmas. Würde z. B. ein Komet in die Sonne stürzen, würden sich die Moleküle des Kometen augenblicklich in Atome zerlegen und diese in ihre Kerne und Elektronen. Auch die Kerne würden zerfallen. Dann wäre die Materie ein Plasma, in dem sich alle Teilchen mit großer Geschwindigkeit chaotisch bewegen.

Der Umstand, dass die mittlere Temperatur auf Erden in Höhe des Schmelzpunktes von Wasser und etwas darüber liegt (und das offenbar von Anfang an), hat in Verbindung mit der Energieeinstrahlung durch die Sonne eine große Anzahl von Stoffen, vorrangig organischen, entstehen lassen. Ohne die moderate Temperatur auf Erden hätte sich das Leben hier in der heutigen Form und Vielfalt nicht entwickeln können. – Die anorganischen Stoffe sind Bestandteil des Planeten und stammen aus der Entstehungsphase des Sonnensystems. Ein geringer Anteil stammt von Meteoroiden und Asteroiden.

Der Mensch ist inzwischen in der Lage, aus den Atomen der Elemente neue Moleküle und damit neue Stoffe mit den unterschiedlichsten Eigenschaften zu erzeugen, zu synthetisieren, auch solche, die es in der Natur a priori gar nicht gibt. In der **Analyse** und **Synthese** von Stoffen besteht das Tun des Chemikers, ein Faszinosum menschlicher Intelligenz. Die insbesondere auf J.J. BERZELIUS (1779–1848) und W. OSTWALD (1853–1932, Nobelpreis 1909) zurückgehende **Katalyse** ist innerhalb der Chemie eine besonders effiziente Methode: Allein durch die Gegenwart eines Stoffes wird die Geschwindigkeit einer chemischen Reaktion erhöht (und die Reaktion ermöglicht), ohne dass der Stoff selbst von seiner

Substanz etwas einbüßt; viele Verfahren erlangen erst dadurch ihre wirtschaftliche Bedeutung. – Aus den Experimentierstuben der Quacksalber entstanden die chemischen Labore der Grundlagenforschung und aus diesen die Großlaboratorien der chemischen Industrie. Die chemische Industrie ist mit ihren Produkten am Wohlstand der Menschheit maßgeblich beteiligt und hilft deren Zukunft zu sichern. Ohne das Haber-Bosch-Verfahren als Grundlage für die Erzeugung von Kunstdünger wäre die Ernährung der anwachsenden Weltbevölkerung schon heute nicht mehr möglich. Ohne die Erzeugnisse der pharmazeutischen Chemie hätten die Menschen keine so gute Gesundheit und würden kein so hohes Alter erreichen. Ohne die petrochemischen Erzeugnisse gäbe es nicht die Mobilität von heute und die vielen praktischen Kunststoffe des Alltags, usf. Insofern geht von der Chemie ein großer Segen aus. Dass von der Chemie auch Unsegen ausgehen kann, macht die Entwicklung von chemischen und biologischen Waffen deutlich. Solche Fehlentwicklungen gilt es durch Gebote und Verbote zu unterbinden. Das ist keine naturwissenschaftliche, sondern eine gesellschaftspolitische Aufgabe.

Auf die einleitende Stoffkunde in Kap. 2 in Bd. I und die Atomlehre im vorangegangenen Kap. 1 wird an dieser Stelle als Grundlage verwiesen. – Einsichtiger Weise können auch im Folgenden wiederum nur die Grundlagen des Faches behandelt werden. Die Chemie ist mit ihren Einzeldisziplinen Anorganische Chemie, Organische Chemie, Analytische Chemie, Physikalische Chemie, Biochemie, Technische Chemie und vielen weiteren ein so ‚dickes Buch‘ innerhalb des Gesamtwerkes der Naturwissenschaften geworden, dass nur wenige Seiten aufgeschlagen werden können; ausführliche Darstellungen geben [4–9] und viele weitere Werke, lehrreich, informativ und unterhaltsam sind [10–14].

2.2 Grundlagen

2.2.1 Elektronenkonfiguration

Alle Stoffe auf Erden, ob fest, flüssig oder gasförmig, bestehen aus einem, aus zwei oder aus mehreren der 92 Elemente, die es in der Natur gibt, beginnend mit Wasserstoff (H) mit der Ordnungszahl $Z = 1$ bis Uran (U) mit der Ordnungszahl $Z = 92$. In der Erdrinde werden zusätzlich noch die Elemente Neptunium (Np, $Z = 93$) und Plutonium (Pu, $Z = 94$) in extrem geringen Mengen gefunden. Man vermutet, dass es sich um Produkte ‚natürlicher‘ Kernspaltungsprozesse handelt, die vor Milliarden Jahren über Millionen Jahre hinweg stattgefunden haben. Hierbei ist Pu-239 angefallen. Es gibt nämlich Uran-Lagerstätten, in welchen das Isotop U-235 nur zu 0,63 % angetroffen wird und nicht zu 0,72 %, wie es sonst überall der Fall ist, dafür aber Pu-239, z. B. in der Oklo-Mine in Gabun, 1972. –

Dass es in physikalischen Laboratorien gelungen ist, Elemente mit Ordnungszahlen von $Z = 95$ bis $Z = 118$ künstlich herzustellen, wurde bereits erwähnt. – Im Gegensatz zu früher, als die Chemie aus der praktischen Analyse und Synthese heraus entwickelt wurde, geschieht das heute eher theoretisch aus der Atomistik der Elemente heraus [4–9, 15], Kap. 1.

Wie ausgeführt, bestehen die Stoffe aus Molekülen, die sich ihrerseits aus Atomen aufbauen. Wie sie sich dabei zusammenfügen, hängt ganz wesentlich davon ab, wie ihre Elektronen auf den Schalen bzw. Unterschalen (Orbitalen), also in der Hülle, gruppiert sind. Bestimmend ist letztlich die Elektronenbelegung auf der äußersten Schale, man spricht bei diesen Elektronen von **Valenzelektronen**.

Die Elektronen sind negativ geladen, sie stoßen sich gegenseitig ab und ‚bewegen' sich demgemäß auf den Schalen in größtmöglichem gegenseitigem Abstand, zumindest ist das ihr Bestreben. – Im Kern sind die Protonen positiv geladen, auch sie stoßen sich gegenseitig ab, werden aber durch die Starke Kernkraft (gemeinsam mit den ungeladenen Neutronen) zusammengehalten.

Die Ordnungszahl (Z = Kernladungszahl) gibt die Anzahl der Protonen an. Die Massenzahl $A = Z + N$ ist die Summe aus der Anzahl der Protonen und Neutronen. In einem elektrisch **neutralen Atom** ist die Anzahl der Elektronen gleich der Anzahl der Protonen, von außen gesehen ist das Atom elektrisch ungeladen. Weichen die Anzahlen der Protonen und Elektronen von einander ab, nennt man das Atom ein **Ion**. Sind mehr Elektronen als Protonen vorhanden, ist das Ion negativ geladen, man spricht von einem **Anion**, sind weniger Elektronen als Protonen vorhanden, ist das Ion positiv geladen, man spricht von einem **Kation**.

Hilfreicher Merkhinweis
Ein Anion ist negativ geladen, der Strich im **A** kann als Minuszeichen = negativ, das Kreuz im Buchstaben **t** des Wortes Kation kann als Pluszeichen = positiv gelesen werden.

Zusammenfassend lautet die Schreibweise eines Elementes:

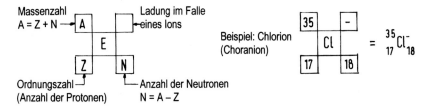

E ist das Symbol (das Kürzel) für das Element. Ist das Atom nicht elektrisch neutral, also ein Ion, steht □ (rechterseits) für die Ladung, z. B.: $-, 2-, 3-$ (Anion), $+, 2+, 3+$ (Kation). In vielen Fällen genügt eine verkürzte Schreibweise.

Zur Erinnerung: Mit anwachsender Ordnungszahl weicht die Anzahl der Neutronen stärker von der Anzahl der Protonen ab, die Anzahl der Isotope nimmt zu. Sie sind überwiegend instabil-radioaktiv. Das chemische Verhalten bleibt davon weitgehend unbeeinflusst.

Es zählt zu den großen Fortschritten in der Chemie, dass mit der gesicherten Einsicht in die Atomistik die chemische Reaktion der Atome untereinander besser verstanden wird, auch ihre Verbindung zu Molekülen. – Die Elektronen gruppieren sich gemäß der Hauptquantenzahl n auf n Schalen. Die Schalen bauen sich ihrerseits aus $l = n - 1$ Unterschalen (Orbitalen) auf. Wasserstoff (H, $Z = 1$) hat ein Proton im Kern und 1 Elektron in der Hülle, Helium (He, $Z = 2$) hat zwei Protonen im Kern und 2 Elektronen in der Hülle, Lithium (Li, $Z = 3$) hat 3 Protonen im Kern und 3 Elektronen in der Hülle, davon 2 Elektronen auf der ersten Schale und 1 Elektron auf der zweiten Schale, usf., vgl. hier auch Abschn. 1.1.2. Man nennt die Anordnung der Elektronen auf den Schalen/Unterschalen **Elektronenkonfiguration der Elemente**. In den Fachbüchern der Physik und Chemie gibt es Tabellen, in denen die Elektronenzustände zusammengestellt sind. Abb. 2.1 zeigt die Elektronengruppierung an sechs Beispielen. Ihnen liegen fünf Regeln zugrunde, sie sind von naturgesetzlichem Rang!

1. Die Elektronen der 118 bekannten Elemente (92 natürliche und 26 künstliche) gruppieren sich entsprechend den Hauptquantenzahlen $n = 1$ bis $n = 7$ auf 7 Schalen, pro Schale können bis zu $2n^2$ Energiezustände angenommen werden, einfacher, es können bis zu $2n^2$ Elektronen pro Schale aufgenommen werden.
2. Die Schalen untergliedern sich ihrerseits gemäß den Nebenquantenzahlen $l = 0$ bis $l = 6$ in bis zu 7 Unterschalen. Auf diesen können die Elektronen bis zu $2(2l + 1)$ Zustände annehmen (also Plätze einnehmen).
3. Dabei können sie die zu den Magnetquantenzahlen m (von $m = -l$ über $m = 0$ bis $m = +l$) gehörenden Zustände ein- oder zweifach annehmen, und war mit den Spinquantenzahlen $s = +1/2$ oder $s = -1/2$. In Abb. 2.2a (linker Teil) ist das Aufbauschema bis zur 3. Schale ($n = 3$) dargestellt, es setzt sich entsprechend bis zur 7. Schale fort.
4. Gemäß dem von W. PAULI (1900–1950) erkannten Ausschließungsprinzip dürfen in einem Atom keine zwei Elektronen in allen vier Quantenzahlen (n, l, m, s) übereinstimmen.
5. Nach der auf F. HUND (1896–1997) zurückgehenden Regel sind energetisch gleiche Unterschalen (Orbitale) mit bis zu je einem Elektron einfach besetzt. Sind sie in dieser Weise aufgefüllt, kann ein zweites Elektron pro Orbital zusätzlich aufgenommen werden. Mehr als ein Elektronenpaar kann ein Orbital indessen nicht aufnehmen.

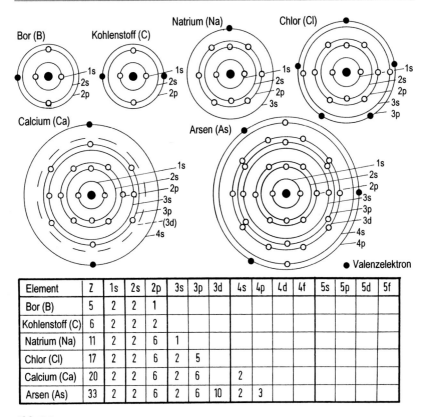

Element	Z	1s	2s	2p	3s	3p	3d	4s	4p	4d	4f	5s	5p	5d	5f
Bor (B)	5	2	2	1											
Kohlenstoff (C)	6	2	2	2											
Natrium (Na)	11	2	2	6	1										
Chlor (Cl)	17	2	2	6	2	5									
Calcium (Ca)	20	2	2	6	2	6		2							
Arsen (As)	33	2	2	6	2	6	10	2	3						

Abb. 2.1

Mit steigender Hauptquantenzahl n bzw. Nebenquantenzahl l steigt die den Elektronen innewohnende Energie. Bei der Bestimmung der Elektronenkonfiguration der Atome beginnt man daher mit der niedrigsten Schale bzw. Unterschale, also mit der 1K-Schale, was gleichbedeutend mit der 1s-Unterschale ist. Sie kann bis zu 2 Elektronen aufnehmen. Dann folgt die 2L-Schale mit der 2s-Unterschale, sie kann ebenfalls bis zu 2 Elektronen aufnehmen, genauer, es sind bis zu zwei Quantenzustände möglich ($s = +1/2$ und $s = -1/2$). Die $2p_x$-, $2p_y$- und $2p_z$-Unterschalen (= Orbitale) können auch jeweils zwei Elektronen aufnehmen, in der Summe sind das auf der 2p-Schale $2+2+2 = 6$ Elektronen usf. – In Verbindung mit dem Energieniveauschema der Abb. 2.2b (rechter Teil) wird im Folgenden die Bestimmung der Elektronenkonfiguration an sechs Beispielen gezeigt, vgl. dazu auch Abb. 2.1.

a

Hauptquantenzahl n (Schale)	max Elektronenanzahl pro Schale	Nebenquantenzahl l (Unterschale)	max Elektronenanzahl pro Unterschale	Magnetquantenzahl m	Orbital	Spinquantenzahl s	max Elektronenanzahl pro Orbital
				$+2$	$3d_{z^2}$	$\pm 1/2$	2
				$+1$	$3d_{x^2-y^2}$	$\pm 1/2$	2
		2 (d)	10	0	$3d_{yz}$	$\pm 1/2$	2
				-1	$3d_{xz}$	$\pm 1/2$	2
3 (M)	18			-2	$3d_{xy}$	$\pm 1/2$	2
				$+1$	$3p_z$	$\pm 1/2$	2
		1 (p)	6	0	$3p_y$	$\pm 1/2$	2
				-1	$3p_x$	$\pm 1/2$	2
		0 (s)	2	0	$3s$	$\pm 1/2$	2
				$+1$	$2p_z$	$\pm 1/2$	2
2 (L)	8	1 (p)	6	0	$2p_y$	$\pm 1/2$	2
				-1	$2p_x$	$\pm 1/2$	2
		0 (s)	2	0	$2s$	$\pm 1/2$	2
1 (K)	2	0 (s)	2	0	$1s$	$\pm 1/2$	2

b

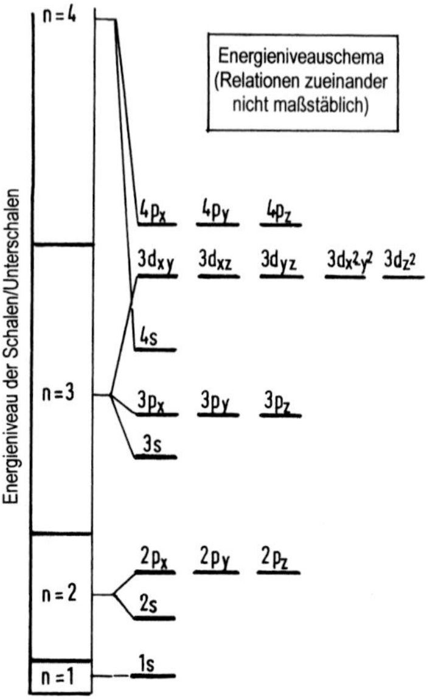

Energieniveauschema (Relationen zueinander nicht maßstäblich)

Energieniveau der Schalen/Unterschalen

$n=4$

$4p_x$ $4p_y$ $4p_z$

$3d_{xy}$ $3d_{xz}$ $3d_{yz}$ $3d_{x^2-y^2}$ $3d_{z^2}$

$4s$

$n=3$ $3p_x$ $3p_y$ $3p_z$

$3s$

$n=2$ $2p_x$ $2p_y$ $2p_z$

$2s$

$n=1$ $1s$

Abb. 2.2

e steht für Elektron. Ihre Anzahl pro Orbital wird durch einen Hochindex charakterisiert. Die Summe dieser Indices ist gleich der Anzahl der Elektronen:

Bor-Atom ($Z = 5$):

$1s : 2e$; $2s : 2e$, $2p_x : 1e$, ergibt $5e$

$1s^2 2s^2 2p_x^1$, Kurzform: $1s^2 2s^2 2p^1$

Kohlenstoff-Atom ($Z = 6$):

$1s : 2e$; $2s : 2e$, $2p_x : 1e$, $2p_y : 1e$ (Hund'sche Regel)

$1s^2 2s^2 2p_x^1 2p_y^1$, Kurzform: $1s^2 2s^2 2p^2$

Natrium-Atom ($Z = 11$):

$1s : 2e$; $2s : 2e$, $2p_x : 2e$, $2p_y : 2e$, $2p_z : 2e$; $3s : 1e$

$1s^2 2s^2 2p_x^2 2p_y^2 2p_z^2 3s^1$, Kurzform: $1s^2 2s^2 2p^6 3s^1$

Chlor-Atom ($Z = 17$):

$1s : 2e$; $2s : 2e$, $2p_x : 2e$, $2p_y : 2e$, $2p_z : 2e$; $3s : 2e$, $3p_x : 2e$, $3p_y : 2e$; $3p_z : 1e$

$1s^2 2s^2 2p_x^2 2p_y^2 2p_z^2 3s^2 3p_x^2 3p_y^2 3p_z^1$, Kurzform: $1s^2 2s^2 2p^6 3s^2 3p^5$

Calcium-Atom ($Z = 20$):

1s : 2e; 2s : 2e, $2p_x$: 2e, $2p_y$: 2e, $2p_z$: 2e;

  3s : 2e, $3p_x$: 2e, $3p_y$: 2e; $3p_z$: 2e; 4s : 2e

$1s^2 2s^2 2p_x^2 2p_y^2 2p_z^2 3s^2 3p_x^2 3p_y^2 3p_z^2 4s^2$, Kurzform: $1s^2 2s^2 2p^6 3s^2 3p^6 4s^2$

Arsen-Atom ($Z = 33$):

1s : 2e; 2s : 2e, $2p_x$: 2e, $2p_y$: 2e, $2p_z$: 2e;

  3s : 2e, $3p_x$: 2e, $3p_y$: 2e, $3p_z$: 2e; 4s : 2e;

$3d_{xy}$: 2e, $3d_{xz}$: 2e, $3d_{yz}$: 2e, $3d_{x^2-y^2}$: 2e, $3d_{z^2}$: 2e;

  $4p_x$: 1e, $4p_y$: 1e, $4p_z$: 1e (Hund'sche Regel)

Kurzform: $1s^2 2s^2 2p^6 3s^2 3p^6 3d^{10} 4s^2 4p^3$

2.2.2 Periodensystem der Elemente (PSE)

Im Periodensystem der Elemente sind die Elemente nach ihrer Ordnungszahl Z in Gruppen (lotrechte Spalten) und in Perioden (waagerechte Zeilen) geordnet. Im Gegensatz zu dem in Bd. I, Abschn. 2.8 dargestellten System, zeigt Abb. 2.3 das ‚Gekürzte PSE‘ mit den acht Hauptgruppen IA bis VIIIA und den sieben Perioden 1 bis 7. Die Perioden entsprechen den Hauptquantenzahlen $n = 1$ bis $n = 7$ und damit den Schalen K bis Q. –

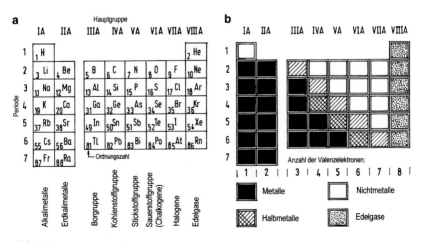

Abb. 2.3

Die Elemente innerhalb jeder Hauptgruppe tragen auf ihrer äußersten Schale die gleiche Anzahl Valenzelektronen. Das ist der Grund, warum die Elemente jeder Gruppe ein ähnliches chemisches Verhalten aufweisen.

Die Anzahl der Valenzelektronen wächst mit jeder Hauptgruppe (von links nach rechts) um Eins an. In der Hauptgruppe VIII liegen die Edelgase, ihre Außenschale ist mit 8 Valenzelektronen voll aufgefüllt (gesättigt).

Aus Abb. 2.3a (links) geht die Benennung der Gruppen hervor und aus Abb. 2.3b (rechts) die Einordnung der Elemente in Metalle, Halbmetalle, Nichtmetalle und Edelgase. Die Erstgenannten sind mit wenigen Valenzelektronen chemisch reaktionsfreudiger, die Letztgenannten reaktionsträger. – Die Moleküle in den irdischen Organismen bauen sich vorrangig aus den Nichtmetallen H, C, N, O, P und S auf.

Innerhalb einer Gruppe (senkrechte Spalte) wächst mit der Anzahl der Schalen der Radius der Atome, die Ionisierungsenergie sinkt. Das ist jene Energie, die notwendig ist, um ein Elektron aus dem Atom zu entfernen, das Atom wird dadurch zu einem Kation. Innerhalb einer Periode (waagerechte Zeile) verkleinert sich der Radius der Atome mit jedem weiteren Element, weil mit der anwachsenden Zahl der Elektronen in der Hülle die elektrostatische Kraft zwischen den Elektronen und ihrem Kern anwächst.

Hinweis

Wenn im Folgenden von Atomen oder Molekülen die Rede ist, ist hierunter der zugehörige Reinstoff gemeint, bei den Atomen auch das zugehörige Element.

2.2.3   Verbindung der Atome zu Molekülen

Moleküle setzen sich aus zwei oder mehreren unterschiedlichen Atomen zusammen. Gase eines einheitlichen Stoffes bilden eine Ausnahme, sie bestehen aus zwei Atomen, man nennt sie biatomare Moleküle oder Elementmoleküle: Wasserstoff H_2, Stickstoff N_2, Sauerstoff O_2, Fluor Fl_2, Chlor Cl_2, Brom Br_2 und Iod I_2. Edelgase treten einatomig auf: Helium He, Neon Ne und die fünf weiteren.

Ein sich aus Atomen aufbauendes Molekül wird formelmäßig durch die sich aneinander reihenden Atome gekennzeichnet. Dabei gibt ein an ein Atom angefügter Index dessen Anzahl an. Beispiele: Wasser (H_2O) besteht aus zwei Wasserstoffatomen und einem Sauerstoffatom; Ammoniak (NH_3) besteht aus einem Stickstoffatom und drei Wasserstoffatomen. Diese Darstellung ist indessen nicht ganz korrekt, die Wortgleichung ‚Wasserstoff + Sauerstoff → Wasser‘ oder ‚Stickstoff + Wasserstoff → Ammoniak‘ verführt dazu. Richtiger ist es, sich an der jeweiligen Reaktionsgleichung zu orientieren:

Wenn sich molekularer Wasserstoff H_2 und molekularer Sauerstoff O_2 zu Wasser verbinden, führt die Reaktionsgleichung $H_2 + O_2 \rightarrow H_2O$ nicht zum Ziel, von dem H_2-Molekül müssen zwei vorhanden sein:

$$2\,H_2 + O_2 \rightarrow [2 \cdot 2\,H + 2\,O = 2 \cdot (2\,H + O)] \rightarrow 2\,H_2O$$

Die Bildung von Ammoniak gemäß $N_2 + H_2 \rightarrow NH_3$ führt auch nicht zum Ziel, von dem H_2-Molekül müssen drei vorhanden sein:

$$N_2 + 3\,H_2 \rightarrow [2\,N + 3 \cdot 2\,H = 2\,N + 2 \cdot 3\,H = 2 \cdot (N + 3\,H)] \rightarrow 2\,NH_3$$

[Die eckige Klammer dient der Erläuterung.] Die an einer Reaktion beteiligten Elemente (Stoffe) müssen über einen ganzzahligen Vervielfacher (Koeffizienten) so anteilig angesetzt werden, dass die Reaktionsgleichung beidseitig ausgeglichen ist und die Anzahl der beteiligten Atome erhalten bleibt. Anderenfalls wäre das **Massenerhaltungsgesetz** verletzt. Atome treten nur ganzzahlig auf, es gibt keine halben oder drittel Atome. Das kommt in den **Gesetzen der konstanten und multiplen Proportionen** zum Ausdruck, vgl. Abschn. 2.2.6, 2. Ergänzung.

Die chemische Verbindung von (Rein-)Stoffen zu einem neuen Stoff nennt man Synthese (auch Neubildung), die Zerlegung von (Rein-)Stoffen in ihre Elemente Analyse (auch Zersetzung, Untersuchung). Die Ausgangsstoffe auf der linken Seite der Gleichung heißen **Edukte** (auch Reaktanden), die Stoffe auf der rechten Seite der Gleichung **Produkte**. Die beteiligten Stoffe haben vor und nach der Reaktion völlig andere Eigenschaften, da sich ihre Atome/Moleküle neu strukturiert haben.

2.2.4 Stöchiometrie

Wird die Masse des Protons und die Masse des Neutrons gleich gesetzt und zwar gleich der **Atomaren Masseneinheit** $u = 1{,}6605 \cdot 10^{-27}\,kg$ und wird außerdem die Masse der Elektronen vernachlässigt, lassen sich relative und absolute Masse eines Atoms in einfacher Weise angeben: Die **relative Masse** m_r eines Atoms ist die Summe aus der Anzahl der Protonen und Neutronen, also identisch mit der Massenzahl A (Nukleonenzahl). m_r ist einheitenfrei. Wird m_r mit der Atomaren Masseneinheit multipliziert, erhält man die **absolute Masse** $m_a = u \cdot m_r$ des Atoms. Relative bzw. absolute Masse eines Moleküls setzen sich aus jenen der beteiligten Atome zusammen.

Abb. 2.4

Stoff Atom, Molekül	Symbol	A	Rel. Atommasse m_r genähert	Rel. Atommasse m_r nach PSE	Molmasse m_M
Wasserstoffatom	H	1	1	1,0079	1,0079
Wasserstoffmolekül	H_2		2	2,0158	2,0158
Sauerstoffatom	O	12	16	15,999	15,999
Sauerstoffmolekül	O_2		32	31,998	31,998
Wassermolekül	H_2O		18	18,015	18,015
Stickstoffatom	N	14	14	14,007	14,007
Ammoniakmolekül	NH_3		17	17,031	17,031
Kohlenstoffatom	C	12	12	12,011	12,011
Kohlenstoffisotop C-12	^{12}C		12	12,000	12,000
	—	—	—		g/mol

Beispiele

Wasserstoffatom:	H:	$A = 1$	$m_r = 1$
Wasserstoffmolekül:	H_2:	$m_r = 2$	
Sauerstoffatom:	O:	$A = 8 + 8 = 16$	$m_r = 16$
Sauerstoffmolekül:	O_2:	$m_r = 2 \cdot 16 = 32$	
Wassermolekül:	H_2O:	$m_r = 2 \cdot 1 + 16 = 18$	
Stickstoffatom:	N:	$A = 7 + 7 = 14$	$m_r = 14$
Ammoniakmolekül:	NH_3:	$m_r = 14 + 3 \cdot 1 = 17$	
Kohlenstoffatom:	C:	$A = 6 + 6 = 12$	$m_r = 12$

Die PSE-Tafeln (der Fachbücher) weisen die relative Atommasse der Elemente aus. In diesen ist das prozentuale Vorkommen der verschiedenen Isotope der Elemente in der Erdrinde berücksichtigt.

Bei Wasserstoff sind es beispielsweise die Isotope Deuterium und Tritium. Insofern ergeben sich Abweichungen gegenüber den vorstehenden Werten. In der Tabelle der Abb. 2.4 sind für die obigen Beispiele die Werte einander gegenübergestellt.

Das Hantieren mit der absoluten Masse der Atome und Moleküle wäre in der praktischen Chemie extrem ungünstig, etwa wenn die für eine chemische Reaktion vorgesehenen Atome bzw. Moleküle in g (Gramm) oder in kg (Kilogramm) anzusetzen wären. Es ist deshalb zweckmäßig, für die Anzahl der Teilchen eine neue Maßeinheit zu entwickeln.

Die Atomare Einheit u ist gleich ein Zwölftel (1/12) der absoluten Masse des Kohlenstoffisotops ^{12}C, so lautet die Definition der IUPAC (International Union of Pure and Applied Chemistry): $u = 1,6605 \cdot 10^{-24}$ g (Gramm). Mit welcher Zahl muss dieser Wert multipliziert werden, also mit welcher Anzahl von Stoffteilchen, damit sich eine Masse von 1 g (ein Gramm) ergibt? Es ist der Zahlenwert der Avogadro'schen Konstante $N_A = 6,022 \cdot 10^{23}$/mol:

$$1,6605 \cdot 10^{-24} \, g \cdot 6,022 \cdot 10^{23} = 10 \cdot 10^{-1} \, g = \underline{1,000 \, g}$$

Die Stoffmenge n, die sich aus $6,022 \cdot 10^{23}$ Teilchen aufbaut, wird ein Mol genannt. Es ist jene Stoffmenge, die aus so vielen Teilchen besteht, wie in 12 Gramm des ^{12}C-Isotops enthalten sind. Da die relative Atommasse von ^{12}C gleich $m_r = 12$ ist, bedeutet das: Ein Mol eines atomaren oder eines molekularen Stoffes hat eine Molmasse m_M in Gramm, die gleich dem Zahlenwert ihrer relativen Masse ist. In der Tabelle der Abb. 2.4 ist m_M in g/mol mit aufgenommen. Anstelle von Molmasse spricht man auch von molarer Masse.

Die Molmasse eines Stoffes setzt sich aus den Molmassen der anteiligen Stoffe gemäß der chemischen Formel zusammen, z. B. im Falle von Wasser H_2O:

$$m_r(H_2O) = m_r(H_2) + m_r(O) = 2 \cdot 1,008 \, \frac{g}{mol} + 15,990 \, \frac{g}{mol} = \underline{18,006 \, \frac{g}{mol}}$$

1 Mol Wasser sind gleich 18,006 Gramm Wasser. In 18,006 g Wasser sind N_A Wassermoleküle (H_2O) enthalten. Einer Masse $m = 1000$ g Wasser (1 Liter) entspricht eine Stoffmenge n in Mol:

$$n = \frac{m}{m_M} = \frac{1000 \, g}{18,006 \, g/mol} = \underline{55,54 \, mol}$$

Diese Stoffmenge enthält $n \cdot N_A$ Teilchen (hier Wassermoleküle)

$$55,54 \, mol \cdot 6,022 \cdot 10^{23}/mol = 334 \cdot 10^{23} = 33,4 \cdot 10^{24}$$
$$= 33.400.000.000.000.000.000.000.000 \, \text{Wassermoleküle}.$$

Aufgabe: Kochsalz NaCl setzt sich aus Natrium (Na, $Z = 11$, $m_r = 22,990$) und Chlor (Cl, $Z = 17$, $m_r = 35,453$) zusammen: 1 Mol Kochsalz hat eine Molmasse von $22,990 \, \frac{g}{mol} + 35,453 \, \frac{g}{mol} = 58,443 \, \frac{g}{mol}$. Um 1 kg $= 1000$ g Kochsalz zu synthetisieren, wären von Natrium und Chlor anteilig vorzuhalten:

$$\text{Na:} \quad \frac{22,990}{58,443} \cdot 1000 = \underline{393,4 \, g}, \quad \text{Cl:} \quad \frac{35,453}{58,443} \cdot 1000 = \underline{606,6 \, g}, \quad \text{Summe:} \quad \underline{1000 \, g}$$

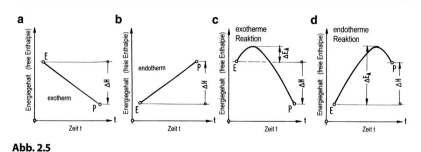

Abb. 2.5

2.2.5 Energieumsatz

Nicht nur das Massenerhaltungsgesetz muss bei einer chemischen Reaktion eingehalten werden, auch das Energieerhaltungsgesetz.

Wird bei einer Reaktion Wärme frei, bezeichnet man die Reaktion als **exotherm**, muss laufend Wärme zugeführt werden, als **endotherm**. Die Wärmeener-
giedifferenz zwischen E (Edukt) und P (Produkt), ist die sogen. **Reaktionsenthalpie** ΔH. Sie wird in der Einheit J/mol gemessen. Bei einer exothermen Reaktion
ist ΔH negativ, bei einer endothermen positiv. Die in der Abb. 2.5a, b skizzierten Verläufe machen deutlich, was gemeint ist. Dargestellt ist der Energieumsatz
über der Zeit (Energie immer im Sinne von Wärmeenergie). Real folgt der Energieumsatz (die Reaktionsenthalpie) nach einem etwas anderen Verlauf, und zwar
so, wie es in den Teilabbildungen c und d angegeben ist: Bei einer exothermen
Reaktion bedarf es einer Aktivierung des Prozesses, indem zunächst eine **Aktivierungsenergie** ΔE_A in Form von Wärme eingeprägt wird. Prinzipiell gilt dasselbe
für einen endothermen Prozess.

Die bei einem endothermen Prozess aufgewandte Wärmeenergie ist anschließend im Produkt gespeichert. Sie kann fallweise wieder freigesetzt werden („genutzt' werden), entweder in der Form der eingeprägten Energie oder einer anderen.
Die in fossilen Brennstoffen gespeicherte Energie, die heutzutage in großem Umfang durch Verbrennung in Wärme umgesetzt wird, war ehemals durch Photonen-
Strahlung vermittelst Photosynthese eingefangene Sonnenenergie.

Gewisse chemische Reaktionen können durch einen **Katalysator** beschleunigt
werden. Es handelt sich um einen dem Prozess beigestellten (Fremd-)Stoff, der
während der Reaktion selbst nicht abgebaut wird. Die erhöhte Reaktionsgeschwin-
digkeit wirkt sich in einer geringeren Aktivierungsenergie aus, der Prozess verläuft
effizienter und wirtschaftlicher. Man spricht von katalytischer Reaktion oder von
Katalyse (vgl. Abb. 2.6).

Abb. 2.6

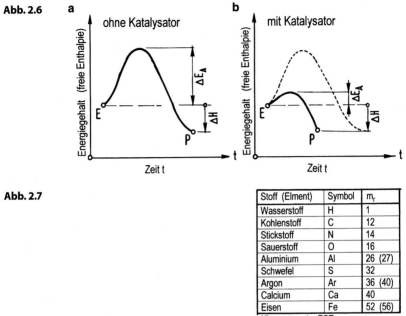

Abb. 2.7

Stoff (Element)	Symbol	m_r
Wasserstoff	H	1
Kohlenstoff	C	12
Stickstoff	N	14
Sauerstoff	O	16
Aluminium	Al	26 (27)
Schwefel	S	32
Argon	Ar	36 (40)
Calcium	Ca	40
Eisen	Fe	52 (56)

Klammerwerte: PSE

2.2.6 Ergänzungen und Beispiele

Hinweise
1) In den folgenden stöchiometrischen Rechnungen wird die Molmasse ohne Berücksichtigung der Elektronenmasse angesetzt. 2) Die in den Beispielen benötigten relativen Atommassen sind in der Tabelle der Abb. 2.7 notiert. 3) Anstelle der Benennung Kohlenstoffdioxid oder Kohlensäure für CO_2 wird im Folgenden, wie üblich, der nicht ganz richtige Begriff Kohlendioxid verwendet. 4) Wo notwendig, wird der Aggregatzustand eines Stoffes durch die Kürzel s (solid, fest), l (liquid, flüssig) oder g (gas, gasförmig) gekennzeichnet.

1. Ergänzung
Die Wertigkeit (oder Valenz) eines Elementes ist gleich jener Zahl von Wasserstoffatomen, die ein Atom des Elementes an sich binden oder ersetzen kann. Ausgehend von der Symbolformel für die chemische Verbindung kann man schlussfolgern:

- Salzsäure: HCl: Chlor Cl ist einwertig
- Wasser: H_2O: Sauerstoff O ist zweiwertig
- Ammoniak: NH_3: Stickstoff: N ist dreiwertig
- Methan: CH_4: Kohlenstoff C ist vierwertig

Der 4-wertige Kohlenstoff (C) und der zweiwertige Sauerstoff (O) vermögen sich zu Kohlendioxid (CO_2) zu verbinden ($4 = 2 \cdot 2$). Neben H sind N, K, Br, J 1-wertig. 2-wertig sind neben O die Elemente S, Mg, Ca, auch viele Schwermetalle, wie Cu, Zn, indessen nicht alle, wie Cr, Al. Neben C ist auch Si 4-wertig. – Eine Reihe von Nichtmetallen und Schwermetallen haben mehrere Wertigkeiten: N 3, 5; P 3, 5; S 2, 4, 6; Fe 2, 3; Pb 2, 4 und weitere. Bei der Bindung der Metalle unterschiedlicher Wertigkeit zu Oxiden, Sulfiden, Chloriden usf., wird das im Namen der Verbindung zum Ausdruck gebracht:

- MnO_2: Mangan(IV)-oxid, Wertigkeit von Mn hier 4
- Hg_2S: Quecksilber(I)-sulfid, Wertigkeit von Hg hier 1
- $FeCl_3$: Eisen(III)-chlorid, Wertigkeit von Fe hier 3

Das vorstehende Wertigkeitskonzept ist in der modernen Chemie durch andere Konzepte ersetzt worden, vgl. den folgenden Abschnitt.

2. Ergänzung
Die Atome eines Elementes sind gleichartig im Aufbau, sie haben eine bestimmte Masse und sind chemisch nicht weiter teilbar. Aus ihnen bauen sich die mehratomigen Moleküle auf. Die Edelgase treten einatomig auf, alle anderen Elemente in Gasform zweiatomig: H_2, N_2, O_2 usf. – Die chemischen Reaktionen folgen drei Gesetzen:

- **Gesetz von der Erhaltung der Masse**: Anzahl und damit Masse der innerhalb eines Reaktionsraumes an der Reaktion beteiligten Atome bleiben konstant.
- **Gesetz der konstanten Proportionen**: Da die Atome nicht teilbar sind, verbinden sie sich untereinander ganzzahlig und damit in einem konstanten Mengen- und Massenverhältnis.
- **Gesetz der multiplen Proportionen**: Eine Reihe von Elementen bilden mehrere unterschiedliche Verbindungen miteinander. In solchen Fällen stehen die Mengen (Massen) eines der beiden Elemente zu dem anderen im Verhältnis ganzer Zahlen. Bleioxid gibt es beispielsweise in drei Varianten:

gelbes Bleioxid: Blei(II)-oxid: PbO, Pb : O = 1 : 1 = 3 : 3
rotes Bleioxid (Mennige):   Blei(II/IV)-oxid: Pb_3O_4, Pb : O = 3 : 4 = 3 : 4
schwarzes Bleioxid: Blei(IV)-oxid: PbO_2, Pb : O = 1 : 2 = 3 : 6

Die Menge der Sauerstoffatome und damit ihre Masse stehen zu jenen der drei Bleiatome im Verhältnis 3 : 4 : 6. Vgl. hier auch Bd. I, Abschn. 2.7.2.

3. Ergänzung
Die Reaktionsgleichung

$$A + B \rightarrow AB \qquad (a)$$

beschreibt einen Stoffumsatz. Beidseitig des Reaktionspfeils müssen die Massen der beteiligten Stoffe gleich sein. Die Atome der beteiligten Stoffe werden hier mit A und B abgekürzt. Die Bedingung lautet: Die Masse des Atoms A plus die Masse des Atoms B ist gleich der Masse des Moleküls AB. Diese Bedingung ist erfüllt, wenn die Anzahl der Kernteilchen der vom Umsatz betroffenen Atome und Moleküle auf beiden Seiten der Gleichung übereinstimmt. Die Aussage kann in dieser Form gemacht werden, weil die Kernteilchen, die Protonen und Neutronen, näherungsweise dieselbe Masse tragen. Die Massenzahl $A = Z + N$ eines Atoms ist gleich der Anzahl Z der Protonen plus der Anzahl N der Neutronen. Die Massenzahl A wird **relative Atommasse** m_r genannt: $m_r = A$. Damit lautet die Bedingung für die Massengleichheit auf beiden Seiten der Reaktionsgleichung:

$$m_r(A) + m_r(B) = m_r(AB) \tag{b}$$

Die relativen Atommassen reichen von $m_r = 1$ für Wasserstoff (H) bis $m_r = 238$ für Uran 238 ($_{92}^{238}$U). Werden die Terme der Gleichung (b) mit der Atomaren Einheit u der Kernteilchen multipliziert, $u = 1{,}6605 \cdot 10^{-24}$ g, lässt sich die Bedingung der Massengleichheit durch die **absolute Atommasse** $m_a = m_r \cdot u$ ausdrücken:

$$m_r(A) \cdot u + m_r(B) \cdot u = m_r(AB) \cdot u \quad \rightarrow \quad m_a(A) + m_a(B) = m_a(AB), \tag{c}$$

Wird Gleichung (b) zusätzlich mit der Avogadro'schen Konstanten durchmultipliziert, lautet die Gleichung, nunmehr auf der Mol-Ebene $n = 1$ mol, also für die Teilchenzahl $N = 1{,}6605 \cdot 10^{-24}$ (Teilchen sind hier die Atome bzw. Moleküle):

$$m_r(A) \cdot u \cdot N_A + m_r(B) \cdot u \cdot N_A = m_r(AB) \cdot u \cdot N_A$$

Das Produkt $u \cdot N_A$ ergibt mit der Definition der **molaren Masse** gemäß $m_M = m_a \cdot N_A$:

$$m_M = m_a \cdot N_A = m_r \cdot u \cdot N_A = m_r \cdot 1{,}6605 \cdot 10^{-24}\,\text{g} \cdot 6{,}022 \cdot 10^{24}/\text{mol}$$

$$= m_r \cdot 10 \cdot 10^{-1}\,\text{g/mol} \quad \rightarrow \quad n = 1\,\text{mol}: \quad m_M = m_r \cdot 1{,}0\,\text{g/mol}$$

Damit lautet die Bedingung für die Gleichheit der Kernteilchen, formuliert durch die molare Masse der Atome bzw. Moleküle:

$$m_M(A) + m_M(B) = m_M(AB) \tag{d}$$

Ausgedrückt in der realen Masse der Stoffe gilt schließlich:

$$m(A) + m(B) = m(AB) \tag{e}$$

Die vier Gleichungen (a), (b), (c) und (d) sind gleichwertig. – Die molare Masse $m_M(A)$ bezieht sich auf die Stoffmenge $n(A) = 1$ mol des Stoffes A, also auf $N = N_A$ Atome A. Zur realen Masse $m(A)$ gehört die Stoffmenge $n(A)$ in Mol:

$$m(A) = n(A) \cdot m_M(A) \quad \rightarrow \quad n(A) = \frac{m(A)}{m_M(A)}$$

Die anfängliche Reaktionsgleichung (a) besagt, dass *ein* Atom A + *ein* Atom B zu *einem* Molekül AB reagieren, was gleichbedeutend ist mit: 1 Mol Atome A + 1 Mol Atome B reagieren zu 1 Mol Moleküle AB. In diesem einfachen Fall stehen die Massen $m(A)$ zu $m(B)$ (und alle anderen Massenversionen) im Verhältnis 1 : 1 zueinander. Dieser letzte Schritt der stöchiometrischen Berechnung ist aus der vorgegebenen Reaktionsgleichung jeweils speziell zu folgern. Dabei sind das Gesetz der konstanten Proportionen und das Gesetz der multiplen Proportionen zu beachten. Hierzu enthalten die folgenden Ergänzungen Beispiele.

4. Ergänzung

Jede chemische Verbindung stellt sich mengenmäßig entsprechend dem Verhältnis der Mol-Atommassen bzw. Mol-Molekülmassen der beteiligten Stoffe ein. Das entspricht dem Verhältnis ihrer relativen Atom- bzw. Molekülmassen. Verbinden sich beispielsweise Eisen (Fe) und Schwefel zu Schwefeleisen (Eisen(II)-Sulfid, FeS) mit den Mol-Atommassen $m_M(\text{Fe}) = 56\,\text{g/mol}$ und $m_M(\text{S}) = 32\,\text{g/mol}$, ergibt sich für die Mol-Molekülmasse von FeS gemäß der Reaktionsgleichung $\text{Fe} + \text{S} \rightarrow \text{FeS}$:

$$m_M(\text{Fe}) + m_M(\text{S}) = m_M(\text{FeS}) \quad \rightarrow \quad 56\,\text{g/mol} + 32\,\text{g/mol} = 88\,\text{g/mol}$$

Damit ist sicher gestellt, dass Anzahl und Masse der Teilchen bei der Reaktion (auf beiden Seiten der Gleichung) gleich ist. – 100 kg Eisen entspricht die Stoffmasse:

$$n(\text{Fe}) = \frac{m(\text{Fe})}{m_M(\text{Fe})} = \frac{100 \cdot 10^3\,\text{g}}{56\,\text{g/mol}} = \underline{1786\,\text{mol}}$$

Um FeS zu synthetisieren, sind, wegen des Stoffmengenverhältnisses $n(\text{Fe}) : n(\text{S}) = 1 : 1$ (vgl. linke Seite der Reaktionsgleichung), jeweils 1786 mol Eisen und 1786 mol Schwefel vorzuhalten. Bei 100 kg Eisen wäre von Schwefel anzusetzen:

$$m(\text{S}) = n(\text{S}) \cdot m_M(\text{S}) = 1786\,\text{mol} \cdot 32\,\text{g/mol} = 57{,}1 \cdot 10^3\,\text{g} = 57{,}1\,\text{kg}.$$

Würde man jeweils 100 kg der beiden Stoffe zusammenbringen, wäre von Schwefel die Menge $100 - 57{,}1 = 42{,}9\,\text{kg}$ überschüssig.

5. Ergänzung

Für die Bildung von Wasser aus Wasserstoff und Sauerstoff lautet die Reaktionsgleichung:

$$\text{H}_2 + \text{O} = \text{H}_2\text{O}$$

Die Gleichung ist zwar rechnerisch richtig, stöchiometrisch dagegen nicht, verbinden sich doch *zwei* Wasserstoffmoleküle und *ein* Sauerstoffmolekül zu *zwei* Wassermolekülen:

$$2\,\text{H}_2(\text{g}) + \text{O}_2(\text{g}) = 2\,\text{H}_2\text{O}\,(\text{l})$$

Oder: *Zwei* Molmassen des Moleküls Wasserstoffs $\text{H}_2(\text{g})$ und *eine* Molmasse des Sauerstoffmoleküls $\text{O}_2(\text{g})$ reagieren zu *zwei* Molmassen des Wassermoleküls $\text{H}_2\text{O}(\text{l})$:

$$2 \cdot m_M(\text{H}_2) + 1 \cdot m_M(\text{O}_2) = 2 \cdot m_M(\text{H}_2\text{O})$$
$$2 \cdot 2\,\text{g/mol} + 32\,\text{g/mol} = 2 \cdot 18\,\text{g/mol} \quad \rightarrow \quad 4\,\text{g/mol} + 32\,\text{g/mol} = 36\,\text{g/mol}$$
$$\rightarrow \quad 36 = 36$$

Um 1 kg = 1000 g Wasser, also 1 Liter flüssiges Wasser, zu synthetisieren, ist somit stöchiometrisch von zwei Liter Wasser $H_2O(l)$ auszugehen. Hierfür ist die Stoffmenge zu bestimmen:

$$n(2\,H_2O) = \frac{m(2\,H_2O)}{m_M(2\,H_2O)} = \frac{2000\,g}{36\,g/mol} = \underline{55{,}56\,mol}$$

Für *zwei* Liter Wasser sind von $2\,H_2$ und von O_2 dieselben Stoffmengen vorzuhalten:

Wasserstoffgas H_2: $\quad m(2\,H_2) = n \cdot m_M(2\,H_2) = 55{,}56\,mol \cdot 4\,g/mol = \underline{222{,}2\,g}$

Sauerstoffgas O_2: $\quad m(O_2) = n \cdot m_M(O_2) = 55{,}56\,mol \cdot 32\,g/mol = \underline{1777{,}6\,g}$

In der Summe sind das 2000 g, wie es sein muss. Für einen Liter Wasser sind die halben Mengen davon vorzuhalten: 111,1 g an H_2 bzw. 888,9 g an O_2.

1. Anmerkung

Die Volumina von $H_2(g)$ und $\frac{1}{2}\,O_2(g)$, die sich zu 1 Liter flüssigem Wasser vereinigen, berechnen sich mit $V_M = 22{,}41\,l/mol$ als Molvolumen unter Normalbedingungen zu:

$$H_2(g):\quad V = n \cdot V_M = 55{,}56\,mol \cdot 22{,}41\,l/mol = 1245\,l \quad \text{bzw.}$$

$$\frac{1}{2}\,O_2(g):\quad V = n \cdot V_M = 55{,}56\,mol \cdot \frac{1}{2}22{,}41\,l/mol = 623\,l$$

Das Gasvolumen 1868 Liter ($1245\,l + 623\,l = 1868\,l$) kontrahiert zu 1 Liter flüssigem Wasser. Das geht mit einer Explosion und einem lauten Knall einher.

2. Anmerkung

Für einen Liter Wasser berechnet sich die Anzahl der Wassermoleküle wegen $n = 55{,}56\,mol$ zu:

$$N = n \cdot N_A = 55{,}56\,mol \cdot 6{,}022 \cdot 10^{23}/mol = 334{,}6 \cdot 10^{23} = 33{,}46 \cdot 10^{24}$$
$$= 33.460.000.000.000.000.000.000.000$$

H_2O-Moleküle.

Geht die Wassermenge in den festen Zustand (Eis) über, ändert sich am Volumen wenig, im Falle einer Verdampfung vergrößert sich das Volumen dagegen auf den n-fachen Wert des Normvolumens:

$$V = n \cdot V_M = 55{,}56\,mol \cdot 22{,}41\,l/mol = \underline{1245\,\text{Liter}} = 1245\,dm^3 = \underline{1{,}245\,m^3}$$

6. Ergänzung

Wird Kalkstein ($CaCO_3$) unter Hitze im Ofen gebrannt, zersetzt es sich zu gebranntem Kalk (CaO) und Kohlendioxid (CO_2). $CO_2(g)$ verflüchtigt sich.

Die Reaktionsgleichung lautet:

$$CaCO_3 \rightarrow CaO + CO_2.$$

Mit den relativen Atommassen $m_r(Ca) = 40$, $m_r(C) = 12$ und $m_r(O) = 16$ lautet die Gleichung des Massenerhalts:

$$40 + 12 + 3 \cdot 16 = (40 + 16) + (12 + 2 \cdot 16) \quad \rightarrow \quad 100 = 56 + 44 \quad \rightarrow \quad 100 = 100$$

In Molmassen ausgedrückt lautet die Gleichung:

$$m_M(CaCO_3) = m_M(CaO) + m_M(CO_2) \quad \rightarrow \quad 100\,g/mol = 56\,g/mol + 44\,g/mol$$

Werden 1000 kg Kalkstein gebrannt, entstehen:

CaO: $(56/100) \cdot 1000 = 0{,}56 \cdot 1000 = 560\,kg$ gebrannter Kalk
CO_2: $(44/100) \cdot 1000 = 0{,}44 \cdot 1000 = 440\,kg$ Kohlendioxid

7. Ergänzung

In einem abgeschlossenen Raum mit dem Volumen V *enthält jedes Gas* bei gleicher Temperatur und gleichem Druck *dieselbe Anzahl Teilchen*, gleichgültig ob es sich bei dem Gas beispielsweise um das einatomige Edelgas Argon Ar, um das zweiatomigen Sauerstoffgas O_2 oder um das mehratomige Kohlendioxid CO_2 handelt. Das Gesetz wurde von A. AVO-GADRO (1776–1859) postuliert, vgl. Bd. I, Abschn. 2.7.3. Unter Standardbedingungen ($25\,°C = 298{,}15\,K$, $101{,}3\,kPa$) beträgt das betrachtete Gasvolumen 22,41 Liter und enthält $6{,}022 \cdot 10^{23}$ Teilchen. Man nennt das Volumen in diesem Falle Norm- oder Molvolumen V_M. Deren Stoffmenge n ist qua Definition gleich $n = 1\,mol$ und die Anzahl der Gasteilchen:

$$N = n \cdot N_A = 1\,mol \cdot 6{,}022 \cdot 10^{23}/mol = 6{,}022 \cdot 10^{23}.$$

Mit der Abkürzung g für gasförmig gilt:

1 mol Ar(g): $V = 22{,}41\,l$, $N = 6{,}922 \cdot 10^{23}$ Ar-Atome
1 mol O_2(g): $V = 22{,}41\,l$, $N = 6{,}922 \cdot 10^{23}$ O_2-Atome
1 mol CO_2(g): $V = 22{,}41\,l$, $N = 6{,}922 \cdot 10^{23}$ CO_2-Moleküle

Ist die Stoffmasse von $n = 1\,mol$ verschieden, beträgt das Volumen des Gases (unter Standardbedingungen) $V = n \cdot V_M$ und die Teilchenanzahl $N = n \cdot N_A$. Die zugehörige Molmasse m_M ergibt sich aus dem atomaren bzw. molekularen Aufbau des Gases. Ist die Stoffmenge gleich $n = 1\,mol$, gilt:

1 mol Ar(g): $n = 1\,mol$: $m_r = 40$: $m_M = 40\,g/mol$, $V = V_M$, $N = N_A$
1 mol O_2(g): $n = 1\,mol$: $m_r = 2 \cdot 16 = 32$: $m_M = 32\,g/mol$, $V = V_M$, $N = N_A$
1 mol CO_2(g): $n = 1\,mol$: $m_r = 12 + 2 \cdot 16 = 44$: $m_M = 44\,g/mol$, $V = V_M$, $N = N_A$

Ist das Gasvolumen V von V_M verschieden, ist die Stoffmenge des Gases $n = V/V_M$, die Teilchenanzahl $N = n \cdot N_A$ und die Masse $m = n \cdot m_M$.

Beispiel

Dem Volumen $V = 1000\,l$ CO_2-Gas entspricht die Stoffmenge $n = 1000\,l/22{,}41\,l/mol = 44{,}62\,mol$. Die Teilchenanzahl beträgt $N = 44{,}62\,mol \cdot 6{,}022 \cdot 10^{23}/mol = 26{,}87 \cdot 10^{24}$ CO_2-Moleküle. Die Masse berechnet sich zu: $m = n \cdot m_M = 44{,}62 \cdot mol \cdot 44\,g/mol = 1963\,g = 1{,}963\,kg$. $V = 1000\,l$ ist gleich $1\,m^3$. Somit folgt die Dichte des CO_2-Gases zu:

$$\rho = m/V = 1{,}963\,kg/1\,m^3 = \underline{1{,}963\,kg/m^3}.$$

CO_2 ist schwerer als Luft ($\approx 1{,}29\,kg/m^3$). – Die vorstehende Rechnung gilt für Gase. Bei den Stoffen im flüssigen und festen Zustand geht man meist von der Masse des Stoffes aus, sie lässt sich genau messen: Bei den Gasen geht man eher vom Volumen aus.

8. Ergänzung

Von den drei Gasen Argon Ar, Sauerstoff O_2 und Kohlenstoffsäure CO_2 sind für eine Stoffmenge $n = 30\,mol$ das Volumen, die Teilchenanzahl und die Masse zu berechnen, wobei von Standardbedingungen auszugehen ist. – Das Volumen ist in allen drei Fällen gleichgroß:

$$V = n \cdot V_M = 30\,mol \cdot 22{,}41\,l/mol = 672{,}3\,l = 672{,}3\,dm^3 = 672{,}3 \cdot 10^{-3}\,m^3 = \underline{0{,}67\,m^3}$$

Die Teilchenanzahl ist in allen Gasen ebenfalls gleichhoch:

$$N = n \cdot N_A = 30\,mol \cdot 6{,}022 \cdot 10^{23}/mol = 180{,}66 \cdot 10^{23} = \underline{18{,}1 \cdot 10^{24}}\ \text{Gasteilchen}$$

Die Massen und Dichten sind verschieden (vgl. vorangegangene Ergänzung):

Ar(g): $m_M = 40\,g/mol$: $m = n \cdot m_M = 30\,mol \cdot 40\,g/mol = 1200\,g = 1{,}20\,kg$

O_2(g): $m_M = 32\,g/mol$: $m = n \cdot m_M = 30\,mol \cdot 32\,g/mol = 960\,g = 0{,}96\,kg$

CO_2(g): $m_M = 44\,g/mol$: $m = n \cdot m_M = 30\,mol \cdot 44\,g/mol = 1320\,g = 1{,}32\,kg$

Ar(g): $\rho = 1{,}20\,kg/0{,}67\,m^3 = 1{,}79\,kg/m^3$

O_2(g): $\rho = 0{,}96\,kg/0{,}67\,m^3 = 1{,}43\,kg/m^3$

CO_2(g): $\rho = 1{,}32\,kg/0{,}67\,m^3 = 1{,}97\,kg/m^3$

Die genannten Gase sind Bestandteile der Luft. Argon- und Kohlendioxid-Gas sind nur schwach beteiligt; sie sind beide schwerer als Sauerstoff und Stickstoff und sammeln sich daher am Boden an. Durch die Luftverwirbelung verteilen sie sich weitgehend gleichförmig in der Atmosphäre. – In großen Höhen über NN liegen Temperatur und Druck deutlich unterhalb der Standardbedingungen. Volumen und Masse sind für diese Bereiche nach den Gasgesetzen umzurechnen.

9. Ergänzung

CO_2 entsteht bei der **Verbrennung von Kohlenstoff (C)**. Gefragt ist nach der Sauerstoffmenge (O_2), die erforderlich ist, um $100\,kg$ Kohlenstoff vollständig zu verbrennen. Die Reaktionsgleichung lautet: $C + O_2 \rightarrow CO_2$. Die relativen Massen von C, O_2 und CO_2

betragen: $m_r(C) = 12, m_r(O_2) = 2 \cdot 16 = 32, m_r(CO_2) = 12 + 32 = 44$. Die Stoffmenge n, die einer Masse $m(C) = 100\,kg = 100 \cdot 1000\,g$ Kohlenstoff entspricht, folgt zu:

$$C: \quad m_M(C) = 12\,g/mol: \quad n(C) = \frac{100 \cdot 1000\,g}{12\,g/mol} = \underline{8333\,mol}$$

Die Anteile C und O_2 vereinigen sich zu CO_2 im Verhältnis 1 : 1. In diesem Verhältnis stehen auch die Stoffmengen zueinander. Das bedeutet: Bei der Verbrennung von C bedarf es derselben Stoffmenge an O_2: $n(O_2) = n(C) = 8333\,mol$. Die gesuchte Masse an O_2 folgt damit aus:

$$m(O_2) = n(O_2) \cdot m_M(O_2) = 8333\,mol \cdot 32\,g/mol = 266.667\,g = \underline{266{,}7\,kg}.$$

Es wird somit bei der Verbrennung von C die 2,7-fache Masse an O_2 ‚verbraucht‘! – Das zugehörige Gasvolumen folgt aus:

$$V(O_2) = n \cdot V_M = 8333\,mol \cdot 22{,}41\,l/mol = 186.749\,l = \underline{187\,m^3}.$$

Das ist ein Raum von $(5{,}72\,m)^3$. – Die bei der Verbrennung entstehende Masse an Kohlendioxid $CO_2(g)$ beträgt:

$$m(CO_2) = m(C) + m(O_2) = 100 + 266{,}7 = \underline{366{,}7\,kg}.$$

Dem zugeordnet ist die Stoffmenge

$$n = \frac{m}{m_M} = \frac{366.700\,g}{44\,g/mol} = 8333\,mol$$

und damit ein Volumen von:

$$V = n \cdot V = 8333\,mol \cdot 22{,}42\,l/mol = 185.749\,l = 187\,m^3.$$

Das Volumen an Sauerstoffgas (O_2), das bei der Verbrennung ‚verloren‘ geht, wird im vorliegenden Fall durch ein gleichgroßes CO_2-Volumen ersetzt, das vom Standpunkt des Klimaschutzes als ‚schädlich‘ gilt.

Aus der Berechnung kann nicht unmittelbar auf den CO_2-Anfall bei der Verbrennung von Steinkohle, Holz und anderen brennbaren Materialien geschlossen werden, da sie sehr unterschiedliche Anteile an reinem Kohlenstoff enthalten; 100 kg Holz enthält beispielsweise im Mittel nur 50 kg Kohlenstoff. Zudem sind viele weitere Elemente am Verbrennungsvorgang beteiligt, z. B. Schwefel. Auch weist der Brennstoff stets einen gewissen Gehalt an Wasser auf.

10. Ergänzung

Der Verkehr zu Lande, zu Wasser und in der Luft ist maßgeblich am CO_2-Aufkommen in der Atmosphäre beteiligt. – Gesucht sei jene CO_2-Menge, die von einem PKW verursacht wird, der im Jahr 12.000 km gefahren und hierbei im Mittel 7,5 Liter Benzin pro 100 km verbraucht wird. Das sind im Jahr $120 \cdot 7{,}5 = 900$ Liter Benzin. – Die Dichte des flüssigen Benzins ist zu $720\,\text{kg/m}^3$ anzunehmen. 1 Liter hat demgemäß die Masse $0{,}720\,\text{kg} = 720\,\text{g}$. 900 Liter Benzin sind $900 \cdot 720\,\text{g} = 648.000\,\text{g}$ – Die Verbrennung erfolgt nach der Reaktionsgleichung:

$$2\,C_8H_{18} + 25\,O_2 \rightarrow 16\,CO_2 + 18\,H_2O$$

Zunächst werden die molaren Massen der Moleküle der linken und rechten Seite berechnet, linke Seite Edukte, rechte Seite Produkte:

$$m_M(C_8H_{18}) = (8 \cdot 12 + 18 \cdot 1)\,\text{g/mol} = 114\,\text{g/mol}, \quad m_M(O_2) = 2 \cdot 16\,\text{g/mol} = 32\,\text{g/mol},$$

$$m_M(CO_2) = (12 + 2 \cdot 16)\,\text{g/mol} = 44\,\text{g/mol}, \quad m_M(H_2O) = (2 \cdot 1 + 16)\,\text{g/mol} = 18\,\text{g/mol}.$$

Überprüfung des Massenerhalts:

$$2 \cdot 114 + 25 \cdot 32 = 16 \cdot 44 + 18 \cdot 18 \quad \rightarrow \quad 228 + 800 = 704 + 324$$
$$\rightarrow \quad 1028 = 1028$$

Aus der Reaktionsgleichung folgt: Die Verbrennung von einer Molmasse Benzin ($1 \cdot C_8H_{18}$) verursacht eine 8-fache Molmasse Kohlendioxid ($8 \cdot CO_2$). Werden 648.000 g Benzin verbraucht, ergibt das eine Masse von

$$8 \cdot 648.000\,\text{g} = 5.184.000\,\text{g} = \underline{5184\,\text{kg}}$$

Kohlendioxid. Dem entspricht eine Stoffmenge

$$n(CO_2) = \frac{m(CO_2)}{m_M(CO_2)} = \frac{5.184.000\,\text{g}}{44\,\text{g/mol}} = \underline{117.818\,\text{mol}}$$

Unter Standardbedingen umfasst das entstehende CO_2 somit das Volumen:

$$V = 117.818\,\text{mol} \cdot 22{,}41\,\text{l/mol} = 2.640.3051 = 2640{,}3\,\text{m}^3 = \underline{13{,}82^3\,\text{m}^3}.$$

Das ist das Volumen eines vierstöckigen würfelförmigen Gebäudes mit den Seitenabmessungen 13,82 m.

11. Ergänzung

In Bd. II, Abschn. 3.3.4 wird gezeigt, wie sich die **Phasenumwandlung** eines Stoffes bestimmter Masse zwischen seinen Aggregatzuständen bei kontinuierlicher Erwärmung oder Abkühlung vollzieht, vgl. Abb. 2.8. T_S ist die Schmelztemperatur (oder Erstarrungstemperatur) und T_V die Verdampfungstemperatur (oder Kondensationstemperatur). Um die jeweils vollständige Umwandlung zu bewirken, bedarf es eines bestimmten Wärmeeintrags beim Schmelzen bzw. Wärmeentzugs beim Erstarren (L_S) und eines bestimmten Wärmeeintrags beim Verdampfen bzw. Wärmeentzugs beim Kondensieren (L_V). T_S, T_V und L_S, L_V sind stofftypische Kennwerte. Die Tabellenwerte in Bd. II, Abschn. 3.3.4, daselbst Abb. 3.33, gelten für Normaldruck (101,3 kPa). L_S und L_V bezeichnet man als **spezifische Wärmen**. Sie werden i. Allg. in der Einheit kJ/kg notiert, – Eine modifizierte Benennung ist die auf die molare Masse m_M des Stoffes bezogene **molare Schmelzenthalpie** ΔH_S bzw. **molare**

Abb. 2.8

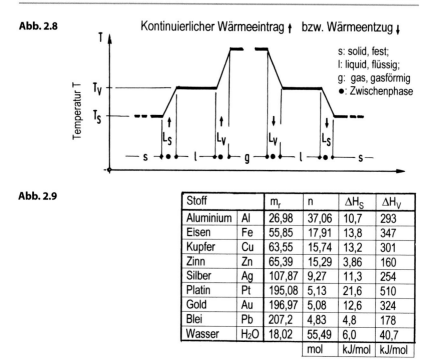

Abb. 2.9

Stoff		m_r	n	ΔH_S	ΔH_V
Aluminium	Al	26,98	37,06	10,7	293
Eisen	Fe	55,85	17,91	13,8	347
Kupfer	Cu	63,55	15,74	13,2	301
Zinn	Zn	65,39	15,29	3,86	160
Silber	Ag	107,87	9,27	11,3	254
Platin	Pt	195,08	5,13	21,6	510
Gold	Au	196,97	5,08	12,6	324
Blei	Pb	207,2	4,83	4,8	178
Wasser	H_2O	18,02	55,49	6,0	40,7
		mol		kJ/mol	kJ/mol

n: Stoffmenge in mol für m = 1kg = 1000g

Verdampfungsenthalpie ΔH_V. In der Tabelle in Abb. 2.9 sind Werte notiert, sie lassen sich aus den L_S- bzw. L_V-Werten gewinnen.

Mit Hilfe der Werte kann berechnet werden, welche Wärme erforderlich ist, um einen Stoff bestimmter Masse zu schmelzen bzw. zu verdampfen.

Beispiel

Aluminium:

$$m_M(\text{Al}) = 27\,\text{g/mol} = 0{,}027\,\text{kg/mol}: \quad \Delta H_S = 10{,}7\,\text{kJ/mol} \approx 397\,\text{kJ/kg}$$
$$\Delta H_V = 293\,\text{kJ/mol} \approx 10.860\,\text{kJ/kg}$$

Vgl. Abb. 3.33 in Bd. II, Abschn. 3.3.4.

Gesucht sei die Wärmemenge, die notwendig ist, um eine Masse von 5,0 kg Aluminium von der Temperatur 20 °C aus so zu erwärmen/zu erhitzen, dass sie vollständig verdampft. Dabei wird unterstellt, dass die spezifische Wärmekapazität c in der Flüssigkeitsphase gleich jener im festen Zustand ist: $c = 0{,}897\,\text{kJ/(kg} \cdot \text{K)}$. Für Normaldruck gilt: $T_S = 668\,°\text{C}$,

$T_V = 2467\,°C$. Für die Erwärmungsphasen des Schmelzens und Verdampfens ist der Wärmeeintrag zu $\Delta Q = c \cdot m \cdot \Delta T$ und während der Schmelz- bzw. Verdampfungsphase zu $\Delta Q = L_S \cdot m$ bzw. zu $\Delta Q = L_V \cdot m$ zu berechnen. Der Reihe nach ergibt sich: $2906 + 1985 = 4891\,kJ$ (fest $\rightarrow$ flüssig), $8068 + 54.300 = 62.368\,kJ$ (flüssig $\rightarrow$ gasförmig). Summe: $\Delta Q = 67.259\,kJ$. Hierfür muss der Brennstoff unter Berücksichtigung der verschiedenen Wirkungsgrade des Verbrennungsprozesses bestimmt und bereit gestellt werden.

12. Ergänzung

Neben dem Begriff Enthalpie bei der Phasenumwandlung (ein Thema der Physik), spielt der Begriff auch bei der Aufnahme und Abgabe von Wärme bei chemischen Reaktionen eine wichtige Rolle, man spricht dann von **Reaktionsenthalpie** ΔH. In dem Zusammenhang sind die Begriffe exotherm und endotherm (wenn Wärme frei gesetzt oder gebunden wird) um die Begriffe exergon und endogon zu ergänzen, wenn insgesamt Energie frei gesetzt bzw. gebunden wird. Ein Beispiel hierfür ist die Photosynthese, die Aufnahme von Sonnenenergie durch die Chlorophyll-Moleküle der Blätter. Hierbei handelt es sich um eine endogone chemische Reaktion (vgl. Abschn. 2.5.5, 4. Ergänzung).

Die Reaktionsenthalpie sei an einem offenen System erläutert, der Reaktionsraum ist offen, wie es Abb. 2.10 als Modell beschreibt. Das Modell steht stellvertretend für viele chemische Prozesse, die in einem ‚offenen Gefäß‘ ablaufen, wie in Reagenzgläsern, in Glaskolben, in Konvertern, in Öfen usf.: Nach außen ist ein Druckausgleich möglich. In diesem Sinne sind auch lebende Pflanzen und Tiere offene Systeme.

Als **Reaktionsenthalpie** ΔH_R bezeichnet man die bei einer chemischen Reaktion aufgenommene bzw. abgegebene Energie, wobei vielfach unterstellt ist, dass die Reaktion unter äußeren Standardbedingungen abläuft ($101,3\,kPa$, $25\,°C$). –

Bei dem in Abb. 2.10 dargestellten Modell handelt es sich um ein zylindrisches Gefäß mit einem Kolben (er sei schwerelos). Innen und Außen herrschen Standardbedingungen. Die chem. Reaktion sei exotherm. Es bilde sich aus den Stoffen im Gefäß ein neuer Stoff. Es werde dabei Wärme frei, sie ist gleich der Differenz der Inneren Energien vor und nach der Reaktion: Diese Differenz werde hier mit ΔU_R abgekürzt: $\Delta U_R = Q$, Q ist die frei gesetzte Wärme ($= \Delta E_{inn}$). Bei der Reaktion werde Gas frei: Es werden folgende Stationen durchlaufen: ① Es wird Wärme frei. Es entsteht ein Gas mit einem größeren Volumenbedarf. ② Das Gas arbeitet gegen den Atmosphärendruck an, der Kolben verschiebt sich, bis der

Abb. 2.10

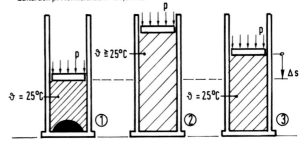

Luftdruck p: Normaldruck: 101,3 kPa

Druck im Gefäß mit dem Außendruck (p) im Gleichgewicht steht. ③ Die Wärme verflüchtigt sich nach außen bis die Temperatur im Gefäß wieder gleich der äußeren (vor der Reaktion) ist. Im Gefäß befindet sich der Stoff nach der Reaktion nun wieder unter Standardbedingungen. Ist Δs die verbleibende Verschiebung des Kolbens gegenüber dem Ausgangszustand, ist die gegen den Standarddruck (p) verrichtete Arbeit: $W = p \cdot A \cdot \Delta s$, A ist die Kolbenfläche. – Die Reaktionsenthalpie ist gleich der entstandenen Wärme Q, also gleich der Differenz der inneren Energien, abzüglich der mechanischen Arbeit am Kolben W (Änderung der potentiellen Energie):

$$\Delta H_R = \Delta U_R - W$$

Das verdrängte Volumen ist $\Delta V = A \cdot \Delta s$ und die geleistete Arbeit:

$$W = p \cdot \Delta V.$$

Handelt es sich um ein **ideales Gas**, gilt für W: $W = n \cdot R \cdot T$. n ist die Stoffmenge und R die Universelle Gaskonstante: $R = 8{,}315\,\text{J}/(\text{mol} \cdot \text{K})$, vgl. Bd. II, Abschn. 3.2.5. T ist die absolute Temperatur während des Prozesses, sie beträgt für Standardbedingungen: $T = 273 + 25 = 298\,\text{K}$. Für die verrichtete Arbeit eines Gases, dessen Stoffmenge n mol beträgt, ergibt sich W damit zu:

$$W = n \cdot R \cdot T = n \cdot 8{,}315 \cdot 298 = 2478 \cdot n \text{ in J/mol} = 2{,}478 \cdot n \text{ in kJ/mol.}$$

Für die **Reaktionsenthalpie eines offenen Systems** gilt somit zusammengefasst:

$$\Delta H_R = \Delta U_R - \Delta n \cdot R \cdot T,$$

wenn mit Δn die Differenz der Stoffmengen der beteiligten Gase nach und vor der Reaktion abgekürzt wird. Dieses Ergebnis gilt unabhängig vom Druck, der bei der Reaktion herrscht. Ist ΔH_R negativ, verläuft der Prozess exotherm, ist ΔH_R positiv, verläuft er endotherm.

Bei Reaktionen in **geschlossenen** Gefäßen entfällt der Abzug von W, wie z. B. bei Sprengprozessen in einer geschlossenen Kammer mit hohem Temperatur- und Druckanstieg, in diesem Fall gilt:

$$\Delta H_R = \Delta U_R.$$

Beispiel

Die bei der Verbrennung von Methan (CH_4) in einem Bombenkalorimeter bei 25 °C gemessene frei gesetzte Wärme beträgt: $885{,}4\,\text{kJ/mol}$. Um diesen Energiebetrag verringert sich die innere Energie des Systems (es entsteht Kohlenstoffdioxid und Wasser), demgemäß beträgt: $\Delta U_R = -885{,}4\,\text{kJ/mol}$. Bei einer ‚offenen Verbrennung' gemäß:

$$CH_4(g) + 2\,O_2(g) \rightarrow CO_2(g) + 2\,H_2O(l)$$

gilt für die **Gasanteile**: $CH_4(g)$: 1 mol, $2\,O_2(g)$: 2 mol, $CO_2(g)$: 1 mol. Somit beträgt die Differenz:

$$\Delta n = n_{\text{nach}} - n_{\text{vor}} = 1\,\text{mol} - (1 + 2)\,\text{mol} = (1 - 3)\,\text{mol} = \underline{-2\,\text{mol}}.$$

Für ΔH_R findet man:

$$\Delta H_R = \Delta U_R - \Delta n \cdot R \cdot T = -885{,}4 \, \text{kJ/mol} - 2 \, \text{mol} \cdot 8{,}314 \cdot 10^{-3} \, \text{kJ/mol} \cdot \text{K} \cdot 298 \, \text{K}$$
$$= -885{,}4 \, \text{kJ/mol} - 5{,}00 \, \text{kJ/mol} = \underline{-890{,}4 \, \text{kJ/mol}};$$

einfacher: $(-885{,}4 - 2 \cdot 2{,}50) \, \text{kJ/mol}$.

Es wird also real bei der Reaktion etwas mehr Energie frei gesetzt, als an Wärme gemessen wird, weil ein Teil der Energie als Druckenergie gegen den Atmosphärendruck abgezweigt wird.

Die Frage, ob ein chemischer Prozess freiwillig abläuft, kann über die Entropieänderung ΔS und mithin über die sogen. freie Reaktionsenthalpie $\Delta G_R = \Delta H_R - T \cdot \Delta S$ nach J.W. GIBBS (1839–1903) ermittelt werden. Hierauf wird in der folgenden Ergänzung eingegangen.

13. Ergänzung
Wird bei der Reaktion A + B (Edukte) zu C + D (Produkte) die Reaktionsenergie ΔU frei (exotherme Reaktion), wobei ΔU ($= \Delta E_{\text{inn}}$) die Differenz zwischen den Inneren Energien der Produkte und Edukte ist, so ist ΔH negativ (von der Seite der Edukte aus gesehen, hat sich deren Energie verringert). Dieser Fall liegt bei Verbrennungsvorgängen vor und das sowohl bei der Verbrennung fossiler Rohstoffe, z. B. von Methan (CH_4),

$$CH_4 + 2 \, O_2 \rightarrow CO_2 + H_2O; \quad \Delta H = -890{,}4 \, \text{kJ/mol Methan},$$

wie bei der Verbrennung von Kohlenhydraten (Glucose, $C_6H_{12}O_6$) in lebenden Organismen,

$$C_6H_{12}O_6 + 6 \, O_2 \rightarrow 6 \, CO_2 + 6 \, H_2O; \quad \Delta H = -2840 \, \text{kJ/mol Glucose}.$$

Als Ergebnis der Reaktion A + B $\rightarrow$ C + D mögen die Produkte C und D zunächst jeweils einzeln in den Volumina V_C und V_D getrennt vorliegen, derart, dass Temperatur und Druck in beiden gleich sind. Die kalorisch gemessene Reaktionsenthalpie sei dem Betrage nach: ΔH_R. Können sich die Stoffe in einem gemeinsamen Volumen vereinigen (was die Regel ist), einem Volumen, das gleich der Summe der Einzelvolumina ist, vermischen sie sich spontan. Sie nehmen einen Zustand ein, der gegenüber dem vorangegangenen, eine höhere Unordnung aufweist, die Entropie des Systems hat zugenommen. Die **Entropie** ist eine Zustandsgröße wie Energie oder Enthalpie. Sie wird mit S abgekürzt. In den Abschnitten 3.4.5/6 in Bd. II ist sie erklärt. Ihre von R. CLAUSIUS (1822–1888) eingeführte allgemeine Definition lautet:

$$dS = \frac{dQ}{T}, \quad [S] = \frac{\text{J}}{\text{K}}$$

Temperatur (T) und Druck sind konstant. – Im vorliegenden Falle kommt mit der Umgebung eine Entropieänderung zustande (man vergleiche das Modell in Abb. 2.10, Übergang von ② nach ③). Dieser Anteil an der Entropieänderung ist $-\Delta H/T$. Mit der Definition der thermodynamischen Funktion $G = H - T \cdot S$, die als **Freie Enthalpie** bezeichnet wird, kann der (energetische) Zustandswechsel während der Reaktion durch

$$\Delta G = \Delta H - T \cdot \Delta S = -T \left(\Delta S - \frac{\Delta H}{T} \right) = -T \cdot \Delta S_{ges}$$

gekennzeichnet werden, wobei ΔG als **Freie Reaktionsenthalpie** definiert ist. ΔH und ΔS stehen für die Differenz der Enthalpie bzw. Entropie zwischen den Zuständen nach und vor der Reaktion. Der Buchstabe G wurde nach J.W. GIBBS gewählt, der die Freie Enthalpie als Zustandsgröße in die Thermodynamik eingeführt hat. – Nach dem 2. Hauptsatz der Thermodynamik streben alle Systeme selbsttätig einen Zustand höherer Unordnung an, den Zustand einer höheren Entropie. Wenn die Gesamtentropie positiv ist, ist die Unordnung nach dem Prozess größer geworden, dann ist ΔG negativ, ein Indiz, dass die chemische Reaktion des Systems selbsttätig (freiwillig) abläuft. Zu unterscheiden sind drei Fälle: $\Delta G = 0$, das System befindet sich im Gleichgewichtszustand, $\Delta G < 0$: Die Reaktion läuft selbsttätig ab, $\Delta G > 0$: Die Reaktion läuft nicht selbsttätig ab. – Es sei nochmals zusammengefasst:

- In einem **geschlossenen** System ist $\Delta H_R = U$ die Verbrennungsenergie = Differenz der Inneren Energien. Sie kann gemessen werden. Sie ist eine negative Größe, weil das System Energie abgibt. Bei einem offenen System kommt als weiterer ‚Verlust‘ noch jene Arbeit hinzu, die vom System bei der Reaktion gegen den Umgebungsdruck verrichtet wird: $\Delta H_R = U + p \cdot \Delta V = U + \Delta n \cdot R \cdot T$ (der zweitnotierte Anteil, wenn Gase beteiligt sind).

- Das System ordnet sich nach Abschluss der Reaktion um und zwar in einen Zustand höherer Unordnung, höherer Entropie. Bei dieser Umordnung wird dem System Energie entzogen. Das führt auf die Reaktionsenthalpie $\Delta G = \Delta H_R - T \cdot \Delta S$, wobei T die Reaktionstemperatur und ΔS die mit der Reaktion einhergehende Entropieänderung ist.

Ausführliche Darstellungen der Physikalischen Chemie findet der Leser in [16, 17].

2.3 Chemische Verbindungen

2.3.1 Metallbindung (Metall/Metall)

Die **Verbindung der Metalle** untereinander lässt sich mit Hilfe des Elektronengasmodells erklären: Die Metallatome geben ihre nur schwach auf der Außenschale gebundenen Elektronen ab. Alle weiteren (inneren) Schalen bleiben voll besetzt, was einer Edelgaskonfiguration entspricht. Dadurch weist das System eine hohe Stabilität auf. Infolge Abgabe der Außenelektronen tragen die Atome als Kationen eine positive Ladung, alle in gleicher Höhe. Die Kationen ordnen sich in einem regelmäßigen Gitter hoher Dichte. Die frei gewordenen Elektronen bewegen sich zwischen den **Atomrümpfen** wie die Teilchen eines Gases, man nennt ihre Gesamtheit daher **Elektronengas**. Die gute elektrische Leitfähigkeit der Metalle wird dadurch verständlich (vgl. hier Bd. III, Abschn. 1.3.1). –

Im Zustand stationärer Wärme schwingen alle Atome (Kationen) auf ihren Gitterplätzen gleich intensiv. Bei lokaler Wärmezufuhr schwingen sie am Ort des Wärmeeintrags intensiver. Durch Stöße werden die Nachbaratome zu stärkeren Schwingungen angeregt, diese regen die nächsten stärker an, usf. Auf diese Weise pflanzt sich die Wärmeenergie vom Ort des Wärmeeintrags allseitig im Gitter fort. Das erklärt die gute Wärmeleitfähigkeit der Metalle.

2.3.2 Ionenbindung (Metall/Nichtmetall)

Das Bildungsgesetz der Atome zu Molekülen wird von den auf der äußersten Schale/Unterschale liegenden Elektronen bestimmt, den **Valenzelektronen**.

Die äußere Schale der in der Hauptgruppe VIIIA liegenden Edelgase ist jeweils mit 8 Elektronen voll besetzt (nur Helium bildet mit 2 Valenzelektronen eine Ausnahme). Die von den 8 Elektronen ausgehende hohe elektrostatische Kraft zwischen den Elektronen und Protonen im Kern ist die Ursache für den starken Zusammenhalt der Edelgasatome und damit für die hohe Stabilität dieses Systems. Edelgase gehen kaum chemische Verbindungen mit anderen Elementen ein, sie treten einatomig (innert) auf.

Die Höhe der Ionisierungsenergie ist dafür ein Beleg. Es ist jene Anregungsenergie, die notwendig ist, um das am wenigsten fest gebundene Elektron vollständig aus dem Atomverband zu lösen. Das Atom wird dabei zu einem Kation. Abb. 2.11 zeigt die Ionisierungsenergie in eV (Elektronenvolt) für die Elemente der ersten vier Perioden. Innerhalb jeder Periode liegt die Energie für die Atome der Gruppe IA (Alkalimetalle) am niedrigsten, für die Atome der Gruppe VIIIA (Edelgase) liegt sie am höchsten.

Bei einer chemischen Verbindung haben die Elemente der Gruppen I bis VII das Bestreben, die Außenschale mit Elektronen aufzufüllen. Dann sind alle Schalen voll besetzt. Das bedeutet, die an der Verbindung beteiligten Atome streben einen Zustand an, der der **Edelgaskonfiguration** entspricht. Hierbei handelt sich, wenn man so will, um ein Naturgesetz, man spricht von der Oktettregel. Der auf dieser Regel beruhende Ansatz wird als Valenztheorie bezeichnet. Der Ansatz geht auf W. KOSSEL (1888–1956), G.N. LEWIS (1875–1946) und L.C. PAULING (1901–1994) zurück.

Für die **Verbindung der Metalle und Nichtmetalle** zu einem Molekül bedeutet das:

Abb. 2.11

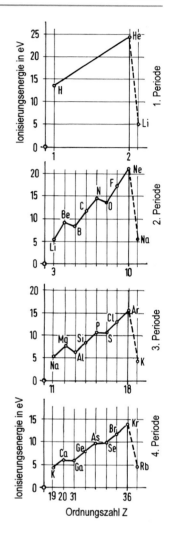

- Die Metallatome mit einem, zwei oder fallweise drei Valenzelektronen geben diese Elektronen ab. Sie gehen dadurch in positiv geladene Ionen (Kationen) über, deren Konfiguration entspricht jener des **nächst niederen Edelgases**.
- Die Atome der Nichtmetalle mit sieben, sechs oder fallweise fünf Valenzelektronen nehmen die zur Zahl acht fehlenden Elektronen auf und werden dadurch

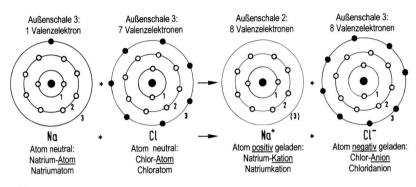

Außenschale 3:   Außenschale 3:   Außenschale 2:   Außenschale 3:
1 Valenzelektron   7 Valenzelektronen   8 Valenzelektronen   8 Valenzelektronen

Na   +   **Cl**   ⟶   **Na⁺**   +   **Cl⁻**
Atom neutral: Atom neutral: Atom positiv geladen: Atom negativ geladen:
Natrium-<u>Atom</u>   Chlor-<u>Atom</u>   Natrium-<u>Kation</u>   Chlor-<u>Anion</u>
Natriumatom   Chloratom   Natriumkation   Chloridanion

Abb. 2.12

zu negativ geladenen Ionen (Anionen), ihre Konfiguration entspricht jener des **nächst höheren Edelgases**. Jeweils verbunden, bleiben die Edelgaskonfigurationen im Molekül erhalten, die Verbindung ist dadurch stabil.

Werden beispielsweise die Stoffe Natrium (fest) und Chlor (gasförmig) zusammengeführt, reagieren sie spontan exotherm mit gelber Flamme. Das Natriumatom gibt sein Valenzelektron an das Chloratom ab: Die Konfigurationen ordnen sich neu:

$$Na \rightarrow Na^+: \qquad 1s^2 2s^2 2p^6 3s^1 \rightarrow 1s^2 2s^2 2p^6 3s^2 + (e^-)$$

$$Cl \rightarrow Cl^-: \quad 1s^2 2s^2 2p^6 3s^2 3p^5 + (e^-) \rightarrow 1s^2 2s^2 2p^6 3s^2 3p^6$$

Die Besetzung auf der Außenschale entspricht beim Na^+-Kation jener des Edelgases Neon und beim Cl^--Anion jener des Edelgases Argon, vgl. Abb. 2.12. Das Molekül NaCl ist (von außen betrachtet) elektrisch neutral. Da sich hier Ionen zu einem stabilen Molekül verbunden haben, bezeichnet man die Bindungsform zwischen Metallen und Nichtmetallen als **Ionenbindung**. – Im vorliegenden Beispiel heißt das Produkt der chemischen Reaktion Natriumchlorid = Kochsalz (in festem Zustand). Hierbei ist zu berücksichtigen, dass es sich um die Reaktion zwischen Natrium als Feststoff (s: solid) und Chlor als Gas (g: gas) handelt. Gasförmig tritt Chlor als Elementmolekül auf: Cl_2. Die Reaktionsgleichung lautet von der Stoff- über die Ionen- zur Stoffebene ausführlich:

$$\underline{2\,(Na + Cl)} \rightarrow 2\,Na + 2\,Cl \rightarrow \underline{2\,Na(s) + Cl_2(g)}$$

$$\rightarrow 2\,(Na^+ - e^-) + 2\,(Cl^- + e^-) \rightarrow 2\,Na^+ + 2\,Cl^- - e^- + e^-$$

$$\rightarrow 2\,Na^+ + 2\,Cl^- \rightarrow 2\,(Na^+ + Cl^-) \rightarrow \underline{2\,NaCl}$$

Im Ergebnis sind das zwei NaCl-Moleküle, halbiert: $Na + Cl \rightarrow NaCl$.

Abb. 2.13

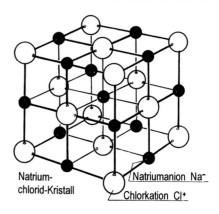

Natrium-
chlorid-Kristall

Natriumanion Na⁻

Chlorkation Cl⁺

Hinweis
Der Reaktionspfeil ist zu lesen wie ,reagieren zu'.

Abb. 2.13 zeigt den NaCl-Kristall mit den Ionen an den Gitterplätzen. Jedes Ion eines Elementes ist von sechs Ionen des anderen Elementes umgeben. Gerade das ist das typische Merkmal einer Ionenverbindung: Verursacht durch die elektrostatische Wechselwirkung zwischen den Kationen und Anionen ordnen sich die Ionen in einem regelmäßigen Gitter und das in großräumiger Wiederholung. Ihre Festigkeit ist eher gering, ihr Verformungsverhalten spröde/brüchig.

Das Metall Lithium als Feststoff ($Z = 3$, Hauptgruppe IA, 1 Valenzelektron) reagiert mit Sauerstoff als Gas ($Z = 8$, Hauptgruppe VIA, 6 Valenzelektronen) nach der Gleichung:

$$2\,(2\,Li + O) \rightarrow 4\,Li + 2\,O \rightarrow 4\,Li(s) + O_2(g)$$
$$\rightarrow 4\,(Li^+ - e^-) + 2\,(O^{2-} + 2\,e^-) \rightarrow 4\,Li^+ + 2\,O^{2-} - 4\,e^- + 4\,e^-$$
$$\rightarrow 4\,Li^+ + 2\,O^{2-} \rightarrow 2\,(2\,Li^+ + O^{2-}) \rightarrow 2\,Li_2O$$

Im Ergebnis sind das zwei Li_2O-Moleküle, halbiert: $2\,Li + O \rightarrow Li_2O$.

Das Verhältnis der Na^+- und Cl^--Ionen ist 1 : 1, jenes der Li^+- und O^{2-}-Ionen 2 : 1.

Die an den Beispielen Na + Cl und 2Li + O aufgezeigten Reaktionen sind typisch für alle Metall/Nichtmetall-Verbindungen. Die Produkte sind i. Allg. fest, man nennt sie **Salze**. Viele von ihnen sind in Wasser löslich. Dank der Ladung, die die Teilchen tragen, ist die Lösung elektrisch leitfähig, die Leitfähigkeit ist

Abb. 2.14

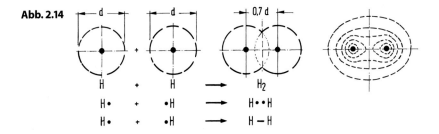

$$
\begin{aligned}
H &+ H &&\longrightarrow H_2 \\
H\bullet &+ \bullet H &&\longrightarrow H\bullet\bullet H \\
H\bullet &+ \bullet H &&\longrightarrow H-H
\end{aligned}
$$

indessen schwächer als jene in reinen Metallen. – In nahezu allen Mineralien sind deren Elemente ionisch miteinander verbunden.

2.3.3 Atombindung (Nichtmetall/Nichtmetall) – Kovalente Bindung

Bei der Verbindung von Nichtmetallen untereinander kann der Oktettregel im Zuge eines Elektronenaustausches nicht genügt werden, wohl durch die **gemeinsame Bindungswirkung durch ein Elektronenpaar**. Man spricht bei einer Nichtmetallverbindung daher auch von einer Elektronenpaarbindung (auch von Kovalenz oder Kovalenter Bindung).

Man geht von der Vorstellung aus, dass die Atome so eng benachbart liegen, dass sich ihre Elektronenhüllen gegenseitig durchdringen. Abb. 2.14 verbildlicht die Vorstellung am Beispiel der Verbindung zweier Wasserstoffatome zu einem H_2-Molekül: Die Kerne haben einen gegenseitigen Abstand von ca. $0{,}7 \cdot d$, wenn d der Atomdurchmesser ist. Die Kerne mit ihren positiven Ladungen stoßen sich ab. Die von dem Elektronenpaar in der Hülle ausgehenden Kräfte auf die Kerne halten das System indessen zusammen. So entsteht ein stabiles H_2-Molekül.

In Abb. 2.14 ist unterseitig symbolisch dargestellt, wie die Valenzelektronen die Verbindung der Atome (durch einen Doppelpunkt gekennzeichnet) zu einem Molekül bewirken. Der Doppelpunkt steht für das Elektronenpaar. Der Doppelpunkt wird anschließend durch einen Strich ersetzt. Die beiden H-Atome teilen sich ihre Elektronen und erreichen auf ihren 1s-Schalen jeweils das aufgefüllte Valenzniveau des dem Wasserstoff benachbarten Heliumatoms.

Das Chloratom (Cl) hat 7 Valenzelektronen. Bei der Verbindung von zwei Chloratomen zu einem Cl_2-Molekül ergibt sich für jedes Atom mit dem Partner des gemeinsamen Elektronenpaares ein Elektronenoktett, das als Edelgaskonfiguration gedeutet wird. Abb. 2.15a zeigt die Verbindung in ausführlicher Schreibweise:

Abb. 2.15

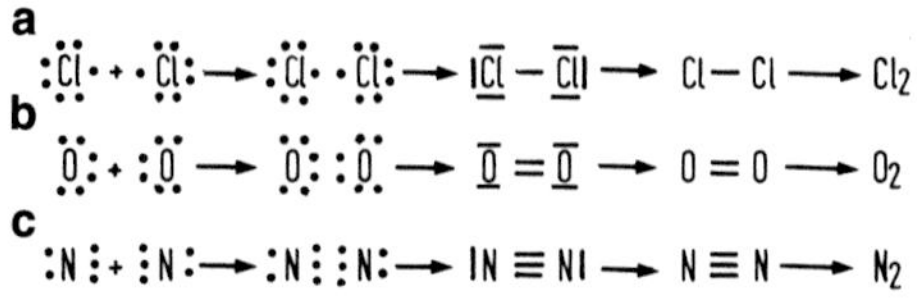

a
$$:\overline{Cl}\cdot + \cdot\overline{Cl}: \longrightarrow :\overline{Cl}\cdot\cdot\overline{Cl}: \longrightarrow |\overline{Cl} - \overline{Cl}| \longrightarrow Cl - Cl \longrightarrow Cl_2$$

b
$$\overline{O}: + :\overline{O} \longrightarrow \overline{O}: :\overline{O} \longrightarrow \overline{O} = \overline{O} \longrightarrow O = O \longrightarrow O_2$$

c
$$:N: + :N: \longrightarrow :N: :N: \longrightarrow |N \equiv N| \longrightarrow N \equiv N \longrightarrow N_2$$

Jeweils ein Elektron pro Atom bildet mit dem anderen ein bindendes Paar, die anderen sechs Elektronen sind nichtbindende (freie) Paare. Das bindende Paar wird durch einen Strich ersetzt, die nichtbindenden Paare ebenfalls. Das Schema gilt entsprechend für die drei anderen Nichtmetalle der Gruppe VII (F, Br, I). Da nur ein Elektronenpaar beteiligt ist, spricht man von einer **Einfachbindung**. – Nach dem gleichen Schema lässt sich das O_2-Molekül als Verbindung von zwei Sauerstoffatomen mit je $2 + 4 = 6$ Valenzelektronen erklären (Abb. 2.15b). Es handelt sich in diesem Falle um eine **Zweifachbindung**, da zwei Elektronenpaare die Verbindung bewirken. Gemeinsam mit den Partnern des Doppelpaares wird in jedem der Atome der Oktettregel genügt. Der Bindungstyp gilt entsprechend für S und Se in Gruppe VI. – Stickstoff (N) gehört zur Gruppe V mit 5 Valenzelektronen. Die Verbindung zum N_2-Molekül ist in Abb. 2.15c angegeben. Es handelt sich jetzt um eine **Dreifachbindung**. – Allgemein gilt: Je mehr Elektronenpaare zwei Atome zu einem Molekül binden, umso fester ist das Molekül.

Das aufgezeigte Schema gilt entsprechend für die Verbindung der Nichtmetalle untereinander. In Abb. 2.16 sind Beispiele zusammen gestellt.

Eine Besonderheit der Kovalenten Bindung besteht darin, dass es Moleküle und damit Stoffe gibt, die sich nach derselben Art und Anzahl der Atome zusammensetzten, aber eine andere Struktur aufweisen. Sie sind in der Regel chemisch völlig verschieden von einander, man nennt sie **Isomere**.

2.3.4   Wasser (H$_2$O)

Von allen chemischen Verbindungen ist Wasser die wohl verbreitetste und wichtigste auf Erden. Wasser war nach Bildung des Erdkörpers zunächst nicht vorhanden und ist erst auf die Erde gekommen, als sich eine feste Kruste gebildet hatte, wohl von Asteroiden und Kometen, die in großer Zahl auf die Erde stürzten. Das Leben entwickelte sich aus dem Wasser heraus. Viel später, als die Pflanzen zu wachsen begannen, reicherte sich Sauerstoff (O_2) als Folge der Photosynthese zu 21% in der Atmosphäre an. Die Tiere, die Sauerstoff atmen, entwickelten sich in vielfältiger Weise. Den Sauerstoff, der im Wasser gelöst ist, atmen die Fische.

Abb. 2.16

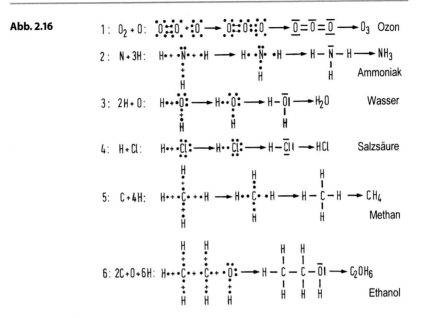

Pflanzen und Tiere bestehen zu einem großen Teil aus Wasser, auch der Mensch, zu 50 bis 70 %.

Das Wasser ist am tageszeitlichen Wetter (Verdunstung, Nebel, Wolken, Niederschlag) und am jahreszeitlichen Klima mit all' den unterschiedlichen Wechselwirkungen und Folgen maßgeblich beteiligt. Man denke auch an die wechselnden Warm- und Eiszeiten in der Erdgeschichte. Ca 70 % der Erdoberfläche ist mit **Salzwasser** bedeckt. Hinzu tritt **Süßwasser** in den Seen und Flüssen, im Grundwasser in unterschiedlichen Tiefen und in den Gletschern der Hochgebirge und Polregionen. – Abhängig von der Quelle sind im Trinkwasser unterschiedliche Mineralien gelöst.

Dass Wasser etwas Besonderes ja Einzigartiges unter allen chemischen Verbindungen ist, wurde bereits in Bd. II, Abschn. 3.2.4 bei der Behandlung der **Wasseranomalie** aufgezeigt: Wasser erreicht bei $+4\,°C$ mit $1000\,kg/m^3$ seine höchste Dichte. Bei $0\,°C$ gefriert es, die Dichte beträgt dann nur $916{,}8\,kg/m^3$, weshalb gefrorenes Wasser (Eis) auf flüssigem Wasser schwimmt. Im gefrorenen Zustand ist Wasser um $(1000 - 916{,}8)/916{,}8 = 0{,}0908 \,\hat{=}\, 9{,}08\,\%$ voluminöser, was Gestein mit wassergefüllten Fugen beim Gefrieren sprengen lässt. Wasser ist maßgeblich an der Verwitterung und Einebnung der Erde beteiligt. Dank der

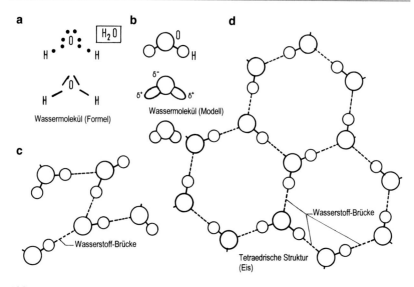

a

b

d

Wassermolekül (Formel)

Wassermolekül (Modell)

c

Wasserstoff-Brücke

Wasserstoff-Brücke

Tetraedrische Struktur
(Eis)

Abb. 2.17

Plattentektonik und des Vulkanismus formt sich die Gestalt der Erde in großen Zeiträumen immer wieder neu, an den Plattengrenzen kommt es zu vielfältigen Aufwerfungen.

Sowohl Wasserstoff wie Sauerstoff, aus denen Wasser besteht, gehören zu den Nichtmetallen. Die Bildung zu einem Molekül gehorcht den Regeln der Kovalenten Bindung (Abb. 2.16: 3). Wie dargestellt, beteiligen sich in einem solchen Falle die beiden Ionen mit ihren Elektronen an der Paarbindung, um auf ihrer jeweiligen Valenzschale die Edelgaskonfiguration zu erreichen. Das Wasserstoffatom (H, $Z = 1$) besteht aus einem Proton und einem Elektron. Das Atom des benachbarten Edelgases Helium (He, $Z = 2$) besteht aus zwei Protonen und zwei Elektronen, die 1s-Schale ist voll aufgefüllt. Bei allen anderen Edelgasen ist die Valenzschale mit 8 Elektronen besetzt, hierauf beruht die Oktettregel. Bei Wasserstoff genügt zur Auffüllung seiner 1s-Schale ein weiteres Elektron. Das gelingt, indem sich dieses Elektron mit einem anderen zu einem Paar vereinigt. Wasserstoff vereinigt sich mit Sauerstoff (O, $Z = 6$, 6 Valenzelektronen) gemäß der in Abb. 2.17a angeschriebenen Formel: Zwei H-Atome und ein O-Atom binden sich durch zwei Elektronenpaare und erreichen dadurch ein jeweils aufgefülltes Valenzniveau: 2 bzw. 8 Valenzelektronen auf der Außenschale. Die in Abb. 2.16 zusammengestellten Verbindungen mit H-Beteiligung bestätigen diese Bindungsform.

Was hier im Einzelnen nicht behandelt werden kann, ist ein Spezifikum der Kovalenten Bindung verschiedenartiger Nichtmetalle, wie im Falle H und O: Ihre sogenannte Elektronennegativität ist unterschiedlich hoch. Sie liegt bei Sauerstoff höher als bei Wasserstoff, mit der Folge, dass die beiden Wasserstoffatome über das jeweilige Elektronenpaar stärker an das Sauerstoffatom herangezogen werden. Dem O-Atom erwächst dadurch eine geringe negative Teilladung, dem H-Atom eine geringe positive. In der zugeordneten Bindung kann das Sauerstoffatom als Pol mit einer negativen, das Wasserstoffatom als Pol mit einer positiven Teilladung gedeutet werden. Hiermit gehen unterschiedlich starke intermolekulare Wechselwirkungen einher. Im Vergleich zu den ionischen sind diese Teilladungen dem Betrage nach gering. Da das O-Atom und die H-Atome nicht auf einer Linie sondern winkelig zueinander liegen, hat das ein Dipolmoment zur Folge. Man nennt ein solches Molekül einen Dipol. Das partiell negativ geladene O-Atom schlägt über seine beiden freien Elektronenpaare je eine Brücke zu zwei partiell negativ geladenen H-Atomen benachbarter Moleküle. Die Stärke dieser sogenannten **Wasserstoffbrückenbindung** ist zwar gering, sorgt aber für eine tetraedrische Struktur des Molekülverbandes. Insofern ist die in Abb. 2.17c dargestellte Form nicht typisch für einen Wassermolekülverband in festem Zustand, also für Eis, sondern die Struktur in Teilabbildung d (die Struktur ist räumlich zu sehen): Jedes Sauerstoffatom bindet vier Wasserstoffatome an sich. Sie umhüllen gemeinsam einen Hohlraum. Wenn er beim Schmelzen zusammen bricht, liegen die Moleküle enger, was die höhere Dichte des flüssigen Wassers im Vergleich zum festen Zustand erklärt. Im flüssigen Zustand bleibt die Wasserstoffbrückenbindung erhalten, allerdings löst und erneuert sie sich in der Sekunde wohl gut eine Millarde Mal, die Moleküle gleiten gegenseitig zueinander und verschieben sich. Die stoffliche Brückenbindung bleibt lose erhalten. Mit steigender Temperatur wird die Brückenbindung immer schwächer, mit Erreichen von 100 °C bricht sie endgültig zusammen, der flüssige Zustand geht in den gasförmigen über. –

Für viele chemische Verbindungen haben Wasserstoffbrücken bei der Ausbildung ihrer räumlichen Molekülstruktur die allergrößte Bedeutung, insbesondere in der organischen Chemie lebender Organismen, so bei der Ausformung der DNS und der Proteinmoleküle (Abschn. 2.5.4).

Wie ausgeführt, existiert die tetraedrische Struktur der Wassermoleküle auch im flüssigen Zustand, wenn auch lockerer. Sind im Wasser Ionen anderer Stoffe gelöst, legen sich die Wassermoleküle umhüllend um die Ionen. Sie schirmen sie quasi gegenseitig voneinander ab. Man spricht bei dieser Form der Wasseranlagerung von **Hydratation** (Hydration). Auf ihr beruht die hervorragende Eignung des Wassers als Universallösungsmittel. Diesem Lösungsvermögen kommt in der Chemie große Bedeutung zu, z. B. in der Elektrochemie (Abschn. 2.4.1), auch beim

Transport der gelösten Nähr- und Brennstoffe und der Abbauprodukte in lebenden Organismen.

2.3.5 Oxidation – Reduktion – Redoxverbindung

Oxide sind nach klassischer Definition Sauerstoffverbindungen. Ehemals schrieb man Oxyd, abgeleitet vom griechischen Wort ‚oxys' für ‚sauer'. An der Verbindung kann dabei eine unterschiedliche Anzahl von Sauerstoffatomen beteiligt sein. Um das bei einem Stoff mit mehreren Oxiden zu kennzeichnen, wird an den Elementnamen der Wortteil -oxid (-monoxid), -dioxid, -trioxyd angefügt (darüber hinaus gibt es weitere Benennungen); Beispiele:

CO: Kohlenstoffmonoxid
CO_2:   Kohlenstoffdioxid
N_2O_3: Distickstofftrioxid
P_2O_5: Phosphorpentoxid

Oxide entstehen durch Verbrennung, also durch eine chemische Reaktion des brennbaren Stoffes mit Sauerstoff, i. Allg. mit Luftsauerstoff (O_2). In den meisten Fällen bedarf es hierzu einer Aktivierungsenergie, um die Entzündungstemperatur zu erreichen. Die Verbrennung geht mit einer Flamme einher. Die leuchtenden Farben sind von den brennenden Substanzen abhängig, auch von der Höhe der Brenntemperatur. Wurde dem brennbaren Stoff ein sauerstoffspendendes Material beigemischt, kommt es zu einer explosiven Verbrennung.

Neben dieser Form der Oxidation gibt es die ‚stille'. Sie vollzieht sich mehr oder minder langsam bis spontan ohne Feuerschein, beispielsweise, wenn Eisen Rost ansetzt oder wenn sich auf Kupfer eine grünliche Patina bildet. Metallisch blankes Aluminium überzieht sich augenblicklich mit einer Oxidschicht. Unter Einwirkung von Wärme vollzieht sich die stille Oxidation zügiger, so überzieht sich beispielsweise Kupfer bei Erhitzung alsbald mit einer Patina.

Die Reaktion zwischen **Kupfer und Sauerstoff** folgt der Gleichung:

$$Cu \rightarrow Cu^{2+} + 2e^-$$
$$O + 2e^- \rightarrow O^{2-}$$
$$\overline{Cu + O \rightarrow Cu^{2+} + O^{2-} \rightarrow CuO}$$

Sauerstoff gehört zu den Nichtmetallen. Das Kupferoxid (CuO) bildet sich daher nach den Regeln der Ionenbindung. Das bringt die Gleichung zum Ausdruck.

Die Reaktion von **Natrium und Chlor** vollzieht sich prinzipiell gleichartig:

$$2\,Na \rightarrow 2\,Na^+ + 2\,e^-$$

$$Cl_2 + 2\,e^- \rightarrow 2\,Cl^-$$

$$\overline{2\,Na + Cl_2 \rightarrow 2\,Na^+ + 2\,Cl^- \rightarrow 2\,NaCl}$$

Wegen dieser Gleichartigkeit wurde die ursprüngliche (obige) Definition von **Oxidation** auf alle Reaktionen erweitert, bei denen Elektronen abgegeben werden. Die hiermit einhergehende Teilreaktion, bei welcher Elektronen aufgenommen werden, heißt **Reduktion**. Oxidation und Reduktion treten immer gemeinsam auf. Die Gesamtreaktion bezeichnet man als **Redoxreaktion**. – Ein weiteres Beispiel:

$$4\,Na \rightarrow 4\,Na^+ + 4\,e^-$$

$$O_2 + 4\,e^- \rightarrow 2\,O^{2-}$$

$$\overline{4\,Na + O_2 \rightarrow 4\,Na^+ + 2\,O^{2-} \rightarrow 2\,(2\,Na^+ + O^{2-}) \rightarrow 2\,(Na_2O)}$$

Den Stoff, dem die Elektronen entzogen werden, bezeichnet man als **Reduktionsmittel** (der Stoff wird um e^- reduziert und dadurch oxidiert). Der Stoff, der die Elektronen aufnimmt, ist das **Oxidationsmittel**. In den obigen Gleichungen sind Cu bzw. Na die Reduktionsmittel, sie werden oxidiert: Indem vom Metallatom Elektronen zum Sauerstoffatom übergehen, dem Metall also Elektronen entzogen werden, bildet sich das Metalloxid. Im Bestreben, die Edelgaskonfiguration anzunehmen, entzieht der Sauerstoff dem Partner die Elektronen. Sauerstoff ist das Oxidationsmittel. In Erweiterung des Oxidationsbegriffs ist jener Stoff, der Elektronen übernimmt und dadurch eine gesättigte Außenschale erreicht, das Oxidationsmittel. Reduktionsmittel ist jener Stoff, dem die Elektronen entzogen werden, er erreicht dadurch auch eine gesättigte Valenzschale.

2.3.6 Säuren und Basen (Laugen) – pH-Wert – Salze

Verbindet sich ein Nichtmetalloxid mit Wasser, entsteht eine Säure, verbindet sich ein Metalloxid mit Wasser, entsteht eine Base, in wässriger Lösung spricht man von einer Lauge, in dieser Form liegen Basen i. Allg. vor. Beispiele:

Säuren: Verbindung eines Nichtmetalloxids mit Wasser:

$$CO_2 + H_2O \rightarrow H_2CO_3: \qquad \text{Kohlenstoffdioxid} + \text{Wasser} = \text{Kohlensäure}$$

$$SO_2 + H_2O \rightarrow H_2SO_3: \qquad \text{Schwefeldioxid} + \text{Wasser} = \text{schweflige Säure}$$

$$2\,P_2O_5 + 6\,H_2O \rightarrow 4\,H_3PO_4: \quad \text{Phosphorpentoxid} + \text{Wasser} = \text{Phosphorsäure}$$

Basen: Verbindung eines Metalloxids mit Wasser:

$Na_2O + H_2O \rightarrow 2\,Na(OH)$:   Natriumchlorid + Wasser = Natronlauge

$CaO + H_2O \rightarrow Ca(OH)_2$:   Kalziumoxid + Wasser = Kalklauge

$MgO + H_2O \rightarrow Mg(OH)_2$:   Magnesiumoxid + Wasser = Magnesiumlauge

Typisch für Säuren ist die Beteiligung einer H_2- und für Basen die Beteiligung einer (OH)-Molekülgruppe an der Verbindung.

Säuren und Basen (Laugen) lassen sich durch **Indikatoren** als solche identifizieren. Ein bewährter Indikator ist Lackmus, ein pflanzliches Material. In Säuren färbt es sich rot, in Laugen blau. In der modernen Chemie kommen Indikatoren zur Anwendung, mit deren Hilfe sich die Stärke einer Säure oder Lauge vermöge einer abgestuften Indikatorfärbung abschätzen lässt.

Säuren ,schmecken' sauer, Laugen seifig bis bitter. Laugen bezeichnet man auch als basische oder alkalische Lösung. – Sowohl Säuren wie Basen (Laugen) greifen Stoffe an: Ätzung, Zersetzung, Zerstörung. (Das Hantieren mit Säuren und Laugen ist gefährlich, z. T. sehr gefährlich! Schutzbrille tragen!)

Als Maß für die Stärke einer Säure und einer Lauge dient ihr pH-Wert. Dem Wert liegt eine logarithmische Stärkeskala zugrunde: Mit jeder Stufe fällt oder steigt die Stärke (Konzentration) um eine Zehnerpotenz. Die pH-Skala reicht

von 1 für eine extrem starke Säure,
über 7 für reines (destilliertes) Wasser,
bis 14 für eine extrem starke Lauge.

Abb. 2.18 gibt Auskunft.

In der modernen Chemie wird der pH-Wert mittels pH-Meter mit Anzeige gemessen.

Säuren und Basen (Laugen) neutralisieren sich, wenn sie zusammen geführt werden, es bildet sich Wasser und ein Salz. Wird beispielsweise Schwefelsäure mit Kalklauge gemischt und die Lösung anschließend erhitzt, verdampft das entstandene Wasser, es verbleibt eine weiße pulvrige Substanz, es ist Gips:

$$H_2SO_4 + Ca(OH)_2 \rightarrow 2(H_2O) + CaSO_4$$

Das H_2-Molekül und die $(OH)_2$-Molekülgruppe verbinden sich zu Wasser. Säure und Lauge neutralisieren sich. Aus den Resten entsteht ein Salz.

Die Benennung der Salze orientiert sich an der Säure, Abb. 2.19 enthält Beispiele.

Die obige (klassische) Säure-Base-Definition geht schon auf A.L. de LAVOISIER (1743–1794) und in ihrer Erweiterung auf J. v. LIEBIG (1803–1873) und S.A. ARRHENIUS (1859–1927) zurück. Heute wird die von J.N. BRØNSTED

Abb. 2.18

pH-Wert		Beispiele:
1	extrem sauer	
2		Magensaft 1–2
3		Zitrone ~2
4	sauer	Essig ~3
5		Weinsäure ~4
6		Urin 5,5–7,5
7	neutral	Milch ~6
8		Blut 7,4
9		Darmsekret ~8
10	basisch (alkalisch)	Seife 9–10
11		
12		Waschmittel 11–12
13	extrem basisch (alkalisch)	
14		

(1879–1947) vorgeschlagene Definition gelehrt. Hiermit lassen sich alle Säuren und Basen erklären, auch solche, bei denen der klassische Ansatz versagt. Der Schlüssel hierzu bildet das Wassermolekül. Die in H_2O enthaltenen Wasserstoffatome bestehen aus jeweils einem Proton (H^+) und einem Elektron (e^-). Zwei Ansätze sind möglich:

1) $H_2O\,[= H + O + H = (H^+ + e^-) + O + H = H^+ + O + H^-] \rightarrow H^+ + OH^-$
    Ein Proton wird frei. Durch **Abgabe** des Protons H^+ entsteht die Base OH^-

2) $H_2O + H^+\,[= H + O + H + H^+ = H + O^+ + e^- + H + H^+] \rightarrow H_3O^+$
    Es entsteht bei **Aufnahme** eines Protons ein Oxonium-Ion H_3O^+.

Die aufgezeigten Reaktionen laufen in dieser Form nie isoliert ab, die Protonen wären in der Lösung allein nicht stabil, wohl sind sie als Teilreaktion Bestandteil einer Säure-Base-Reaktion. Dabei wird Wasser einmal als Base und einmal als Säure gedeutet, was zur Säure-Base-Definition nach BRØNSTED führt:

1. Säuren sind Stoffe, die Protonen **abgeben**: Protonendonatoren
2. Basen sind Stoffe, die Protonen **aufnehmen**: Protonenakzeptoren.

Die Protonen sind hier die beteiligten Wasserstoff-Ionen H^+.

Abb. 2.19

Säure: Name	Formel	Salz: Name	Formel
Kohlensäure	H_2CO_3	Carbonat	$\ldots CO_3$
Salpetersäure	HNO_3	Nitrat	$\ldots NO_3$
Kieselsäure	H_2SiO_3	Silikat	$\ldots SiO_3$
Phosphatsäure	H_2PO_4	Phosphat	$\ldots PO_4$
Chlorsäure	$HClO_3$	Chlorat	$\ldots ClO_3$
Schwefelsäure	H_2SO_4	Sulfat	$\ldots SO_4$
schweflige Säure	H_2SO_3	Sulfit	$\ldots SO_3$
Salzsäure	HCl	Chlorid	$\ldots Cl$

1. Beispiel Wasser reagiert wie eine Base, es entsteht eine Säure

Wird Wasserstoffchlorid HCl in Wasser gelöst, entsteht Salzsäure (die i. Allg. auch als HCl notiert wird). Sie lässt sich klassisch nicht erklären, wohl nach BRØNSTED:

$$\begin{array}{c} HCl \rightarrow Cl^- + H^+ \\ H_2O + H^+ \rightarrow H_3O^+ \\ \hline HCl + H_2O \rightarrow H_3O^+ + Cl^- \end{array}$$

Vom HCl-Molekül geht ein Proton auf das Wassermolekül über, es ist hier die Base. Die rechte Seite der Gesamtgleichung ist die Salzsäure. Das Chlor-Ion ist der Säurerest.

An der vorstehenden Reaktion ist *ein* Proton beteiligt. Es gibt auch solche, bei denen *mehrere* Protonen beteiligt sind. Für die oben aufgeführte Phosphorsäure lautet der Ansatz:

$$\begin{array}{c} H_3PO_4 + H_2O \rightarrow H_2PO_4^- + H_3O^+ \\ H_2PO_4^- + H_2O \rightarrow HPO_4^{2-} + H_3O^+ \\ HPO_4^{2-} + H_2O \rightarrow PO_4^{3-} + H_3O^+ \\ \hline H_3PO_4 + 3\,H_2O \rightarrow PO_4^{3-} + 3\,H_3O^+ \end{array}$$

2. Beispiel: Wasser reagiert wie eine Säure, es entsteht eine Base:

Ammoniak NH_3 (Salmiakgeist) ist bei Raumtemperatur ein farbloses Gas, in Wasser ist es gut löslich:

$$\begin{array}{c} H_2O \rightarrow \quad H^+ + OH^- \\ NH_3 + H^+ \rightarrow NH_4^+ \\ \hline NH_3 + H_2O \rightarrow NH_4^+ + OH^- \end{array}$$

Vom Wassermolekül geht ein Proton auf das Ammoniakmolekül über. Die rechtsseitige Base ist Ammoniak, als Protonenakzeptor entstanden.

Stoffe, die (wie Wasser) als Säure und Base reagieren können, werden Ampholyte genannt. Davon gibt es viele, darunter u. a. viele Aminosäuren. Ob die amphoteren Stoffe Protonen abgeben oder annehmen, bestimmt die Stärke der Säure bzw. Base.

Vor dem Hintergrund der vorangegangenen Erläuterung wird die Definition des pH-Wertes einer Säure und einer Base (Lauge) verständlich. Der pH-Wert ist der dekadische Logarithmus der Ionenkonzentration in Mol pro Liter Lösung:

$$\text{Säure:} \quad pH = -\log[H_3O^+] \quad [H_3O^+\text{-Konzentration}]$$

$$\text{Base:} \quad pOH = -\log[OH^-] \quad [OH^-\text{-Konzentration}]$$

$$pH + pOH = 14 \quad \rightarrow \quad pOH = 14 - pH$$

Mittels des pH- bzw. pOH-Wertes kann die ‚Stärke' einer Säure bzw. einer Base gemessen werden. Dadurch ist festgelegt, wie der Ampholyt im Verhältnis zum Partner bei der Säure-Base-Reaktion wirksam wird.

2.4 Anorganische Chemie

Von den vielen in der Anorganischen Chemie behandelten Themen werden im Folgenden drei mit stärkerer technischer Ausrichtung ausgewählt: Die Elektrochemie, die Chemie der mineralischen und die Chemie der metallischen Werkstoffe (Baustoffe). Unter Elektrochemie wird hier die Chemie der Energiespeicherung verstanden. – Übergeordnet wird die Anorganische Chemie in [4–6] gelehrt.

2.4.1 Elektrochemie

2.4.1.1 Vorbemerkungen

Der vorangegangene Abschnitt hat verdeutlicht, dass Chemie ganz wesentlich Elektrochemie ist. Die meisten Reaktionen und Prozesse werden nur elektrochemisch verständlich, von der chemischen Bindung bis zur Säure-Base-Definition: Es sind die Ionen, die bei den Reaktionen wechselwirken.

Unter **Elektrochemie** im engeren und eigentlichen Sinne werden die Vorgänge in **elektrolytischen Lösungen** und Schmelzen verstanden. In ihnen können sich die Atome und Moleküle frei bewegen, nachdem sie sich zuvor in Ionen gespalten haben. Diese Spaltung (Trennung) in Ionen bezeichnet man als Dissoziation.

Die Atome und Moleküle dissoziieren entweder

- in **Anionen**, sie tragen eine **negative** Ladung oder
- in **Kationen**, sie tragen eine **positive** Ladung.

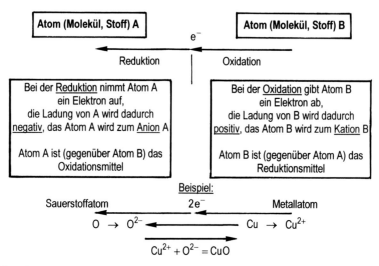

Abb. 2.20

In Abb. 2.20 sind die Zusammenhänge, insbesondere Reduktion und Oxidation, nochmals schematisch zusammengefasst. Reduktion und Oxidation treten im Elektrolyten immer gemeinsam auf. Man spricht von einem **Redoxvorgang**. Der Vorgang kann durch eine Redoxgleichung beschrieben werden, vgl. Abschn. 2.3.5 und 2.3.6.

Merkhinweis
Ein Anion ist negativ geladen, der Strich im **A** kann als Minuszeichen = negativ, das Kreuz im Buchstaben **t** des Wortes Kation kann als Pluszeichen = positiv gelesen werden.

2.4.1.2 Galvanisches Element – Elektrochemische Spannungsreihe
In ein mit wässriger Kupfersulfatlösung

$$CuSO_4 \rightarrow Cu^{2+}SO_4^{2-} \rightarrow Cu^{2+} + SO_4^{2-}$$

gefülltes Gefäß wird ein Zinkstab (Zn) getaucht, Abb. 2.21a. Nach einer gewissen Zeit bildet sich auf dem Zinkstab ein Überzug aus reinem Kupfer (Cu). In der Lösung sind Zink(II)-Kationen (Zn^{2+}) nachweisbar, was auf eine Oxidation des Zinkstabes und seine Auflösung gemäß $Zn \rightarrow Zn^{2+} + 2\,e^-$ schließen lässt. Aus dem Befund lässt sich folgern, dass die dissoziierten (getrennten) Kupferkationen Cu^{2+} der Lösung durch die frei gesetzten Elektronen des Zinks ($2\,e^-$) eine Reduktion zu reinem Kupfer erfahren haben: $Cu^{2+} + 2\,e^- \rightarrow Cu$. Das Kupfer reichert

Abb. 2.21

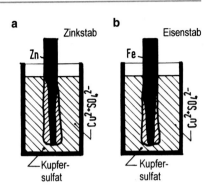

a Zinkstab b Eisenstab

sich auf dem Zinkstab an: Zink wird oxidiert und abgebaut. Gegenüber Kupfer ist Zink das unedlere Metall, Kupfer wird reduziert, gegenüber Zink ist es das edlere Metall.

Das gleiche Ergebnis erhält man, wenn ein Eisenstab in eine Kupfersulfatlösung getaucht wird (Abb. 2.21b). In diesem Falle scheidet sich wieder Kupfer am Eisenstab ab; der Stab färbt sich braun. Die Eisenatome des Stabes werden zu Eisen(II)-Kationen oxidiert, die Kupfer(II)Kationen der Lösung werden zu Kupfer reduziert:

$$\text{Oxidation:} \qquad Fe \rightarrow Fe^{2+} + 2\,e^-$$
$$\text{Reduktion:} \quad Cu^{2+} + 2\,e^- \rightarrow Cu$$

Die Redoxgleichung lautet zusammengefasst:

$$Fe + Cu^{2+} \rightleftarrows Fe^{2+} + Cu$$

Eisen ist gegenüber Kupfer unedler, Kupfer ist gegenüber Eisen edler. Damit stellt sich die Frage: Welches Metall ist gegenüber Kupfer unedler, Zink oder Eisen?

Wie dargestellt, bewegen sich $\pm$-Ionen in der Lösung. Es baut sich dadurch ein elektrisches Feld auf. Es fehlt indessen ein geschlossener Stromkreis, um die Spannung im Feld messen zu können. Das gelingt, wenn zwei Behälter mit geeigneten Lösungen und Metallstäben miteinander verbunden werden, wie in Abb. 2.22 dargestellt. Das Einzelgefäß bezeichnet man als **Halbzelle** und die Kombination von zwei Halbzellen als Galvanische Zelle oder als **Galvanisches Element**. Die Metallstäbe, die **Elektroden**, werden über einen externen Leiter (ein Kabel) miteinander verbunden und ein Spannungsmesser parallel geschaltet. Die beidseitigen Lösungen werden über eine ‚Ionenbrücke‘ (auch ‚Salz-‘ oder ‚Elektrolytbrücke‘

a   b

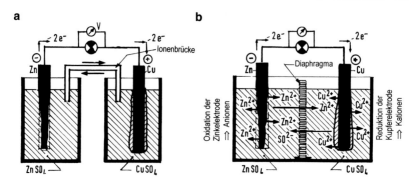

Abb. 2.22

genannt) verbunden oder durch ein sogen. Diaphragma, eine poröse, durchlässige Tonwand, getrennt (Abb. 2.22a bzw. b). Eine spontane gegenseitige Vermischung der in den Halbzellen vorhandenen Lösungen wird durch die Wand verhindert, wohl können über die Brücke bzw. durch das Diaphragma Ionen strömen bzw. dringen, was einen Ladungsaustausch ermöglicht, der Stromkreis ist damit im Galvanischen Element geschlossen.

In die eine Halbzelle mit **Zink**sulfatlösung ($ZnSO_4$) wird eine **Zink**elektrode und in die andere Halbzelle mit **Kupfer**sulfatlösung ($CuSO_4$) eine **Kupfer**elektrode getaucht. Das Messgerät registriert eine konstante Spannung, es fließt ein Gleichstrom! Ein so beschaffenes Galvanisches Element wurde bereits 1836 von J.F. DANIELL (1790–1845) vorgeschlagen und gebaut, später wurde es weiter entwickelt. Es trägt den Namen des Erfinders: **Daniell-Element**. Mit Hilfe des Elements kann über einen längeren Zeitraum elektrischer Strom produziert werden: Das Metall der Zink-Elektrode wird oxidiert und abgebaut:

$$Zn \rightarrow Zn^{2+} + 2\,e^-$$

Die Zn-Atome werden zu Zn^{2+}-Kationen, sie gehen in die Lösung über. Durch den Verlust an Atomen löst sich die Zn-Elektrode im Laufe der Zeit auf. An ihr baut sich ein Elektronenüberschuss auf, die Elektrode ist die Anode (Minuspol). Von hier strömen die Elektronen über das Kabel auf die andere Seite zur Kupferelektrode. Sie nimmt die Elektronen auf, sie ist die Kathode (Pluspol). Die dissoziierten Kupfer-Kationen der Lösung nehmen auf der Oberfläche der Cu-Elektrode die ankommenden Elektronen auf, und werden hier (zusätzlich) zu Kupfer reduziert:

$$Cu^{2+} + 2\,e^- \rightarrow Cu$$

Es ist das Kupfer aus der Kupfersulfatlösung! Das Kupfer lagert sich auf der Elektrode ab (es galvanisiert auf dieser) und mehrt dadurch deren Masse.

Die Differenz aus Elektronenüberschuss und Elektronenmangel an den Elektroden bedeutet eine Potentialdifferenz zwischen Anode und Kathode, sie treibt die Elektronen und damit den Strom. Man spricht bei der Potentialdifferenz auch von ‚Elektromotorischer Kraft (EMK)‘. Über die elektrische Leitung und den Elektrolyten ist der Stromkreis geschlossen. Träger der Ladung im Elektrolyten sind ausschließlich die Sulfat-SO_4^{2-}-Anionen in Richtung der Anode und die Zink-Zn^{2+}-Kationen in Richtung der Kathode. Über die Ionenbrücke bzw. durch das Diaphragma findet der Austausch statt. Zusammengefasst: Das unedlere Metall wird oxidiert (hier Zink), das edlere reduziert (hier Kupfer). Antrieb für den Strom ist die unterschiedliche Lösungstendenz der Metalle und das hierdurch ausgelöste Potentialgefälle, bzw. die hierauf beruhende Elektromotorische Kraft.

Um die Einstufung in unedle und edle Metalle quantifizieren zu können, wird die Spannung zwischen der **Standardelektrode eines Metalls** in der einen Halbzelle und der **Standard-Wasserstoffelektrode** in der anderen Halbzelle gemessen. Letztere ist eine von Wasserstoffgas umspülte Platinelektrode in einer 1-molaren Salzsäure (1 mol HCl pro Liter) bei einer Temperatur 25 °C und bei einem Druck 101,3 kPa. Sie dient als Nullreferenz. Gegenüber dem hier herrschenden Potential, das zu Null definiert ist, wird die Potentialdifferenz, also die Spannung, gegenüber der Metallelektrode in der anderen Halbzelle gemessen. Auf diese Weise lassen sich die verschiedenen Metallpotentiale bestimmen und in der sogen. **elektrochemischen Spannungsreihe** in der Einheit V (Volt) ordnen. Gegenüber dem Standard Null ergeben sich negative oder positive Werte. In der Tabelle in Abb. 2.23 sind einige Werte aufgelistet. Für das oben behandelte Daniell-Zn-Cu-Element folgt:

$$Zn^{2+} + 2\,e^-: \quad -0{,}76\,V \quad Cu^{2+} + 2\,e^-: \quad +0{,}35\,V$$

Die Potentialdifferenz zwischen dem ‚nehmenden‘ und dem ‚gebenden‘ Element beträgt:

$$0{,}35\,V - (-0{,}76\,V) = \underline{1{,}11\,V.}$$

Diese Spannung würde man im Stromkreis eines Daniell-Elements messen, bzw. bestätigen. – Nur wenn $E^0_{Kathode} - E^0_{Anode}$ positiv ist, fließt ‚freiwillig‘ Strom. Je weiter die Metalle in der Spannungsreihe auseinander liegen, umso höher ist die Spannung des im Galvanischen Element produzierten Stroms.

Auch für Nichtmetalle lassen sich Standardpotentiale ausweisen.

Liegen die beteiligten Stoffe nicht in Standardform vor (die Konzentration und Temperatur der Lösung betreffend) kann das Potential zwischen den Stoffen mit

a

Stoff Element	Oxi-dation	$+e^-$	Reduk-tion	E^0 V
Kalium (K)	K^+	1	K	$-2{,}93$
Magnesium (Mg)	Mg^{2+}	2	Mg	$-2{,}36$
Aluminium (Al)	Al^{3+}	3	Al	$-1{,}66$
Zink (Zn)	Zn^{2+}	2	Zn	$-0{,}76$
Eisen (Fe)	Fe^{2+}	2	Fe	$-0{,}44$
Nickel (Ni)	Ni^{2+}	2	Ni	$-0{,}25$
Blei (Pb)	Pb^{2+}	2	Pb	$-0{,}13$
Wasserstoff (H_2)	H^+	2	H	0
Kupfer (Cu)	Cu^{2+}	2	Cu	$+0{,}35$
Eisen (Fe)	Fe^{3+}	1	Fe^{2+}	$+0{,}77$
Silber (Ag)	Ag^+	1	Ag	$+0{,}80$
Platin (Pt)	Pt^{2+}	2	Pt	$+1{,}20$
Gold (Au)	Au^{3+}	2	Au^+	$+1{,}40$

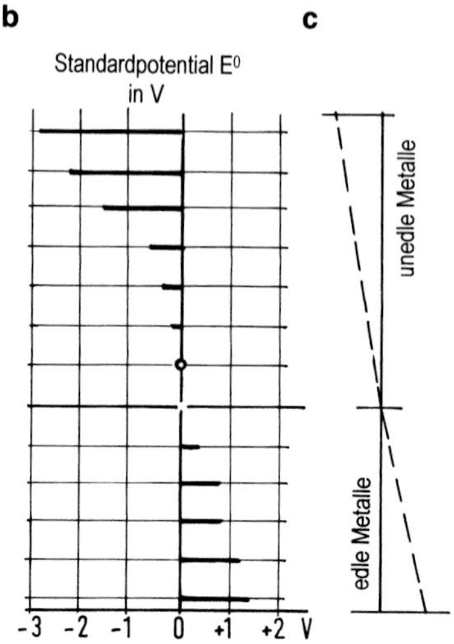

b   **c**

Standardpotential E^0 in V

unedle Metalle

edle Metalle

$-3 \quad -2 \quad -1 \quad 0 \quad +1 \quad +2$ V

Abb. 2.23

Hilfe der im Jahre 1884 von W. NERST (1864–1941) angegebenen Formel berechnet werden, wobei von E^0_{Standard} ausgegangen wird.

Korrosion (z. B. Rosten von Eisen) beruht auf einem elektrochemischen Prozess und lässt sich, wie Maßnahmen zum Korrosionsschutz, nur elektrochemisch verstehen. Die elektrochemische Spannungsreihe bildet die Grundlage für das Verständnis, vgl. Abschn. 2.4.3.6.

2.4.1.3 Elektrolyse

In die elektrolytische Lösung werden zwei Elektroden getaucht und außerhalb der Lösung elektrisch miteinander verbunden. In die elektrische Leitung wird eine Gleichstromquelle integriert, Abb. 2.24. Die eingeprägte elektrische Energie ermöglicht vielfältige chemische Stoffumwandlungen, insbesondere die Gewinnung von Gasen und reinen Metallen, z. B. von Aluminium.

Die Galvanotechnik beruht auch auf der Elektrolyse. Die größte praktische und wirtschaftliche Bedeutung hat die Elektrolyse für die elektrische Energiespeicherung und Energiefreisetzung in der Batterie- und Akkumulatorentechnik.

Abb. 2.24 zeigt das Grundprinzip der Elektrolyse: Im Gegensatz zum Daniell-Element mit seinen zwei Halbzellen besteht das Gefäß, die Zelle, nur aus einem Reaktionsraum mit einer elektrolytischen Lösung bzw. Schmelze.

Abb. 2.24

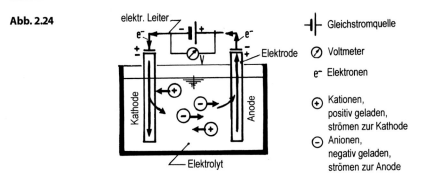

Stromquelle mag der Generator einer Windkraftanlage oder der Sammelpunkt einer Photovoltaikanlage sein. Über die Kationen und Anionen in der Lösung ist der Stromkreis geschlossen. Die Energie des Gleichstroms bewirkt eine Stoffumwandlung, sie kann als erzwungene Redoxreaktion begriffen werden. – Im Folgenden wird die Elektrolyse anhand einiger technischer Anwendungen in der elektrischen Speichertechnik erläutert.

2.4.1.4   Primärzellen: Batterien zur Speicherung elektrischer Energie

Primärzellen sind solche Elemente, **die sich nicht wieder aufladen lassen**.

Die erste transportable und damit für den praktischen Alltagsgebrauch taugliche Trockenbatterie wurde im Jahre 1860 von G. LECLANCHÉ (1839–1882) erfunden. Die heute verwendeten Batterien entsprechen hinsichtlich Aufbau und Funktion nach wie vor dem Prinzip der ehemaligen Leclanché-Zelle. Abb. 2.25 zeigt den Aufbau einer solchen **Kohle-Zink-Zelle**, gegliedert in vier Teilbildern: Eine Kohleelektrode ① ist in eine Mangan(IV)-Oxidmasse ② mit pulveriger Graphiteinlagerung (Braunstein genannt) eingebettet. Sie bilden die **Anode** ①/②. Es folgt der vermittelst Zugabe von Stärke/Sägemehl ‚trockengelegte‘ Elektrolyt ③. Es handelt sich um eine Ammoniumchloridlösung (NH_4Cl). Zwar eingedickt, verfügt sie über eine Restfeuchtigkeit. Über den Elektrolyten vollzieht sich der Ionenaustausch. Ein Separator ④ umhüllt den Elektrolyten gegenüber der Zinkhülse ⑤. Letztgenannte bildet die Kathode. Der Separator verhindert eine direkte Reaktion der Aktivmassen miteinander und dadurch deren Selbstzersetzung. Ein dünnwandiger Metallzylinder ⑥, innen und außen beschichtet (isoliert), gibt der Batterie Form und Halt. Dichtungen oben und unten ⑦/⑧ schließen die Batterie stirnseitig ab, hier liegen die Kontakte ⊕ und ⊖.

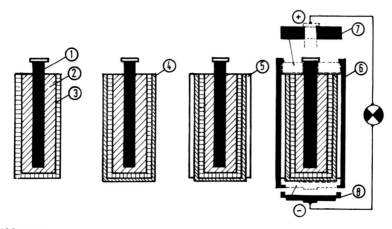

Abb. 2.25

Wird ein Verbraucher angelegt, ist der Stromkreis geschlossen: Zink (Zn, ⑤) wird oxidiert und liefert die Elektronen:

$$Zn \rightarrow Zn^{2+} + 2\,e^-$$

Eine Zwischenreaktion im Elektrolyten ③ liefert die Kationen H_3O^+:

$$NH_4^+ + H_2O \rightarrow NH_3 + H_3O^+$$

Hiermit vollzieht sich die Reduktion im Mangandioxyd (Braunstein) zu:

$$2\,MnO_2 + 2e^- + H_3O^+ \rightarrow Mn_2O_3 + 3\,H_2O$$

Die Reaktionsgleichung lautet zusammengefasst:

$$Zn + 2\,MnO_2 + H_3O^+ \rightarrow Mn_2O_3 + Zn^{2+} + 3\,H_2O$$

Bei einer Temperatur $+30\,°C$ liegt die Arbeitsspannung der Zelle bei 1,5 V, sie sinkt auf bis zu 1,0 V bei $-30\,°C$.

Anstelle einer NH_4Cl-Lösung wird/wurde im Elektrolyten auch eine Zinkchlorid-Lösung ($ZnCl_2$) verwendet.

Inzwischen kommt überwiegend die sogen. **Alkali-Mangan-Zelle** zum Einsatz, sie ist leistungsstärker als die zuvor beschriebene Kohle-Zink-Zelle. Abb. 2.26 zeigt den Aufbau von Innen nach Außen: Der mittige Ableitnagel ① liegt in der mit

Abb. 2.26

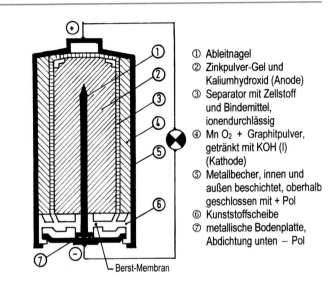

① Ableitnagel
② Zinkpulver-Gel und
   Kaliumhydroxid (Anode)
③ Separator mit Zellstoff
   und Bindemittel,
   ionendurchlässig
④ Mn O$_2$ + Graphitpulver,
   getränkt mit KOH (l)
   (Kathode)
⑤ Metallbecher, innen und
   außen beschichtet, oberhalb
   geschlossen mit + Pol
⑥ Kunststoffscheibe
⑦ metallische Bodenplatte,
   Abdichtung unten − Pol

Berst-Membran

Kaliumhydroxid versetzten Zinkpaste (Zn) ②. Sie bildet die Anode. Der Bereich wird von einem Separatorvlies aus Zellstoff (Cellulose) umhüllt ③. Das sich anschließende Mangandioxyd (MnO$_2$) mit Graphitpulver (Braunstein) ist mit feuchter Kalilauge (KOH) getränkt ④. Sie bilden gemeinsam die Kathodenaktivmasse und den Elektrolyten. Ein Metallbecher mit Beschichtung (Isolierung nach außen) gibt der Batterie die zylindrische Form ⑤, der oberseitige Deckel ist der ⊕-Pol. Unterhalb der beiden Aktivmassen ② und ④ liegt eine Kunststoffscheibe ⑥ mit einer zarten Membran, die im Falle eines durch Gasung bei Überhitzung oder Kurzschluss ausgelösten Überdrucks birst und dadurch ein Platzen der Batterie verhindert. Die untere Metallplatte ⑦ ist mit dem Nagel (dem Kollektor) verbunden und bildet den Minus-Pol.

Der Stromfluss bei Anschluss eines Verbrauchers beruht, wie bei der Zink-Kohle-Zelle, auf einer Reihe elektrochemischer Reaktionen zwischen dem Zink ② (Oxidation) und dem Magnesiumdioxid ④ (Reduktion). Bei diesem Batterietyp vollzieht sich die Elektrolyse in mehreren Zwischenstufen. Dabei wird Wasser verbraucht. Fällt die Aktivmasse trocken, ist die Batterie erschöpft. Die Reaktion kann durch folgende Gleichung zusammengefasst werden:

$$Zn + 2\,MnO_2 + 2\,H_2O \rightarrow Zn(OH)_2 + 2\,(MnO(OH))$$

Die Alkali-Mangan-Zelle besitzt eine höhere Energiedichte (Arbeitsvermögen pro Volumeneinheit, J/m^3) und ist im Vergleich zur Kohle-Zink-Zelle langlebiger. Sie neigt weniger zur Selbstentladung und ist auslaufsicherer. Durch Kombination von beispielsweise sechs Zellen lässt sich eine $6 \cdot 1{,}5 = 9$ V-Batterie gewinnen. – Es gibt auch wieder aufladbare Versionen. Dann handelt es sich um eine Sekundärzelle.

Weitere Primärzellen sind die Quecksilberzelle (HgO) und die Silberoxidzelle (Ag_2O). Sie werden u. a. als Knopfzellen gefertigt. Bedeutend ist auch die Hochleistungs-Lithium-Mangandioxid-Zelle mit einer Arbeitsspannung 3 V, sie kann innerhalb eines weiten Temperaturbereichs eingesetzt werden.

2.4.1.5 Sekundärzellen: Akkumulatoren zur Speicherung elektrischer Energie

Unter dem Begriff **Sekundärzelle** werden jene Zellen bzw. Elemente zusammengefasst, **die sich wieder aufladen lassen**. Die Anzahl der möglichen Lade-Zyklen ist bei allen Akkumulatoren (Akkus) begrenzt, und das unterschiedlich in Abhängigkeit von den beteiligten aktiven Stoffen.

Das erste wieder aufladbare Sekundärelement war der im Jahre 1859 von G. PLANTÉ (1834–1889) vorgestellte Blei-Akkumulator. Es folgte der von W. JUNGNER (1869–1924) erfundene Nickel-Cadmium-Akkumulator mit vielfältigen Weiterentwicklungen; die meisten konnten sich indessen nicht durchsetzen.

Während der Blei-Akku eine Energiedichte 30 W h/kg (Blei) erreicht und der Ni-Cd-Akku 50 W h/kg (Nickel/Cadmium), wird inzwischen nach Versionen mit wesentlich höherer spezifischer Energie geforscht. Ziel sind elektrische Speicher mit 100 Wh/kg und mehr. Die Forschung wird durch die aus Umweltschutzgründen angestrebte Elektromobilität im Straßenverkehr angetrieben. Dabei werden in die Weiterentwicklung der Lithium-Ionentransfer-Batterie (und in die Leichtbauweise für die Personenkraftfahrzeuge: Kohlefasertechnik) große Hoffnungen gesetzt.

Ein **Bleiakkumulator** erreicht hohe Zyklenzahlen (200 bis 1000 und mehr). Blei lässt sich vollständig und einfach recyceln. Der Akku lässt sich nahezu wartungsfrei betreiben. Er wird weltweit in allen Kraftfahrzeugen als Starterbatterie eingesetzt, auch als Traktionsbatterie für Gabelstapler und ähnliche Fuhrwerke, sowie als Notstrombatterie.

Abb. 2.27 zeigt, nach welchem Prinzip der Akku arbeitet: Er besteht aus einer porösen Bleielektrode (Pb, ①) und einer Bleidioxidelektrode (PbO_2, ②). 20 %ige Schwefelsäure (H_2SO_4, ③) bildet den Elektrolyten. Schwefelsäure wandelt Blei in Blei(II)-Sulfat um:

$$Pb + H_2SO_4 \rightarrow PbSO_4 + H_2$$

Das Sulfat ist in Wasser schwer löslich und verhindert als Belag auf der Elektrode deren weitere Auflösung durch die Säure.

Abb. 2.27

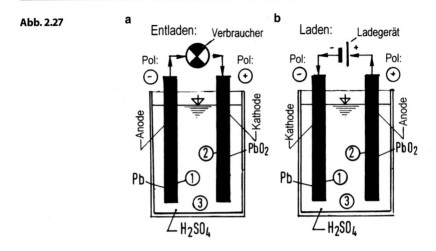

Beim **Entladevorgang** (Abb. 2.27a) fließt der Strom vom Minuspol des Akkus zum Pluspol des Akkus:

- Oxidation: $Pb + H_2SO_4 \rightarrow PbSO_4 + 2H^+ + 2e^-$, Abgabe von $2e^-$,
- Reduktion: $PbO_2 + H_2SO_4 + 2e^- + 2H^+ \rightarrow PbSO_4 + 2H_2O$, Aufnahme von $2e^-$.

Beim **Ladevorgang** (Abb. 2.27b) fließt der Strom gegenläufig:

- zum Minuspol des Ladegerätes: $PbSO_4 + 2H_2O \rightarrow PbO_2 + H_2SO_4 + 2e^- + 2H^+$, Abgabe von $2e^-$
- vom Pluspol des Ladegerätes: $PbSO_4 + 2H^+ + 2e^- \rightarrow Pb + H_2SO_4$, Aufnahme von $2e^-$

Demgemäß gehorcht die Gesamtreaktion der Gleichung:

$$Pb + PbO_2 + 2H_2SO_4 \rightleftarrows \frac{\text{Entladen}}{\text{Laden}} \rightleftarrows 2PbSO_4 + 2H_2O$$

Gegenüber der Schwefelsäure betragen die elektrochemischen Potentiale von PbO_2: 1,78 V und von Pb: $-0,28$ V. In der Summe ergibt das eine Spannung:

$$1,78 - (-0,28) = \underline{2,06\,\text{V}}$$

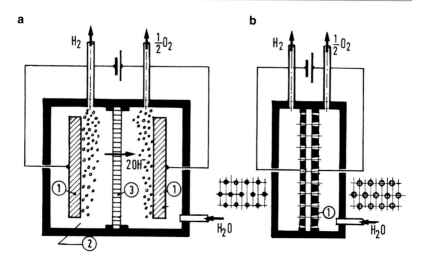

Abb. 2.28

Während des Lade- und des Entladevorganges ändert sich die Konzentration (Dichte) der Schwefelsäure: Bei Ladung steigt sie an, bei Entladung sinkt sie. Das ermöglicht eine einfache Bestimmung des Ladezustandes durch Messung der Dichte.

In den Akkus der Fahrzeuge sind die Elemente aus Elektrodenplatten zu Blöcken zusammengefasst. Diese werden in Serie geschaltet. So entstehen Akkumulatoren unterschiedlicher Kapazität: 2 V, 4 V, 6 V, …

Mit Hilfe einer **Brennstoffzelle** lässt sich **molekularer Wasserstoff** (H_2) aus Wasser (H_2O) elektrochemisch gewinnen. Geeignet gespeichert lässt sich der Wasserstoff transportieren und zum Antrieb eines Elektromotors verwenden, wobei die elektrische Energie in einer anderen Brennstoffzelle durch Umkehr der vorangegangenen Elektrolyse wieder gewonnen wird. Hierbei fällt Wasser CO_2-frei an. Der ‚Akkumulator' besteht somit dem Prinzip nach erstens aus einer Brennstoffzelle, in welcher aus Wasser der Wasserstoff mit Hilfe von Strom gewonnen wird, zweitens aus dem Wasserstoffspeicher (dem eigentlichen Energiespeicher) und drittens aus einer weiteren Brennstoffzelle, in welcher der Wasserstoff wieder in Strom umgewandelt wird. Gegebenenfalls wird das Wasserstoffgas einer Erdgasleitung zugeführt. Die Teile dieses elektrochemischen Energiespeichersystems liegen räumlich getrennt.

Abb. 2.28a zeigt das Grundprinzip der **Alkalischen Wasserstoff-Elektrolyse** durch Gleichstrom: In jeder Halbzelle liegt eine Elektrode ① aus Nickel oder

Abb. 2.29

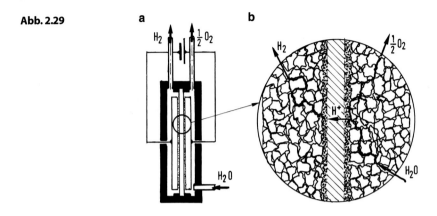

Platin in legierter und porös-strukturierter Form. Als Elektrolyt dient Kalilauge (KOH, ②). Zwischen den Halbzellen liegt ein ionendurchlässiger Separator ③, der eine Vermischung der frei gesetzten Gase (O_2 und H_2) verhindert, anderenfalls würde Knallgasgefahr bestehen. Unter Strom wird das zugeführte Wasser zersetzt:

$$\text{Anode:} \qquad 2\,H_2O + 2\,e^- \rightarrow 2\,OH^- + H_2$$

$$\text{Kathode:} \qquad 2\,OH^- \rightarrow H_2O + \tfrac{1}{2}\,O_2 + 2\,e^-$$

Bei dem Separator handelt es sich um ein dünnes Asbest-, Nickel- oder Kunststoffnetz mit unterschiedlichen, katalytisch wirkenden Einlagerungen oder aus einer Polymermembran. Das sich einstellende Potential liegt zwischen 1,6 bis 1,8 V.

Bei einer fortschrittlicheren Technik der alkalischen Wasserstoffelektrolyse liegen die plattenförmigen Elektroden auf dem Separator beidseitig auf. Sie sind lochperforiert. Die Lochdurchmesser auf der Anodenseite sind mit 1 mm doppelt so groß wie jene auf der Kathodenseite mit 0,5 mm (Abb. 2.28b). Betrieben wird die Elektrolyse bei Temperaturen zwischen 60 und 90 °C.

Eine nochmals modernere Technik ist die **Membran-Wasserstoff-Elektrolyse**, Abb. 2.29a: Der Elektrolyt ist nicht flüssig sondern fest und hat die Form einer protonentransparenten Polymermembran. Elektrolyt und Seperator sind quasi vereinigt. Für die Stoffkombination gibt es verschiedene geschützte Lösungen. Beidseitig der Membran liegen ‚stromsammelnde' Elektrodenfolien poröser Konsistenz. Auf der Anodenseite sind sie aus Titan, auf der Kathodenseite aus Graphit aufgebaut (Abb. 2.29b). Die Reaktionen folgen den Gleichungen:

$$\text{Anode:} \qquad H_2O \rightarrow \tfrac{1}{2}\,O_2 + 2\,e^- + 2\,H^+$$

$$\text{Kathode:} \qquad 2\,H^+ + 2\,e^- \rightarrow H_2$$

Die aus reinem Wasser abgetrennten Protonen (H^+) vermögen die Membran zu durchdringen und werden an der Katode zu Wasserstoff (H_2) reduziert. Als Katalysator dienen Platin- sowie Rubidium- und Iridiumeinlagerungen. Die Temperatur liegt zwischen 60 und 80 °C und das Potential zwischen 1,6 und 1,8 V. – Bei Weiterentwicklungen liegen die Temperaturen zwischen 160 und 200 °C, 600 und 650 °C sowie 800 und 1000 °C. – An nochmals leistungsstärkeren Verbesserungen wird geforscht. – Der Wirkungsgrad der einzelnen Zelle liegt im Bereich 70 %, innerhalb eines kompletten Antriebsystems, etwa für einen PKW-Antrieb, liegt der Wert im Bereich 40 bis 50 % – Zur Wasserstofftechnik im Rahmen der Energieversorgung vgl. Bd. II, Abschn. 3.5.7.5. – Auf [18] und [19] wird abschließend verwiesen.

Die Batterie- bzw. Akkumulatoren-Entwicklung steht unter großem Erwartungsdruck, um die (Strom-) Energiewende zum Erfolg führen zu können, Sonne und Wind sind nicht grundlastfähig. Es bedarf großvolumiger Speichersysteme für die allgemeine Stromversorgung und kleinvolumiger für die Elektromobilität: Ziele sind große Reichweite, Schnellaufladung, Zyklenfestigkeit und das alles bei geringem Gewicht und preiswerter Anschaffung. – Außerhalb der in Abb. 2.23 angegebenen Standardpotentiale hat Lithium mit $E^0 = -3,05$ V das niedrigste Potential aller Metalle und ist zudem das leichteste. Gegenüber Wasser (Feuchtigkeit aller Art) weist es allerdings eine hohe Reaktivität auf, weshalb es als Elektrodenmaterial nur für eine nichtwässrige Festelektrolyse in Frage kommt. Für Kleinstanwendungen (Handy, Laptop) ist der **Lithium-Akku** massenhaft im Einsatz, für große Systeme ist er in der Entwicklung und Erprobung. Es bleibt abzuwarten, ob mit diesem Speichermedium der Durchbruch gelingt.

2.4.2 Chemie der mineralischen Werkstoffe

2.4.2.1 Reinstoffe – Stoffgemische – Destillation

Wie in Abschn. 2.7.1 in Bd. I ausgeführt, werden Reinstoffe und Stoffgemische (Stoffgemenge) unterschieden. **Reinstoffe** treten in der Erdrinde nur selten auf, z. B. in gediegener Form in Gold-, Silber- und Platinadern. Alle anderen Stoffe treten in den Zuständen s (solid, fest), l (liquid, flüssig) oder g (gas, gasförmig) als **Stoffgemische** auf, unterteilt in homogene und heterogene. Es handelt sich nicht um chemische Verbindungen. Die Stoffe (Elemente) liegen quasi ungebunden nebeneinander, vgl. Abb. 2.30.

In **homogenen Stoffgemischen** verteilen sich die Stoffe in einem bestimmten Verhältnis gleichförmig im Stoffraum. Beispiele: Die Kristallgitterplätze einer Metalllegierung sind in einer sich immer wiederholenden identischen Weise mit

Abb. 2.30

Reinstoff

		Legierung	Rostfreier Stahl
Stoffgemisch Stoffgemenge Mehrstoff- system	homogenes Stoffgemisch	wässrige Lösung	Mineralwasser
		Gasgemenge	Luft
	heterogenes Stoffgemisch	Gesteine (s/s)	Granit, Gneis
		Suspension (s/l)	Schlamm
		Rauch (s/g)	Abgas/Partikel
		Emulsion (l/l)	Öl in Wasser
		Schaum (l/g)	Seifenschaum
		Nebel (g/l)	Wolken

s: solid, fest; l: liquid, flüssig; g: gas, gasförmig

bestimmten Metallionen besetzt. In Mineralwässern verteilen sich die einzelnen Mineralien mit jeweils gleicher Konzentration gleichförmig im gesamten Volumen. Die Gase N_2, O_2 und Ar sind in der Luft im Verhältnis 78 : 21 : 1 gleichmäßig anzutreffen und das unverändert in der gesamten erdnahen Atmosphäre. In allen Fällen setzt sich das Gemisch aus bestimmten Stoffen (und nur aus diesen) homogen zusammen.

In **heterogenen Stoffgemischen** sind die Stoffanteile mehr oder minder zufällig im System verteilt. Auch hierzu enthält Abb. 2.30 Beispiele.

Aus den **Rohstoffen der Erde** werden die für die Nutzung bestimmten Stoffe gewonnen, wobei es meist aufwendiger Förder- und Aufbereitungstechniken bedarf, sie sind physikalisch-chemischer Art und erfordern viel Energie und häufig auch viel Wasser zur Veredelung. Dabei fällt Abraum und Schmutzwasser an, auch Rauchgas. Es verbleiben unter- und oberirdische Gruben. – Seit Einsetzen der Industrialisierung wurden bereits große Vorkommen an natürlichen Ressourcen ausgebeutet und verbraucht. Recycling ist das Gebot von heute, künftig noch mehr.

Bei der Gewinnung der Rohstoffe kommen die unterschiedlichsten Techniken zum Einsatz: Erkundung durch Bohrung und/oder seismische Erschütterung, Schürfen, Abbauen, Transportieren, Brechen, Rütteln, Sieben, Waschen, Trocknen, Rösten, Filtrieren, Schleudern, schließlich Brennen, Schmelzen, Gießen, Mischen usf. Vieles geschieht in großindustriellem Maßstab, anderes eher im Labor. – Viele Verfahren der Stofftrennung arbeiten auf physikalisch-technischer Ebene. Beispiele sind die Verwendung von Zentrifugen und der Einsatz von Destillierkolonnen.

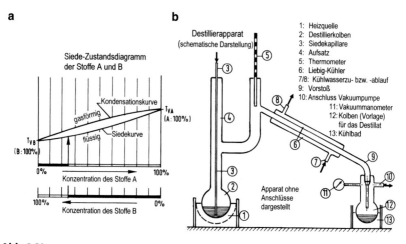

a

Siede-Zustandsdiagramm
der Stoffe A und B

Kondensationskurve

gasförmig

T_{VA}
(A : 100 %)

T_{VB}
(B : 100 %)

flüssig   Siedekurve

0 %   100 %
Konzentration des Stoffe A

100 %   0 %
Konzentration des Stoffe B

b

Destillierapparat
(schematische Darstellung)

Apparat ohne
Anschlüsse
dargestellt

1: Heizquelle
2: Destillierkolben
3: Siedekapillare
4: Aufsatz
5: Thermometer
6: Liebig-Kühler
7/8: Kühlwasserzu- bzw. -ablauf
9: Vorstoß
10: Anschluss Vakuumpumpe
11: Vakuummanometer
12: Kolben (Vorlage)
    für das Destillat
13: Kühlbad

Abb. 2.31

Die **Destillation** beruht auf dem unterschiedlichen Siedepunkt der im Gemisch
vorhandenen Stoffe, zum Beispiel beim Brennen von Spirituosen (also beim Ab-
trennen des Alkohols und der Aromastoffe von der Maische) oder bei der Erdölde-
stillation zur Gewinnung von Bitumen, Heizöl und weiteren Stoffen bis Benzin.

Abb. 2.31a zeigt das Siede-Zustandsdiagramm einer wässrigen Substanz mit
den Anteilen A und B. Liegen sie jeweils als 100 % Reinstoff vor, sieden sie i. Allg.
bei unterschiedlicher Temperatur, bei T_{VA} bzw. T_{VB}. Sind sie in den Konzentratio-
nen c_A und c_B vorhanden ($c_A + c_B = 100$ %), liegt der Siedepunkt (= Verdampfung) zwischen T_{VB} und T_{VA}. Oberhalb der Siedelinie befindet sich die Substanz in
einem zweiphasigen Zustand (l/g). Bei einer Temperatur oberhalb T_{VB} verdampft
vorrangig der niedrig siedende Stoffteil, hier Stoff B. Wird in einem **Destillierge-
rät** das entweichende Gas gekühlt, kondensiert es wieder in den flüssigen Zustand
und kann abgeschöpft werden. Von dem niedrig siedenden Stoff enthält das Destil-
lat wesentlich höhere Anteile im Vergleich zum Ausgangszustand, gewisse Anteile
des höher siedenden Anteils sind gleichwohl auch vorhanden. Durch hintereinander geschaltete Destillierstufen lässt sich ein Stoff hoher Reinheit gewinnen. Bei
Gemischen mit mehreren Stoffen werden die einzelnen Anteile in einer Destillier-
kolonne sukzessive abgeschieden, man spricht von Fraktioneller Destillation.

2.4.2.2 Gesteine – Minerale

Aus den Gesteinen der Erde werden die mineralischen Werkstoffe (Baustoffe) gewonnen. Aus den Erzen werden die Metalle erschmolzen.

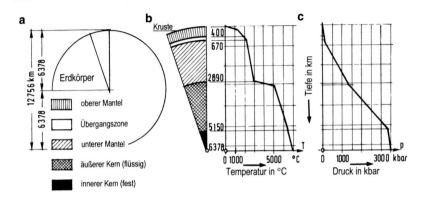

Abb. 2.32

Der Erdkörper besteht aus unterschiedlichen **Schalen**. Je tiefer sie liegen, umso höher ist die hier herrschende Temperatur und der hier herrschende Druck, beide sind ursächlich gravitativ bedingt (Abb. 2.32). Die stoffliche Zusammensetzung in den Schalen ist höchst unterschiedlich. Der Kern besteht aus Eisen, Nickel und Kobalt, gefolgt vom Mantel und der Kruste. Letztere besteht in großer Vielfalt aus der abgekühlten ‚Schlacke', die sich während der Erdwerdung in den vergangenen 4,56 Milliarden Jahren auf der Oberfläche angesammelt hat. Aus dem Mantel ist heißes Magma im Gefolge von Vulkanismus und Erdbeben aufgestiegen, in den Mantel sind feste Teile der Kruste im Zuge der Plattenbewegung wieder abgetaucht. Verursacht durch die Plattendrift entstanden die Gebirge. Die Gesteinslagen falteten und durchmischten sich klein- und großräumig. Begleitet von Verwitterungsprozessen vielerlei Art wurden die Stoffe verfrachtet, verdichtet und umkristallisiert. Die Warm- und Eiszeiten taten das Ihrige, auch das Aufschlagen von Meteoroiden und Asteroiden. Aus alledem gingen die Gesteine hervor. Unter diesem Begriff versteht man ein Gemenge von Mineralen. Minerale sind entweder Elemente (selten gediegen) oder chemische Verbindungen aus diesen. Sie haben überwiegend einen kristallinen Aufbau. Bei nur wenigen ist der Aufbau regellos-amorph, wie bei den natürlich auftretenden glasartigen Mineralen, die beim Abtauchen glühender Lava in Meer- oder Seewasser durch Abschrecken entstanden bzw. entstehen. Die Zahl der Minerale wird auf ca. 4600 geschätzt. Gleichwohl, am Aufbau der meisten Gesteine sind nur wenige von ihnen beteiligt. Gehäuft sind es Sulfide, Oxide und Halogene. Neben der chemischen Zusammensetzung unterscheiden sich die Minerale in Härte, Struktur, Körnigkeit, Aussehen und Farbe.

Die Erdkruste ist vergleichsweise dünn, die ozeanische Kruste mit nur 6 bis 10 km, die kontinentale mit 25 bis 60 km. Die Ozeane und Kontinente bildeten sich vor ca. 2,5 Milliarden Jahren, seither haben sich Ausdehnung und Aussehen mehrfach verändert. Ihre Erforschung ist Gegenstand der Geologie, jene ihres stofflichen Aufbaus ist Aufgabe der Mineralogie, einschließlich Kristallographie und Petrologie (Lagerstättenkunde). Zwecks Vertiefung wird auf [20–28] verwiesen.

In Abhängigkeit vom geologischen Bildungsprozess werden die Gesteine in drei Arten eingeteilt:

- Magmatite: **Magmatisches Gestein** ging aus dem tiefer liegenden Magma nach Abkühlung von 500 bis 1500 °C hervor (Tiefengestein). Wo das Gestein (die Lava) auf der Erdoberfläche zügig erstarrte, entstand sogen. Vulkanit, bei langsamem Abkühlen innerhalb der Erdkruste Plutonit. Beispiele für erstgenannte sind Glas, Porphyr, Basalt, Beispiele für zweitgenannte sind Granit, Diorit.
- Sedimentite: **Sedimentgestein** entstand in unterschiedlicher Weise aus verwitterten Gesteinen aller Art und wässrigen Lösungen, wobei sich das Sediment infolge der Auflast verdichtete und verfestigte. Es handelt sich beispielsweise um grobkörnige Konglomerate von Trümmergestein, um Tonstein, Sandstein, biogenen Kalkstein (Kalk), Gips, auch Steinsalz, Tuff und Bimsstein.
- Metamorphite: Durch Umwandlung von Magmatiten und Sedimentiten entstand **metamorphes Gestein**. Die Umwandlung wird durch Temperatur- und Druckänderungen im Gefolge von Umwälzungen der ursprünglichen Gesteine bewirkt. Die Änderungen bestehen aus Umkristalisation und Schieferung.

Wichtige Minerale sind **Sulfide** (Bleiglanz PbS, Zinkblende ZnS, Silberglanz Ag_2S), **Oxide** (Quarz SiO_4, Eisenglanz Fe_2O_3, Korund Al_2O_3), **Halogenide** (Steinsalz (Halit) $NaCl$, Flussspat (Fluorit) CaF_2), **Carbonate** (Kalkspat (Calcit) $CaCO_3$, Dolomit $CaMg(CO_3)_2$), **Sulfate** (Gips $CaSO_4 \cdot 2\,H_2O$, Anhydrit $CaSO_4$), **Phosphate** und **Arsenate** sowie **Silikate** (Olivin Mg_2SiO_4, Fe_2SiO_4, Zirkon $ZrSiO_4$) sowie die Granat-Gruppe, die $AlSiO_3$-Gruppe und viele weitere, unter anderem die Tonmineral-Gruppe und Feldspäte.

Die Mineralen-Ordnung nach H. STRUNZ (1910–2006) wird heutzutage weitgehend als verbindlich angesehen.

2.4.2.3 Naturstein (Werkstein)

Die Verwendung von **unbehauenem** Naturstein für Dolmen (Hünengräber) und Megalithbauten, wie die Stonehenge-Anlage, sind früh belegt. – Die ältesten Monumente mit **behauenem** Naturstein finden sich in der Tempelanlage Göbekli-Tepe

Abb. 2.33

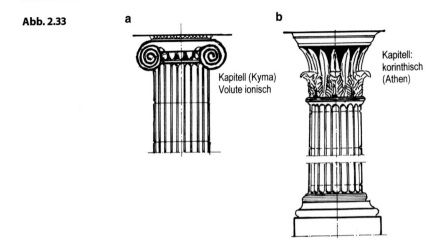

(Bd. I, Abschn. 1.2). Für Großbauten, wie Grabmale und Tempel, verwendete man im Altertum vorrangig weiche Steinarten, wie Kalkstein und Sandstein, sie ließen sich leichter bearbeiten. Erwähnt seien die Pyramiden und Paläste in Alt-Ägypten und jene der minoischen und griechischen Kultur, bei letzteren auch für Säulen und Wände. Das Gebälk ließ nur geringe Stützweiten zu. Funktion und Bedeutung der Anlage bestimmten die von den Steinmetzen aufgewandte Sorgfalt. Abb. 2.33 zeigt Säulen mit Kannelur auf mehrteiliger Basis und aufwendigen Kapitellen, letztere wurden vor Ort gefertigt. –

Es war der römische Baumeister und Architektur-Theoretiker VITRUVIUS POLLIO (ca. 75–15 v. Chr.), der um 26 v. Chr. das erste umfassende Werk über die Baukunst und Bautechnik, unter Einbindung der von den Griechen überlieferten Traditionen, verfasste. firmitatis, utilitatis und venustas waren die von ihm postulierten Kategorien. Sie gelten bis heute: **firmitatis** ist die Haltbarkeit und Standfestigkeit, heute spricht man von Tragfähigkeit; **utilitatis** steht für Nützlichkeit und Zweckentsprechung, im heutigen Verständnis handelt es sich um Gebrauchstauglichkeit. Mit **venustas** schließlich ist die Schönheit gemeint, der erfreuliche Anblick, Ästhetik und humane Proportion. In heutiger Zeit haben neben den genannten, die Prinzipien der Wirtschaftlichkeit und des schonenden Umgangs mit Baugrund, Umwelt und Rohstoffen, also angemessene Ökonomie und Ökologie, gleichrangige Bedeutung.

Abb. 2.34 zeigt anhand von Beispielen wie sich das Bauen mit Naturstein bei Mauerwerk entwickelte. Prinzipiell hat sich daran bis heute wenig geändert.

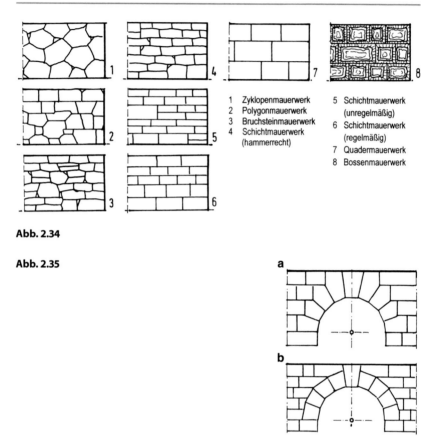

1 Zyklopenmauerwerk
2 Polygonmauerwerk
3 Bruchsteinmauerwerk
4 Schichtmauerwerk
   (hammerrecht)

5 Schichtmauerwerk
   (unregelmäßig)
6 Schichtmauerwerk
   (regelmäßig)
7 Quadermauerwerk
8 Bossenmauerwerk

Abb. 2.34

Abb. 2.35

Dank der Fortschritte in der Werkzeugtechnik gelangen immer bessere (mörtel-freie) Ausführungen. Rundbögen mussten gut mit dem anschließenden Mauerwerk verzahnt werden, vgl. Abb. 2.35. –

Von den Etruskern übernahmen die Römer das Bauen mit Bögen und entwickelten diese Bauweise zu großer Vollkommenheit, auch die von Tonnen- und Kuppelgewölben. Hiermit ließen sich große Weiten überspannen, so bei der Errichtung von Brücken innerhalb des von ihnen gebauten Straßennetzes von geschätzten 90.000 km Länge.

Beim Bau von Bögen muss der sich einstellende Horizontalschub H durch kräftige Widerlager aufgenommen, weitergeleitet oder gegebenenfalls mittels stählerner Zugbänder aufgehoben werden, vgl. Abb. 2.36,

Abb. 2.36

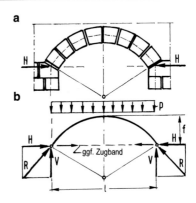

Bevorzugt wurde jener Naturstein eingesetzt, der regional abgebaut werden konnte, was an den überlieferten Bauten (Burgen, Schlössern, Kirchen) mit ihren unterschiedlichen Buntsandsteinen, auch mit Jura- und Muschelkalken, deutlich wird.

Als Wand-, Fassaden- und Plattenelemente aller Art wird Naturstein heute vielfältig eingesetzt, wobei das Trennen (Sägen, Schneiden), Schleifen, Polieren in der Natursteinindustrie maschinell erfolgt, dabei wird auch Granit und anderes Hartgestein verarbeitet. Für Straßenbelag gilt das auch. Seit alters kommt Basalt wegen seiner Härte und Abriebfestigkeit für Kopfsteinpflaster und Bordsteine zum Einsatz.

2.4.2.4 Ton – Tonziegel – Tongut – Steingut – Steinzeug (Porzellan)

Ton ist ein feinstkörniges Mineral (Tonmineral) unterschiedlicher Zusammensetzung mit Korngrößen $< 2\,\mu m$. Es ist durch Verwitterung aus anderen Mineralen, bevorzugt aus Schichtsilikaten, hervorgegangen.

Zur Herstellung von **Ziegelstein** (Mauerziegel, Dachziegel) kommt ein Gemisch aus Ton und feinsten Quarz- und Carbonatanteilen, wie Calcit und Dolomit, zum Einsatz. Eisenhaltiges Hämatit gibt dem Ziegel seine Farbe. Der Rohstoff moderner Ziegel wird mit Porosierungsmitteln angereichert, z. B. mit Zellulosefasern (Sägemehl, Papierfangstoffe). Beim Brennen zersetzen sie sich vollständig und hinterlassen feine Poren. Der Wärmedämmwiderstand des Ziegelsteins wird dadurch deutlich gesteigert.

Der bildsame Rohstoff wird nach guter Durchmischung durch eine Matrize mit der beabsichtigten Lochung gepresst. Der Strang wird geschnitten und die Formlinge nach Trocknung ca. 20 Stunden im Feuer (bei 850 bis 1000 °C) gebrannt. – Spezielle Ziegel sind Klinker, gebrannt bei 1100 bis 1300 °C, und feuerfeste Schamottesteine. Sie kommen zur Auskleidung von Schornsteinen und Hochöfen zum Einsatz. Sie enthalten Stoffergänzungen und werden bei 1700 bis 1750 °C gebrannt. Konverter für die Stahlindustrie und Zementrohröfen werden mit noch feuerfesteren Steinen ausgefuttert.

Anmerkungen

1. Die Lehmziegel der Frühzeit bestanden aus Lehm und Sand mit beigemengtem Stroh und Tierhaaren, sie wurden im Schatten getrocknet. Noch heute lebt ein Großteil der Weltbevölkerung in Lehmhütten bzw. –häusern. – 2. Lehm ist eine Mischung aus Ton und grobkörnigem Sand und Schluff. Sind noch Kalkminerale enthalten, spricht man von Mergel.

Gängiges **Tongut** (Töpfergeschirr) wird aus Töpferton auf der Töpferscheibe geformt und bei 1000 °C gebrannt. Das Produkt ist porös. Durch Eintauchen in eine Bleiglasmischung und erneutes Brennen erhält es eine wasserdichte Glasur.

Produkte für Sanitäre Ausstattungen (Waschbecken etc.) werden aus Ton (reines Kaolin), gemischt mit Kalk und Kalk- oder Flussspat, bei 1150 bis 1250 °C gebrannt, man spricht von **Steingut**.

Daneben gibt es **Steinzeug** z. B. **Porzellan**. – Zum Steinzeug gehört der oben erwähnte Klinker, auch Fließen, Kacheln und Kanalisationsrohre. – Entsprechend der gewählten Rezeptur und Brandtemperatur unterscheidet man Weich- und Hartporzellan. Eine mögliche Mischung wäre z. B. 55 % Kaolin, 22,5 % Quarz und 22,5 % Feldspat. Nach einer Ruhephase wird die breiige Masse entweder auf der Scheibe drehend geformt oder in eine Form gegossen. Dann folgt der Rohbrand bei 900 °C. Nach Überzug mit einer Glasur, ggf. nach vorangegangener Bemalung, schließt sich der Glattbrand bei 1400°C an. Die Verwendung für Geschirr, Figuren, Fayencen, Majolika und Ofenkacheln ist bekannt. Auch Industrieprodukte werden aus hochwertigem Steinzeug gefertigt, wie Isolatoren für die Elektrotechnik.

Anmerkung

Unter Keramik versteht man alle keramischen Tonmassen und die hieraus gefertigten Gegenstände, es ist der Oberbegriff für alle in diesem Abschnitt behandelten Produkte. Sie zählen in ihrer Gesamtheit zu den ältesten vom Menschen gefertigten Gegenständen.

2.4.2.5 Bindemittel – Gips – Kalk – Zement – Beton – Stahlbeton

Das Mineral **Gips** ist seit alters her bekannt und ist reichlich vorhanden. Bei vielen Prozessen fällt es heute industriell an. Chemisch handelt es sich um Calciumsulfat $[CaSO_4] \cdot 2 H_2O$. Bei Erhitzen auf 120 bis 180 °C (beginnend bei 66 °C) verliert das Mineral einen Teil seines Kristallwassers, es entsteht $[CaSO_4] \cdot \frac{1}{2} H_2O$ und bei weiterer Erhitzung auf 500 bis 600 °C entweicht alles Wasser, es verbleibt reines $CaSO_4$ (Anhydrit). Wird dieses Material schließlich auf 1000 °C erhitzt, entsteht

‚Estrichgips'. Mit Wasser angemacht, kristallisiert es wieder zu Gipsstein, der nach Austrocknen dieselbe Härte erreicht wie im Urzustand. Während der Anmachphase kann Gips als Mörtel verwendet oder zu Stuckaturen verarbeitet werden. Da Gips wasserlöslich ist, kommt er als Baustoff nur für Innenräume als Boden- oder Wandbelag, auch für nichttragende Trennwände in Form von Bauplatten, zum Einsatz. Wegen des eingebundenen Wassers eignen sich Gipsverkleidungen für Zwecke des baulichen Brandschutzes.

Auch **Kalk** war frühzeitig als Mörtelbildner bekannt. Das von P. VITRUV empfohlene Mischungsverhältnis für Mauermörtel (Sand zu Kalk = 3 zu 1) galt lange Zeit, eigentlich gilt es bis heute. Um Anmachkalk zu gewinnen, muss der Kalkstein zunächst gebrochen werden. Kalkstein ist ein Sediment anorganischen oder organischen Ursprungs (Muschelkalk, Riffkalk), chemisch gekennzeichnet als Calciumcarbonat $CaCO_3$. Der Kalkstein wurde ehemals in Grubenöfen mit Holz als Brennstoff gebrannt, später (bis heute) in Schacht- oder Ringöfen mit Koks, Brenndauer 24 Stunden und mehr, Temperatur $> 950\,°C$. Beim Brennen tritt eine thermische Zersetzung ein. Ergebnis des endothermen Prozesses ist **gebrannter Kalk** (CaO):

$$CaCO_3 \rightarrow CaO + CO_2$$

Das hierbei frei werdende Kohlendioxid CO_2 verflüchtigt sich. Um das Produkt als Bindemittel verwenden zu können, wird es mit Wasser gelöscht, es entsteht **gelöschter Kalk**. Beim Löschen wird ein Teil der beim Brennen eingebrachten Wärme wieder frei, der Prozess verläuft exotherm:

$$CaO + H_2O \rightarrow Ca(OH)_2$$

Die chemische Benennung des Produkts ist Calciumhydroxid. Als Handelsware spricht man von Kalkhydrat. Es fällt als ein höchst feines, weißes Pulver ($< 0,002\,mm$) an und kann in Papiersäcke abgefüllt werden. – Nach Mischung mit Sand wird es mit Wasser zu Kalkmörtel teigig angemacht und zeitnah verarbeitet. Durch Aufnahme von Kohlenstoffdioxid aus der Luft erhärtet der Mörtel, er bindet ab. Dieser Vorgang verläuft ebenfalls exotherm (vereinfacht nach der Gleichung):

$$Ca(OH)_2 + CO_2 \rightarrow CaCO_3 + H_2O$$

Das anfallende Wasser durchfeuchtet die beidseitigen Mauersteine. Die Baufeuchte verdunstet erst im Laufe der Zeit. Bis zur vollständigen Durchtrocknung kann es Monate dauern (gut lüften, nicht aufheizen!). – Die Aufnahme des CO_2 aus der

Luft nennt man Carbonatisierung, man spricht demgemäß von **Luftkalk**(-mörtel). Da $CaCO_3$ praktisch nicht wasserlöslich ist, kann Kalkmörtel auch im Außenbereich zum Mauern und Putzen eingesetzt werden. – Um die Reaktion in der zuvor angeschriebenen Gleichung zu verdeutlichen, bedarf es einer Zuschärfung: Die im Mörtel enthaltene Feuchte, also das Anmachwasser, nimmt das CO_2 aus der Luft auf und reagiert zu Kohlensäure (H_2CO_2). Sie ist es, die die Base $Ca(OH)_2$ neutralisiert, es entsteht $CaCO_3$ als **Salz der Kohlensäure**.

Anmerkung

Das in ‚hartem‘ Wasser enthaltene $CaCO_3$ fällt im Bereich der Heizstäbe von Kaffeemaschinen (etc.) als CaO bzw. $Ca(OH)_2$ aus. Verdunstet der Wasserfilm an der Wandung verbleibt ein $CaCO_3$-Belag, der sich mit org. Säure in erhitztem Wasser entfernen lässt.

Neben Luftkalk kommt auch sogen. **Hydraulischer Kalk** zum Einsatz. Er erhärtet auch unter Wasser, daher der Name. Der Kalk hat eine andere chemische Basis! Er wird gewonnen, indem Kalkstein und Kalkmergel gemischt, vermahlen und gemeinsam gebrannt werden. Kalkmergel enthält **tonige Bestandteile**: SiO_2, Al_2O_3, Fe_2O_3. Man bezeichnet sie zusammengefasst als Tonsäure oder als Puzzelane. Beim gemeinsamen Brennen bei ca. 1200 °C bilden sich Verbindungen wie

$$2\,CaO + SiO_2 \rightarrow 2\,CaO \cdot SiO_2 \quad \text{(Dicalciumsilikat)}$$

Der so gewonnene gebrannte Kalk wird mit Wasserdampf fabrikseitig gelöscht, es entsteht $Ca(OH)_2$ einschließlich der gebrannten tonigen Bestandteile. Der Kalk kann abgepackt werden. Nach Anmachen tritt alsbald die Erhärtung ein, der Kalk muss daher nach der Wasserzugabe zügig verarbeitet werden (es sei, er es mit einem Zuschlag versetzt, der die Erhärtung verzögert). Die Erhärtung verläuft gemäß:

$$3 \cdot Ca(OH)_2 + SiO_2 \cdot H_2O \rightarrow 3\,CaO \cdot SiO_2 + 4\,H_2O$$

Die Verbindung rechtsseitig heißt: Tricalcium-Disilikat-Hydrat. Auch die Anteile Al_2O_3 und Fe_2O_3 ergeben wasserunlösliche Ca-Salze, also Hydrate. –
Als Puzzelan-Zuschlagstoffe kommen heute auch Hüttensand, Steinkohlenflugasche und Trass (gemahlener Tuffstein) zum Einsatz.
Bereits bei den Phöniziern, Griechen und Etruskern war die Verwendung von Puzzelanerde als Baustoffbinder bekannt. Die Römer setzten das Material als Zuschlag zu gebranntem Kalk, Sand und Steine ein, **opus caementitium** genannt. Das Erzeugnis diente als wasserfestes Gussmaterial und als Mörtel; es gilt als Vorläufer des heutigen Zements bzw. Betons. – Basierend auf Versuchen mit Roman-Cement

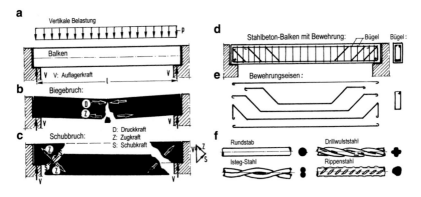

Abb. 2.37

war es J. SMEATON (1724–1792) und insbesondere J. ASPDIN (1778–1855) und sein Sohn W. ASPDIN (1815–1864), denen eine fabrikmäßige Herstellung von Cement im Brennofen gelang. Letztgenannter betrieb auch in Deutschland die ersten Cement-Fabriken. Es wurde erkannt, dass Kalkstein mit gewissen Tongehalten bei hoher Temperatur bis zur Sinterung gebrannt werden muss. J. ASPDIN nannte das so erzeugte Produkt **Portland-Cement**. Im Laufe der Zeit gelangen Verbesserungen. Aus Versuchen folgerte W. MICHAELIS (1840–1911), dass der sogen. hydraulische Modul $CaO/(SiO_2 + Al_2O_3 + Fe_2O_3)$ den Wert 2 haben sollte, um einen hochwertigen **Zement** zu gewinnen. – In modernen Drehrohröfen liegt der Wärmeverbrauch bei ca. 2800 kJ/kg Zementklinker. Wird Zement mit Sand und Kies (definierter Körnung) und mit Wasser gemischt, erhält man **Beton**. Es ist wohl, neben Stahl, der wichtigste Baustoff der Jetztzeit.

Beton weist eine hohe Druckfestigkeit auf, seine Zugfestigkeit und Dehnzähigkeit sind eher gering: Ein aus Beton hergestellter Balken bricht alsbald unter ansteigender Last (Abb. 2.37a), die Teilabbildungen b/c zeigen die möglichen Bruchformen: Biegebruch und Schubbruch. Beton kann als Konstruktionsmaterial nur Verwendung finden, wenn Eisenstäbe dort liegen, wo Zugspannungen auftreten. Auf diese Idee kam erstmals J. MONIER (1832–1906). Er verwendete Drahtgewebe zur Verfestigung des Betons. Er gilt als Erfinder des **Eisenbetons** (heute Stahlbeton). Die Einlagen nannte man ehemals Moniereisen, auch Armierungseisen, heute spricht man von (Stahl-)Bewehrung. In Abb. 2.37d/e ist dargestellt, wie die Stahlstangen gebogen und im Schalkasten einbetoniert werden müssen, um in jenen Richtungen wirksam zu sein, in denen Zugkräfte im Konstruktionsglied (hier im Balken) auftreten. Ehemals wurden Rundstäbe eingesetzt. Sie erhielten am

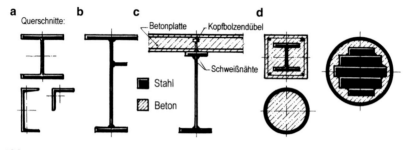

Abb. 2.38

Ende zwecks Verankerung einen Haken. Zur Verbesserung der Haftung zwischen Stab und Beton wurden profilierte Stäbe entwickelt, heute kommt überwiegend Rippenstahl zum Einsatz, Abb. 2.37f, auch für Baustahlgewebematten. Wichtig ist eine ausreichende Überdeckung der Einlagen. – Die Betontechnologie ist weit entwickelt. Heute kommen im Hoch- und Brückenbau die unterschiedlichsten Betone zum Einsatz, vom einfach-gestampften bis zum ultrahochfesten Beton, vom Leicht- bis zum Schwerbeton, vom Stahl- bis zum Spannbeton, anstelle Stabstahlbewehrung solche mit Stahl- und Glasfasern, usf. – Die Bauweise ist nur möglich, weil Eisen und Beton den gleichen Wärmeausdehnungskoeffizienten haben. Gewisse Probleme bestehen im Kriech- und Schwindverhalten des Betons und im Alterungs- und Korrosionsverhalten bei hochfesten Stahleinlagen.

Eine Entwicklung neuerer Zeit ist die **Stahlverbundbauweise.** Hierbei werden Stahlträger mittels Verbundmittel mit Beton schubfest verbunden. Der Beton liegt zweckmäßig im Biegedruckbereich, der Stahlträger im Biegezugbereich (Abb. 2.38c).

Die Konstruktion schlanker Stützen (Säulen) hoher Tragfähigkeit gelingt, wenn in die Betonstütze Stahlprofile einbetoniert werden oder wenn Stahlrohre mit Beton verfüllt werden; dabei wird gleichzeitig eine hohe Feuerwiderstandsklasse erreicht. Als Verbundmittel dienen überwiegend aufgeschweißte Kopfbolzendübel. – Es gibt auch Bauweisen, die ohne Verbundmittel auskommen, es genügt der Haftverbund zur Erzielung einer gemeinsamen Tragwirkung der Stahl- und Betonteile, vgl. Abb. 2.38d.

2.4.2.6 Glas

Natürliches Glasgestein vulkanischen Ursprungs, Obsidian genannt, wurde im Altertum für Schmuck verwendet. Aus Scherben fertigte man Schaber und Pfeilspitzen. Vielfach handelte es sich bei dem Material um kleine Glasmeteorite, sogen.

Tektide, die zufällig gefunden worden waren. Es handelte sich wohl auch um Gestein, das sich beim Einschlag großer Meteoroide oder gar Asteroide im Zuge der extremen Hitzeentwicklung gebildet hatte. – Auch für das Erschmelzen von tonerdehaltigem Sand, Flint und Bleikristall zu Glas gibt es in den frühen Kulturen zahlreiche Belege.

Glas ist eine abgekühlte Schmelze, die beim Erkalten nicht kristallisiert, ihr Gefüge ist amorph. Es besteht aus unterschiedlichen Anteilen Siliziumdioxid (SiO_2), Natriumoxid (Na_2O), Calciumoxid (CaO), Kaliumoxid (K_2O), Bleioxid (PbO), Bortrioxid (B_2O_3), Aluminiumoxid (Al_2O_3). Die Bestandteile werden bei hoher Temperatur $> 1000\,°C$ aus verschiedenen Gesteinssorten erschmolzen und bei noch höherer Temperatur, bei ca. $1450\,°C$, ‚geläutert‘, d. h. von Gesteinseinschlüssen, Verunreinigungen und Blasen gesäubert, man spricht von Roh- bzw. Glanzbrand. – Die Rohstoffe zur Glasherstellung sind in der Erdkruste reichlich vorhanden, Quarzsand zu etwa 12 %. Gesteinsrohstoffe sind neben Quarzsand (SiO_2), Soda (Na_2CO_3) $\rightarrow Na_2O$, Pottasche (K_2CO_3) $\rightarrow K_2O$, Kreide, Marmor, Kalkspat, Kalkstein ($CaCO_3$) $\rightarrow CaO$, Mennige (Pb_3O_4) $\rightarrow PbO$, Borsäure ($Na_2B_4O_2$) $\rightarrow B_2O_3 + Na_2O$. Bei allen Brandtechniken wird CO_2 frei gesetzt.

Zur Färbung oder Entfärbung werden fallweise Stoffe beigemischt. Entscheidend (und nur bei Glas anzutreffen) ist die Eigenschaft, dass sich Glas im feuerflüssigen Zustand bei einer Erweichungstemperatur zwischen 500 bis 600 °C bearbeiten lässt. Für den Glasmacher gehören hierzu neben Gießen, Blasen, Ziehen und Walzen des formbaren, das Schneiden, Schleifen und Gravieren des festen Stoffes.

Hohlgläser wurden im Altertum durch Guss um einen Sandkern gefertigt, später durch Blasen und Drehen eines Glasklumpens aus dem Schmelzbottich mit Hilfe der Glasmacherpfeife. Durch Ausglätten ließ sich auf diese Weise auch Flachglas (Butzenscheiben) gewinnen. Für Scheiben hochwertiger, von Künstlern geschaffener Glaswerke, wie farbige Kirchenfenster, kommt diese Technik heute noch zur Anwendung. – Dünne Flachgläser als Massenware für Fenster und Spiegel wurden anfangs durch Walzen und Ziehen, später durch sogenanntes Floaten (auf Metallband) gefertigt. – Gebrauchsglas wird heutzutage überwiegend durch Guss in Formen hergestellt, inzwischen aus recyceltem Glas (bis 85 %). – Spitterfreies Verbundsicherheitsglas weist eine Kunststoffbeschichtung auf. – Biegefesteres Glas wird durch Abschrecken der beidseitigen Oberflächen mit Wasserdampf gewonnen: Das im Inneren der Scheibe sich verzögernd abkühlende Material steht dann unter Zug-, jenes auf den Oberflächen unter Druckeigenspannung. – Mit Mehrschicht-Isolierglas lässt sich eine höhere Wärmedämmung bei Fenstern erreichen (vgl. Abschn. 3.3.6, 2. Anmerkung in Bd. II).

Es werden unterschieden:

- **Natronglas** (Natriumglas): Es besteht aus Soda (Na_2CO_3) + Kalk ($CaCO_3$) + Quarz (SiO_2). Geschmolzen ergibt sich $Na_2O \cdot CaO \cdot 6\,SiO_2 + 2\,CO_2$ mit folgenden Anteilen 13 % Na_2O, 12 % CaO und 75 % SiO_2. Aus dieser Glassorte besteht das gängige Gebrauchsglas für Flaschen, Glasgeschirr, Fensterscheiben etc.
- **Kaliglas** (Kaliumglas): Es besteht aus Pottasche (K_2CO_3) + Kalk ($CaCO_3$) + Quarz (SiO_2). Geschmolzen ergibt sich: $K_2O \cdot CaO \cdot 8\,SiO_2 + 2\,CO_2$. Das Glas ist schwerer schmelzbar, chemisch widerstandsfähiger, härter und stärker lichtbrechend als Natronglas.
- **Bleiglas**: Es besteht aus Soda (Na_2CO_3) + Bleioxid (PbO) + Quarz (SiO_2). Geschmolzen ergibt sich: $Na_2O \cdot PbO \cdot SiO_2 + CO_2$. Die starke Lichtbrechung verleiht dem Glas einen schönen Glanz. Geschliffen findet es Verwendung für Schmuck- und Kristallwaren, auch für Linsen (für Brillen und optische Geräte).
- **Jenaer Glas**: Es besteht neben Siliciumdioxid SiO_2 aus Aluminium-, Bor- und Barium-Oxiden. Letztere setzen die Wärmedehnung und damit die Sprödigkeit bei schneller Glaserwärmung herab. Das Glas ist dadurch praktisch hitze- bis feuerfest und chemisch sehr stabil. Die Erweichungstemperatur liegt mit 600 bis 700 °C höher als bei den anderen Glassorten.

In der Architektur findet Glas inzwischen breiteste Anwendung, auch für tragende Bauteile wie Fassaden, Geländer und Treppen, ausführlicher in [29].

2.4.3 Chemie der metallischen Werkstoffe

2.4.3.1 Zur geschichtlichen Entwicklung – Metallarten – Häufigkeit

Die zivilisatorische Entwicklung der Menschheit ist eng mit der Fertigkeit der Frühmenschen verknüpft, Metalle aus Erz zu erschmelzen und durch Gießen oder Schmieden weiter zu verarbeiten, zu Schmuckstücken und Gefäßen, zu Werkzeug und Waffen. Frühester Schmuck ist auch aus Meteoreisen belegt. – Regional entwickelten sich die Fertigkeiten unterschiedlich, beginnend im vorderasiatischen Raum, sich in den mediterranen über den Balkanraum, schließlich in den mittel- und nordeuropäischen Raum fortsetzend. Entsprechend sind die Zeitalter unterschiedlich datiert. In Mitteleuropa wird die **Bronzezeit**, beginnend mit der Kupfer(stein)zeit, in die Zeit 2200 bis 800 v. Chr. verlegt, gefolgt von der **Eisenzeit** bis ca. 100 v. Chr., in Nordeuropa bis 1000 n. Chr., in allen Fällen mit diversen

Untergliederungen, abhängig von den archäologischen Funden in den verschiedenen Regionen und Zeiten. – Bronze ist ein Mischmetall aus mindestens 60 % und höchstens 90 % Kupfer, der Rest ist Zinn. Bronze ist härter als die Ausgangsmetalle Kupfer und Zinn. Reines Kupfer schmilzt bei 1084 °C, Zinn bei 232 °C, bei einer Cu-Sn-Mischung 90 % : 10 % schmilzt Bronze bei ca. 1005 °C (Glockenbronze). Es mussten somit hohe Temperaturen zum Schmelzen und zum Verguss erreicht werden, demgemäß bedurfte es viel Brennstoff. Das ging einschließlich der parallel sich entwickelnden Bautechnik zu Lasten der Wälder, was zu großräumiger Abholzung und anschließender Verkarstung im vorderen Orient, Nordafrika, auf dem Balkan und in Südeuropa führte.

Die Hüttenchemie wird hier unter dem Begriff **Metallurgie** zusammengefasst, also die (industrielle) Gewinnung von Metallen und ihrer Legierungen. Sie besteht aus folgenden Schritten:

- **Aufbereitung des Erzes:** Das Erz wird von seiner Gangart getrennt, das ist das anhaftende Gestein, wie Quarz, Granit, auch Ton.
- **Reduktion:** Das meist als Oxid **gebundene** Metall wird bei hoher Temperatur zu **reinem** Metall reduziert. Es liegt dann flüssig vor. Vielfach bedarf es hierzu verschiedener Zuschlagstoffe. Reste der Gangart schwimmen auf dem flüssigen Erz und werden als Schlacke abgeführt.
- **Raffination:** Weitere Reinigung des Metalls von Fremdstoffen und fallweise Einbringung von Zusätzen zur Erzielung bestimmter erwünschter Eigenschaften (= Legieren).

Die zur Gewinnung der Metalle erforderlichen Prozesse sind sehr unterschiedlich, das ist unter anderem durch die prozentuale Menge des im Erz vorhandenen Metalls bedingt. Bei Eisen und Aluminium sollten mindestens 30 % Metall im Erz enthalten sein, bei eher selteneren Metallen lohnt sich eine Gewinnung bei einstelligen Prozentsätzen, bis herunter auf 1 bis 2 %, wie bei Kupfer.

Bezüglich Zahl der Elemente ist die Gruppe der **Metalle** am häufigsten in der Erdrinde vertreten, der Masse nach machen sie in der Summe ca. 50 % aus, wobei Si, Al, Fe und Ca den größten Beitrag liefern. In Abb. 2.39 sind jene Metalle aufgelistet, die heutzutage abgebaut und weiter verarbeitet werden, einige wenige treten noch hinzu. Neben Namen und Symbol ist in der Tabelle das oberflächennahe Aufkommen in der Erdrinde in Massenprozent angegeben. Die anderen 50 % der Elemente in der Erdkruste sind **Nichtmetalle** und von diesen überwiegt Sauerstoff in gebundener Form als Oxid, der Beitrag der restlichen Nichtmetalle ist mit 0,05 bis 0,10 % je Element in der Summe gering.

Der kristalline Aufbau der Metalle ist sehr unterschiedlich, auch jener der Legierungsmetalle. Die Metalle fügen sich gemäß der Metallbindung (Abschn. 2.3.1).

Abb. 2.39

Z	Metall		Vorkommen *	Z	Metall		Vorkommen *
3	Lithium	Li	$6 \cdot 10^{-4}$	20	Calcium	Ca	3,63
4	Beryllium	Be	$6 \cdot 10^{-3}$	23	Vanadium	V	$1,4 \cdot 10^{-2}$
5	• Bor	B	$1 \cdot 10^{-3}$	24	Chrom	Cr	$2 \cdot 10^{-2}$
11	Natrium	Na	2,63	25	Mangan	Mn	$1 \cdot 10^{-1}$
12	Magnesium	Mg	1,95	26	Eisen	Fe	5,2
13	Aluminium	Al	8,13	27	Cobalt	Co	$2 \cdot 10^{-3}$
14	• Silicium	Si	25,8	28	Nickel	Ni	$1,5 \cdot 10^{-2}$
19	Kalium	K	2,41	29	Kupfer	Cu	$7 \cdot 10^{-3}$
30	Zink	Zn	$1,2 \cdot 10^{-2}$	49	Indium	In	$1 \cdot 10^{-5}$
31	Gallium	Ga	$1,5 \cdot 10^{-3}$	50	Zinn	Sn	$3,5 \cdot 10^{-3}$
32	• Germanium	Ge	$6 \cdot 10^{-4}$	51	Antimon	Sb	$1 \cdot 10^{-4}$
33	• Arsen	As	$5,5 \cdot 10^{-4}$	78	Platin	Pt	$5 \cdot 10^{-7}$
37	Rubidium	Rb	$3 \cdot 10^{-2}$	79	Gold	Au	$4 \cdot 10^{-7}$
38	Strontium	Sr	$3 \cdot 10^{-2}$	80	Quecksilber	Hg	$5 \cdot 10^{-5}$
47	Silber	Ag	$1 \cdot 10^{-6}$	82	Blei	Pb	$1,8 \cdot 10^{-3}$
48	Cadmium	Cd	$5 \cdot 10^{-5}$	83	Bismut	Bi	$2 \cdot 10^{-5}$

*) Vorkommen des Metalls in der Erdrinde in Prozent (%); z.B.: $6 \cdot 10^{-4} = 0,0006\%$

• Halbleitermetalle

Beim Schmelzen und Erstarren durchlaufen einige Metalle unterschiedliche Kristallphasen. Über die Abkühlgeschwindigkeit kann auf das Kristallgefüge im Endzustand und damit auf Eigenschaften wie Härte und Festigkeit, Einfluss genommen werden. – Metalle sind (plastisch) verformbar, ehe sie brechen. Sie haben eine glänzende Oberfläche, wobei sich die meisten Metalle allerdings alsbald mit einer Oxidschicht überziehen, sie korrodieren, insbesondere die unedlen.

2.4.3.2 Entwicklung des Eisenhüttenwesens – Roheisen – Stahl

Metalle haben für alle zivilisatorischen Lebensbereiche die allergrößte Bedeutung, das gilt in besonderem Maße für die Eisenwerkstoffe und von diesen für Stahl.

Eisenerz wurde im Altertum mit Hilfe von Holzkohle in bis zu mannshohen Rennöfen zur Luppe verhüttet. Aus diesen ca. 10 bis 20 cm dicken, mit Schlacke durchsetzten Klumpen wurde durch wiederholtes Schmieden und Erhitzen die Schlacke ausgetrieben und so bildsames Eisen gewonnen.

Die Fortschritte in der Berg- und Hüttenwerkstechnik waren über einen langen Zeitraum, über Jahrhunderte, ja Jahrtausende hinweg, relativ gering. Es gab zunächst keine grundsätzlichen Neuerungen. Wie im Altertum wurde Eisen bis ins Mittelalter durch Reduktion mittels Holzkohle in Gruben oder in niedrigen, aus Lehm und Bruchsteinen gefertigten Schachtöfen (Rennöfen; zerrennen ≙ zer-

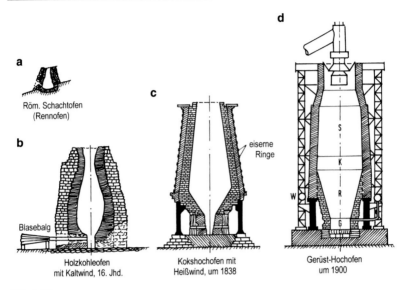

Abb. 2.40

rinnen), später in größeren Stücköfen, ab 1200 n. Chr. mit künstlichem Zug, als Luppe gewonnen (Abb. 2.40a). Dazu wurde zunächst Holzkohle durch Meilerverkohlung erzeugt. Im 15. Jh. wurde aus dem Schachtofen der Hochofen entwickelt, der durch Luftzufuhr mittels wasserbetriebener Blasebälge heißer gefahren werden konnte. Es ließ sich nunmehr flüssiges **Roheisen** erschmelzen und abstechen (Teilabbildung b). Dieses war, im Gegensatz zur Luppe, weitgehend frei von Schlacke, dafür aber stark kohlenstoffhaltig und somit unmittelbar nicht schmiedbar; es musste anschließend in Frischherden vom Kohlenstoff gereinigt werden (s. u.). Die Fertigerzeugnisse entstanden durch Ausschmieden mit wassergetriebenen Schmiedehämmern oder durch Eisenguss; die Technik des Kaltziehens von Draht wurde ebenfalls früh entwickelt. Zentren der Eisenherstellung in Mitteleuropa waren im Mittelalter das Siegerland, die österreichischen Alpenländer und der Raum Böhmen.

Zu einer durchgreifenden Verbesserung der Technik kam es wegen der unzureichenden, nur als Wasserkraft verfügbaren Energie nicht; das galt insbesondere für die Erzförderung und Wasserhaltung in den Bergwerken. Zudem wurde ein Mangel an Holz bzw. Holzkohle und Erzen spürbar (Abschätzung: Für 1 kg Eisen bedurfte es ca. 20 kg Holzkohle und ca. 150 kg Frischholz.) – Der entscheidende Fortschritt im Eisenhüttenwesen setzte ein, als die Verhüttung des Eisenerzes durch Steinkohle bzw. Koks gelang und die Dampfmaschine erfunden und technisch ausgereift war (doppelt wirkende Dampfmaschine von J. WATT, 1736–1819, vgl. Bd. II, Abschn. 3.4.7.1).

Mit der zunehmend massenhaften Verfügbarkeit von Eisen und der sich hieraus entwickelnden Schwerindustrie und praktisch aller von ihr abhängigen Techniken und Wirtschaftsformen, sowie aufgrund weiterer Erfindungen (Elektrotechnik, Großchemie), änderte sich das Leben in den Industriestaaten auf allen Ebenen grundlegend und führte zu neuen gesellschaftlichen und politischen Strukturen (,Industrielle Revolution'); das galt auch für alle Bereiche der Wissenschaften: Die Technik erhielt eine wissenschaftliche Fundierung, es entstanden die Ingenieurwissenschaften und das technische Schul- und Hochschulwesen. –

Der erste mit Koks betriebene Hochofen wurde 1735 von A. DARBY (1711–1763) in Betrieb genommen, in Deutschland sehr viel später, 1796 in Gleiwitz. Diese Technik verdrängte den Holzkohleofen bis Anfang des 19. Jhs. vollständig. Durch dampfgetriebene Gebläsemaschinen, Vorschaltung von Winderhitzern (1828) und Nutzung der Gichtgase zu deren Heizung wurde die Hochofentechnik stetig effizienter (vgl. Abb. 2.40).

Roheisen aus dem Hochofen ist unmittelbar nicht verwertbar, dafür weist es zu hohe Verunreinigungen auf. Von diesen muss es in einem separaten Prozess befreit werden, es muss 'gefrischt' werden. Das Ergebnis ist Eisen bzw. Stahl.

Die ehemalige Herstellung von sogen. Tiegelstahl (1740) wurde im Jahre 1783 durch die Gewinnung eines Stahles höheren Reinheitsgrades in dem von H. CORT (1740–1800) erfundenen Puddelofen zunehmend ersetzt, dem sogenannten **Windfrischen**: Im Puddelofen wurde das im Hochofen gewonnene Roheisen durch Zufuhr hoch erhitzter Luft unter ständigem Umrühren mit langen Hakenstangen von Silizium, Mangan und Kohlenstoff befreit, indem diese oxidierten, Abb. 2.41: Nur die Flamme des Brennstoffs, nicht der Brennstoff selbst, hatte Kontakt mit dem Eisen. In Deutschland wurde der erste Puddelofen im Jahre 1824 in Betrieb genommen. Das gezielte Legieren des Stahls wurde dabei zunehmend beherrscht.

Im Jahre 1855 wurde von H. BESSEMER (1813–1899) der Gebläseofen (die Bessemer-Birne) erfunden.

Durch eine basische Ausmauerung des Gefäßes (Konverter genannt) mit Ziegeln aus stark geglühtem Dolomit oder Magnesit wurde der Bessemer-Konverter im Jahre 1878 durch G. THOMAS (1850–1885) nochmals verbessert (Abb. 2.42). Man sprach bei den beiden Verfahren von **Blasfrischen**: Indem Luft durch die im Boden des Konverters liegende Siebplatte geblasen wurde, oxidierten Kohlenstoff und die anderen Verunreinigungen im flüssigen Roheisen. Die Stahlherstellung konnte dadurch im Vergleich zum Puddelverfahren um den Faktor 50 : 1 beschleunigt und nunmehr auch phosphorhaltiges Roheisen zu Stahl verarbeitet werden.

Abb. 2.41

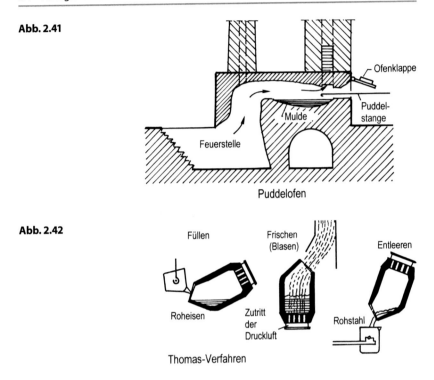

Puddelofen

Abb. 2.42

Thomas-Verfahren

Die beim Flammofenfrischen im Puddelofen gewonnene teigige Luppe ,schweiß-te' beim Schmieden zusammen, das Erzeugnis nannte man daher **Schweißeisen**. Beim Windfrischen im Blaskonverter wurde die Schmelztemperatur überschritten: Es fiel flüssiges Eisen an, das abgegossen werden konnte, man sprach daher von **Flusseisen** (bzw. Flussstahl). Das galt auch für das später aus dem Puddelverfahren von A.F. SIEMENS (1826–1904) und C.W. SIEMENS (1823–1883) sowie von F.M.E. MARTIN (1794–1871) und P.E. MARTIN (1824–1915) im Jahre 1864 entwickelte Herdfrischverfahren im Siemens-Martin-Ofen.

Das Thomas- und Siemens-Martin-Verfahren bildete fast 100 Jahre lang die Grundlage für die Massenherstellung von Stahl. Es wurde erst in jüngerer Zeit vom Sauerstoff-Aufblas- und vom Elektro-Lichtbogen-Verfahren abgelöst.

Beim Sauerstoff-Aufblas-Verfahren wird durch eine wassergekühlte Lanze technisch reiner Sauerstoff auf das flüssige Roheisen im Konverter geblasen, Abb. 2.43. Die Verunreinigungen verbrennen vollständiger und in kürzerer Zeit. Da der gewonnene Stahl wesentlich reiner als alle vorangegangenen Stähle ist, ge-

Abb. 2.43

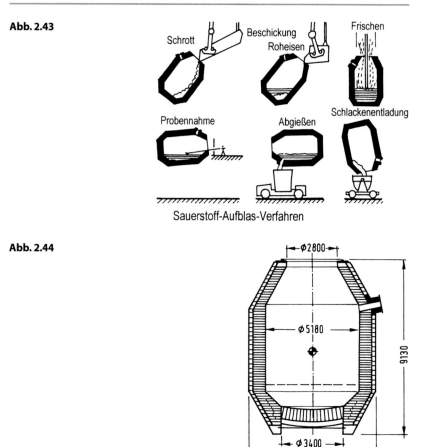

Sauerstoff-Aufblas-Verfahren

Abb. 2.44

nügte er den von der Schweißtechnik geforderten Qualitätsansprüchen. Schweißen entwickelte sich im 20. Jh. zur beherrschenden Verbindungstechnik und ersetzte das Nieten. – Abb. 2.44 zeigt als Beispiel die Abmessungen eines modernen Konverters.

Die hochwertigsten Stähle hinsichtlich Reinheit und Einhaltung der Legierungselemente werden im Elektroofen erschmolzen. Im Elektroofen wird zwischen den Kohleelektroden ein Lichtbogen gezündet. Es werden sehr hohe Badtemperaturen in der Schmelze erreicht. Durch das Fehlen einer oxidierenden Flamme kann der Abbrandverlust bei den Legierungsmetallen gering gehalten werden. Der

Stahl wird vorrangig aus Stahlschrott erschmolzen (das geschieht inzwischen auch im Hochofen und ist hier technisch notwendig). Weltweit wird Stahl zu mehr als 50 % aus Schrott gewonnen, in China zu 25 %, in den USA zu 60 %. Alle Verfahrensschritte der Stahlproduktion sind sehr energieintensiv, auch fällt viel CO_2 an.

2.4.3.3 Hochofenprozess – Roheisen – Rohstahl – Stahlerzeugnisse

Stahl Unter Stahl versteht man eine Legierung aus Eisen (Fe) und Kohlenstoff (C), die ohne Nachbehandlung schmiedbar ist. Dazu darf der C-Gehalt nicht höher als 2,0 % liegen. Der C-Gehalt erreicht bei den meisten technisch eingesetzten Stähle nur 0,1 bis 0,2 %. Zusätzlich sind im Stahl nichtmetallische Beimengungen, wie Silizium (Si) und metallische, wie Mangan (Mn), Chrom (Cr), Nickel (Ni) u. a. eingeschmolzen. Die Legierungsbestandteile, insbesondere der Kohlenstoffgehalt, beeinflussen die Höhe der Schmelz- und Umwandlungstemperatur, den Aufbau der Metallkristalle und damit die chemischen, physikalischen und mechanischen Eigenschaften der Stähle in entscheidender Weise.

Eisenerz Eisen ist mit einem Anteil von ca. 5,2 % an den Elementen der Erdrinde reichlich vorhanden. Es tritt praktisch nur in gebundener Form als Eisensulfid, Eisenkarbonat und am häufigsten als Eisenoxid in unterschiedlichen Verbindungen, gemeinsam mit der Gangart (Kieselsäure, Tonerde, Kalk u. a.) auf. Die technisch wichtigsten, abbauwürdigen oxidischen Eisenerze sind:

- Spateisenstein (Siderit): $FeCO_3$, Eisengehalt bis 50 %
- Brauneisenstein (Limonit): $FeO(OH) \cdot 3\,H_2O$, Eisengehalt bis 60 %
- Roteisenstein (Hämatit): Fe_2O_3, Eisengehalt bis 70 %
- Magneteisenstein (Magnetit): Fe_3O_4, Eisengehalt bis 75 %

Aufbereitung Vor der Erschmelzung sind zwei Aufgaben zu lösen: Anreicherung des Eisenanteils und Stückigmachung: Das Erz wird gebrochen, gesiebt und durch waschende und/oder magnetische Aufbereitung möglichst weitgehend von der Gangart getrennt, anschließend wird es geröstet (dabei entweichen H_2O und CO_2). Das Ergebnis dieser Aufbereitung ist ein stückiges, poröses, eisenreiches Erz. Aus diesem wird, gemeinsam mit den Zuschlägen, als sogenanntem Möller, Eisen erschmolzen. Die Zuschläge dienen dazu, die im Erz enthaltenen Verunreinigungen aus der Gangart in eine leichter schmelzende Schlacke zu überführen. Ist die Gangart sauer, z. B. Quarz, werden Kalk oder Dolomit, ist die Gangart basisch,

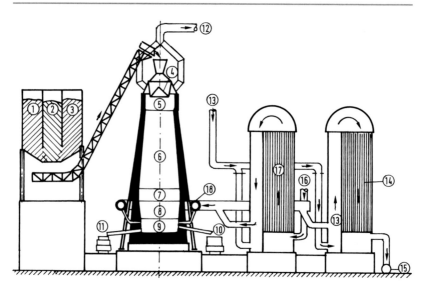

Abb. 2.45

z. B. Kalk, werden Tonschiefer, Granit oder andere kieselsäurehaltige Minerale
zugeschlagen. Derartige Zuschläge werden ggf. später auch noch im Stahlwerk
beigegeben. – Der im Hochofen benötigte Hüttenkoks wird in Kokereien durch
Erhitzen von nassem Kohlenklein bei einer Temperatur 850 bis 1000 °C erzeugt;
dabei werden Nebenprodukte wie Gase, Teer, Benzol gewonnen.

Roheisen Im Hochofen wird Roheisen aus Eisenerz durch Zufuhr von Reduk-
tionswärme unter Verbrennung von Koks erschmolzen. Im Laufe der Zeit ist es
durch verbesserte Mölleraufbereitung gelungen, den Bedarf an Kokskohle je Tonne
Roheisen von 1000 kg (um 1900) auf 500 kg (heute) herunterzudrücken. Bei einer
jährlichen Produktion von beispielsweise 40 Mill. t (Tonnen) Roheisen werden
demnach ca. 20 Mill. t Koks benötigt, dazu müssen 27 Mill. t Steinkohle aufbereitet werden, außerdem sind 80 Mill. t Erz und 20 Mill. t Zuschläge erforderlich.

Hochofen Die Ausmauerung eines Hochofens besteht aus hochfeuerfesten Steinen. Abb. 2.45 zeigt einen schematischen Schnitt durch eine Hochofenanlage: Aus
den Vorratsbunkern wird der Hochofen mit Erz, Zuschlägen und Koks 1–3 über
die Gichtglocke 4 schichtenweise beschickt. In der Gicht 5 und im oberen Teil des
Schachtes 6 tritt eine Erwärmung des Gutes auf ca. 400°C und damit dessen voll-

Abb. 2.46

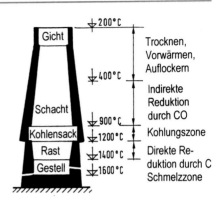

ständige Trocknung ein, vgl. auch Abb. 2.46. Beim weiteren Absacken des Gutes wird das Eisenoxid durch das aufsteigende Kohlenmonoxid (CO) infolge der im Vergleich zum Eisen höheren Affinität des Kohlenstoffs zum Sauerstoff reduziert. Im Kohlensack 7 und in der Rast 8 wirkt der Kohlenstoff bei 900 bis 1400 °C direkt als Reduktionsmittel. – Die erste, indirekte Reduktion durch CO umfasst bereits etwa 80 bis 85 % des gesamten Verhüttungsprozesses:

$$3\,Fe_2O_3 + CO \rightarrow 2\,Fe_3O_4 + CO_2$$

$$Fe_3O_4 + CO \rightarrow 3\,FeO + CO_2$$

$$FeO + CO \rightarrow Fe + CO_2$$

Die anschließende direkte Reduktion durch C läuft nach folgenden Reduktionsgleichungen ab:

$$3\,Fe_2O_3 + C \rightarrow 2\,Fe_3O_4 + CO$$

$$Fe_3O_4 + C \rightarrow 3\,FeO + CO$$

$$FeO + C \rightarrow Fe + CO$$

Durch die Aufnahme von Kohlenstoff sinkt der Schmelzpunkt des Eisens. Im Gestell 9 sammeln sich flüssiges Roheisen und die darauf schwimmende, ebenfalls flüssige Schlacke. Die Schlacke fließt kontinuierlich ab 10 und bildet die Grundlage für Stückschlacke, Hüttensand, Hüttenbims und Hüttenwolle.

Das flüssige Roheisen wird alle 2 bis 4 Stunden abgestochen 11. Der Hochofen wird kontinuierlich ohne Unterbrechung (5 bis 10 Jahre lang) betrieben. Die Heißgase durchdringen die Feststoffe im Hochofen von unten nach oben nach dem

Gegenstromprinzip und werden als stark staubhaltige Gichtgase abgesaugt, gereinigt und einem der beiden Winderhitzer zugeführt 12, 13 ; hier verbrennen sie 14 und heizen dadurch die Speichersteine des Winderhitzers auf, anschließend gelangen sie als Abgase in den Schornstein 15. Gleichzeitig wird Luft 16 durch den anderen (angeheizten) Winderhitzer geblasen 17, hier aufgeheizt und als Heißwind in Höhe der Rast über die Heißwind-Regulierung 18 mit ca. 1000 bis 1100 °C und ca. 3,5 bar in den Hochofen gedrückt. Die den hohen Temperaturen ausgesetzten Teile des Ofens werden durch Wasser gekühlt. – Das Hochofenroheisen hat einen C-Gehalt von 3 bis 4 % und weitere Beimengen wie Si, Mn, S, P.

Neben der Erschmelzung im Hochofen und Elektroofen gibt es das Direktreduktionsverfahren.

Erschmelzen (Frischen) Das durch Verhüttung im Hochofen gewonnene Roheisen ist wegen des hohen 3 bis 4 %igen Kohlenstoffgehaltes und der anderen Beimengen (unter anderem P und S) weder schmiedbar noch schweißbar; Roheisen bildet nur das Ausgangsprodukt für die Gewinnung von Stahl. Rohstahl wird durch Frischen von Roheisen, d. h. durch die teilweise oder vollständige Oxidation von Kohlenstoff und der Begleitelemente wie Silizium, Schwefel, Phosphor und anderer Begleiter, gewonnen: Zusammengefasst: Roheisen wird im Hochofen durch Reduktion, Rohstahl im Stahlwerk durch Oxidation erhalten. Beim Erschmelzen (Frischen) werden unterschieden (siehe auch oben):

1) Blasstahlverfahren (Blasfrischen):
   a) Windfrischverfahren und b) Sauerstoff-Aufblasverfahren
2) Herdofenverfahren (Herdfrischen):
   a) Siemens-Martin-Verfahren und b) Elektroofenverfahren

Die Verfahrenstechnologien des Erschmelzens (Frischens) befinden sich in ständiger Entwicklung; dabei kommt der Einführung computergesteuerter und -überwachter Leitsysteme für die einzelnen Verfahrensschritte große Bedeutung zu. Das gilt für die Hochofen-, Stahl- und Walzwerktechnik insgesamt. Ziel ist eine genaue Einhaltung der vorgegebenen Rezepturen, Minimierung des Rohstoff- und Energieeinsatzes und genaue Einstellung der Produkte bezüglich Menge, Abmessung und Qualität.

Vergießen Es werden Block- und Strangguss unterschieden.

Beim **Blockguss** wird der flüssige Rohstahl aus dem Konverter in gusseiserne Kokillen von quadratischem oder rundem Querschnitt zu Rohstahlblöcken vergossen (Abb. 2.47).

Abb. 2.47

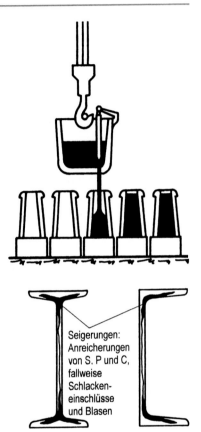

Abb. 2.48

Seigerungen:
Anreicherungen
von S. P und C,
fallweise
Schlacken-
einschlüsse
und Blasen

Beim Erkalten tritt eine gewisse Entmischung innerhalb des Blockes ein, man spricht von ‚unberuhigtem' Vergießen. Der Querschnitt des Blockes weist nach dem Abkühlen unterschiedliche Gehalte an Begleitelementen auf. Diese sogenannter Blockseigerung findet sich später im Walzprodukt wieder (Abb. 2.48). Durch Zugabe von Deoxidationsmitteln wie Si, Mn und Al wird der Sauerstoff gebunden und die Seigerung unterdrückt, man spricht von ‚beruhigtem' Vergießen. Ein derart gewonnener Stahl ist feinkörniger und gut schweißbar.

Beim **Stranguss** wird der flüssige Rohstahl in eine Verteilerpfanne gegossen, aus welcher er in eine wassergekühlte Kupferkokille fließt. Diese hat einen Querschnitt, der der künftigen Profilform des Stahlprodukts entspricht. Dadurch lässt sich die Anzahl der Walzstiche bei der Walzprofilfertigung deutlich senken.

Abb. 2.49

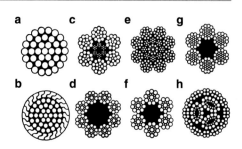

Legierung Die Legierung der Stähle mit (Ferro-)Legierungsmetallen geschieht überwiegend im Zuge der Erschmelzung im Konverter. Durch die Zusammensetzung des Rohstahls kann auf die mechanischen Eigenschaften und das Korrosionsverhalten des Endprodukts Einfluss genommen werden. Wichtige Legierungselemente sind: Aluminium (Al), Mangan (Mn), Silizium (Si), Chrom (Cr), Nickel (Ni), Molybdän (Mo), Vanadium (V), Niob (Nb), Kupfer (Cu), Titan (Ti). – Nichtrostende Stähle haben einen Mindestgehalt von 10,5 % Chrom und weisen einen größeren Anteil an Nickel auf. ‚Wetterfeste' Stähle sind mit Kupfer (0,2 bis 0,6 %) und Chrom (0,25 bis 1,35 %) legiert. Weitere Stähle sind ‚warmfeste' und ‚kaltzähe' Stähle, Vergütungsstähle und Einsatzstähle.

Verarbeitung Der im Stahlwerk gewonnene Stahl mit den unterschiedlichsten technologischen und mechanischen Eigenschaften wird anschließend zu Profilen, Rohren und Blechen in großer Mannigfaltigkeit hinsichtlich Dicke und Abmessungen gewalzt. – Stahl lässt sich auch gießen, man spricht dann von Stahlguss.

Aus gezogenem hochfestem Stahldraht werden Seile geflochten. Abb. 2.49 zeigt Querschnitte verschiedener Seilarten. Unterschieden werden sogen. ‚stehende' Spiralseile als statische Zugglieder im Hoch und Brückenbau (Seile a und b) und ‚laufende' Seile für den Einsatz in der Fördertechnik (Seile c bis h). Letztere sind biegeflexibel, um dauerhaft über Rollen laufen zu können.

Der meiste Stahl wird für den Maschinen- und Schiffbau produziert, gefolgt von Stahlprodukten für das Bauwesen: Profile und Bleche für den Stahlbau, Bewehrungs- und Spannstähle für den Stahl- und Spannbetonbau.

Unter **Gusseisen** (Eisenguss) fasst man Legierungen mit einem relativ hohen Kohlenstoffgehalt (3 bis 4 %) zusammen. Die Formgebung erfolgt durch Gießen, die Gießtemperatur liegt zwischen 1200 und 1400°C. Je nach Legierung (Si, Mn, Mg, Ce) lagert sich der Kohlenstoff als Graphit schichten- oder kugelförmig im Gitter ab. Der Werkstoff erreicht nicht die Festigkeit von Stahl, ist weniger zäh und ist weitgehend nicht schweißbar. Von Vorteil sind der Formenreichtum, mit dem die Produkte hergestellt werden können, sowie die hohe Korrosionsbeständigkeit des Materials. – Die ersten Konstruktionen des Eisenbaues bestanden aus Gusseisen.

2.4.3.4 Nichteisenmetalle

Neben Eisen (Fe, $Z = 26$) und den Eisenlegierungen, wie Stahl und Gusseisen, spielen alle anderen Metalle als **Industriemetalle** eine wichtige Rolle, einige mehr, andere weniger. – Kupfer (Cu, 29) und Zinn (Sn, 50) bilden das Mischmetall **Bronze**, Kupfer und Zink (Zn, 30) bilden **Messing**. – Viele Metalle sind Bestandteil der verschiedenen Eisen- bzw. Stahllegierungen, andere kommen eigenständig zum Einsatz, so Kupfer und Silber (Ag, 47) wegen ihrer guten elektrischen Leitfähigkeit, Chrom (Cr, 24) und Nickel (Ni, 28) wegen ihrer Korrosionsresistenz, Magnesium (Mg, 12) und Aluminium (Al, 13) dank ihrer geringen Dichte als Leichtbaustoffe, Titan (Ti, 22) und Vanadium (V, 23) wegen ihrer hohen Härte in Werkzeugen, Lithium (Li, 3), Cadmium (Cd, 48) und Blei (Pb, 82) für Batterien, die Halbmetalle Silicium (Si, 14) und Germanium (Ge, 32) als Halbleitermaterial, usf.

Lithium ist mit einer Dichte $\rho = 543 \, \text{kg/m}^3$ das leichteste Metall, es schwimmt auf Wasser, ebenso Natrium (Na, 11) mit $\rho = 968 \, \text{kg/m}^3$. Kobalt (Co, 27), Nickel (Ni, 28) und Kupfer (Cu, 29) zählen zu den schweren Metallen ($\rho \approx 8900 \, \text{kg/m}^3$).

Von den insgesamt 89 Metallen sind die wichtigsten einschließlich ihrer Häufigkeit in der Erdkruste in Abb. 2.39 aufgelistet. – Bei gängigen Temperaturen sind alle Metalle fest. Quecksilber (Hg, 80) bildet eine Ausnahme, es schmilzt bereits bei $-38,8\,°C$. Relativ niedrige Schmelztemperaturen haben auch Gallium (Ga, 31) und Caesium (Cs, 55) mit 29,8 bzw. 28,4 °C.

Quecksilber ist giftig. Ab dem Jahr 2020 wird die Herstellung quecksilberhaltiger Produkte (auch in Thermometern und Energiesparlampen) endgültig verboten sein. – Bei der Verbrennung von Kohle in Kraftwerken fallen geringe Mengen Quecksilber an. – Bei stärkerer Aufnahme von Quecksilber führt dessen Toxizität zu Leber- und Nervenschäden. – Die ehemals üblichen Zahnplomben enthielten 50 % Quecksilber; heute kommt Silberamalgam zum Einsatz (40 % Silber, 32 % Zinn, 30 % Kupfer und geringe Mengen Indium, Zink und Quecksilber).

Gold ist als **Edelmetall** Zahlungsmittel. Der Handel mit Gold ist steuerfrei, im Gegensatz zu Silber und Platin, sie gelten als Industriemetall. – Viel Gold kam in der Frühzeit der Erde wohl durch Meteoriten auf die Erde, das andere aus auftauchendem Magma. Die Gewinnung von Gold ist aufwendig. In fündigen Minen werden aus einer Tonne Gestein in günstigen Fällen bis zu 6 Gramm Gold gewonnen, in ungünstigen nur 3 Gramm, im Mittel also 4,5 g. Bezogen auf $1000\,\text{kg} = 1.000.000\,\text{g}$ Gestein ist das ein Verhältnis von 4,5 : 1.000.000.

Insgesamt ist zu befürchten, dass die künftige Versorgung der Industrie mit Metallrohstoffen schwieriger werden wird, das gilt absehbar für Platin (Pt, 78), Palladium (Pd, 46), Gallium (Ga, 31), Germanium (Ge, 32), Indium (In, 49) und die Seltene-Erdemetalle (vgl. folgenden Abschnitt), wie auch für die hochhitzebeständigen Metalle Niob (Nb, 41), Wolfram (W, 74), Molybdän (Mo, 42) und Tantal (Ta, 73). Letzteres Metall weist mit 2996°C den höchsten Schmelzpunkt aller Metalle auf, es kommt in elektrischen Kondensatoren zum Einsatz. – Große Anstrengungen werden unternommen, um anstelle der seltenen und teuren Metalle Alternativen aus den gängigen Metallen zu entwickeln. Das Recycling der knapper werdenden Metalle erweist sich vielfach als sehr schwierig bis unmöglich. – Inwieweit der Abbau von Metallen aus Tiefsee-Lagerstätten rentabel und umweltschonend gelingen kann, bleibt abzuwarten. Exploriert wird schon, es geht um Kupfer und Gold, auch um Kobalt, Nickel und Silber im Bereich von Schwarzen Rauchern (300 bis 400°C) entlang der Erdschollengrenzen. Auch ist geplant, Manganknollen zu bergen, die in großer Tiefe auf dem Meeresboden liegen.

2.4.3.5 Seltene Erden
Im Periodensystem der Elemente werden $1 + 14 = 15$ Elemente zur Gruppe der Lanthanoiden gezählt, beginnend mit Lanthan (La, $Z = 57$) über Cer (Ce, 58), Neodym (Nd, 60), Europium (Eu, 63), Dysprosium (Dy, 66), Terbium (Tb, 65), Ytterbium (Yb, 70) bis Lutetium (Lu, 71). Die Gesteine, die die Metalle als Oxide enthalten, werden **Seltene Erden** genannt.

Die Seltene-Erde-Metalle unterscheiden sich chemisch nur wenig voneinander. Sie werden (vielfach kombiniert) in Batterien, Energiesparlampen, LED-Bildschirmen und in den Kleingeräten der Kommunikations- und Unterhaltungselektronik eingesetzt (in Handys), auch zur Dotierung von Lasermaterial.

Aus Neodym (in Verbindung mit Bor (B, 5)) lassen sich sehr starke Permanentmagnete fertigen. Die hohe magnetische Speicherkapazität des Materials erlaubt den Bau von Elektrogeneratoren und -motoren mit geringem Gewicht, was insbesondere für Windkonverter Vorteile bietet, die getriebefrei betrieben werden.

2.4.3.6 Korrosion
Aus der in Abschn. 2.4.1.2 erläuterten elektromagnetischen Spannungsreihe geht der Übergang von den edlen zu den unedlen Metallen hervor, siehe Abb. 2.23. Die Reihung kann zur Beurteilung der Korrosionsneigung bzw. –gefährdung eines Metalls heran gezogen werden, indessen nur in Annäherung, da die Metalle meist nicht in Reinform vorliegen, sondern als Legierung (wie bei Stahl). Auch ist die gasförmige oder flüssige Umgebung, mit welcher das Metall reagiert, kein Reinstoff, sondern ein Stoffgemisch, man denke an Luft (N_2, O_2, CO_2, Abgase

und Luftverschmutzungen aller Art) oder an Wasser (H_2O, versetzt mit sauren und basischen Bestandteilen).

Edle Metalle sind chemisch korrosionsbeständig, das gilt neben Gold (Au) auch für Platin (Pt) und Silber (Ag), weitgehend auch für Chrom (Cr) und Nickel (Ni). Auf dem Metall bildet sich eine hauchdünne Oxid-Schutzschicht, die eine tiefere Oxidation verhindert, es ist eine Art Selbstschutz (spontane Bildung einer Schutzschicht: Passivierung). Gleichwohl, unter (sehr) aggressivem Einfluss oxidieren auch Edelmetalle. Silber ‚läuft' an, es bilden sich auf der Oberfläche schwarze Sulfidflecken. – Chrom-Nickel-Stähle (sogen. ‚Rostfreie Stähle') sind mit einem Legierungsanteil von mindestens 10,5 % Chrom korrosionsresistent; gegen Chloratmosphäre indessen nicht in jedem Falle, z. B. in Meeresnähe und in Schwimmbädern!

Kommt ein **unedles Metall** in trockenem Zustand mit Luftsauerstoff in Kontakt, oxidiert es. Das gilt insbesondere für Zn, Mg, Al, Cu und Pb. Es handelt sich um eine **chemische Oxidation ohne Beisein eines Elektrolyten**. Es bildet sich auf der Oberfläche eine dünne Oxidschicht. Sie ist i. Allg. im Vergleich zum Metall hart und spröde. Sie verhindert als Schutzschicht ein weiteres Vordringen der Korrosion, auch dann, wenn sich Feuchtigkeit niederschlägt. Das CO_2 der Luft führt bei Nässe zur Bildung von Kohlensäure. Sie vermag die Schutzschicht anzugreifen. Ein solcher Angriff erfolgt verstärkt in Industrienähe durch ‚Sauren Regen', der mit Schwefelsäure und/oder schwefeliger Säure aus den Industrieabgasen angereichert ist. Auch geht mit chloridhaltiger Luft in Meeresnähe eine korrosionsverstärkende Wirkung einher.

Eisen (Stahl) ist in absoluter Trockenheit korrosionsbeständig (z. B. in Wüsten), nicht dagegen in einem Klima mit mehr als ca. 70 % Luftfeuchtigkeit. In tropischem Klima ist Stahl daher extrem korrosionsgefährdet. – Durch Legieren mit geringen Kupfer- und Chromanteilen gewinnt man sogen. ‚Wetterfesten Stahl': Bei Beregnung bildet sich auf der Oberfläche eine braune Oxidschicht, die vor weiterer Korrosion schützt. In trockenen Klimaten ist die Wirkung gut (wie in Südeuropa), in feucht-kalten vielfach ungenügend (wie in Mittel- und Nordeuropa).

Auf Stahl bildet sich beim Auswalzen des glühend heißen Materials eine dünne, spröde Walzhaut, man spricht von Zunder, hierbei handelt es sich auch um chemische Korrosion

Unedle Metalle (linke Seite in Abb. 2.50) weisen ein starkes elektro**negatives** Potential gegenüber dem H_2-Nullpotential auf, edle ein starkes elektro**positives**, vgl. hier Abschn. 2.4.1.2. Der Grund hierfür liegt im unterschiedlichen ‚Lösungsdruck' der Metalle. Dieser steht mit dem thermodynamischen Energiezustand in Verbindung: Grundsätzlich besteht bei allen Stoffen das Bestreben, einen energieärmeren Zustand anzunehmen, weil er der stabilere ist. Bei der Oxidation geben

unedel   edel

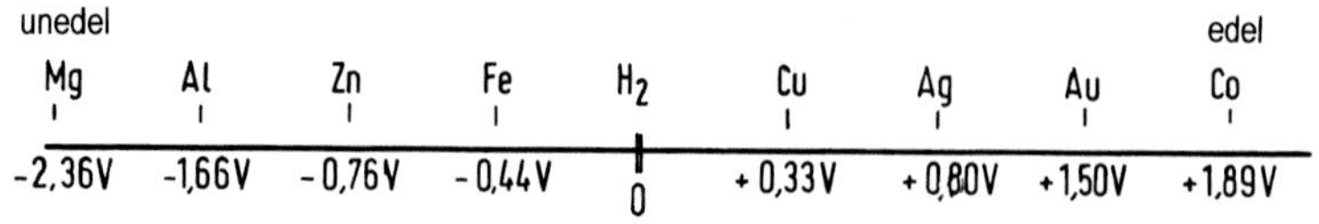

Mg	Al	Zn	Fe	H$_2$	Cu	Ag	Au	Co

$-2{,}36\,V$ $-1{,}66\,V$ $-0{,}76\,V$ $-0{,}44\,V$ 0 $+0{,}33\,V$ $+0{,}80\,V$ $+1{,}50\,V$ $+1{,}89\,V$

Abb. 2.50

Metalle Wärme (also Energie) ab, sie gehen als Oxide in einen energieärmeren Zustand über.

Neben der chemischen Korrosion gibt es die **elektro-chemische Korrosion im Beisein eines Elektrolyten** (in feuchtem Umfeld). Sie ist insbesondere für das Rosten von Eisen verantwortlich.

Bei der elektro-chemische Korrosion gehen von dem in einer Lösung liegenden unedlen Metall oberflächennahe Atome als positive Kationen in die Lösung über, das Metallstück verliert dadurch an Masse. Durch die im Metall zurückgelassenen Elektronen erfährt das Metall eine negative Aufladung und die Lösung im Umfeld eine positive, verursacht durch die hierin gelösten Kationen. Bildet sich ein Gleichgewichtszustand zwischen dem Lösungsdruck der Atome einerseits und der elektrostatischen Anziehung der Elektronen im Metall und der Protonen in den gelösten Kationen andererseits, hätte das zur Folge, dass keine weiteren Kationen in Lösung übergehen. Da das Metall aber leitfähig ist, findet ein kontinuierlicher Ladungsaustausch über das Metall zum Elektrolyten hin statt, die Korrosion und damit die Zersetzung setzten sich fort. Im Falle von Eisen färbt sich das Wasser braun. Die Farbe stammt von Eisenoxiden, man spricht von Rosten.

Geht man von einem Wasserstropfen aus, der auf der Oberfläche des Eisens liegt, (Abb. 2.51), lässt sich die Korrosion wie folgt erläutern, wobei ein Ort betrachtet werde, an dem sich ein Eisenatom in ein Kation und zwei Elektronen spaltet:

$$1 \quad Fe \rightarrow Fe^{2+} + 2\,e^{-} \quad bzw. \quad 2\,Fe \rightarrow 2\,Fe^{2+} + 4\,e^{-}$$

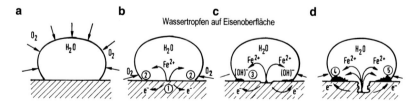

Wassertropfen auf Eisenoberfläche

Abb. 2.51

Das Kation geht in die Lösung über, die Elektronen verbleiben am Ort und laden das Eisen hier negativ auf. Der Ort, der die Elektronen spendet, ist die Anode, analog zum Pluspol eines elektrochemischen Elements. Man spricht daher auch von anodischer Korrosion. Die Fe^{2+}-Ionen können sich im Wasser (im Elektrolyten) frei bewegen, die Elektronen im Metall. An den Rändern des Wassertropfens kommt es gemeinsam mit dem Luftsauerstoff zu folgendem Prozess (Teilabbildung b):

$$2 \quad 4\,e^- + O_2 + 2\,H_2O \rightarrow 4\,(OH)^-$$

Der Sauerstoff nimmt die Elektronen auf und wird zu $(OH)^-$-Ionen reduziert. Sie reagieren anschließend mit den Fe^{2+}-Ionen in der Lösung (Teilabbildung c):

$$3 \quad 2\,Fe^{2+} + 4(OH)^- \rightarrow 2\,Fe(OH)_2 \quad \text{(weißer Rost)}$$

Chemisch handelt es sich um ein Eisen-Oxid-Hydrat. In Abhängigkeit vom Sauerstoffangebot bildet sich ein weiteres Oxid (brauner/roter Rost):

$$4 \quad 4\,Fe(OH)_2 + O_2 \rightarrow 2\,Fe_2O_3 + 4\,H_2O \rightarrow 2(Fe_2O_3 \cdot 2\,H_2O)$$

Schließlich können sich die Oxide FeO und $FeO \cdot Fe_2O_3 \rightarrow Fe_3O_4$ bilden, die als schwarzer Rost bezeichnet werden.

Ist der Elektrolyt von Anfang an mit Säure angereichert, insbesondere von schwefelhaltigen Abgasen oder Streusalz herrührend, verläuft die Korrosion beschleunigt: Auf dem sich zersetzenden Eisen bilden sich Korrosionsnester. Die höhere elektrische Leitfähigkeit von Salzwasser beschleunigt ebenfalls den Korrosionsvorgang. – Je weiter die Korrosion fortgeschritten ist, umso länger hält sich die Feuchtigkeit auf der aufgerauten, porösen, sich abblätternden Oberfläche und umso progressiver ist der Abtrag, was im Extremfall mit Lochfraß und Unterrostung einhergeht. Die mit dem Korrosionsabtrag verbundene Werkstoffschwächung bedeutet eine Reduzierung der statischen Tragfähigkeit, fallweise führt die Korrosion zu einem Leck in Behältern und Rohrleitungen, also insgesamt zu einer Gefährdung der baulichen und betrieblichen Anlage.

Die Korrosion kann auch zu inner- und transkristallinen Rissen im Metallgefüge führen, was die zyklische Festigkeit (Ermüdungsfestigkeit) herabsetzt.

Neben der vorstehend erläuterten Korrosion vom ‚Sauerstoff-Typ‘ gibt es jene vom ‚Wasserstoff-Typ‘. Sie tritt dort auf, wo unedle und edle Metalle auf Kontakt liegen. Man spricht von **Kontaktkorrosion**. Die Kontaktstelle ist ein kurzgeschlossenes (galvanisches) Lokalelement; Abb. 2.52 zeigt eine solche Stelle. Als Beispiel

Abb. 2.52

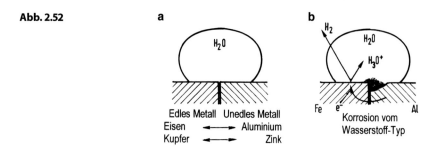

Edles Metall   Unedles Metall
Eisen   ⟷   Aluminium
Kupfer   ⟷   Zink

Korrosion vom
Wasserstoff-Typ

sei der Kontakt zwischen Eisen und Aluminium betrachtet. Die Nullpotentiale der beiden Metalle betragen:

$$\text{Fe} \rightleftharpoons \text{Fe}^{2+} + 2\,e^-: \quad -0,44\,\text{V},$$

$$\text{Al} \rightleftharpoons \text{Al}^{3+} + 3\,e^-: \quad -1,66\,\text{V}$$

Die Potentialdifferenz berechnet sich zu: $(-0,44) - (-1,66) = +1,22\,\text{V}$. An der Kontaktstelle löst sich das unedle Aluminium unter Abgabe von Elektronen langsam auf. Die Elektronen strömen zum edleren Eisen. Dessen Randbereich lädt sich dadurch negativ auf. Sofern der Elektrolyt, der die Kontaktstelle überwölbt, ausreichend sauer ist ($pH \leq 4,5$), werden dessen Hydronium-Ionen H_3O^+ unter Bildung von Wasserstoff H_2 reduziert. Zusammengefasst lautet der Redoxprozess:

Oxidation: $2\,\text{Al} \rightarrow 2\,\text{Al}^{3+} + 6e^-$ (Elektronenabgabe, Anode)

Reduktion: $6\,H_3O^+ + 6\,e^- \rightarrow 3\,H_2 + 6\,H_2O$ (Elektronenaufnahme, Kathode)

Der Wasserstoff verflüchtigt sich. Das zersetzte Metall setzt sich als Oxid ab.

Kontaktkorrosion lässt sich unterbinden, indem zwischen die Metalle eine isolierende Schicht angeordnet wird, z. B. in Form von Kunststoffscheiben zwischen Kopf und Mutter einer Stahlschraube, wenn hiermit ein Aluminiumblech befestigt werden soll.

2.4.3.7 Korrosionsschutz

Der volkswirtschaftliche Schaden, der durch Rosten von Stahl entsteht, ist immens. Um Korrosion zu vermeiden, gibt es verschiedene Möglichkeiten. Orientiert an Stahl, sind zu nennen:

• Nach dem Walzen von Blechen und Profilen bei einer Temperatur von ca. 950 °C überzieht sich das heiße Walzgut mit einer dünnen spröden Oxidschicht, man spricht von Glühschicht oder Zunder (s. o.). Die Schicht wird durch Strahlen mechanisch entfernt, anschließend wird ein dünner Primer, Dicke 15 bis 25 µm, aufgespritzt (µm = 0,001 mm = 1 / 1000 mm). Diese sogenannte ‚Walzstahlkonservierung' bietet einen kurzfristigen Schutz bis zu Weiterverarbeitung des Materials.

Alternativen:

- Nach Fertigstellung der Konstruktionsteile werden sie beschichtet. Die **Beschichtung** wirkt passivierend (rostverhindernd) und abschirmend gegenüber Luft, Wasser und dem feuchten Erdreich. Die Beschichtung besteht aus Bindemitteln (unterschiedliche Kunstharze auf Epoxid-, Polymer- oder Kautschukbasis) und Pigmenten (Zinkphosphate, Zinkstaub, Eisenglimmer). Bleimennige (Pb_3O_4) darf nicht mehr verarbeitet werden. Die Beschichtung wird nach Reinigung und mäßiger Aufrauung aufgebracht, auf Bauteile für den Innenbereich zweischichtig, auf solche für den Außenbereich drei- bis vier-schichtig. Die gewählte Dicke im Außenbereich ist abhängig von den klimatischen Bedingungen am Standort der baulichen Anlage (Land-, Industrie- oder Meeresklima: Dicke 100 bis 400 µm).
- Nach vorangegangener Säuberung und Beizung werden die Stahlteile in einem flüssigen Schmelzbad bei 450 °C mit einer Zinkschicht überzogen (**Feuerverzinkung**: Stück-, Band- oder Drahtverzinkung), Dicke 35 bis 70 µm. Die Zinkschicht wittert im Laufe der Zeit ab, ähnlich wie ein Anstrich auch. Ein verstärkter Schutz gelingt, wenn auf der Zinkschicht zusätzlich ein Anstrich aufgebracht wird (Duplex). Dazu sollte die Zinkschicht zunächst mit einem haftvermittelnden Auftrag versehen werden. – Im Dünnblechbau wird nach der Verzinkung im Tauchbad eine Kunststoffbeschichtung aufgebracht und warmgehärtet. – Bei einer lokalen Beschädigung der Zinkschicht (Kratzer) überzieht sich diese mit Zink aus dem Nahfeld, weil Zink unedler als Eisen ist. (Bei einer Verzinnung tritt dieser Selbstheilungseffekt nicht ein, im Gegenteil, das Eisen rostet schneller, weil Zinn edler ist als Eisen).
- Beim **Galvanisieren** liegt das zu schützende (gut gereinigte) Objekt gemeinsam mit dem (edlen) Überzugsmetall in einem Elektrolyten (Abb. 2.53). Die Teile werden elektrisch über eine Gleichstromquelle miteinander verbunden. Unter Strom fließen Elektronen vom Überzugsmetall (der Anode) zum zu schützenden Objekt (der Kathode). Die Ionen des Überzugsmetalls gehen in Lösung über. Sie werden von den Elektronen auf dem zu schützenden Metall angezogen und schlagen sich hier als dünner Überzug nieder. Die Stromstärke wird eher nieder eingestellt, dann wird der Gegenstand, in Abhängigkeit vom ein-

Abb. 2.53   Galvanisieren

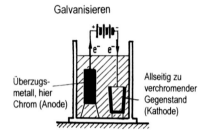

Überzugs-
metall, hier
Chrom (Anode)

Allseitig zu
verchromender
Gegenstand
(Kathode)

gesetzten Überzugsmetall, gleichmäßig vernickelt, verchromt, versilbert oder
vergoldet.

- Um eiserne (Haushalts-)Gegenstände zu **Emaillieren**, wird ein mineralisches
  Stoffgemenge aus Soda, Quarz und Feldspat einschl. Fluorid und Borax (einem
  aus Bor und Natrium bestehendes Mineral) mit Wasser versetzt, fein gemahlen,
  geschmolzen, wieder gemahlen und anschließend auf den Gegenstand aufge-
  tragen. Bei ca. 850 °C wird gesintert. Zweckmäßig wird der Untergrund zuvor
  phosphatiert. Der Überzug haftet sehr fest, ist glasig-durchsichtig oder ggf. far-
  big angemischt. Der Belag ist indessen spröde und nicht schlagfest.

- In einer geschlossenen Rohrleitung wird dem Wasser ein **Inhibitor** zugesetzt,
  um das Wasser zu entsalzen und um gelösten Sauerstoff zu binden. Das gelingt
  beispielsweise mit Hydrazin (N_2H_4):

$$N_2H_4 + O_2 \rightarrow N_2 + 2\,H_2O.$$

Eine andere Möglichkeit besteht darin, einen Stoff zuzusetzen, der mit der
innenseitigen Metalloberfläche des Rohres reagiert und auf dieser eine Schutzschicht aufbaut. Als Inhibitoren kommen unterschiedliche Phosphate zum Einsatz. Sie dienen damit auch der Trinkwasserbehandlung bzw. –verbesserung.

Die vorangegangenen Verfahren werden unter dem Begriff ‚Aktiver Korrosionsschutz' zusammengefasst, daneben gibt es den ‚Passiven Korrosionsschutz':

- **Kathodischer Korrosionsschutz** kommt bei Tank-, Behälter- und Heizungs-
  anlagen, bei Spundwänden im Erdreich sowie im Brücken- und Schiffbau zum
  Einsatz. Dazu wird ein unedles Metall, z. B. Zink oder Magnesium, mit dem zu
  schützenden Eisen (Stahl) elektrisch verbunden, man nennt es **Opferanode**.
  Bei Rohrleitungen im Boden wird eine solche Anode in regelmäßigen Abstän-
  den angeordnet (Abb. 2.54a). Dabei bildet das Wasser im Boden den Elek-

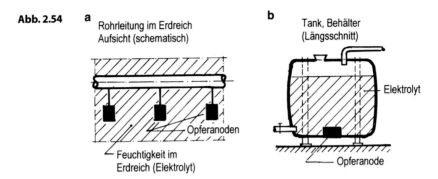

Abb. 2.54 **a** Rohrleitung im Erdreich Aufsicht (schematisch) — Opferanoden — Feuchtigkeit im Erdreich (Elektrolyt) — **b** Tank, Behälter (Längsschnitt) — Elektrolyt — Opferanode

trolyten. Dem Eisen, das mit dem Opfermetall ein galvanisches Element bildet, fließen die Elektronen zu und verhindern dadurch ein Inlösunggehen der Eisenatome. Hierdurch bleibt das Eisen unbeschädigt. – Im Freien, z. B. im Brückenbau, bildet das wässrige und feuchte Umfeld den Elektrolyten durch Niederschlag. – Insgesamt gelingt ein wirksamer Korrosionsschutz ohne Aufbau einer Schutzschicht! Das Opfermetall wird im Laufe der Zeit abgebaut und muss ersetzt werden. Abb. 2.54b zeigt die Schutzanordnung für einen Stahltank.

2.5 Organische Chemie

2.5.1 Einleitung

Die chemischen Verbindungen der anorganischen Stoffe machen nur ca. 2 bis 3 % aller Verbindungen aus, der Rest gehört zu den organischen Stoffen, davon gibt es wohl 10 Millionen! Alle organischen Verbindungen enthalten Kohlenstoff (C), man spricht daher anstelle Organischer auch von **Kohlenstoffchemie** [4, 7–9]. –
Wie in Abb. 2.1 bzw. 2.3 (Abschn. 2.2.1 und 2.2.2) dargestellt, gehört Kohlenstoff zur Gruppe IVA im Periodensystem der Elemente (PSE), die zweite Schale trägt $2 + 2 = 4$ Elektronen.
Als Nichtmetall geht Kohlenstoff mit Nichtmetallen eine kovalente Bindung ein, mit Wasserstoff (H), Stickstoff (N), Sauerstoff (O) und den Halogenen Fluor (F), Chlor (Cl), Brom (Br) und Jod (I). Sie alle sind Nichtmetalle, ebenso Phosphor (P) und Schwefel (S). Die Biomoleküle lebender Organismen bestehen im Wesentlichen aus den vorgenannten Elementen.
In Abb. 2.55 sind als Beispiele drei Kohlenstoffmoleküle mit ihrer **Strukturformel** dargestellt. –

Abb. 2.55

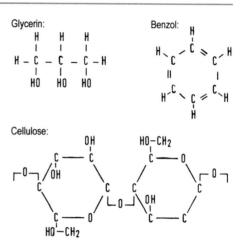

Viele Moleküle sind als Ketten oder Ringe strukturiert, wobei sich die Glieder nahezu unbegrenzt wiederholen können. Das gilt insbesondere für die Biomoleküle. –

Gegenüber der **Summenformel** gibt die Strukturformel den Aufbau eines Moleküls zutreffender wieder. Es gibt nämlich unzählige organische Moleküle, die ein und dieselbe Summenformel haben, aber gänzlich unterschiedliche Strukturen und demgemäß völlig verschiedene Eigenschaften aufweisen. Man nennt solche Moleküle **Isomere**, Abb. 2.56 enthält zwei Beispiele (man vergleiche die Anzahl der C- und H-Atome). –

Wegen der unzähligen Verbindungen sind die Benennungsprobleme und Formelschreibweisen in der organischen Chemie durchaus nicht einfach. Von der IUPAC (International Union of Pure and Applied Chemistry) wurden Regeln für die Nomenklatur herausgegeben. Der Fachchemiker arbeitet im Labor denkerisch in dieser Formelwelt.

Dass Kohlenstoff so viele kovalente Bindungen eingehen kann (neben H wohl die meisten aller bekannten), beruht auf seinen vier Valenzelektronen. Sie vermögen mit den Elektronen weiterer Kohlenstoffatome eine Einfachverbindung einzugehen, auch eine Doppel- oder Dreifachverbindung und in Kombination mit anderen Atomen unzählige weitere stabile Bindungen. In vielen Fällen weisen die organischen Moleküle ein Kohlenwasserstoffgerüst als Kette, Gitter, Ring oder Kugel auf, vielfach ist eine Atomgruppe eingebunden, welche die Eigenschaften des Stoffes dominant bestimmt. Man spricht von einer **funktionellen Gruppe**. Eine davon ist die Hydroxyl-Gruppe (OH), auch Hydroxy-Gruppe genannt. Die Bei-

Abb. 2.56

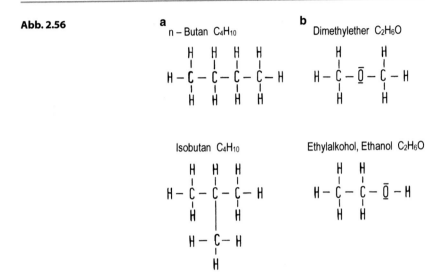

spiele in Abb. 2.55 gehören dazu. In Abb. 2.57 sind die wichtigsten funktionellen Gruppen zusammengestellt (vgl. später)

Die in der organischen Chemie auftretenden Stoffe lassen sich in drei Gruppen unterteilen:

- Kohlenwasserstoffe: Die Stoffe bzw. Moleküle bauen sich ausschließlich aus **Kohlenstoff** (C) und **Wasserstoff** (H) auf: Alkane, Alkene, Alkine und Arene (Aromatische Kohlenwasserstoffe).
- Die Stoffe bestehen zusätzlich aus **Sauerstoff** (O) bzw. sauerstoffhaltigen Gruppen, die an das Wasserstoffgerüst ankoppeln: Alkohole, Phenole, Äther, Aldehyde und Ketone, Kohlenhydrate, Carbonsäuren und Lipide (Fette).
- Die Stoffe beinhalten als weitere Elemente **Stickstoff** (N), **Phosphor** (P) und **Schwefel** (S). Diese Stoffe gehören zur Biochemie der lebenden Materie und

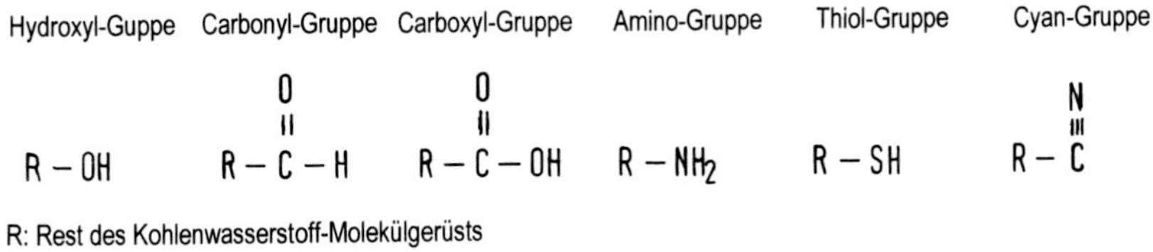

Hydroxyl-Guppe	Carbonyl-Gruppe	Carboxyl-Gruppe	Amino-Gruppe	Thiol-Gruppe	Cyan-Gruppe

$$R-OH \qquad R-\overset{\overset{\textstyle O}{\|}}{C}-H \qquad R-\overset{\overset{\textstyle O}{\|}}{C}-OH \qquad R-NH_2 \qquad R-SH \qquad R-\overset{\overset{\textstyle N}{\||}}{C}$$

R: Rest des Kohlenwasserstoff-Molekülgerüsts

Abb. 2.57

Abb. 2.58

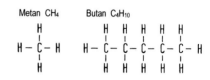

haben für die Organismen im Pflanzen- und Tierreich große Bedeutung. Auf ihnen beruhen deren materieller Aufbau, ihr lebenserhaltender Stoffwechsel und der genetische Vererbungsprozess. (Die vielleicht komplexeste Chemie im gesamten Kosmos.)

Von den genannten Stoffen werden im Folgenden nur kurze Übersichten gegeben. Auf die Behandlung der Nomenklatur wird dabei verzichtet. Auf die Fachliteratur wird diesbezüglich nochmals verwiesen [7–9].

2.5.2 Kohlenwasserstoffe

Wie ausgeführt, bauen sich die Moleküle der Kohlenwasserstoffe nur aus Kohlenstoff (C) und Wasserstoff (H) auf. – Die meisten Kohlenwasserstoffe zeigen ein stark **hydrophobes** (‚wasserfeindliches‘) Verhalten, im Gegensatz zu einem **hydrophilen** (‚wasserfreundlichen‘). Hydrophob bedeutet, der Stoff ist nicht oder nur geringfügig in Wasser löslich. Bei Kontakt mit Wasser wird er vom Wasser abgestoßen. Im Falle einer unzureichenden Lagerung, Verarbeitung und Deponierung solcher Stoffe und Abfälle besteht die Gefahr von Verunreinigungen/Verschmutzungen der Umwelt. Die Stoffe werden auf natürliche Weise nicht oder nur sehr träge abgebaut, Beispiele: ‚Ölpest‘ im Meer, im Erdreich, im Grundwasser und in der Luft. Man denke in dem Zusammenhang auch an die Plastikvermüllung der Böden und Meere. Erwähnen sollte man auch die CO_2-Problematik, den ‚Sauren Regen‘, die Schädigung der Ozon-Schicht, die Überfrachtung der Böden mit Dünger und Pestiziden. In allen Fällen handelt es sich zwar um eine nützliche, vielfach gleichzeitig aber um eine schädliche Verwendung chemisch erzeugter Materialien aus Kohlenwasserstoffen in heutiger Zeit.

Bei den **Alkanen** gibt es nur C-H- und C-C-Bindungen. An jedes Kohlenstoffatom schließt ein Atom als **Einfachbindung** an, man spricht von gesättigten Kohlenwasserstoffen, Abb. 2.58 zeigt Beispiele. Man spricht bei einer solchen linienförmigen Molekülanordnung von einer homologen Reihe, daneben gibt es verzweigte und ringförmige (Cycloalkane). Ist n die Anzahl der C-Atome, lautet die Summenformel für die homologe Reihe: C_nH_{2n+2} (n = 1, 2, 3, . . .). Beispiel: Für Propan folgt mit n = 3: $2n + 2 = 2 \cdot 3 + 2 = 8$, demzufolge: C_3H_8. –

Abb. 2.59

Name	Formel	Mol-masse	Siede-punkt °C	Schmelz-punkt °C	Anzahl der Isomeren
Methan	CH_4	16	–183	–161	1
Äthan	C_2H_6	30	–183	–89	1
Propan	C_3H_8	44	–188	–42	1
Butan	C_4H_{10}	58	–138	–0,5	2
Pentan	C_5H_{12}	72	–130	+36	3
Hexan	C_4H_{14}	86	–95	+69	5
Heptan	C_7H_{16}	100	–90	+98	9
Octan	C_8H_{18}	114	–57	+126	18
Decan	$C_{10}H_{22}$	142	–30	+174	75
Dodecan	$C_{12}H_{26}$	170	–10	+216	355
Hexadecan	$C_{16}H_{34}$	226	+18	+287	10359
Octadecan	$C_{18}H_{38}$	254	+28	+316	60523
Eicosan	$C_{20}H_{42}$	282	+37	+343	366319

Abb. 2.60

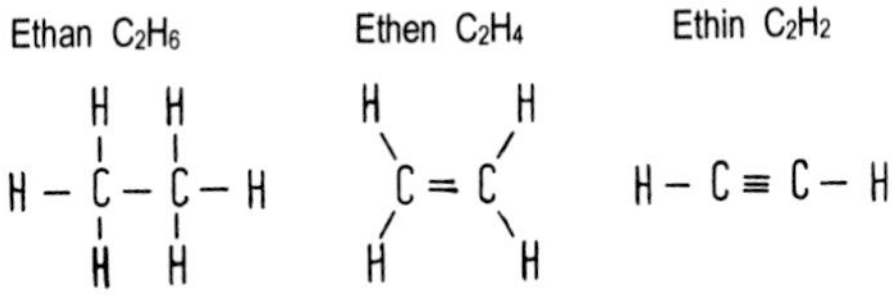

Ethan C_2H_6 Ethen C_2H_4 Ethin C_2H_2

$$H - \overset{\overset{\displaystyle H}{|}}{\underset{\underset{\displaystyle H}{|}}{C}} - \overset{\overset{\displaystyle H}{|}}{\underset{\underset{\displaystyle H}{|}}{C}} - H \qquad \overset{H}{\underset{H}{>}}C = C\overset{H}{\underset{H}{<}} \qquad H - C \equiv C - H$$

Mit bis zu vier C-Atomen (Methan bis Butan) sind die Alkane gasförmig, mit bis zu elf C-Atomen flüssig und darüber hinaus fest (bei Normbedingungen). Entsprechend steigen Schmelz- und Siedepunkt. In Abb. 2.59 sind für eine Reihe von Alkanen deren Schmelz- und Siedetemperatur zusammengestellt. Die Unterschiede in der Siedetemperatur ermöglichen die Gewinnung der Alkane aus Erdöl (Rohöl) mittels fraktionierter Destillation. In vielen Fällen bedarf es eines anschließenden Crack-Prozesses (Cracking), um höhere Alkane in niedere zu überführen. Die Alkane bis n = 4 werden überwiegend aus Erdgas gewonnen. Einsatz finden die Alkane als Brenn- und Antriebsstoffe aller Art und als Grundstoffe in der Petrochemie. Bei der Verbrennung kommt ihre hohe chemische Energiedichte zur Geltung (fossile Brennstoffe als Flaschengas, Benzin, Kerosin, Diesel, Heizöl). Je höher der C-Anteil im Molekül, umso höher ist der Sauerstoffbedarf, um eine vollständige Verbrennung zu erreichen. Bei unvollständiger Verbrennung entsteht Kohlenmonoxid (CO), Stickstoff (N) und Ruß (C).

Ähnlich den Alkanen sind die Eigenschaften der **Alkene** und **Alkine**. Sie weisen eine C=C-**Doppel**- bzw. C≡C-**Dreifachbindung** der C-Atome auf (Abb. 2.60). Die Summenformeln ihrer homologen Reihen lauten: Alkene: C_nH_{2n}

Abb. 2.61   Benzol C_6H_6

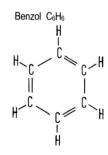

$(n = 2, 3, 4, \ldots)$, Alkine: C_nH_{2n-2} $(n = 2, 3, 4, \ldots)$. Wegen der verringerten Anzahl der C-Atome nennt man sie ungesättigte Kohlenwasserstoffe. Ethen (Ethylen) und Propen (Propylen) haben eine sehr große Bedeutung für die Kunststoffindustrie. Ethin ist auch unter dem Namen Acetylen bekannt und dient u. a. als Brenngas beim Schweißen.

Die **Arene** stehen für die **Aromatischen Kohlenwasserstoffe**, man spricht auch von den Aromaten. Der bekannteste Vertreter ist Benzol C_6H_6 (Abb. 2.61), bei welchem die C-Atome als Ring angeordnet sind. An die Ecken des sechseckigen Polygons bindet je ein H-Atom an. In vielen Fällen setzen sich die Ringe fort. Abb. 2.62 zeigt zwei gegenüber dem Benzol-Ring erweiterte Moleküle in vereinfachter Darstellung. In den meisten Fällen sind die H-Atome durch andere Atome oder Atomgruppen substituiert (ersetzt), wie in Abb. 2.63 skizziert.

Der Abstand der Kohlenstoffatome im Molekül bestimmt die Bindungsenergie. Abstand und Bindungsenergie betragen:

- Alkane (Einfachbindung): Abstand: 154 pm, Bindungsenergie: 350 kJ/mol
- Alkene (Doppelbindung): Abstand: 133 pm, Bindungsenergie: 620 kJ/mol
- Alkine (Dreifachbindung): Abstand: 121 pm, Bindungsenergie: 830 kJ/mol

a   **b**   **c**
Vereinfachte Darstellung des C – H – Ringes
Benzol C_6H_6 Naphthalin $C_{10}H_8$ Antracen $C_{14}H_{10}$

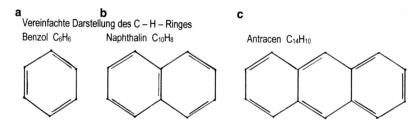

Abb. 2.62

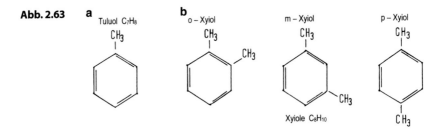

Abb. 2.63 **a** Tuluol C₇H₈ **b** o – Xyiol m – Xyiol p – Xyiol

Xyiole C₈H₁₀

Die Bindungsenergien stehen nicht im Verhältnis 1 : 2 : 3 zueinander, sondern im Verhältnis 1 : 1,77 : 2,37, was sich quantenmechanisch erklären lässt. Der Abstand der C-Atome im Benzolring beträgt 139 pm, die Bindungsenergie liegt zwischen der Einfach- und Doppelbindung. Die Bindungsenergie ist über den Ring gleichförmig ,verschmiert', das bedeutet, die Isomere in Abb. 2.63b sind gleichwertig.

Wie die anderen Kohlenwasserstoffe auch, haben die Aromaten für die Synthese vieler chemischer Stoffe große Bedeutung: Kunststoffe, Farbstoffe, Klebstoffe, Sprengstoffe, auch für Desinfektions- und Arzneimittel. – Es gibt Stoffe, die toxisch und karcinogen (krebsfördernd) sind. – Bei der Handhabung sind umfangreiche Sicherheitsvorschriften zu beachten, das gilt für die Chemie insgesamt!

2.5.3 Sauerstoffhaltige Kohlenwasserstoffe

Neben den ,reinen' Kohlenwasserstoffen haben jene in der Organischen Chemie große Bedeutung, in deren Molekülgerüst ein oder mehrere Sauerstoffatome eingebunden sind, z. B. in Form einer Hydroxyl-Gruppe (-OH), wie bei den Alkoholen. – Die Stoffe werden in der Chemie für unterschiedliche Anwendungen synthetisiert, teils in großen Mengen. (Einige mussten später zurück gezogen werden, weil sie als gesundheitsschädlich erkannt wurden.) Typische Anwendungen sind: Narkotika, Arzneimittel, Desinfektionsmittel, Konservierungsmittel, Reinigungs- und Lösungsmittel für Harze, Öle, Fette, Färbungsmittel und Farbzusätze, Klebstoffe, Gifte (Herbizide, Fungizide) und Kunststoffe aller Art. Aceton ist beispielsweise Grundstoff für die Herstellung von Acrylglas (Plexiglas). – Die Stoffe finden sich z. T. auch in den Zellen lebender Organismen, wo sie sich am Stoffwechsel und an anderen Funktionen beteiligen. Dazu zählen die Fette und Kohlenhydrate. In diesen Fällen sind die Stoffe eher den Biomolekülen zuzuordnen, die im folgenden Abschnitt behandelt werden. Erstaunlich genug: Alle diese Stoffe bestehen nur aus drei Elementen: C, H und O!

a   b

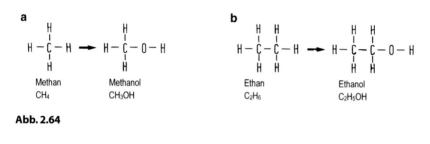

| Methan | Methanol | Ethan | Ethanol |
| CH_4 | CH_3OH | C_2H_6 | C_2H_5OH |

Abb. 2.64

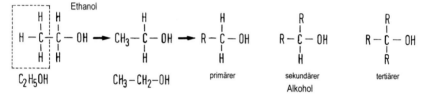

C_2H_5OH CH_3-CH_2-OH primärer   sekundärer   tertiärer
                                                                    Alkohol

Abb. 2.65

Indem an das C-Atom eines Alkans eine OH-Gruppe anbindet, entsteht das zugeordnete **Alkohol**molekül: Methanol (CH_3OH), Ethanol (C_2H_5OH), Propanol (C_3H_7OH), Butanol (C_4H_9OH) usf. Abb. 2.64 zeigt zwei Beispiele: Aus Methan wird Methanol, aus Ethan wird Ethanol. – Unter Ethanol versteht man i. Allg. den eigentlichen Trinkalkohol=Äthanol=Ethylalkohol. Die Summenformel der Alkohole lautet: $C_nH_{2n+1}OH$ ($n = 1, 2, 3, 4, \ldots$). – Unter Normalbedingungen sind die Alkohole flüssig. Mit der Anzahl der C-Atome steigt der innere Molekülverbund, entsprechend steigt die Siedetemperatur, um den Verband zu brechen. Das ermöglicht eine gestufte Destillation. Auch werden die Alkohole mit steigender C-Anzahl hydrophober. Die Dichte liegt ca. 20 % niedriger als bei Wasser, sie ist nur schwach von der C-Anzahl abhängig. –

Wird in der Strukturformel für Ethanol der Teil CH_3 als ‚Rest‘ R des Kohlenwasserstoffmoleküls gesehen, kann das Molekül auch, wie in Abb. 2.65 skizziert, gedeutet werden. Man spricht bei Molekülen dieser Art von primärem Alkohol und bei einer entsprechenden Reste-Erweiterung von sekundärem bzw. tertiärem Alkohol.

Phenole sind Stoffe, bei welchen eine oder mehrere OH-Gruppen an C-Atome im aromatischen Ring eines Arens anbinden (Abb. 2.66).

Desweiteren gehören **Aldehyde** und **Ketone** mit der Carbonylgruppe ($-C=O$) zu den sauerstoffhaltigen Kohlenwasserstoffen. Abb. 2.67 zeigt zwei Beispiele.

Abb. 2.66

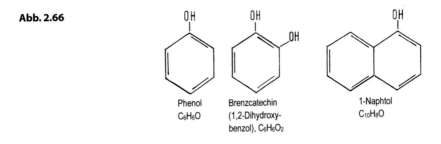

Phenol   Brenzcatechin   1-Naphtol
C_6H_6O (1,2-Dihydroxy- $C_{10}H_8O$
                benzol), $C_6H_6O_2$

Erstgenannte lassen sich aus primären Alkoholen, zweitgenannte aus sekundären Alkoholen vermittels Oxidation, synthetisieren. – Aus den Aldehyden lassen sich verschiedene **Carbonsäuren** (einschl. Alkansäuren) gewinnen, in welche eine Carboxyl-Gruppe (–COOH) eingebunden ist. Sie bestehen aus unterschiedlich langen, überwiegend unverzweigten Kohlenwasserstoffketten; man spricht auch von Lipiden: Ameisensäure (Methansäure, HCOOH), Essigsäure (Ethansäure, CH_3COOH), Propionsäure (C_2H_5COOH), Buttersäure (Butansäure, C_3H_7COOH).

Die Mitglieder der Stoffgruppe der **Ester** entstehen, wenn eine Säure (auch eine anorganische) mit einem Alkohol reagiert. Man spricht von Veresterung. Hierbei wird Wasser abgespalten. Ein Bespiel ist die Reaktion von Essigsäure mit Ethanol (Ethylalkohol), wobei Schwefelsäure als Katalysator (Beschleuniger) dient. Es entsteht Essigethylester und Wasser (Abb. 2.68). Die Ester sind flüssig und in Wasser nur schwer löslich. Je nach Carbonsäure ist ihr Geruch stark fruchtig, entsprechend kommen sie als Aromastoffe zum Einsatz. – Biologisch bedeutend sind die **Triglyceride** (ehemals auch Naturalfette genannt) in Form unterschiedlicher ätherischer Öle, Fette und Wachse. Sie gehen aus einer Veresterung des zuckerhaltigen Dreifachalkohols Glycerin ($C_3H_8O_3$) mit drei langkettigen Fettsäuren hervor. Von diesen gibt es eine sehr große Anzahl, ent-

Abb. 2.67

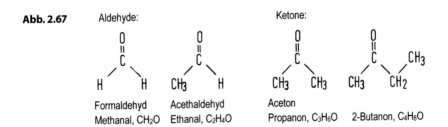

Aldehyde: Ketone:

Formaldehyd   Acethaldehyd   Aceton
Methanal, CH_2O Ethanal, C_2H_4O Propanon, C_3H_6O 2-Butanon, C_4H_8O

Esterbildung

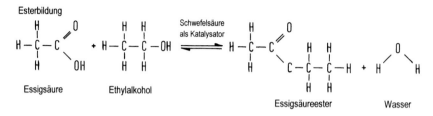

Essigsäure   Ethylalkohol

Essigsäureester   Wasser

Abb. 2.68

Abb. 2.69   Triglycerid

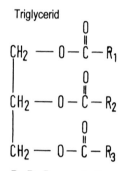

R_1, R_2, R_3: geradkettige
Alkane oder Alkine mit
mindestens 10 C-Atomen

sprechend vielfältig sind die Triglyceride strukturiert und ist die Art ihrer Wirkung.
Abb. 2.69 zeigt ein dreikettiges Triglyceridmolekül.

Unter der Stoffgruppe der **Kohlenhydrate** werden im Wesentlichen Zucker verstanden. Chemisch richtiger wäre der Begriff Polyhydroxycarbonylverbindungen.
In der Grundformel für alle Kohlenhydrate $(CH_2O)_n$ kann n Werte zwischen drei und tausend und mehr annehmen. Sie alle sind aus **Monosacchariden** (Einfachzucker) aufgebaut, die ihrerseits aus 3 bis 6 C-Atomen bestehen, in welche eine Carbonylgruppe ($-CO$) und mehrere Hydroxylgruppen ($-OH$) anbinden. Beispiele sind: Ribose ($C_5H_{10}O_5$), Fructose ($C_6H_{12}O_6$) und Glucose ($C_6H_{12}O_6$). In Wasser sind sie gut löslich und von süßlichem Geschmack. –

Abb. 2.70a zeigt das geradkettige Glucosemolekül. Im Allgemeinen liegt es, wie bei den meisten Monosacchariden, ringförmig vor, wie in den Teilabbildungen b/c skizziert (real sind die Moleküle räumlich gefaltet). – Glucose (Traubenzucker) ist der in der Natur in Früchten, Stärke, Cellulose und Glykogen am häufigsten

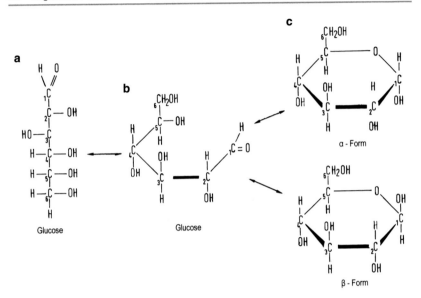

Abb. 2.70

auftretende Zucker, gefolgt von Fructose. Ribosemoleküle sind als Biomoleküle Bestandteil der DNA und RNA.

Aus der Kondensation von Monosacchariden können langkettige **Polysaccharide** in großer Mannigfaltigkeit mit hohen relativen Molekulargewichten (500.000) hervorgehen. In dieser Form ist die **Stärke** in pflanzlichen Samen, Körnern und Knollen sowie in Form von **Cellulose** (Zellwände von Pflanzen → Zellstoff, Papier, Baumwolle) vorhanden und in **Glykogen** (ein Protein zur kurz- und mittelfristigen Energiespeicherung) mit einem relativen Molekulargewicht von mehreren Millionen!

2.5.4   Biomoleküle – Moleküle des Lebens

Die lebenden Organismen, also die Bakterien, Pilze, Pflanzen und Tiere, bauen sich stofflich aus Molekülen auf, die neben den Elementen Kohlenstoff (C), Wasserstoff (H) und Sauerstoff (O) noch Stickstoff (N), Schwefel (S) und Phosphor (P) enthalten. In der Frühzeit des Lebens standen sie alle im Überfluss zur Verfügung. Man spricht von Biomolekülen und bei ihrer Chemie von Biochemie [30–33], ein weites Feld. Neben den genannten Elementen sind wenige weitere beteiligt, beim Menschen sind es ca. 50 verschiedene, überwiegend in winzigen, gleichwohl lebensnotwendigen, Mengen, wie Kalzium (Ca), Natrium (Na), Magnesium (Mg) in etwas größeren Mengen, Kalium (K), Chlor (Cl) und Eisen (Fe) nur in Spuren.

Neben die zuvor behandelten Fett- und Kohlenhydrat-Molekülen treten die Eiweißmoleküle (Proteine) als weitere wichtige Biomolekülgruppe hinzu. Ihrer aller Aufgabe ist der körperhafte Aufbau einschl. jener der Organe und die Aufrechterhaltung der Lebensfunktionen: Stoffwechsel, Fortpflanzung und Vererbung. Diese Lebensfunktionen sind selbsttätige, ohne Unterbrechung ablaufende, biochemische Prozesse. Setzten sie aus, bedeutet das den Tod des Lebewesens. Es gibt Sonderfälle, wo die Prozesse in (tief-)gefrorenem Zustand verharren, ohne dass der Organismus abstirbt, wie bei gewissen Bakterien.

Das Auftreten organisch gebundenen Stickstoffs in Form der Amino-Gruppe ($-NH_2$) ist das Kennzeichen der **Amine**. Sie leiten sich vom Molekül Ammoniak (NH_3) ab, indem ein, zwei oder alle drei H-Atome durch eine Alkyl- oder eine Aryl-Gruppe ersetzt wird. Die Alkyl-Gruppe leitet sich von den Alkanen ab, indem ein H-Atom wegfällt (dann gilt C_nH_{2n+1}), und die Aryl-Gruppe von den Arenen, indem ebenfalls ein H-Atom wegfällt. Beispiele: Ausgehend von dem Alkan Methan (CH_4) ist die zugehörige Alkyl-Gruppe CH_3, was auf die Amine Methylamin (CH_3NH_2), Dimethylamin (($CH_3)_2NH$) und Trimethylamin (($CH_3)_3N$) führt. Ausgehend vom Benzolmolekül (C_6H_6) ist C_6H_5 die zugehörige Aryl-Gruppe, was auf das Molekül $C_6H_5NH_2$ (Anilin) führt.

Wichtige stickstoffhaltige Verbindungen (**Alkaloide**) sind: Harnstoff (CH_4N_2O), Nicotin ($C_{10}H_{14}N_2$), Coffein ($C_8H_{10}N_4O_2$), Cocain ($C_{17}H_{21}NO_4$), Chinin ($C_{20}H_{24}N_2O_2$), Ephedrin ($C_{10}H_{15}NO$), Cholin ($C_5H_{14}NO$).

Die Moleküle haben eine sehr komplexe Struktur. Sie alle vermögen bestimmte physiologische Funktionen auszulösen, einige sind lebensnotwendig und das vielfach nur in Spuren. Die Anzahl der Verbindungen dürfte über Zehntausend liegen!

Moleküle, die als Strang eine Desoxyribose oder eine Ribose (beides Zuckermoleküle), einen Phosphatsäurerest und eine Base mit einem oder mehreren Aminen enthalten, bezeichnet man als **Nukleotide**. Aus ihnen bauen sich die DNA und die RNA auf. Je zwei **Nukleinsäuren** bilden ein Nukleinbasenpaar: Adenin (A) ($C_5H_5N_5$) – Thymin (T) ($C_5H_6N_2O_2$) und Guanin (G) ($C_5H_5N_5O$) – Cytosin (C) ($C_4H_5N_3O$).

In der RNA liegt anstelle des Thymin-Moleküls das Uracil-Molekül (U) ($C_4H_4N_2O_2$).

In Abb. 2.71 ist der Bau der vier Moleküle dargestellt. Sie binden jeweils beidseitig (DNA) oder einseitig (RNA) an ein Zucker-Phosphatgerüst an. In den

Abb. 2.71

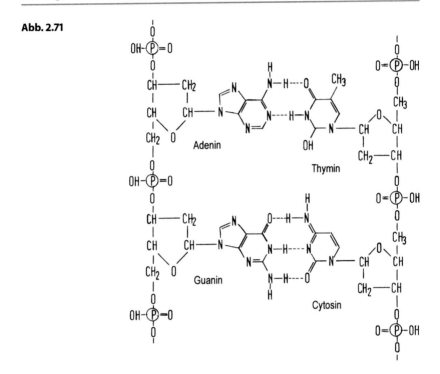

Nukleoidsträngen ist die Erbinformation gespeichert. Es werden zwei Arten von Strängen unterschieden. Sie sind als doppelt oder einfach gewundene Spiralen gebaut. Man spricht von einer Helix (griech. Spirale). Abb. 2.72 zeigt den Aufbau einer DNA: Desoxiribo-nuklein-säure, A steht für acid (engl. Säure). Zu deutsch sagt man: DNS. Die RNA ist eine einfache Helix: Ribo-nuklein-säure, zu deutsch: RNS.

Die **DNA** liegt im Zell**kern**. In jedem der beiden DNA-Stränge ist die vollständige Erbinformation als Abfolge der Basen gespeichert. Dadurch ist sicher gestellt, dass bei der Trennung der DNA während der Zellteilung die Erbinformation erhalten bleibt und unverändert weiter gegeben werden kann. Nach der Zellteilung hat sich der DNA-Strang verdoppelt und liegt jetzt in beiden Folgezellen jeweils einzeln als komplette DNA. Die einzelnen Abschnitte (Sequenzen) auf der DNA sind jene **Gene**, die den Aufbau der Proteine im Plasma der Zelle und damit den Zelltyp bestimmen (codieren).

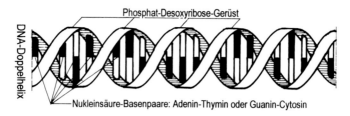

Phosphat-Desoxyribose-Gerüst

DNA-Doppelhelix

Nukleinsäure-Basenpaare: Adenin-Thymin oder Guanin-Cytosin

Abb. 2.72

Die **RNA** liegt im Zell**plasma**. Es werden vier RNA unterschieden. Sie übersetzen die Information aus dem Zellkern ins Zellplasma, wo sie die zielgerechte Bildung der Proteine bewirken. –

Bei einer Länge eines DNA- oder RNA-Molekülstranges von 1 m (was als realistischer Mittelwert angesehen werden kann) ergeben sich $1000/3{,}4 \cdot 10^{-6} \approx 300 \cdot 10^{-6}$ = Millionen Basen. Es versteht sich, dass durch deren unterschiedliche Abfolge ein nahezu unendlich vielfältiger Informationsinhalt möglich ist. Die Stränge falten sich im Kern und im Plasma in unterschiedlicher Weise hochkomplex in vier Formationsebenen.

Es ist wahrlich ein Meisterwerk menschlicher Intelligenz, diese Komplexität und ihre Wirkung in der lebenden Zelle ergründet zu haben. Das gilt nicht minder für die Erschließung des körperhaften Aufbaues der lebenden Organismen aus den Zellen und ihrer Lebensfunktionen. Sie beruhen ganz wesentlich auch auf den Proteinen und ihrer Wechselwirkungen. Weitere Einzelheiten werden in Bd. V, Abschn. 1.3 (Zellen, Biologie) behandelt.

Die Proteine bestehen aus **Aminosäuren**, die sich aus unterschiedlichen funktionellen Gruppen, wie $-NH_2$, $-CH$, $-COOH$ und verschiedenen Alkyl- und Aryl-Resten aufbauen. Auf 20 (23) sogen. α-Aminosäuren sind die Lebewesen in ihren Proteinen angewiesen. Die Pflanzen vermögen alle für sie wichtigen Aminosäuren zu synthetisiere, Die Tiere müssen sie über die Nahrung zu sich nehmen.

Lange Aminosäureketten nennt man **Peptide**, sehr lange **Proteine**. In Abb. 2.73 sind die 20 α-Aminosäuren mit ihren Summen- und Strukturformeln zusammengestellt. Aneinander gefügt bauen sie die Proteine auf. Die Informationen in der DNA legen über den Genetischen Code (RNA) fest, in welcher Weise sich das körperhafte Material der Muskeln, Gelenke, Organe und Bindegewebe aus den Proteinen aufbaut. Auch die Enzyme, Hormone, Vitamine und viele weitere Substanzen setzten sich in unterschiedlicher Weise aus Proteinen zusammen. Sie alle lassen die Organismen leben, steuern den Stoffwechsel, das Immunsystem, die

Moleküle des Lebens – Proteinogene α-Aminosäuren

1: Alanin (Ala)
$C_3H_7NO_2$

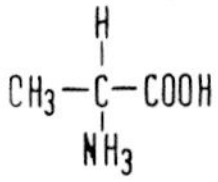

$CH_3-\overset{H}{\underset{NH_3}{C}}-COOH$

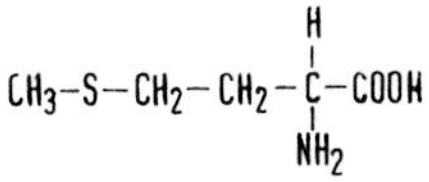

5: Phenylalanin (Phe)
$C_9H_{11}NO_2$

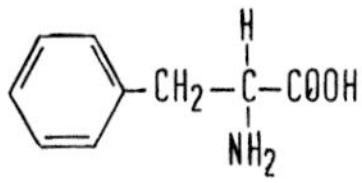

Benzolring$-CH_2-\overset{H}{\underset{NH_2}{C}}-COOH$

2: Isoleucin (Ile)
$C_6H_{13}NO_2$

$CH_3-CH_2-\overset{}{\underset{CH_3}{CH}}-\overset{H}{\underset{NH_2}{C}}-COOH$

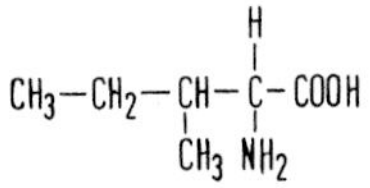

6: Prolin (Pro)
$C_5H_9NO_2$

Ring: CH_2-CH_2, CH_2, N, $CH-COOH$

3: Leucin (Leu)
$C_6H_{13}NO_2$

$\overset{CH_3}{\underset{CH_3}{CH}}-CH_2-\overset{H}{\underset{NH_2}{C}}-COOH$

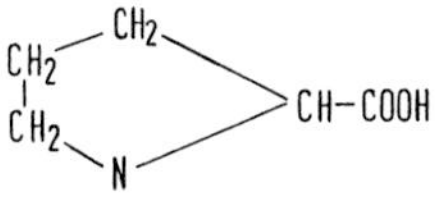

7: Tryptophan (Trp)
$C_{11}H_{12}N_2O_2$

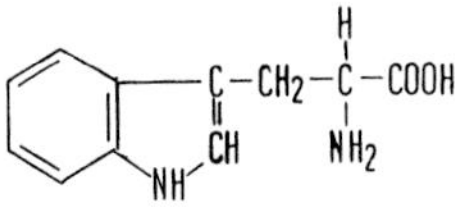

Indolring$-C-CH_2-\overset{H}{\underset{NH_2}{C}}-COOH$

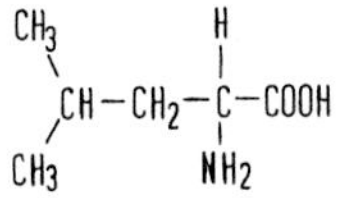

4: Methionin (Met)
$C_5H_{11}NO_2S$

$CH_3-S-CH_2-CH_2-\overset{H}{\underset{NH_2}{C}}-COOH$

8: Valin (Val)
$C_5H_{11}NO_2$

$\overset{CH_3}{\underset{CH_2}{CH}}-\overset{H}{\underset{NH_2}{C}}-COOH$

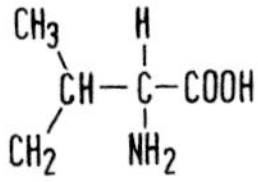

9: Asparagin (Asn)
$C_4H_8N_2O_3$

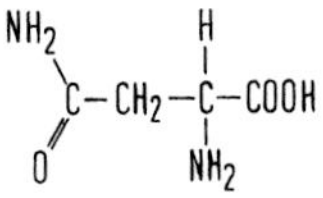

$\overset{NH_2}{\underset{O}{C}}-CH_2-\overset{H}{\underset{NH_2}{C}}-COOH$

13: Serin (Ser)
$C_3H_7NO_3$

$HO-CH_2-\overset{H}{\underset{NH_2}{C}}-COOH$

10: Cystein (Cys)
$C_3H_7NO_2S$

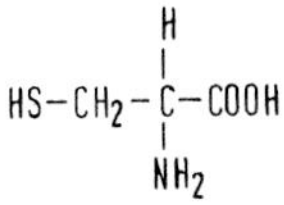

$HS-CH_2-\overset{H}{\underset{NH_2}{C}}-COOH$

14: Threonin
$C_4H_9NO_3$

$CH_3-\overset{OH}{\underset{H}{C}}-\overset{H}{\underset{NH_2}{C}}-COOH$

11: Glutamin (Gln)
$C_5H_{10}N_2O_3$

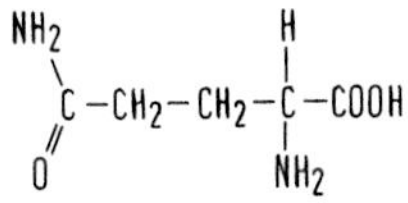

$\overset{NH_2}{\underset{O}{C}}-CH_2-CH_2-\overset{H}{\underset{NH_2}{C}}-COOH$

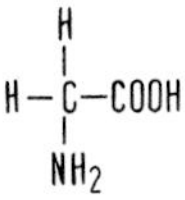

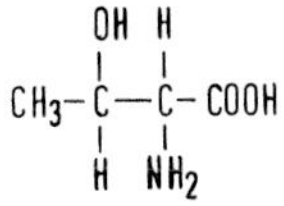

15: Tyrosin (Tyr)
$C_9H_{11}NO_3$

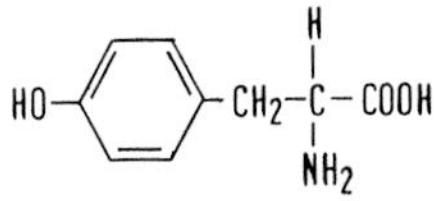

$HO-$Benzolring$-CH_2-\overset{H}{\underset{NH_2}{C}}-COOH$

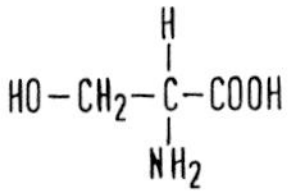

12: Glycin (Gly)
$C_2H_5NO_2$

$H-\overset{H}{\underset{NH_2}{C}}-COOH$

18: Lysin (Lys) $C_6H_{14}N_2O_2$

$NH_2-CH_2-CH_2-CH_2-CH_2-\overset{H}{\underset{NH_2}{C}}-COOH$

16: Arginin (Arg) $C_6H_{14}N_4O_2$

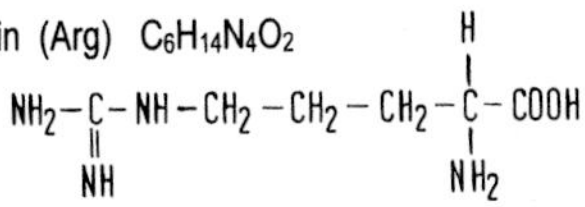

$NH_2-\overset{}{\underset{NH}{C}}-NH-CH_2-CH_2-CH_2-\overset{H}{\underset{NH_2}{C}}-COOH$

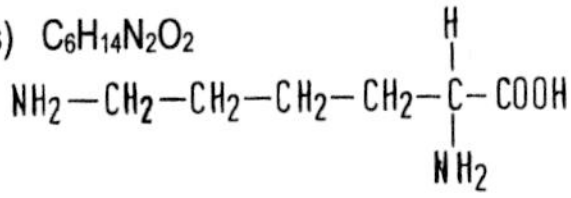

19: Asparaginsäure (Asp) $C_4H_7NO_4$

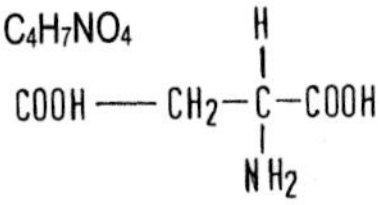

$COOH-CH_2-\overset{H}{\underset{NH_2}{C}}-COOH$

17: Histidin (His)
$C_6H_9N_3O_2$

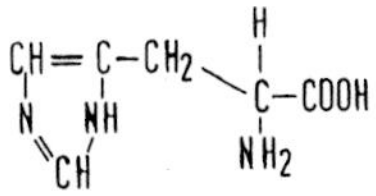

$CH=C-CH_2-\overset{H}{\underset{NH_2}{C}}-COOH$ (Imidazolring: N, NH, CH)

20: Glutaminsäure (Glu) $C_5H_9NO_4$

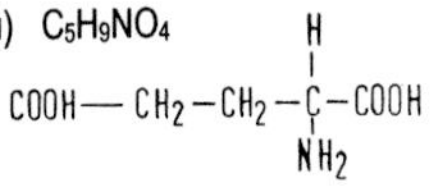

$COOH-CH_2-CH_2-\overset{H}{\underset{NH_2}{C}}-COOH$

Abb. 2.73

Wahrnehmung der Sinne, den Fortpflanzungstrieb und den Erbguttransfer, Basis der Biologie, Physiologie und Medizin. Auf die Darstellungen in [30–33] (und viele weitere) sei zur Vertiefung verwiesen und auf Bd. V, Kap. 1 (Biologie).

2.5.5 Ergänzungen und Beispiele

1. Ergänzung: Fraktionierte Destillation von Erdöl (Rohöl)

Erdöl besteht aus den Rückständen abgestorbener maritimer Lebewesen, die sich am Meeresboden in den Sedimenten absetzten. Das war in einer Zeit vor 300 Millionen Jahren und später. Die Ablagerungen zersetzten sich anaerob, wuchsen zu großer Mächtigkeit heran und wurden später im Zuge der Erdgeschichte von Gestein verfrachtet. Infolge hohen Drucks und hoher Temperatur wurden die flüchtigen Anteile (Gas und Öl) aus den Sedimenten ausgetrieben. Sie sammelten sich unterhalb undurchlässiger geologischen Schichten als Erdgasblasen und Erdölseen, von wo sie in heutiger Zeit konventionell gefördert werden können (Bd. II, Abschn. 3.5.6.2). – Das gewonnene Erdöl wird nach Reinigung an der Förderstelle (u. a. von Sedimenten) zur Raffinerie befördert, entweder über eine Pipeline oder durch Tanker. – Erdöl besteht aus mehr als 10.000 chemischen Verbindungen. Es sind überwiegend Kohlenwasserstoffe. Auch sind relativ viele schwefelhaltige Verbindungen vertreten, demgemäß wird zwischen schwefelarmem Erdöl (z. B. Sorte ‚Brent' aus der Nordsee) und schwefelreichem Erdöl (z. B. Sorten ‚Mars' und ‚Poseidon' aus dem Golf von Mexiko) unterschieden. Inzwischen werden die gewonnenen Brenn- und Treibstoffe vor der Auslieferung entschwefelt (hohes Gipsaufkommen). – Da sich die Kohlenwasserstoffe im Siedepunkt deutlich unterscheiden (vgl. Abb. 2.59), ist es möglich, sie durch Destillation zu trennen. Abb. 2.74 zeigt einen schematischen Schnitt durch eine Raffinerieanlage, links, Destillation unter Normaldruck, rechts, unter Unterdruck (Vakuum). Bei Unterdruck sinkt die Siedetemperatur deutlich, es lassen sich weitere Fraktionen gewinnen. Vor Beginn des Durchlaufs wird das Öl in Ringöfen auf eine hohe Temperatur erhitzt, 400 °C und höher. Verdampfend durchläuft es die glockenförmigen Sperren auf den Etagen, kühlt sich dabei ab, verflüssigt sich sukzessive bei den den Fraktionen zugehörigen Temperaturen und wird abgezogen. Der nichttrennbare zäh-feste Rückstand, überwiegend Bitumen, kann als Asphalt im Straßenbau eingesetzt werden.

Die Erdölvorkommen werden irgendwann zur Neige gehen. Mit der **Gewinnung von Biotreibstoffen aus nachwachsenden Pflanzen** versucht man, dieser Entwicklung zu begegnen. Hierfür gibt es inzwischen eine Reihe ausgereifter Produktionsformen:

- Das in Klärwerken frei gesetzte Methan (CH_4) wird dem Erdgas zugefügt, auch das in Deponien anfallende Gas. Es handelt sich um Rückstände aus Siedlungen, in denen Menschen sich von Pflanzen ernähren. – Die bei intensiver Viehwirtschaft anfallenden Exkremente (Mist, Gülle) können entsprechend verwertet werden.
- Aus Rapsöl und Palmöl wird Biodiesel gewonnen.
- Durch alkoholisches Vergären pflanzlicher Stärke wird Alkohol (Ethanol) erzeugt und fossilem Benzin beigemischt. Die Stärke stammt von Getreide, Mais, Kartoffeln, Zucker-

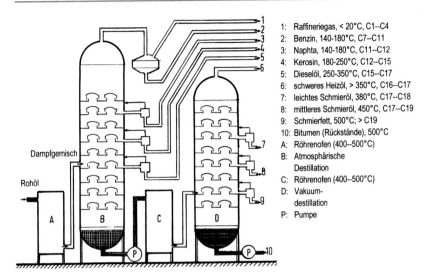

1: Raffineriegas, < 20°C, C1--C4
2: Benzin, 140-180°C, C7--C11
3: Naphta, 140-180°C, C11--C12
4: Kerosin, 180-250°C, C12--C15
5: Dieselöl, 250-350°C, C15--C17
6: schweres Heizöl, > 350°C, C16--C17
7: leichtes Schmieröl, 380°C, C17--C18
8: mittleres Schmieröl, 450°C, C17--C19
9: Schmierfett, 500°C; > C19
10: Bitumen (Rückstände), 500°C
A: Röhrenofen (400--500°C)
B: Atmosphärische
   Destillation
C: Röhrenofen (400--500°C)
D: Vakuum-
   destillation
P: Pumpe

Abb. 2.74

rüben und Zuckerrohr. Inzwischen gelingt es, Lignocellulose aus Holz und Stroh zu Zucker zu erschließen.

- Im BtL-Verfahren („Biomass to Liquid') wird organische Substanz unterschiedlicher Herkunft, auch Holz, Stroh, Gräser, Energiepflanzen (Kurzumtriebspflanzen, wie Chinaschilf), zunächst thermisch zu Gas zersetzt und anschließend in einem Reaktor katalytisch zu Treibstoff synthetisiert.

Das in allen Fällen bei der Erzeugung und Nutzung frei werdende CO_2 war zuvor in den Pflanzen gebunden, von daher werden die Verfahren und Produkte als **klimaneutral** bewertet. Das gilt einsichtiger Weise nur, wenn der Anbau auf vorhandenen Ackerflächen erfolgt. Müssen zunächst Regenwälder gerodet werden, um z. B. Palmölplantagen anzulegen, gilt das nicht, auch nicht, wenn intakte Savannenböden zu Acker umgepflügt werden. Hinzu treten ökologische Probleme, die mit dem Anbau der Monokulturen zusammenhängen: Intensive Düngung und Schädlingsbekämpfung, Erosion der Böden, hoher Wasserverbrauch. Fallweise gehen mit der Produktion Mangel an Nahrungsmitteln und hohe Kosten für sie einher. *Getreide gehört auf den Teller und nicht in den Tank.* Letztlich wird man mit der Technologie das CO_2-Problem und das Problem der versiegenden fossilen Brennstoffe zwar mindern aber nicht lösen können. Das wird nur durch eine drastische Reduktion der heutigen, vorrangig auf fossilen Treibstoffen basierenden Mobilität gelingen. – Da die Kohle noch lange Zeit als bergmännisch abbaubarer fossiler Energieträger zur Verfügung stehen wird, ist beim Versiegen von Erdöl und Erdgas mit einer Wiederbelebung der Kohleverflüssigung zu rechnen, um Kraftstoffe zu gewinnen. Das gelingt auch von der Erdoberfläche aus über Rohrvortrieb und Heißwasserhydrierung aus tiefer liegenden Kohlevorkommen. Die Verfah-

Abb. 2.75

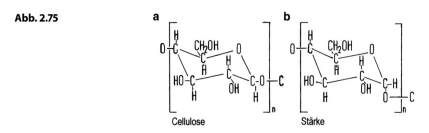

Cellulose   Stärke

ren sind kostenintensiv und selbstredend klimaschädlich. Um die Mobilität zu sichern, wird man eine solche Entwicklung wohl kaum verhindern können. Auch die Petrochemie wird dann wieder stärker auf die Erzeugnisse der Carbochemie (Kohlechemie) zurückgreifen. Ob es wirklich so kommen wird, bleibt abzuwarten.

2. Ergänzung

Die Gewinnung und Vermarktung der Kraft- und Brennstoffe aus den Produkten der Erdölraffinerie ist Aufgabe der **Mineralölindustrie**. – Die Gewinnung von Grundstoffen für andere Produkte, wie Kunststoffe, Pharmazeutika, ist Aufgabe der **Petrochemie**, inzwischen auch in großindustriellem Maßstab (aus Naphtha, Erdölderivaten, Erdgas und Kohle). Die Petrochemie entwickelte sich rasant in der ersten Hälfte des 20. Jh. mit einer großen Zahl (nobelpreiswürdiger) Erfindungen. Es handelt sich um künstlich synthetisierte Stoffe, die in der Natur selbst nicht vorkommen und die sich demgemäß auch nur schwer abbauen.

Die molekulare Struktur der Kunststoffe besteht aus organischen **Monomeren**, also bestimmten Moleküleinheiten, die sich unzählige Male wiederholen und so zu **Polymeren**, zu Makromolekülen in Form langer Ketten und Netze, aufbauen. Ihre Struktur, von parallelsträngig bis wirr-verwickelt, bestimmt ihre Eigenschaften und damit ihre spätere Verwendung. Die Monomere bauen sich aus C, H und O auf. Mit Cl, F, N und Si lassen sich weitere Kunststoffe kreieren.

Natürliche Polymere sind die Pflanzenstoffe Cellulose ($C_6H_{10}O_5$) und Stärke ($C_6H_{10}O_5$), vgl. Abb. 2.75. Bei Stärke ist Glucose das Monomer. – Sehr früh wurden aus Cellulose erste Nutzstoffe gewonnen, papier- und pappeähnliches Material, Celluloid, Cellophan, auch Schaumstoffe. –

Ein ebenfalls früh entdecktes Polymer war Naturkautschuk ($C_6H_8)_n$, ein Kohlenwasserstoff, der aus dem Milchsaft (Latex) tropischer Kautschukbäume gewonnen wurde und bis heute gewonnen wird. Im Jahre 1839 erfand C. GOODYEAR (1800–1860) die Vulkanisation dieses Produkts. Hiermit setzte die Verwendung von Gummi ein (z. B. die Herstellung von Reifen). Schon 1910 entdeckt, setzte ab 1936 die Herstellung künstlichen Kautschuks in großtechnischem Maßstab ein. Man nennt die Produkte Elastomere. Sie werden durch Polymerisation von Butadien (C_4H_6) unter Einsatz von Natrium als Katalysator gewonnen. Dem bekannten Namen BUNA liegen die Wörter BUtadien und NAtrium zugrunde. – **Polymerisation** ist ein chemotechnisches Verfahren, bei welchem sich die Ausgangsmonomere unter Hitze, Druck und dem Einfluss eines Katalysators zu Polymeren verbinden. Dabei werden zwei Prozesslinien unterschieden: Additionspolymerisation und Kondensationspolymerisation. – Viele Kunststoffe wurden zunächst eher nach dem Prinzip *trial and error*

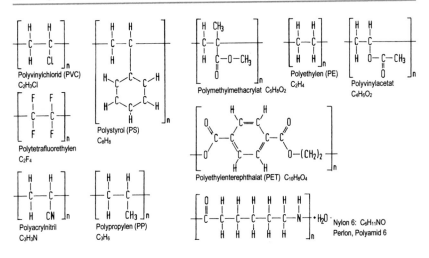

Abb. 2.76

entdeckt und bei Erfolg patentiert. Es waren E. FISCHER (1852–1919, Nobelpreis 1902) und H. STAUDINDER (1881–1965, Nobelpreis 1953), denen eine wissenschaftliche Abklärung der Polymer-Chemie gelang. – Es werden **Thermoplastische Polymere**, die bei Hitzeeinwirkung weich werden und schließlich schmelzen, und **Duroplastische Polymere**, die härtbar sind und sich nach ihrer Erhärtung nicht mehr erweichen und formen lassen, unterschieden; letztere nennt man Duroplaste oder Duromere. – Die Zahl der Kunststoffe ist sehr groß: *Chemie, wohin man blickt.* Einige seien kurz vorgestellt (zur chemischen Struktur vgl. Abb. 2.76):

- **Bakelit** war der erste Kunststoff, benannt nach seinem Erfinder L.H. BAEKELAND (1863–1944), es ist ein Duroplast. Bakelit ist hart, eher spröde, chemisch resistent sowie wärme- und elektrisch-isolierend. Der Stoff wird aus Phenol (C_6H_6O) und Formaldehyd (CH_2O) gewonnen. Mit dem Material begann das Plastikzeitalter: Formteile aller Art, auch komplizierte, wie Telefongehäuse, Schalter, Kästen, ließen sich damit herstellen.

- **Polyvinylchlorid (PVC)** ist ein Thermoplast mit Vinylchlorid (C_2H_3Cl) als Monomer. Es findet beispielsweise Verwendung für Schläuche, Rohre, Beläge, Fensterrahmen, Kabelumhüllungen, Schallplatten und Spielzeug.

- **Polystyrol (PS)** ist ebenfalls ein Thermoplast mit Styrol (C_8H_8) als Monomer. Es ist vor allem als expandierter oder extrudierter Schaumstoff (Handelsname z. B.: Styropor) bekannt und wird als Dämmmaterial, Verpackungsstoff, Trinkbecher verwendet.

- **Polymethylmetacrylat (PMMA)** ist ein Duroplast, mit Methacrylsäuremethylester ($C_5H_8O_2$) als Monomer. Es ist als Acrylglas (Plexiglas) bekannt. Das Glas wurde im Jahre 1928 von O. RÖHM (1876–1939) erfunden und findet Verwendung als Bauglas aller Art, auch als Glas für Brillen und Kontaktlinsen.

- **Polyethylen (PE)** ist ein Thermoplast. Es wird aus Ethen (C_2H_4) als Monomer unter hoher Temperatur und unter Einsatz unterschiedlicher metallischer Katalysatoren gewonnen, wobei die Stoffe in Abhängigkeit von dem bei der Herstellung eingesetzten Druck eine unterschiedliche Dichte aufweisen. Niedrigdichte Stoffe (PE-ND) kommen für Einkaufstüten, Mullsäcke, Gefrierbeutel in der Gebrauch, hochdichte Stoffe (PE-HD) als Schüsseln, Spielzeug, TV-Gehäuse, und hochfeste, vernetzte Stoffe als Prothesen für künstliche Gelenke.
- **Polyhexamethylenadipinsäureamid.** Als Monomere werden u. a. Nylon 6 ($C_6H_{11}NO$) und Nylon 66 ($C_{12}H_{22}N_2O_2$) unterschieden. Es handelt sich um sehr reißfeste Kohlenstoff-Stränge, die als Kunstfasern in der Textilindustrie Verwendung finden, u. a. für Nylon- und Perlonstrümpfe.
- **Polytetrafluorethylen (PTFE)** ist ein Thermoplast mit Tetrafluorethylen (C_2F_4) als Monomer. Das Material ist chemisch hochgradig resistent und hitzebeständig (einer der Handelsnamen ist z. B. Teflon). Es kommt als Beschichtung von Pfannen und als Gleitwerkstoff in modernen Brückenlagern zum Einsatz, auch als Gleitstoff in künstlichen Gelenken.
- **Polyethylenterephtalat (PET)** ist ein Thermoplast mit Ethylenglycol ($C_{10}H_8O_4$) als Monomer. Das Material wird für Verpackungen, Behälter, Wasser- und Limonade-Flaschen eingesetzt, auch als Beimengung bei anderen Polymeren als sogenannter ‚Weichmacher‘, um deren Flexibilität/Elastizität zu erhöhen. Wenn die Beimengungen später entweichen (diffundieren), befördert durch Wärme und Sonneneinstrahlung, hat das eine Versprödung des Kunststoffes zur Folge.
- **Polyparaphenylenterephtalamid (PPTA)** wird aus zwei Monomeren gewonnen, aus Paraphenylendiamin (PPD, $C_6H_8N_2$) und Terephthaloyldichlorid (TDC, $C_8H_4Cl_2O_2$). Der Stoff ist unter dem Markennamen Kevlar (Fa. DuPont) bekannt. Es ist ein Hochleistungskunststoff mit parallel liegenden Molekülketten hoher Festigkeit und Steifigkeit, er ist bis 400°C widerstandsfähig. Das Material findet Verwendung für Bremsklötze, für hochfestes Sportgerät und in gewebter Form für kugelsichere Westen.
- **Kohlenfaser-Verbundstoff (CFK)** ist ein hochfester Leichtbaustoff, bestehend aus Kohlenstofffasern, die bei 1400 °C aus **Polyacrylnitril**-Fasern (PNA, Monomer: Acrylnitril, C_3H_3N) gewonnen werden. Sie sind i. Allg. in Epoxidharz, einem Polymer mit Bisphenol A ($C_{15}H_{16}O_2$) und Epichlorhydrin (C_3H_5ClO) als Monomere, eingebettet und bilden so den Karbonverbundstoff. CFK ist leichter als Aluminium, seine Zugfestigkeit liegt über jener hochfester Stähle. Während Stahl und Aluminium geschweißt und geschraubt werden können, ist das beim CFK-Verbundwerkstoff nicht möglich. Es bedarf besonderer Anschlussformen, einschl. Klebung. Verwendung findet der Werkstoff im Automobilbau, im Flugzeugbau und in jüngerer Zeit beim Bau von Windrotorblättern.
- **Silikone** sind organische Polymere, die aus Methylchlorid (CH_3Cl) und feingemahlenem Silicium (Si) hergestellt werden. Je nach Siloxaneinheit gibt es diverse unterschiedliche Silikone. Es sind Kunststoffe jüngeren Datums. Sie dienen als Basis für Dämmstoffe, Autolacke, Cremes, Implantate.

Neben den genannten gibt es unzählige weitere Kunststoffe als Basis für Klebstoffe, Lacke, Beschichtungen, Kosmetika, Wasch-, Reinigungs- und Lösungsmittel usf. Alle diese synthetisierten Stoffe kennt die Natur nicht. Ihr fehlt die Möglichkeit, sie zu zersetzen, wenn sie als Müll anfallen. Im Falle natürlicher Stoffe besorgen das Bakterien aller Art.

Abb. 2.77

PET: Polyethylenterephthalat   PP: Polypropylen

PE-HD: Polyethylen-Hohe Dichte   PS: Polystyrol

PVC: Polyvinylchlorid   Andere Kunststoffe

PE-ND: Polyethylen-Niedrige Dichte

Es kommt demgemäß darauf an, Recycling-Verfahren zu entwickeln, um die Kunststoffe nach Gebrauch und Trennung einer Wiederverwertung zuzuführen, zumal sie überwiegend aus fossilen Grundstoffen gewonnen werden, die irgendwann versiegen werden. Ein Verbrennen der Stoffe zwecks Entsorgung ist möglich, ist allerdings mit dem Ausstoß diverser chem. Schadstoffe verbunden. – Die Stoffe zu entsorgen, erledigt inzwischen eine darauf spezialisierte Industrie. Abb. 2.77 zeigt für sieben Kunststoffe die zugehörigen Entsorgungsmarken. – Wie sich denken lässt, ist die Chemie der Polymere und Kunststoffe ein breites Feld innerhalb der chemischen Industrie, entsprechend groß ist das Schrifttum zu diesem Gegenstand, eine kleine Auswahl: [34, 35].

3. Ergänzung: Ozon-Loch

Alkane mit vier C-Atomen gibt es in großer Vielfalt auch als verzweigte Strukturen. Chemisch lassen sich hieraus eine Reihe wichtiger Stoffe gewinnen, wenn die Wasserstoffatome durch Halogenatome (Fluor (F), Chlor (Cl), Brom (Br), Jod, (I)) ersetzt (substituiert) werden, Beispiele: Chloroform als Anästhetikum: $CHCl_3$; Tetrachlorkohlenstoff als Lösungsmittel für die chemische Reinigung: CCl_4; Jodoform als Antiseptikum: CHI_3. –

Zu den halogenierten Alkanen gehören auch die Freone, die als **Fluorchlorwasserstoffe** (FCKW) bekannt sind. Hiervon gibt es diverse Arten, z. B.: F12: CCl_2F_2 (Dichloridfluormethan). Sie sind allesamt sehr beständig, unsichtbar und geruchlos und wurden ehemals als Treibmittel in Spraydosen, als Kältemittel in Kühlschränken und als Lösungsmittel eingesetzt. Nach Verbrauch bzw. Freisetzung steigt der Stoff in der Atmosphäre in große Höhen auf, bis in die Stratosphäre, wo er bis zum Abbau lange verweilt [36].

Die in der Stratosphäre liegende Ozonschicht ist sehr lichtempfindlich und absorbiert einen großen Teil der UV-Strahlung von der Sonne. Dadurch schützt sie die Tiere und Pflanzen auf Erden, für alle lebende Kreatur ist die Schutzwirkung der Ozon-Schicht lebensnotwendig. Sind Fluorchlorwasserstoffe bis in die Stratosphäre aufgestiegen, bewirkt das UV-Licht eine Ablösung eines Cl-Atoms aus dem Molekül des FCKW, es entsteht $CClF_2$ und Cl (Chlor). Letzteres reagiert mit dem Ozon (O_3), es entsteht ein Sauerstoffatom und Chloroxidmolekül (O und ClO), woraus sich wieder ein Sauerstoffmolekül und Chloratom bildet (O_2 und Cl), usf. Das führt zu einer zunehmenden Zerstörung der Ozonschicht, zu einem Ozon-Loch. Ein solches wurde erstmals im Jahre 1985 über dem Südpol entdeckt. Über dem Nordpol bildet sich auch ein Ozonloch. Als Folge der hier herrschenden starken Luftbewegungen kann es sich nicht so stark ausprägen. – Im Jahre 2000 wurde die Verwen-

Abb. 2.78

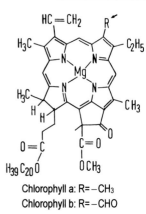

Chlorophyll a: R= –CH₃
Chlorophyll b: R= –CHO

dung von FCKW wegen ihres lebensbedrohenden Einflusses verboten (Montreal-Protokoll der Weltgemeinschaft, im Jahr 1987 beschlossen, seit dem Jahr 1989 in Kraft), vgl. Bd. III, Abschn. 2.8.3. Seither wird beobachtet, dass sich die Ausdehnung des Ozonloches über der Antarktis verkleinert.

4. Ergänzung

Der **Stoffwechsel der Pflanzen** beruht auf zwei Quellen: Zum einen auf den im Boden in Wasser gelösten Nährsalzen, die über die Wurzeln bezogen werden, und zum anderen auf der Photosynthese. C, O und H werden von den Pflanzen aus dem Boden und der Atmosphäre gewonnen, alle anderen Elemente aus dem Boden, also aus den im Bodenwasser gelösten Verbindungen. In großen Mengen werden von den Pflanzen die Elemente N, Mg, P, S, K und Ca, in mittleren Mengen B, Cl, Mn, Fe, Cu, Zn und Mo und in Spurenmengen Na, Si, V, Co, Ni, Se und W benötigt. Alle diese anorganisch gebundenen Elemente werden von den Pflanzen in Verbindung mit der von der Sonne aufgenommenen Energie in biochemischen Prozessen zu organischen Stoffen umgesetzt.

Die höheren Pflanzen, die sogen. Kormophyten, Moose, Farne und Samenpflanzen, bestehen aus den Grundorganen Wurzel, Sprossachse und Blätter. Über die Wurzelhaare mit ihrer großen Oberfläche werden das **Bodenwasser und die Nährsalze** aufgenommen. Triebkraft für das Wasser ist dessen Verdunstung in den Blättern; dadurch entsteht ein Sog. Das Wasser tritt mit seinen Nährsalzen durch spezialisierte, röhrenförmige Zellen bzw. durch deren Membrane innerhalb des Leitgewebes der Sprossachse nach oben.

Organ der **Photosynthese** sind die Blätter (auch Nadeln). Über das Blattgrün (Chlorophyll) vermag die Pflanze Lichtenergie von der Sonne aufzunehmen und in chemische Energie umzuwandeln. Im Blatt sind es die Chlorophyllmoleküle a und b (Abb. 2.78), die rotes Licht (aus dem weißen Sonnenlicht) absorbieren. Das Blatt erscheint dem Auge in der zugehörigen Komplementärfarbe, also in grün (da rot fehlt, wird grün reflektiert). Durch die Absorption von Photonen gehen die Atome des Chlorophyllmoleküls in einen höheren Energiezustand über. Kehren sie in den Grundzustand zurück, werden andere biochemische Vorgänge mit Energie versorgt. – An der Photosynthese ist das gasförmige Kohlenstoffdioxid (CO_2) der Atmosphäre, welches durch die Spaltöffnungen in das Mesophyll-Gewebe der Blätter diffundiert, und Wasser (H_2O), das aus dem Boden stammt, beteiligt. Bei der Reaktion wird Sauerstoff (O_2) frei. Die Gleichung für diese oxygene Photosynthese lautet in vereinfachter Form:

$$6\,CO_2 + 6\,H_2O + \text{Lichtenergie} \rightarrow C_6H_{12}O_6 + 6\,O_2$$

Im synthetisierten Kohlenhydrat (Glucose: $C_6H_{12}O_6$) ist die eingefangenen Sonnenenergie (2870 kJ/mol) gespeichert. Sie dient dem Stoffwechsel und Wachstum der Pflanze. Wird die Pflanze vom Tier verzehrt, dient die eingefangene Sonnenenergie dadurch auch dem Stoffwechsel und Wachstum des Tieres. Das gilt ebenso für den bei der Photosynthese frei werdenden Sauerstoff, den die Tiere atmen. – Der gesamte Sauerstoff in der Atmosphäre und im Wasser der Seen und Meere beruht auf diesem Prozess. Indem der Sauerstoff in der Atmosphäre aufsteigt und hier, wie dargestellt, in großen Höhen als Folge der energiereichen UV-Strahlung in Ozon (O_3) übergeht, bewirkt er den für die Entfaltung des Lebens notwendigen Strahlenschutz. Alles hängt in der Natur in wunderbarer Weise miteinander zusammen und ist aufeinander abgestimmt.

Neben dem grünen Chlorophyll gibt es weitere. Auf ihnen beruht die Photosynthese der meisten Bakterien und Algen. In diesem Falle vollzieht sich die Photosynthese vielfach anoxygen, es fällt kein Sauerstoff an.

Die biochemischen Reaktionen beruhen auf bestimmten molekularen Lichtsammelkomplexen, die hinter der Zellmembran im Zellplasma liegen. Die Energieumwandlung und -speicherung vollzieht sich in den Mitochondrien, die hier in großer Zahl liegen. Diverse Enzyme sind katalytisch beteiligt. Die Energiebereitstellung verläuft über die Moleküle Adenosintriphospat (ATP) und zwei weitere Phosphat-Moleküle (NAD^+, $NADP^+$) vermöge des (Ladungs-)Austauschs von Elektronen und Protonen, wobei eine lichtunabhängige und eine lichtabhängige Reaktion unterschieden wird [37, 38].

Im Herbst wird in gemäßigten Breiten alles Grün zu Rotgelb, Blätter und Gräser verdorren. Die Photosynthese setzt aus. Unter der Schneelast würden die belaubten Bäume zusammenbrechen, die Gräser tun es, das Wasser in den Blättern würde gefrieren. Das Wasser zieht sich im Herbst in die Äste und in den Stamm zurück. – Abgesehen von den Lärchen wechseln die Nadelbäume ihre Nadeln nicht jedes Jahr sondern in längeren Intervallen (8 bis 12 Jahre). Im Frühjahr muss die gesamte Chlorophyllmasse von den Pflanzen wieder neu synthetisiert werden.

5. Ergänzung: Pflanzendüngung

Die Pflanzen in der freien Natur wachsen dort, wo Wasser- und Bodenbeschaffenheit, wo Klima und Sonneneinstrahlung für sie günstig sind. Hier stehen sie mit anderen Pflanzen in Konkurrenz, gelegentlich in Symbiose. Auch für sie gelten die Gesetze der Evolution. – Für Kultur-(Nutz)-Pflanzen treffen die Voraussetzungen eines dauerhaft günstigen Standorts vielfach nicht zu. Ehemals begegnete man einer einseitigen Auszehrung der Nährstoffe im Boden mit einer konsequenten Brach-, Dreifelder- oder Fruchtfolgewirtschaft. Im Grundsatz gilt das nach wie vor. Intensive Landwirtschaft machte es frühzeitig notwendig, die Flächen jährlich zu nutzen. Dazu wurden die Äcker und Weiden mit Viehmist und -gülle gedüngt, später ergänzt durch mineralische Dünger natürlichen Ursprungs, wie Chilesalpeter ($NaNO_3$), Kaliumsulfat (K_2SO_4) und Kalinitrat (KNO_3), im Gartenbau mit

Gründünger, Kompost und Guano (P_2O_5, CaO; Seevögelmist aus Südamerika). Heute werden die Böden mit den für die jeweilige Kulturpflanze notwendigen Nährstoffen intensiv gedüngt (und bewässert), um hohe Erträge zu erzielen. Anders lässt sich die stetig wachsende Weltbevölkerung nicht ernähren. Es handelt sich um stickstoff-, phosphor-, kalium- und kalkhaltige Dünger, auch um mehrnährstoffhaltige. Die meisten werden synthetisch gewonnen/aufbereitet. – Der im sogen. **Haber-Bosch-Verfahren** gewonnene Stickstoffdünger hat die größte Bedeutung (F. HABER (1868–1934), C. BOSCH (1874–1940), Nobelpreise 1918 bzw.1931). Mit Hilfe des Verfahrens gelingt die Herstellung von Ammoniak (NH_3) aus Luftstickstoff und Wasserstoff (H_2), letzteres stammt heute überwiegend aus Erdgas: $N_2 + 3\,H_2 \;\rightarrow\; 2\,NH_3 + 2 \cdot 46{,}19\,kJ/mol$. Mit α-Eisen als Katalysator gelingt die Synthese im Haber-Bosch-Verfahren unter hohem Druck (230 bis 330 bar) und hoher Temperatur (450 bis 500 °C). Um diese Verfahrensbedingungen zu erreichen, bedarf es eines sehr hohen Energieaufwands, also des Einsatzes fossiler Brennstoffe (etwa 1,5 % des Weltenergiebedarfs). Aus Ammoniak und Salpetersäure werden die eigentlichen Dünger Ammoniumnitrat (NH_4)(NO_3) und Ammoniumsulfat ((NH_4)$_2SO_4$) mit Kalisalzen gewonnen. Der Dünger ist in Wasser sehr gut löslich. Bei Starkregen kann es zu einer Auswaschung des Düngers kommen (40 bis 60 %), bei Weidedüngung fällt sie geringer aus. – Bestimmte Bodenbakterien bewirken im Boden die Nitrifikation. Das hierbei entstehende stickstoffhaltige Nährsalz vermag die Pflanze aufzunehmen.

6. Ergänzung

Man mag es bedauern, ohne den Einsatz von **Pestiziden** ist eine ertragreiche Land- und Forstwirtschaft nicht möglich, auch kein lohnender Gartenbau, kein auskömmlicher Wein- und Kaffeeanbau usf. – Es werden unterschieden:

- Insektizide, um Pflanzen vor Insekten zu schützen,
- Fungizide, um Pflanzen und pflanzliche Lagerstoffe vor Pilzbefall zu schützen und
- Herbizide, um Pflanzen vor unerwünschtem Unkraut zu schützen.

Eine weitere Untergliederung ist möglich. Unter Pflanzen werden hier Kulturpflanzen verstanden. Ziel ist ein hoher Ernteertrag. – Bei den Pestiziden handelt es sich überwiegend um organische Substanzen, die chemisch synthetisiert und flüssig ausgebracht (gespritzt) werden, letzteres vielfach mehrfach während des Wachstums. Ihre Verwendung unterliegt diversen Richtlinien. Der Einsatz geht i. Allg. mit der Befürchtung einher, der Verbraucher würde durch den Verzehr gespritzter Pflanzen gesundheitlich geschädigt. Ein Beispiel hierfür war das in großen Mengen eingesetzte chlororganische Insektizid DDT ($C_{14}H_9Cl_5$, Dichlordiphenyltrichlorethan). Da sich der Stoff in der Umwelt nicht abbaut und sich in Warmblütern mit toxischer Wirkung anreichert, wurde der Einsatz von DDT in den meisten Ländern verboten. Das gilt auch für eine Reihe weiterer chlorhaltiger Pestizide. – In jüngster Zeit gibt es über den massenhaften Einsatz von Glyphosat (N-(Phosphonomethyl)-glycin, $C_3H_8NO_5P$) als Unkrautgift heftige Auseinandersetzungen. Die überwiegende (von der Forschung gestützte) Ansicht ist, dass von dem Mittel keine erbgutschädigende Wirkung, mit der Folge von Krebserkrankungen (bei Säugern), ausgeht. Diese Einschätzung wird indessen nicht von allen geteilt, wohl, dass sich das Herbizid verheerend auf den Erhalt vieler Insektenarten und der von ihnen lebenden Tiere auswirkt (wo sind die vielen farbenprächtigen Schmetterlinge geblieben, die sich einst auf Wiesen und in Gärten tummelten?)

7. Ergänzung

Auch der **Stoffwechsel der Tiere** basiert auf zwei Quellen, quasi auf zwei zu den Pflanzen komplementären: Zum einen auf dem Verzehr organischer Stoffe von Pflanzen und Tieren, zum anderen auf dem Einatmen von Sauerstoff (O_2) aus der Luft. – Die **Nahrung** wird enzymatisch abgebaut, die Nährstoffe in den Körperzellen resorbiert. Was unverdaulich ist, wird ausgeschieden. – Sogen. Makronährstoffe sind Kohlenhydrate, Eiweiße (Proteine) und Fette. Mineralstoffe und Vitamine treten als Mikronährstoffe hinzu. – Bei der Erschließung sind wohl über vierhundert unterschiedliche Bakterien beteiligt. Bei Wiederkäuern, wie Rinder, Schafe und Ziegen sind es noch mehr. Wiederkäuer ernähren sich vorwiegend von Gräsern. Säuger können deren hohen Cellulosegehalt nicht verdauen. Bei Wiederkäuern besorgen das spezielle Mikroorganismen in deren Vormägen (Pansen). – An der Verdauung beteiligen sich die Magensäure (pH-Wert 1,5), die Gallensäure und das Enzym Lipase aus der Bauchspeicheldrüse sowie diverse weitere Enzyme. –

Anmerkungen zur menschlichen Nahrung

Kohlenhydrate mit der Summenformel $(CH_2O)_n$, n zwischen 3 und mehreren hundert, liefern die Energie für Stoffwechsel und Körperaufbau. Es handelt sich um Einfach- und Mehrfachzucker, enthalten in Getreidekörnern aller Art, in Kartoffeln, Reis, Mais, Hülsenfrüchten (Erbsen, Bohnen, Linsen, Soja), Gemüse und Obst bzw. in den hieraus hergestellten Produkten, wie Backwaren, Nudeln usf. – Handelszucker (Saccharose) wird aus Zuckerrohr und Zuckerrüben gewonnen: Rohrzucker bzw. Rübenzucker, bestehend aus Glucose und Fructose als Disaccharid ($C_{12}H_{22}O_{11}$). Daneben gibt es weitere Disaccharide, u. a. Lactose als Bestandteil der Milch.

    Eiweiße bestehen aus Aminosäuren. Sie sind für den Bau der Zellen und deren Funktion wichtig, insgesamt lebensnotwendig. Die tierischen Proteine (in Fleisch, Fisch, Milchprodukten (Käse, Quark), Eier (Eigelb)) werden unmittelbarer verwertet als pflanzliche (in Hülsenfrüchten, Getreide, Mais, Gemüse, Obst, Nüsse).

    Die **Fette** in den Organen und Muskeln sind wichtige Energiespeicher, zudem dienen sie der Wärmedämmung und ‚Polsterung'. – Je nach Bindung werden ungesättigte Fettsäuren (mit Doppelbindung zwischen den Kohlenstoffatomen, $C_nH_{2n+1}COOH$), und gesättigte Fettsäuren (ohne Doppelbindung zwischen den Kohlenstoffatomen) unterschieden. Von den erstgenannten sind einige lebensnotwendig, dazu zählen die sogen. Omega-n-Fettsäuren ($n = 3, 6, 9$), die der Körper selbst nicht synthetisieren kann. – Die überwiegende Anzahl der Fett(-säuren) werden über die Nahrung aufgenommen (Margarine, Butter, Milchprodukte wie Käse, Fleisch, Wurst und Eier). – Hinsichtlich des Risikos einer koronaren Herzkreislauferkrankung gilt ein hoher Anteil an (mehrfach) ungesättigten Fettsäuren in der Ernährung als günstig, wie er in Pflanzenfetten vorliegt (Distelöl, Hanföl, Sonnenblumenöl, Raps- und Sojaöl, Schalenfrüchte aller Art (Nüsse). und Leinsamen), sowie im Fett von Seefischen. Gehärtete pflanzliche Öle werden als weniger günstig bewertet. Insgesamt sollte der Energiebedarf nur zu 30 bis 40 % durch Fette in der Nahrung gedeckt werden, im Übrigen durch Kohlenhydrate und Proteine.

    Die **physiologischen Brennwerte** der Makronahrungsmittel sind sehr unterschiedlich, vgl. hierzu die Ausführungen in Abschn. 3.3.7 in Bd. II.

8. Ergänzung: Alkoholische Gärung (Vergärung) – Fermentation

- Der Um- und Abbau organischen Materials unter Sauerstoffausschluss (anaerob) wird von lebenden Mikroorganismen über deren Enzyme bewirkt. Fallweise sind Eigen- und Fremdenzyme beteiligt, die dem biochemischen Prozess hinzugefügt werden. Enzyme (Fermente) sind den hochmolekularen Proteinen im Aufbau ähnlich. Sie wirken bei den Abbauprozessen katalytisch (steuernd, beschleunigend). Gärung kann als Stoffwechsel der beteiligten Bakterien, (Schimmel-)Pilze und Hefen begriffen werden. Bakterien sind überwiegend Einzeller ohne Zellkern, die DNA liegt im Zellplasma. Pilze und Hefen sind Vielzeller mit Zellkern und eingelagerter DNA. Sie alle gibt es in großer Zahl und Mannigfaltigkeit.

- Beim Abbau von Kohlenhydraten (Stärke, Cellulose; unterschiedliche Ein- und Mehrfachzucker) durch Vergären entstehen Alkohole und Kohlenstoffdioxid (CO_2). Man spricht bei dieser alkoholischen Gärung von Glycolyse: Glucose wird z. B. zu Brenztraubensäure abgebaut: $C_6H_{12}O_6 \rightarrow 2\,C_2H_5OH + 2\,CO_2$. Das vollzieht sich unter Zugabe von Hefe.

- **Bier** wird aus Gerstenmalz, Hopfen und Wasser sowie Hefe (heute Reinzuchthefe) hergestellt (Münchner Reinheitsgebot von 1487, Bayerisches Reinheitsgebot von 1516). Die Gerstenkörner lässt man in der Mälzerei in Wasser quellen und keimen, dabei wird die Körnerstärke in Maltose (Malzzucker, $C_{12}H_{22}O_{11}$) abgebaut, einem Disaccharid, man spricht von Grünmalz. Er wird durch Erhitzen (bei 85 bis 100 °C) zu Darrmalz getrocknet, dann geschrotet und im Maischbottich mit viel Wasser angerührt. Bei unterschiedlich hohen Temperaturen wird die Stärke durch die Enzyme vollständig zu Zucker abgebaut. Im Läuterbecken setzen sich die festen Bestandteile des Malzes ab, man spricht vom Treber (der verfüttert werden kann). Nach Filtrieren heißt die Flüssigkeit Würze. Sie wird mit Hopfen aufgekocht und damit keimfrei. Nach Kühlung der Würze wird Hefe zugesetzt und damit die Gärung zu Alkohol im Gärkeller eingeleitet. Verläuft sie schnell (4 bis 6 Tage) und steigt die Hefe nach oben, wird obergäriges Bier, verläuft sie langsam (8 bis 10 Tage) und sinkt die Hefe nach unten, wird untergäriges Bier gewonnen. Die Hefe wird herausgefiltert (herausgeschleudert). Nach einer Nachgärung bei 0 bis 2 °C über mehrere Wochen wird das Bier abgefüllt. – Der Alkoholgehalt der Trinkbiere beträgt ca. 5 %, jener der Festbiere ca. 6 % und jener der Bockbiere 7 %, in Sonderfällen werden 10 bis 12 % erreicht. Alkoholfreie Biere haben einen Restgehalt von 0,5 % Alkohol. – Die Unterscheidung der Biere und damit ihre Besteuerung nach ihrer Stammwürze ist eine andere, sie reicht vom Einfachbier über das Schank- und Vollbier zum Starkbier. Die Stammwürze kennzeichnet in der Würze vor der Gärung die Summe aus den Malz-, Hopfen- und sonstigen Anteilen (Hefen). Sie wird in ,Grad Plato‘ gemessen. Sie entspricht dem ,Grad Oechsle‘ bei der Weinherstellung.

- **Wein** wird aus Weintrauben gewonnen. Sie werden in der Traubenmühle zerquetscht und dann gekeltert, das heißt gepresst. Vom Rückstand, dem Treber (Stiele, Schalen und Kerne), befreit, heute meist als Dünger ausgebracht, wird der Most durch Zugabe von Schwefeliger Säure (H_2SO_3) oder Schwefeldioxid (SO_2) vor Verderb durch einen zu hohen Mikrobenbefall geschützt. Abgefüllt in Fässern setzt die Hauptgärung durch die Zuckerhefen auf den Trauben ein, meist wird sie durch Reinzuchthefen gezielt eingeleitet, Dauer etwa acht Tage bei geregelten Temperaturen unter 18 °C. Hierbei wird nahezu der gesamte Zucker zu Alkohol vergoren. Von dem sich bildenden Bodensatz wird der Wein abgezogen. Beim Nachgären im Keller wird der Restzucker zu Alkohol, es bildet sich das Aroma, das Bouquet. In geschwefelten Fässern gelagert, gewinnt der Wein seine Reife. Der Ethanolgehalt liegt bei 10 bis 12 %. Je nach Restzuckergehalt in Gramm (g) pro Liter (l) werden trockene Weine $\leq$ 9 g/l, halbtrockene Weine $\leq$ 18 g/l und liebliche Weine > 18 g/l unterschieden, daneben treten als Merkmale Herkunft und Rebsorte. – Beim Rotwein überlässt man die Maische der Hauptgärung. Erst nach 4 bis 5 Tagen wird gekeltert.

- Die **Spirituosen** basieren auf der Stärke unterschiedlicher Pflanzen und werden meist als Mehrfach-Destillat gewonnen: Whisky aus Getreide (Gerste); Wodka, Steinhäger, Gin aus Roggen, Kartoffeln; Kirschwasser, Slivowitz aus Obstfrüchten; Weinbrand, Cognac aus Trauben; Rum aus Zuckerrohr. Der Alkoholgehalt ist sehr unterschiedlich.

- Alkoholische Getränke werden je nach Tradition als Nahrungs-, Genuss- oder Rauschmittel (Droge) betrachtet. – In **Deutschland** werden von jedem Erwachsenen im Laufe eines Jahres ca. 10 Liter (8 kg) Alkohol konsumiert. Ca. 1,3 Millionen Menschen gelten hier als alkoholabhängig. Die negativen Folgen für die Gesundheit sind bekannt. 74.000 Menschen sterben jährlich an ihrem Alkoholmissbrauch, das sind 200 Tote täglich. Es gibt Länder mit deutlich höheren Werten.

Literatur

1. BÖHME, G. u. BÖHME, H.: Feuer, Wasser, Erde, Luft. Eine Kulturgeschichte der Elemente. 3. Aufl. München: Beck 2014

2. BROCK, W.H.: Viewegs Geschichte der Chemie. Braunschweig: Vieweg 1997

3. PRIESNER, C.: Illustrierte Geschichte der Chemie. Stuttgart: Theiss 2015

4. MORTIMER, C.E. u. MÜLLER, U.: Chemie. 12. Aufl. Stuttgart: Thieme 2015

5. HOLLEMANN, A.F. u. WIBERG, W.: Lehrbuch der Anorganischen Chemie. 102. Aufl. Berlin: de Gruyter 2007

6. RIEDEL, E. u. JANIAK, C.: Anorganische Chemie. 8. Aufl. Berlin: de Gruyter 2011

7. SCHIRMEISTER, T., SCHMUCK, C. u. WIETT, A.: Organische Chemie. 25. Aufl. Stuttgart: Hirzel 2015

8. VOLLHARDT, K.P.C. u. SCHORE, N.E.: Organische Chemie. 5. Aufl. Weinheim: Wiley-VCH 2011

9. CLAYDEN, J., GREEVES, N. u. WARREN, S.: Organische Chemie. 2. Aufl. Berlin: Springer Spektrum 2013

10. DICKERSON, R.E. u. GEIS, I.: Chemie – eine lebendige und anschauliche Einführung. Weinheim: VCH-Verlagsges. 1990

11. SCHWENDT, G.: Chemie querbeet und reaktiv. Weinheim: Wiley-VCH 2011 (ca. 20 weitere Buchtitel des Verf. für ‚verständliche‘ und ‚praxisnahe‘ Chemie)

12. ROTH, K.: Chemische Leckerbissen. Weinheim: Verlag Wiley-VCH 2014 (zwei weitere Buchtitel des Verf.)

13. MÄDEFESSEL-HERRMANN, K., HAMMAR, F. u. QUADBECK-SEEGER, H.-J.: Chemie rund um die Uhr. Weinheim: Wiley VCH 2004

14. BLECKER, J.: Chemie für Jedermann. München: Compact Verlag 2012

15. REINHOLD, J.: Quantentheorie der Moleküle. Eine Einführung. 5. Aufl. Berlin: Springer Spektrum 2015

16. WEDLER, G.: Lehrbuch der Physikalischen Chemie. 6. Aufl. Weinheim: Wiley-VCH 2012 (zusätzlich Lösungsbuch)

17. ATKINS, P.W. u. PAULA, J. de: Physikalische Chemie. 5. Aufl. Weinheim 2013 (zusätzlich Arbeitsbuch)

18. LEHMANN, J. u. LUSCHTINETZ, T.: Wasserstoff und Brennstoffzellen: Unterwegs mit sauberem Kraftstoff. Wiesbaden: Springer Vieweg 2014

19. TRUEB, L.F. u. RÜETSCH, P.: Batterien und Akkumulatoren – Mobile Energiequellen für heute und morgen. Berlin: Springer 1998

20. GROTZINGER, J., JORDAN, T.H., PRESS, F. u. SIEVER, R.: Allgemeine Geologie. 5. Aufl. Berlin: Springer 2008

21. BAHLBURG, G.H. u. BREITKREUZ, C.: Grundlagen der Geologie. 4. Aufl. Heidelberg: Spektrum Akad. Verlag 2012

22. GLASER, R. u. a.: Physische Geographie kompakt. Spektrum Akad. Verlag 2010

23. SCHWENDT, C.: Lava, Magma, Sternenstaub. Chemie im Inneren der Erde, Mond und Sonne. Weinheim: Wiley-VHC 2011

24. website: Geozentrum Hannover – Bundesanstalt für Geowissenschaften und Rohstoffe – Landesamt für Bergbau, Energie und Geologie – Leibnitz-Institut für angewandte Geophysik

25. NEUKIRCHEN, F. u. RIES, G.: Die Welt der Rohstoffe: Lagerstätten, Förderung und wirtschaftliche Aspekte. Berlin: Springer Spektrum 2014

26. WEITZE, M.-D. u. BERGER, C.: Werkstoffe – Unsichtbar, aber unverzichtbar. Berlin: Springer-Vieweg 2013

27. KNOBLAUCH, H. u. SCHNEIDER, U.: Bauchemie. 7. Aufl. Düsseldorf: Werner Verlag 2013

28. BENEDIX, R.: Bauchemie – Einführung in die Chemie für Bauingenieure und Architekten. 6. Aufl. Berlin: Springer Spektrum 2015

29. SCHAEFFER, H. u. LANGFELD, R.: Werkstoff Glas: Alter Werkstoff mit großer Zukunft. Berlin: Springer Spektrum 2014

30. SCHMIDT, F.: Wiley-Schnellkurs Biochemie. Weinheim: Wiley-VCH 2015

31. CHRISTEN, P., JAUSSI, R. u. BENOIT, R.: Biochemie und Molekularbiologie. Eine Einführung in 40 Lehreinheiten. Berlin: Springer Spektrum 2016

32. BERG, J.M., STRYER, L. u. a.: Stryer Biochemie. 7. Aufl. Berlin: Springer Spektrum 2012

33. FALLERT-MÜLLER, A. (Hrsg.): Lexikon der Biochemie, Bd. 1 und Bd. 2. Heidelberg: Spektrum Akad. Verlag 1999/2000

34. ELSNER, P., EYERER, P. u. HIRTH, T. (Hrsg.): Domininghaus – Kunststoffe. 8. Aufl., VDI-Buch. Berlin: Springer 2012

35. KOLTZENBURG, S., MASKOS, M. u. NUYKEN, O.: Polymere Systeme, Eigenschaften und Anwendungen. Berlin: Springer Spektrum 2014

36. FABIAN, P.: Atmosphäre und Umwelt – Chemische Prozesse, Menschliche Eingriffe, Ozonschicht, Luftverschmutzung. 4. Aufl. Berlin: Springer 2011

37. HÄDER, D.-P. (Hrsg.): Photosynthese. Stuttgart: Thieme 1999

38. HELDT, H.W. u. PIECHULLA, B.: Pflanzenbiochemie. 5. Aufl. Berlin: Springer Spektrum 2015

Personenverzeichnis

© Springer Fachmedien Wiesbaden GmbH 2017
C. Petersen, *Naturwissenschaften im Fokus IV*, DOI 10.1007/978-3-658-15302-1

Sachverzeichnis

Printed in the United States
By Bookmasters